COURS
DE MATHÉMATIQUES,
A L'USAGE
DES GARDES DU PAVILLON
ET DE LA MARINE;

Par M. BÉZOUT, de l'Académie royale des Sciences & de celle de la Marine, Examinateur des Gardes du Pavillon & de la Marine, des Aſpirans-Gardes de la Marine, des Elèves & Aſpirans au Corps royal de l'Artillerie; Cenſeur royal.

TROISIEME PARTIE.

Contenant l'ALGEBRE & l'application de cette ſcience à l'Arithmétique & la Géométrie.

A PARIS,
DE L'IMPRIMERIE DE PH.-D. PIERRES, Imprimeur ordinaire du Roi, rue S.-Jacques.

M. DCC. LXXXI.
Avec Approbation & Privilege du Roi.

PRÉFACE.

Les connoissances que nous avons exposées dans les deux volumes précédents, servent de base à toutes les parties des Mathématiques; & la méthode que nous avons suivie pour les présenter, peut servir à passer à des vérités plus composées. Mais en réfléchissant sur cette méthode, on a pu remarquer que le nombre des propositions qu'on est obligé de se rappeller pour l'intelligence d'une proposition nouvelle, s'accroît à mesure que celle-ci s'éloigne de l'origine de la chaîne qui les lie les unes aux autres.

Cette maniere de procéder à la démonstration ou à la recherche des vérités mathématiques, est sans doute lumineuse; mais elle devient de plus en plus pénible à mesure que ces vérités s'éloignent davantage des connoissances primitives: elle a d'ailleurs l'inconvénient d'exiger de la part de l'esprit, de nouvelles ressources, de nouveaux expédients, à mesure qu'on passe à de nouveaux objets.

Cependant, quelque différents que soient les objets des recherches Mathématiques, les raisonnements & les opérations qu'ils exigent, ont des parties communes qu'on peut ramener à des regles générales, à l'aide desquelles on peut soulager l'esprit d'une grande partie des efforts que chaque nouvelle question sembleroit exiger. La méthode qu'on appelle *Analyse*, est celle qui enſeigne à trouver ces regles ; & l'inſtrument qu'elle emploie pour y parvenir, s'appelle l'*Algebre*.

L'Algebre, ou l'art de repréſenter par des ſignes généraux toutes les idées qu'on peut ſe former relativement aux quantités, eſt à proprement parler, une langue en laquelle nous traduiſons d'abord certaines idées connues ; puis par des regles conſtantes, nous combinons ces idées à l'aide des caracteres de cette langue ; & enfin, interprétant les réſultats de ces combinaiſons, nous en concluons des vérités que toute autre maniere de procéder auroit rendues d'un accès très-difficile, & auxquelles même il ſeroit ſouvent impoſſible d'atteindre par une autre voie.

Les avantages principaux qu'on peut retirer de cette ſcience, ſont donc de ſe faciliter l'intelligence & la découverte des vérités mathématiques, & de ſe procurer des moyens faciles & des regles générales pour réſoudre toutes les queſtions qu'on peut propoſer ſur les quantités.

Les Méthodes de l'Algebre ne nous étoient point néceſſaires dans les volumes précédents, où les objets étoient ſimples ; mais la ſynthèſe que nous y avons employée, ne peut nous procurer les mêmes facilités pour traiter ceux qui nous reſtent à parcourir. D'ailleurs une des choſes qu'on doit avoir en vue dans l'étude des Mathématiques, c'eſt moins d'accumuler un grand nombre de propoſitions, que d'acquérir l'eſprit de recherche & d'invention, qui ſeul peut faire mettre à profit les connoiſſances que l'on a acquiſes ; or la maniere de procéder en Algebre tend directement à ce but.

L'objet principal que nous nous proposons, en donnant l'Algebre dans ce volume-ci, est de nous mettre en état de traiter, dans le suivant, la Méchanique, d'une maniere facile & utile. Mais pour tirer de l'Algebre les avantages qu'elle peut procurer, il faut s'être rendu familier l'usage des différentes opérations qu'elle enseigne, & s'être accoutumé à interpréter les phrases de cette langue; c'est pour cette raison, que nous avons renfermé dans ce même volume, plusieurs applications de l'Algebre à l'Arithmétique & à la Géométrie. Nous nous étions proposé d'y faire entrer encore une autre branche de l'Analyse, celle qui regarde les quantités considérées comme variables, ou du moins, d'en donner ce qui nous seroit nécessaire pour quelques applications utiles à la Méchanique; mais une espece de nécessité de conserver à cette troisieme Partie le même caractère d'impression qu'aux deux premieres, ne nous permet pas d'exécuter ce projet pour le moment, sans passer de justes bornes.

Les différentes méthodes qu'on a suivies jusqu'ici, pour exposer les principes de l'Algebre, se réduisent à deux principales. La premiere consiste à donner les regles des quatre opérations fondamentales, & celles qui conduisent à la résolution des équations du premier degré, par une voie qu'on peut regarder comme synthétique. La seconde, qui est purement analytique, conduit à trouver ces regles, en proposant des questions dont la résolution exige certaines opérations & certains raisonnements, que par un examen postérieur, on trouve revenir les mêmes dans toutes les questions, & que par conséquent on érige en regles générales. Cette derniere méthode sembleroit d'abord préférable à la premiere, en ce qu'elle paroît devoir flatter l'amour-propre des commençants, & irriter leur curiosité. Mais si l'on fait réflexion, qu'alors l'attention est nécessairement partagée entre trois objets, sçavoir l'état de la question, les raisonnements pour l'exprimer algébriquement, & les opérations qu'il faut faire à l'aide de signes dont la signification échappe d'autant plus aisément qu'on est encore moins exercé à représenter ses idées d'une maniere abstraite, il me semble qu'on doutera que cette méthode soit la meilleure, dans les commencements, pour le plus grand nombre de lecteurs. Ne produiroit-elle pas, au contraire, un effet tout opposé à celui que quelques-uns lui attribuent? Les raisonnements qu'elle exige, quoique simples dans les commencements, où, sans doute, on ne traite que des questions simples, ces raisonnements, dis-je, devant être tirés du fonds même de celui qui opere, ne l'humilieront-ils pas, lorsqu'ils ne se présenteront pas à lui? La méthode d'invention, suppose toujours une certaine finesse; c'est celle qu'ont dû suivre les inventeurs, & par conséquent celle des hommes de génie; or ceux-ci ne sont certainement pas le plus grand nombre.

Ce sont ces considérations qui nous ont déterminé à suivre la premiere méthode pour l'exposition des regles fondamentales; mais comme un des objets que nous nous proposons, est de faire acquérir au lecteur cette méthode d'invention, nous n'avons ſuivi la premiere, que juſqu'où il nous a paru néceſſaire de le faire, pour que le défaut d'habitude des ſignes algébriques, ne fût plus un obſtacle à l'intelligence de ce que nous aurions à préſenter.

Nous ne dirons rien de la maniere dont les choſes ſont traitées; ce n'eſt plus à nous à la juger. Mais nous croyons pouvoir nous arrêter un moment ſur quelques-unes des matieres que nous avons conſidérées; elles ſont de deux ſortes: les unes élémentaires; les autres, au moins pour la plus grande partie, ſuppoſent qu'on s'eſt rendu les premieres, très-familieres. Pour les unes & pour les autres, nous avons fait enſorte de ne rien omettre de ce qui peut être utile. Nous avons diſtingué celles de la ſeconde ſorte, par de petits caracteres: quelques notes répandues dans l'ouvrage, & qui appartiennent à la partie élémentaire, ſont à la vérité du même caractere, mais elles ſont diſtinguées par une étoile. Parmi les objets compris ſous le petit caractere, nous avons renfermé, entres autres choſes, 1°. le Précis d'une méthode, qu'on trouvera avec plus d'étendue dans les Mémoires de l'Académie des Sciences pour l'année 1764, & qui a pour objet, l'élimination des inconnues dans les équations. C'eſt une partie de l'Algebre, ſur laquelle il y a encore bien des choſes à faire (*), & qui importe d'autant plus à la perfection de cette ſcience,

(*) Depuis la premiere Edition de cet Ouvrage, cette partie de l'Algebre ne nous paroît plus laiſſer les mêmes choſes à déſirer. Voyez l'Ouvrage qui a pour titre *Théorie générale des Equations*, que nous avons publié en 1779.

que la résolution générale des équations en dépend absolument. 2°. Une méthode pour la résolution des équations. Nous ne dirons rien des tentatives qui ont été faites sur cette matiere depuis la naissance de l'analyse. Nous remarquerons seulement que jusqu'à nos jours, on n'a pas passé le quatrieme degré; on n'a pas même eu une méthode uniforme pour les degrés qu'on sait résoudre. On trouve, à la vérité, dans l'Analyse démontrée du P. Reyneau, une méthode que l'on y donne comme générale, & qui est dûe à M. Tschirnaüs; qui la publia dans les Actes de Leipsik; mais indépendamment des calculs rebutants & superflus auxquels elle entraîne, elle ne réussit pour le quatrieme degré, que par une modification de la regle; & quelques réflexions sur la forme que doivent nécessairement avoir les racines des équations des degrés supérieurs, font bientôt voir qu'elle ne réussiroit point passé le quatrieme degré. Les bornes que les matieres plus nécessaires à notre objet, m'ont forcé de donner à l'exposition de la méthode que je propose, m'ont empêché d'entrer dans quelques détails sur son application au cinquieme degré & aux degrés supérieurs. Je m'étois même proposé de ne rien publier sur ce sujet, que lorsque, libre d'autres occupations, j'aurois pu y donner la perfection dont je le croyois susceptible; mais M. Euler, ayant publié dans le tome IX des *nouv. Comment. de Péterſbourg*, qui vient de paroître, une méthode sur la même matiere, je donne ici les choses, telles que je les ai trouvées d'abord, c'est-à-dire, sur la fin de 1761. Au reste

reste, on trouvera plus de détails dans les Mémoires de l'Académie ; on trouvera entre autres choses, une méthode pour les équations, dont le degré est marqué par un nombre composé ; cette méthode simplifie le travail dans ces cas : nous aurions pû l'employer ici pour le quatrieme degré ; mais dans le dessein où nous étions de faire voir ce que l'on pouvoit présumer de l'application de notre méthode, aux degrés supérieurs, nous avons préféré d'observer l'uniformité.

Sous le même caractere d'impression sont encore compris beaucoup d'autres objets que nous avons cru devoir traiter, pour ne pas obliger de recourir ailleurs.

Dans la seconde Section, nous nous sommes attachés à faire voir la maniere d'appliquer l'Algebre, d'en traduire les résultats, de les exprimer par lignes. Nous avons tâché de faire bien entendre comment l'Algebre comprend, dans une même équation, tous les différents cas d'une question ; ce que signifient les différentes racines, positives, négatives, réelles, ou imaginaires.

La connoissance des principales propriétés des sections coniques, nous a paru devoir entrer dans notre plan, quelques-unes de ces courbes se rencontrant assez souvent dans l'Architecture Navale. Enfin, leur usage pour la construction des équations nous y a encore déterminé. Nous avons fait ensorte de présenter ces objets, & plusieurs autres qu'on trouvera dans le cours de l'Ouvrage, de maniere qu'ils devinssent le germe de connoissances plus étendues pour ceux qui desireront les acquérir.

TABLE DES MATIERES.

De l'Algebre.

SECONDE SECTION,

FIN DE LA TABLE.

Extrait des Registres de l'Académie Royale des Sciences.

Du 11 Décembre 1765.

MEssieurs DUHAMEL & D'ALEMBERT qui avoient été nommés pour examiner *la troisiéme Partie du Cours de Mathématiques à l'usage des Gardes du Pavillon & de la Marine*, par M. BÉZOUT; en ayant fait leur rapport, l'Académie a jugé cet Ouvrage digne de l'impression; en foi de quoi j'ai signé le présent Certificat. A Paris ce 11 Décembre 1765.

GRANDJEAN DE FOUCHY, *Sec. perp. de l'Acad. R. des Sciences.*

COURS

DE
L'ALGEBRE.

PREMIERE SECTION,

Dans laquelle on donne les principes du calcul des quantités Algébriques.

1. Le but de la ſcience qu'on appelle *Algebre*, eſt de donner les moyens de ramener à des regles générales la réſolution de toutes les queſtions qu'on peut propoſer ſur les quantités.

Ces regles, pour être générales, ne doivent pas dépendre des valeurs particulieres des quantités que l'on conſidere, mais bien de la nature de chaque queſtion; & doivent être toujours les mêmes pour toutes les queſtions d'une même eſpece.

Il ſuit de-là que l'Algebre ne doit point ſe

borner à employer, pour repréſenter les quantités, les mêmes caracteres ou les mêmes ſignes que l'Arithmétique. En effet lorſque, par les regles de celle-ci, on eſt parvenu à un réſultat, rien ne retrace plus à l'eſprit la route qui y a conduit. Qu'une ou pluſieurs opérations arithmétiques m'aient donné 12 pour réſultat, je ne vois rien dans 12, qui m'indique ſi ce nombre eſt venu de la multiplication de 3 par 4, ou de 2 par 6, ou de l'addition de 5 avec 7, ou de 2 avec 10, ou, en général, de toute autre combinaiſon d'opérations. L'Arithmétique donne des regles pour trouver certains réſultats ; mais ces réſultats ne peuvent pas fournir des regles. L'Algebre doit remplir ces deux objets ; & pour y parvenir, elle repréſente les quantités par des ſignes généraux, (ce ſont les lettres de l'Alphabet), qui n'ayant aucune relation plus particuliere avec un nombre qu'avec tout autre, ne repréſentent que ce qu'on veut ou ce que l'on convient de leur faire repréſenter. Ces ſignes toujours préſents aux yeux dans toute la ſuite d'un calcul, conſervent, pour ainſi dire, l'empreinte des opérations par leſquelles ils paſſent ; ou du moins ils offrent dans les réſultats de ces opérations, des traces de la route qu'on doit tenir pour arriver au même but par les moyens les plus ſimples. Nous ne nous attachons point ici à développer davantage cette légere idée que nous donnons de l'Algebre ; la ſuite de cet Ouvrage y eſt deſtinée.

Non-ſeulement on repréſente, en Algebre, les quantités, par des ſignes généraux : on y repréſente auſſi leur maniere d'être les unes à l'égard des autres, & les différentes opérations qu'on a deſſein de faire ſur elles : en un mot, tout eſt repréſentation ; & lorſqu'on dit qu'on fait une opération, c'eſt une nouvelle forme qu'on donne à une quantité. A meſure que nous avancerons, nous ferons connoître ces différentes manieres de repréſenter ce qui a rapport aux quantités.

Des opérations fondamentales ſur les quantités conſidérées généralement.

2. On fait, en Algebre, ſur les quantités repréſentées par des lettres, des opérations analogues à celles qu'on fait en Arithmétique ſur les nombres ; c'eſt-à-dire, qu'on les ajoute, on les ſouſtrait, on les multiplie, on les diviſe, &c ; mais ces opérations different de celles de l'Arithmétique, en ce que leurs réſultats ne ſont ſouvent que des indications d'opérations Arithmétiques.

De l'Addition & de la Soustraction.

3. L'addition des quantités semblables n'a besoin d'aucune regle ; il est évident que pour ajouter une quantité représentée par a, avec la même quantité a, il faut écrire $2a$. Pour ajouter $2a$, avec $3a$, il faut écrire $5a$, & ainsi de suite.

Quant aux quantités dissemblables, & qu'on représente toujours par des lettres différentes, on ne fait qu'indiquer cette addition ; & cela s'indique par le moyen de ce signe $+$, qui se prononce *plus*. Ainsi, si l'on veut ajouter une quantité représentée par a, avec une autre représentée par b, on ne peut faire autre chose qu'écrire $a + b$; ensorte qu'on ne connoît véritablement le résultat que quand on connoît les valeurs particulieres des quantités représentées par a & par b ; si a vaut 5, & si b vaut 12, $a + b$ vaudra 17.

Pareillement, pour ajouter $5a + 3b$, avec $9a + 2c$ & $9b + 3d$, on écrira $5a + 3b + 9a + 2c + 9b + 3d$; & rassemblant les quantités semblables, on aura $14a + 12b + 2c + 3d$.

4. Il y a les mêmes choses à dire sur la soustraction que sur l'addition. Si les quantités sont semblables, on n'a besoin d'aucune

regle : il eſt évident que ſi de $5a$ on veut retrancher $2a$, il reſte $3a$.

Mais ſi les quantités ſont diſſemblables, on ne peut qu'indiquer la ſouſtraction ; cela s'indique à l'aide de ce ſigne —, qu'on prononce en diſant *moins*. Ainſi ſi l'on a b à retrancher de a, on écrira $a-b$. Pour retrancher $3b$, de $5a$, on écrira $5a-3b$. Pour retrancher $5a+4b$, de $9a+6b$, on écrira $9a+6b-5a-4b$, & faiſant déduction des quantités ſemblables (ce qu'on appelle faire la *réduction*), on a pour reſte $4a+2b$. Enfin pour retrancher $5a+3b+4c$ de $6a+4b+4d$, on écrira $6a+4b+4d-5a-3b-4c$, & en réduiſant, on aura $a+b+4d-4c$.

5. Un nombre qui précede une lettre, s'appelle le *coëfficient* de cette lettre ; ainſi dans $3b$, 3 eſt le coëfficient de b. Lorſqu'une lettre doit avoir 1 pour coëfficient, on ne mét point ce coëfficient : ainſi lorſque de $3a$ on retranche $2a$, il reſte $1a$; on écrit ſeulement a. Il faut donc bien ſe garder de croire que le coëfficient d'une lettre, lorſqu'il ne paroît point, ſoit zéro ; il eſt alors l'unité ou 1.

6. Il importe peu dans quel ordre on écrive les quantités qu'on ajoute ou qu'on retranche ; ſi l'on a a à ajouter avec b, on peut indifféremment écrire $a+b$ ou $b+a$; & pour re-

trancher b de a, on peut écrire également $a - b$ ou $- b + a$. Mais comme on prononce plus aiſément les lettres, dans l'ordre alphabétique que dans tout autre, nous ſuivrons cet ordre autant que nous le pourrons.

7. Remarquons encore que lorſqu'une quantité n'a point de ſigne, elle eſt cenſée avoir le ſigne $+$; a eſt la même choſe que $+ a$. On eſt dans l'uſage de ſupprimer le ſigne dans la quantité qu'on écrit la premiere, lorſque cette quantité doit avoir le ſigne $+$; mais ſi elle devoit avoir le ſigne $-$, il ne faudroit pas l'omettre.

8. Lorſqu'après une opération on procede à la réduction, il peut arriver que l'on ait une quantité à retrancher d'une autre plus petite : alors on retranche la plus petite, de la plus grande, & on donne au reſte, le ſigne de la plus grande. Par exemple, ſi après avoir ajouté $2a + 3b$, avec $5a - 7b$, on veut réduire le réſultat $2a + 3b + 5a - 7b$, on écrira $7a - 4b$, en retranchant $3b$ de $7b$, & donnant au reſte $4b$, le ſigne qu'avoit $7b$. En effet le ſigne $-$ de $7b$ dans la quantité $5a - 7b$, indique que $7b$ doit être retranché ; mais ſi l'on vient à augmenter $5a - 7b$ de la quantité $2a + 3b$, il eſt viſible que les $3b$ qu'on ajoute, diminuent d'autant la ſouſtraction qu'on avoit à faire ; il

ne doit donc plus y avoir que $4b$ à retrancher ; il faut donc qu'il y ait $-4b$ dans le résultat. Delà nous concluerons cette regle générale : *L'addition des quantites algébriques se fait en écrivant leurs parties, à la suite les unes des autres, avec leurs signes tels qu'ils sont : on réduit ensuite les quantités semblables, à une seule, en rassemblant d'une part, toutes celles qui ont le signe +, & d'une autre part, toutes celles qui ont le signe — ; enfin on retranche le plus petit résultat, du plus grand, & on donne au reste, le signe qu'avoit le plus grand.*

EXEMPLE.

On veut ajouter les quatre quantités suivantes :

$$5a + 3b - 4c$$
$$2a - 5b + 6c + 2d$$
$$a - 4b - 2c + 3e$$
$$7a + 4b - 3c - 6e$$

Somme..... $5a + 3b - 4c + 2a - 5b + 6c + 2d + a - 4b - 2c + 3e + 7a + 4b - 3c - 6e$.

Faisant la réduction, j'ai pour les a, $15a$; pour les b, j'ai $+7b$ d'une part & $-9b$ de l'autre, & par conséquent $-2b$ pour reste ; pour les c, j'ai $-9c$ d'une part, & $+6c$ de l'autre, & par conséquent $-3c$ pour reste ; réduisant les autres de même, on trouve enfin $15a - 2b - 3c + 2d - 3e$.

9. Les quantités séparées par les signes $+$ & $-$, s'appellent les *termes* des quantités dont elles sont parties.

10. Une quantité est appellée *Monome*, *Binome*, *Trinome*, &c, selon qu'elle est composée de 1, ou de 2, ou de 3 &c, termes; & une quantité composée de plusieurs termes dont on ne définit pas le nombre, s'appelle en général un *Polynome*.

11. A l'égard de la soustraction des quantités algébriques, voici la regle générale : *Changez les signes des termes de la quantité que vous devez soustraire, c'est-à-dire, changez $+$ en $-$, & $-$ en $+$; ajoutez ensuite cette quantité, ainsi changée, avec celle dont on doit soustraire, & réduisez.*

EXEMPLE.

De $6a - 3b + 4c$ on veut retrancher la quantité $5a - 5b + 6c$.

A la suite de $6a - 3b + 4c$, j'écris $-5a + 5b - 6c$, qui est la seconde quantité, dans laquelle on a changé les signes; & j'ai $6a - 3b + 4c - 5a + 5b - 6c$, & en réduisant, $a + 2b - 2c$ pour reste.

Pour rendre raison de cette regle, prenons un exemple plus simple. Supposons que de a on veuille retrancher b, il est évident qu'on doit écrire $a - b$; mais si de a on vouloit retrancher $b - c$, je dis qu'il faut écrire $a - b + c$; en effet il est clair qu'ici ce n'est pas b tout entier qu'il s'agit de retrancher, mais seulement b diminué de c; si donc on retranche d'abord b tout entier en écrivant $a - b$, il faut ensuite, pour compenser, ajouter ce qu'on a ôté de trop, il faut donc ajouter c, il faut donc écrire $a - b + c$, c'est-à-dire, qu'il faut changer les signes de tous les termes de la quantité qu'on doit soustraire.

Dans les nombres, cette attention n'est pas nécessaire, parce que si l'on avoit 8 — 3, par exemple, à retrancher de 12, on commenceroit par diminuer 8 de 3, ce qui donneroit 5 qu'on retrancheroit de 12, & on auroit 7 pour reste; mais on voit aussi qu'on pourroit retrancher d'abord 8 de 12, & au reste 4 ajouter 3, ce qui donneroit également 7; or c'est ce dernier parti qu'on prend & qu'il faut nécessairement prendre en Algebre, parce qu'on ne peut faire la réduction préliminaire comme sur les nombres.

12. Les quantités précédées du signe +, se nomment quantités *positives*; & celles qui sont précédées du signe —, se nomment quantités *négatives*. Nous entrerons par la suite, dans quelque détail sur la nature & les usages de ces quantités considérées séparément l'une de l'autre.

De la Multiplication.

13. La multiplication Algébrique exige quelques considérations qui lui sont particulieres, & qui n'ont pas lieu dans la multiplication Arithmétique. Indépendamment des quantités, il y a encore les signes à considérer.

Au reste, à ne considérer que les valeurs numériques des quantités représentées par les lettres, on doit se former de la multiplication algébrique la même idée que de la multiplication arithmétique (*Arith.* 40); ainsi, multiplier a par b, c'est prendre la quantité représentée par a, autant de fois qu'il y a d'unités dans la quantité représentée par b.

14. Mais comme l'objet est ici de faire ou de représenter la multiplication, indépendamment des valeurs numériques des quantités, il faut convenir des signes par lesquels nous indiquerons cette multiplication.

On fait souvent usage de ce signe $\times$, qui signifie *multiplié par*; ensorte que $a \times b$ signifie a multiplié par b, ou que l'on doit multiplier a par b.

On fait aussi usage du point, que l'on interpose entre les deux quantités qu'on doit multiplier; ensorte que $a.\ b$ & $a \times b$ signifient la même chose.

Enfin on indique encore la multiplication, (du moins entre les quantités monomes) en ne mettant aucun ſigne entre le multiplicande & le multiplicateur; ainſi $a \times b$, $a. b$, $a b$ ſont trois expreſſions dont chacune déſigne qu'on doit multiplier a par b. Cette derniere eſt la plus uſitée.

15. Pour multiplier $a b$ par c, on écrira donc $a b c$. Pour multiplier $a b$ par $c d$, on écrira $a b c d$, & ainſi de ſuite : il importe peu d'ailleurs dans quel ordre ces lettres ſoient écrites, parce que (*Arith.* 44) le produit eſt toujours le même dans quelque ordre qu'on multiplie.

16. Lors donc qu'à l'avenir nous rencontrerons une quantité comme ab, ou abc, ou $abcd$, &c, dans laquelle pluſieurs lettres ſe trouveront écrites de ſuite ſans aucun ſigne, nous en conclurons que cette quantité repréſente le produit de la multiplication ſucceſſive de chacune des lettres qui la compoſent.

17. Nous avons nommé (*Arith.* 42) facteur d'un produit, tout nombre qui, par la multiplication, a concouru à former ce produit; ainſi dans $a b$, a & b ſont les facteurs; dans $a b c$, les facteurs ſont a, b, c, & ainſi de ſuite.

18. Il ſuit de la regle que nous venons

de donner (15), que *le produit de la multiplication de plusieurs quantités algèbriques monomes, doit renfermer toutes les lettres qui se trouvent tant dans le multiplicande que dans le multiplicateur.*

Cela posé, si les quantités qu'on doit multiplier, étoient composées de la même lettre, cette lettre se trouveroit donc écrite dans le produit autant de fois qu'elle l'est dans tous les facteurs ensemble, quel que soit le nombre des quantités qu'on ait à multiplier : ainsi *a* multiplié par *a* donneroit *a a* ; *a a* multiplié par *a a a*, donneroit *a a a a a* ; *a a* multiplié par *a a a* & multiplié encore par *a*, donneroit *a a a a a a*.

19. Dans ce cas, on est convenu de n'écrire cette lettre qu'une seule fois, mais de marquer, par un chiffre qu'on appelle *Exposant*, & qu'on place sur la droite & un peu au-dessus de la lettre, combien de fois cette lettre est facteur, ou combien de fois elle doit être écrite. Au lieu de *a a*, on écrira donc a^2 ; au lieu de *a a a*, on écrira a^3 ; au lieu de *a a a a a*, on écrira a^5, & ainsi des autres. Souvenons-nous donc à l'avenir, que *l'exposant d'une lettre, marque combien de fois cette lettre est facteur dans un produit.* Dans $a^3 b^2 c$ il y a trois facteurs de valeur différente, savoir *a*, *b*, *c* : mais, de ces lettres, la pre-

miere eſt facteur trois fois; la ſeconde, deux fois; & la troiſieme, une fois: en effet $a^3 b^2 c$ équivaut à $a a a b b c$.

Il faut donc bien ſe garder de confondre l'expoſant, avec le coëfficient; de confondre, par exemple, a^2 avec $2a$, a^3 avec $3a$: dans $2a$, le coëfficient 2 marque que a eſt ajouté avec a, c'eſt-à-dire, que $2a$ équivaut à $a+a$; mais dans a^2, l'expoſant 2 marque que la lettre a devroit être écrite deux fois de ſuite ſans aucun ſigne; qu'elle eſt multipliée par elle-même, ou enfin qu'elle eſt facteur deux fois; c'eſt-à-dire, que a^2 équivaut à $a \times a$; enſorte que ſi a vaut 5, par exemple, $2a$ vaut 10; mais a^2 vaut 25.

20. On voit donc que *pour multiplier deux quantités monomes qui auroient des lettres communes, on peut abréger l'opération, en ajoutant tout de ſuite les expoſants des lettres ſemblables du multiplicande & du multiplicateur.* Ainſi pour multiplier a^5 par a^3, j'écris a^8, c'eſt-à-dire, que j'écris la lettre a en lui donnant pour expoſant, les deux expoſants 5 & 3 réunis. De même pour multiplier $a^3 b^2 c$ par $a^4 b^3 c d$, j'écris $a^7 b^5 c^2 d$, en écrivant d'abord toutes les lettres différentes $a b c d$, & donnant enſuite à la premiere pour expoſant 7 qui eſt la ſomme des expoſants 3 & 4; à la ſeconde, 5 qui eſt la ſomme des deux

exposants 2 & 3 ; & à la troisieme, 2 qui est la somme des deux exposants 1 & 1 : car quoique l'exposant de *c* ne soit pas marqué, on doit néanmoins sousentendre qu'il est 1, puisque *c* est facteur une fois ; donc *toute lettre dont l'exposant n'est point écrit, est centée avoir* 1 *pour exposant ; & réciproquement toutes les fois qu'une lettre devra avoir* 1 *pour exposant, on peut se dispenser d'écrire cet exposant.*

Telle est la regle pour les lettres dans les quantités monomes.

21. Quand les quantités monomes sont précédées d'un chiffre, c'est-à-dire, d'un coëfficient, il faut commencer la multiplication par ce coëfficient, & cette multiplication se fait suivant les régles de l'Arithmétique ; ainsi pour multiplier $5a$ par $3b$, je multiplie d'abord 5 par 3, puis *a* par *b*, & je trouve $15\,ab$ pour produit. Pareillement, si j'ai $12a^3\,b^2$ à multiplier par $9a^4b^3$, j'aurai $108a^7\,b^5$.

Nous avons dit en Arithmétique, qu'une quantité étoit élevée à la premiere, seconde, troisieme, &c, puissance, ou au premier, second, troisieme degré, selon qu'elle étoit facteur 1, 2, 3, &c, fois ; donc une lettre qui a pour exposant 1, ou 2, ou 3, ou 4, &c, est censée élevée à la premiere, ou à la seconde, ou à la troisieme puissance ; ainsi a^2

eſt la ſeconde puiſſance ou le quarré de a; a^3 eſt le cube ou la troiſieme puiſſance de a, & ainſi de ſuite.

22. Ces principes poſés, venons à la multiplication des quantités complexes. Il faut, pour cette multiplication, ſuivre le même procédé qu'on ſuit en Arithmétique pour les nombres qui ont pluſieurs chiffres, c'eſt-à-dire, qu'il faut multiplier ſucceſſivement chacun des termes du multiplicande, par chacun des termes du multiplicateur, & cela en obſervant les regles que nous venons de donner pour les monomes. On n'eſt point aſſujetti, comme en Arithmétique, à opérer en allant de droite à gauche plutôt que de gauche à droite; cela eſt indifférent; nous prendrons même ce dernier parti qui eſt le plus en uſage.

EXEMPLE I.

On propoſe de multiplier $a+b$.
par c

Produit. . . . . . $ac+bc$.

1°. Je multiplie a par c, ce qui (15) me donne ac. 2°. Je multiplie b par c, ce qui me donne bc; j'ajoute ce ſecond produit au premier en les uniſſant par le ſigne $+$, & j'ai $ac+bc$ pour produit total.

S'il y avoit un ſecond terme au multiplicateur, je multiplierois actuellement par ce ſecond terme, & j'ajouterois ce ſecond produit au premier.

EXEMPLE II.

Si j'avois. . . . . . $a + b$
à multiplier par. . $c + d$

Produit. . . . . $ac + bc + ad + bd$

Après avoir multiplié a & b par c, ce qui donne $ac + bc$, je multiplierois auſſi a & b par d, ce qui me donneroit $ad + bd$, qui joint au premier produit, donne $ac + bc + ad + bd$. En effet, multiplier $a + b$ par $c + d$, c'eſt prendre non-ſeulement a, mais encore b, autant de fois qu'il y a d'unités dans la totalité de $c + d$, c'eſt-à-dire, autant de fois qu'il y a d'unités dans c, plus autant de fois qu'il y a d'unités dans d.

EXEMPLE III.

On propoſe de multiplier $a - b$
par c

Produit. . . . . $ac - bc$

Après avoir multiplié a par c, ce qui donne ac, je multiplie b par c, ce qui donne bc; mais au lieu d'ajouter ce dernier produit au premier, je l'en retranche, parce qu'ici ce n'eſt n'eſt point la ſomme des deux quantités *a* & *b* qu'il s'agit de multiplier, mais ſeulement leur différence, puiſque *a* — *b* ſignifie qu'on doit retrancher *b* de *a*; or ſi l'on multiplie *a* tout entier, ainſi qu'on le fait par la premiere opération, il eſt viſible qu'on y multiplie de trop la quantité *b* dont *a* devoit être diminué; il faut donc ôter de ce produit, la quantité *b* multipliée par *c*, c'eſt-à-dire ôter *b c*.

Dans les nombres, cette attention n'eſt pas néceſſaire, parce qu'avant de faire la multiplication, on feroit la ſouſtraction qui eſt indiquée ici dans le multiplicande. Si l'on avoit, par exemple, 8 — 3 à multiplier par 4, on réduiroit tout de ſuite le multiplicande 8 — 3 à 5 que l'on multiplieroit enſuite par 4. Mais on voit auſſi qu'on viendroit également au même réſultat en multipliant d'abord 8 par 4, ce qui donneroit 32, puis 3 par 4, ce qui donneroit 12; & retranchant ce dernier produit du premier, on auroit 20 comme par la premiere voie; or cette ſeconde manière, qu'il ſeroit peut-être ridicule d'employer pour les nombres, devient indiſpenſable pour les quantités littérales, puiſque dans celles-ci la ſouſtraction préliminaire ne peut avoir lieu.

EXEMPLE IV.

On propose de multiplier $a-b$
par . . . . $c-d$

Produit . . . . . . $ac-bc-ad+bd$

On multipliera d'abord $a-b$ par c, ce qui donnera $ac-bc$; on multipliera ensuite $a-b$ par d, ce qui donnera $ad-bd$; enfin on retranchera ce second produit $ad-bd$, du premier, & (11) on aura $ac-bc-ad+bd$ pour produit total.

En effet, puisque le multiplicateur est moindre que c, de la quantité d, il marque qu'il ne faut prendre le multiplicande qu'autant de fois qu'il y a d'unités dans c diminué de d; or comme on ne peut faire cette diminution avant la multiplication, on peut prendre d'abord $a-b$ autant de fois qu'il y a d'unités dans c, c'est-à-dire, multiplier $a-b$ par c, puis en retrancher $a-b$ pris autant de fois qu'il y a d'unités dans d, c'est-à-dire, en retrancher le produit de $a-b$ par d.

23. Si l'on fait attention aux signes des termes qui composent le produit total $ac-bc-ad+bd$, & qu'on les compare avec les signes des termes du multiplicande & du multiplicateur qui les ont donnés, on observera 1°. que le terme a qui est censé avoir le signe $+$, étant multiplié par le terme c qui est

censé aussi avoir le signe +, a donné pour produit ac qui est censé avoir le signe +.

2°. Que le terme b qui a le signe —, étant multiplié par le terme c qui est censé avoir le signe +, a donné pour produit bc avec le signe —.

3°. Que le terme a qui a le signe +, multiplié par le terme d qui a le signe —, a donné pour produit ad avec le signe —.

4°. Enfin que le terme b qui a le signe —, étant multiplié par le terme d qui a aussi le signe —, a donné pour produit le terme bd qui a le signe +.

Donc à l'avenir nous pourrons reconnoître facilement dans les multiplications partielles, si les produits particuliers doivent être ajoutés ou retranchés; il suffira pour cela d'observer les deux regles suivantes que nous fournissent les observations que nous venons de faire.

24. *Si les deux termes que l'on doit multiplier l'un par l'autre, ont tous deux le même signe, c'est-à-dire, ou tous deux + ou tous deux —, leur produit aura toujours le signe +. Si au contraire ils ont différents signes, c'est-à-dire, l'un + & l'autre —, ou l'un — & l'autre +, leur produit aura toujours le signe —.*

A l'aide de ces regles & de celles que nous avons données (15, 20, 21 & 22) on est en état de faire toute multiplication algébrique. Mais pour procéder avec méthode, on obſervera d'abord la regle des ſignes, puis celle des coëfficients, enfin celle des lettres & des expoſants.

Terminons par un exemple où toutes ces regles ſoient appliquées.

EXEMPLE V.

On propoſe de multiplier $5a^4 - 2a^3b + 4a^2b^2$
par . . . . . . $a^3 - 4a^2b + 2b^3$

$$5a^7 \quad - 2a^6b + 4a^5b^2$$
$$-20a^6b + 8a^5b^2 - 16a^4b^3$$
$$+10a^4b^3 - 4a^3b^4 + 8a^2b^5$$

Produit $5a^7 - 22a^6b + 12a^5b^2 - 6a^4b^3 - 4a^3b^4 + 8a^2b^5$

Je multiplie ſucceſſivement les trois termes $5a^4$, $-2a^3b$, $+4a^2b^2$, par le premier terme a^3 du multiplicateur. Les deux termes $5a^4$ & a^3 ayant le même ſigne, le produit doit (24) avoir le ſigne +; mais (7) j'omets ce ſigne, parce qu'il appartient au premier terme du produit. Je multiplie enſuite le coëfficient 5 de a^4, par le coëfficient 1 de a^3 (21), ce qui me donne 5; enfin multipliant a^4 par a^3 ſelon la regle donnée (20), c'eſt-à-dire, ajoutant les deux expoſants 4 & 3, j'ai a^7, & par conſéquent $5a^7$ pour produit.

Je paſſe au terme $-2a^3b$; & pour le multiplier par a^3, je vois que les ſignes de ces deux quantités étant différents, le produit doit avoir le ſigne — ; je multiplie enſuite le coëfficient 2 de a^3b par le coëfficient 1 de a^3, & enfin a^3b par a^3, & j'ai — $2a^6b$ pour produit.

Par un procédé ſemblable, le terme $+ 4a^2b^2$ multiplié par a^3 donnera $+ 4a^5b^2$.

Après avoir multiplié tous les termes du multiplicande par a^3, il faut les multiplier par le ſecond terme $- 4a^2b$ du multiplicateur. Le terme $5a^4$ multiplié par $- 4a^2b$ de ſigne différent donnera $- 20a^6b$; le terme $- 2a^3b$ multiplié par $- 4a^2b$ de même ſigne, donnera $+ 8a^5b^2$; & le terme $+ 4a^2b^2$ multiplié par $- 4a^2b$ de ſigne différent, donnera $- 16a^4b^3$.

Enfin on paſſera à la multiplication par le terme $+ 2b^3$, & en ſuivant les mêmes regles on trouvera $+ 10a^4b^3 - 4a^3b^4 + 8a^2b^5$ pour les trois produits partiels.

Faiſant attention que parmi tous les différents produits partiels qu'on vient de trouver, il y a des termes ſemblables, c'eſt-à-dire, compoſés des mêmes lettres avec les mêmes expoſants, on fera la réduction en réuniſſant ceux qui ont le même ſigne & déduiſant ceux qui ont des ſignes contraires, ce qui donnera enfin $5a^7 - 22a^6b + 12a^5b^2 - 6a^4b^3 - 4a^3b^4 + 8a^2b^5$ pour produit total.

25. Comme il importe de ſe familiariſer

avec la pratique de cette regle, nous joignons ici pour exercer les Commençants, une table qui renferme plusieurs exemples. Nous ajouterons en même-temps quelques remarques sur quelques-uns de ces exemples.

Dans le premier, on a multiplié $a + b$ qui représente généralement la somme de deux quantités, par $a - b$ qui représente généralement leur différence, & l'on trouve pour produit $a^2 - b^2$ qui est la différence du quarré de la premiere au quarré de la seconde, ou la différence des quarrés de ces deux quantités. On peut donc dire généralement que *la somme de deux quantités, multipliée par leur différence, donne toujours, pour produit, la différence des quarrés de ces mêmes quantités.* Que l'on prenne deux nombres quelconques, 5 & 3 par exemple; leur somme est 8 & leur différence 2, lesquelles multipliées l'une par l'autre donnent 16, qui est en effet la différence du quarré de 5 au quarré de 3, c'est-à-dire, de 25 à 9. Et réciproquement, *la différence des quarrés de deux quantités, peut toujours être considérée comme formée par la multiplication de la somme de ces deux quantités par leur différence.* Ainsi la quantité $b^2 - c^2$ qui est la différence du quarré de b au quarré de c, vient de la multiplication de $b + c$ par $b - c$. Ces deux propositions nous seront utiles par la suite.

On peut déja remarquer en paſſant, un des uſages de l'Algebre pour découvrir des vérités générales.

Le ſecond exemple fait voir, d'une maniere générale & ſimple, ce que nous avons dit en Arithmétique ſur la compoſition du quarré, ſavoir que *le quarré de la ſomme* a + b *de deux quantités, eſt compoſé du quarré* a^2 *de la premiere, du double* 2ab *de la premiere multipliée par la ſeconde, & du quarré* b^2 *de la ſeconde.*

Le troiſieme exemple confirme ce que nous avons dit auſſi en Arithmétique ſur la formation du cube. On y voit $a^2 + 2ab + b^2$, quarré de $a + b$, qui après avoir été multiplié par $a + b$, donne $a^3 + 3a^2b + 3ab^2 + b^3$, dont le premier terme eſt le cube de a, le ſecond qui eſt le même que $3a^2 \times b$, eſt le triple du quarré de a, multiplié par b : on voit de même que $3ab^2$ eſt le triple de a multiplié par le quarré de b; & enfin b^3 eſt le cube de b.

26. Pour indiquer la multiplication entre deux quantités complexes, on eſt dans l'uſage de renfermer chacune de ces deux quantités entre deux crochets, & d'interpoſer entre elles l'un des ſignes de multiplication dont nous avons parlé plus haut (14); quelquefois même on n'interpoſe aucun ſigne,

ainſi pour marquer que la totalité de la quantité $a^2 + 3ab + b^2$ doit être multipliée par la totalité de $2a + 3b$, on écrit $(a^2 + 3ab + b^2) \times (2a + 3b)$ ou $(a^2 + 3ab + b^2).(2a + 3b)$ ou ſimplement $(a^2 + 3ab + b^2)(2a + 3b)$. Quelquefois au lieu d'écrire chaque quantité entre deux crochets, on couvre chacune d'une barre en cette maniere, $\overline{a^2 + 3ab + b^2} \times \overline{2a + 3b}$.

27. Il y a beaucoup de cas où il eſt plus avantageux d'indiquer la multiplication que de l'exécuter. On ne peut donner de regles générales ſur ce ſujet, parce que cela dépend des circonſtances qui donnent lieu à ces opérations : nous verrons par la ſuite pluſieurs de ces cas. C'eſt principalement par l'uſage qu'on apprend à les diſtinguer. On peut cependant dire aſſez généralement, qu'il convient de ſe contenter d'indiquer les multiplications, lorſque celles-ci doivent être ſuivies de la diviſion ; parce que cette derniere opération s'exécutant ſouvent, ainſi qu'on va le voir, par la ſeule ſuppreſſion des facteurs communs au dividende & au diviſeur, on diſtingue plus facilement ces facteurs communs, lorſqu'on n'a fait qu'indiquer la multiplication.

De la Division.

28. La maniere de faire cette opération en Algebre, dépend beaucoup des signes que nous sommes convenus d'employer pour la multiplication. L'objet en est d'ailleurs le même qu'en Arithmétique.

29. Lorsque la quantité qu'on proposera à diviser n'aura aucune lettre commune avec le diviseur, alors il n'est pas possible d'exécuter l'opération; on ne peut que l'indiquer, & cela se fait en écrivant le diviseur au-dessous du dividende, en forme de fraction, & séparant l'un de l'autre par un trait; ainsi pour marquer qu'on doit diviser *a* par *b*, on écrit $\frac{a}{b}$, & l'on prononce *a divisé par b;* pour marquer qu'on doit diviser *aa* + *bb* par *c* + *d*, on écrit $\frac{aa+bb}{c+d}$.

30. Lorsque le dividende & le diviseur sont monomes, si toutes les lettres qui se trouvent dans le diviseur, se trouvent aussi dans le dividende, la division peut être faite exactement, & on l'exécutera en suivant cette regle.... *Supprimez dans le dividende, toutes les lettres qui lui sont communes avec le diviseur; les lettres qui resteront, composeront le quotient.* Ainsi pour diviser *ab* par *a*, je

ſupprime a dans le dividende ab, & j'ai b pour quotient. Pour diviſer abc par ab, je ſupprime ab dans le dividende, & j'ai c pour quotient.

En effet, puiſque (15) les lettres écrites ſans aucun ſigne interpoſé, ſont les facteurs de la quantité dans laquelle elles entrent, les lettres du diviſeur, qui ſont communes au dividende, ſont donc facteurs de ce dividende; or nous avons vu (*Arith.* 69) que lorſqu'on diviſe un produit par un de ſes facteurs, on doit trouver pour quotient l'autre facteur; donc le quotient doit être compoſé des lettres du dividende, qui ne ſont point communes entre celui-ci & le diviſeur.

31. Il ſuit de-là que lorſqu'il y aura des expoſants, la regle qu'on doit ſuivre, eſt de *retrancher l'expoſant de chaque lettre du diviſeur, de l'expoſant de pareille lettre du dividende;* ainſi pour diviſer a^3 par a^2, je retranche 2 de 3, il me reſte 1, & par conſéquent j'ai a^1 ou a pour quotient. De même, ayant à diviſer $a^4b^3c^2$ par a^2bc, j'aurai a^2b^2c. En effet $\frac{a^3}{a^2}$ eſt la même choſe que $\frac{aaa}{aa}$ qui ſelon la regle donnée (30), ſe réduit à a, en ôtant les lettres communes au dividende & au diviſeur. En général, puiſque le quotient ne doit avoir que les lettres qui ne ſont

point communes au dividende & au diviſeur, l'expoſant de chaque lettre du quotient ne doit donc être que la différence entre les expoſants de cette lettre dans le dividende & dans le diviſeur.

32. Donc ſi une lettre a le même expoſant dans le dividende & dans le diviſeur, elle aura zéro pour expoſant dans le quotient; ainſi a^3 diviſé par a^3 donnera a^0; a^3bc^2 diviſé par a^2bc^2, donne $a^1b^0c^0$ ou ab^0c^0. Dans ce cas, on peut ſe diſpenſer d'écrire les lettres qui ont 0 pour expoſant; car chacune d'elles n'eſt autre choſe que l'unité. En effet, lorſqu'on diviſe a^3 par a^3, on cherche combien de fois a^3 contient a^3; or il le contient évidemment 1 fois; le quotient doit donc être 1: d'un autre côté a^3 diviſé par a^3 donne pour quotient, a^0; donc a^0 vaut 1. En général, *toute quantité qui a zéro pour expoſant, vaut* 1.

33. Si quelques lettres du diviſeur ne ſont pas communes au dividende, ou ſi quelques-uns des expoſants du diviſeur ſont plus grands que ceux de pareilles lettres du dividende, alors la diviſion ne peut être faite exactement : on ne peut que l'indiquer comme il a été dit ci-deſſus (29). Mais on peut ſimplifier le quotient ou la quantité fractionnaire qui le repréſente alors. La regle qu'il faut ſuivre pour cela, eſt de ſupprimer dans

le dividende & dans le diviſeur, les lettres qui leur ſont communes ; enſorte que s'il y a des expoſants, on efface la lettre qui a le plus petit expoſant, & l'on diminue de pareille quantité le plus grand expoſant de la même lettre. Par exemple, ſi l'on propoſe de diviſer a^5bc^3 par $a^2b^3c^4$, on écrira $\frac{a^5bc^3}{a^2b^3c^4}$ que l'on réduira en cette maniere ; on effacera a^2 dans le diviſeur, & l'on écrira ſeulement a^3 dans le dividende ; on effacera b dans le dividende, & l'on écrira ſeulement b^2 dans le diviſeur ; enfin on effacera c^3 dans le dividende, & l'on écrira ſeulement c dans le diviſeur ; enſorte qu'on aura $\frac{a^3}{b^2c}$. On trouvera de même, que $\frac{a^2b^5c^3}{a^3bc^2d}$ ſe réduit à $\frac{b^4c}{ad}$.

Si, par ces opérations, il ne reſtoit plus aucune lettre dans le dividende, il faudroit écrire l'unité ; ainſi $\frac{a^2}{a^3}$ ſe réduira à $\frac{1}{a}$.

La raiſon de ces regles eſt facile à ſaiſir après tout ce qui a été dit ci-deſſus ; car ſupprimer, ainſi qu'on le preſcrit, le même nombre de lettres dans le dividende & dans le diviſeur, c'eſt diviſer, par une même quantité, chacun des deux termes de la fraction qui exprime le quotient : or cette opération (*Arith.* 89) n'en change point la valeur & ſimplifie la fraction.

34. Jusqu'ici nous n'avons pas eu égard au coëfficient que peuvent avoir le dividende, ou le diviseur, ou tous les deux. La regle qu'on doit suivre à leur égard, est de les diviser comme en Arithmétique; & si la division ne peut pas être faite exactement, on les laisse sous la forme de fraction, que l'on réduit à sa plus simple expression (*Arith.* 29), lorsque cela est possible. Par exemple, ayant à diviser $8a^2b$ par $4a^2b$, je divise 8 par 4, & j'ai pour quotient, 2; divisant ensuite a^3b par a^2b, j'ai pour quotient, a, & par conséquent $2a$ pour quotient total. Ayant à diviser $8a^3b^2$ par $6ab$, j'écris $\frac{8a^3b^2}{6ab}$ que je réduis à $\frac{4a^2b}{3}$.

35. La regle que nous venons de donner (33), est générale, soit que le dividende & le diviseur soient monomes, soit qu'ils soient complexes ou polynomes, pourvu que dans ce dernier cas, les lettres communes au dividende & au diviseur soient en même-temps communes à tous les termes séparés par les signes + & —. C'est ainsi qu'ayant $a^5 + 4a^4b - 5a^2b^3$ à diviser par $a^3 - 5a^2b$, on réduira le quotient $\frac{a^5 + 4a^4b - 5a^2b^3}{a^3 - 5a^2b}$, à la quantité $\frac{a^3 + 4a^2b - 5b^3}{a - 5b}$, en supprimant a^2 qui est facteur commun de tous les termes du dividende & du diviseur.

36. Si le dividende & le diviſeur ſont complexes, on ne peut donner de regles générales pour reconnoître, par l'inſpection ſeule, ſi la diviſion peut ou ne peut pas être faite exactement. Il faut, pour s'en aſſurer & trouver en même-temps le quotient, faire l'opération que nous allons enſeigner.

1°. Diſpoſer, ſur une même ligne, le dividende & le diviſeur, & *ordonner* leurs termes par rapport à une même lettre commune à l'un & à l'autre, c'eſt-à-dire, écrire, par ordre de grandeur, les termes où cetre lettre a des expoſants conſécutivement plus petits.

2°. Cette diſpoſition faite, on ſépare le dividende du diviſeur par un trait, & on procede à la diviſion en prenant ſeulement le premier terme du dividende que l'on diviſe, ſuivant les regles données ci-deſſus (30, 31 & 34), par le premier terme du diviſeur, & l'on écrit le quotient ſous le diviſeur.

3°. On multiplie ſucceſſivement tous les termes du diviſeur par le quotient qu'on vient de trouver, & on porte les produits ſous le dividende, en obſervant de changer leur ſigne.

4°. On ſouligne le tout; & après avoir fait la réduction des termes ſemblables, on écrit le reſte au-deſſous pour commencer une ſeconde diviſion de la même maniere, en prenant pour premier terme celui des termes restants qui a le plus fort exposant.

Sur quoi il faut remarquer qu'ici, comme dans la multiplication, on doit avoir égard aux signes du terme du dividende & du terme du diviseur que l'on emploie : la regle est la même que pour la multiplication, c'est-à-dire, que . . . . .

Si le dividende & le diviseur ont le même signe, le quotient aura le signe +

Si, au contraire, ils ont différents signes, le quotient aura le signe —.

Cette regle pour les signes, est fondée sur ce que (*Arith.* 74) le quotient multiplié par le diviseur, doit reproduire le dividende. Il faut donc que le quotient ait des signes tels qu'en le multipliant par le diviseur, on reproduise le dividende avec les mêmes signes ; or cette condition entraîne nécessairement la regle que nous venons de donner.

Pour procéder avec ordre, on commencera par les signes, puis on divisera le coëfficient, enfin les lettres.

EXEMPLE.

On propose de diviser $aa - bb$ par $b + a$.

J'ordonne le dividende & le diviseur par rapport à l'une ou à l'autre des deux lettres a.

& b, par rapport à a, par exemple ; & je les écris comme on le voit ici :

$$\begin{array}{l|l} \text{Divid} \ldots\ldots aa - bb & a + b \text{ Diviseur.} \\ \quad - aa - ab & a - b \text{ Quotient.} \\ \hline \text{Reste} \ldots\ldots - ab - bb & \\ \quad + ab + bb & \\ \text{Reste} \ldots\ldots\ldots\ldots 0 & \end{array}$$

Le signe du premier terme aa du dividende, étant le même que celui de a premier terme du diviseur, je dois mettre + au quotient; mais comme c'est le premier terme, je puis omettre le signe +.

Je divise aa par a; j'ai pour quotient a que j'écris sous le diviseur.

Je multiplie successivement les deux termes a & b du diviseur, par le premier terme a du quotient, & j'écris les produits aa & ab sous le dividende, avec le signe —, contraire à celui qu'a donné la multiplication, parce que ces produits doivent être retranchés du dividende.

Je fais la réduction en effaçant les deux termes aa & $- aa$ qui se détruisent ; il me reste $- ab$, qui, avec la partie restante $- bb$ du dividende, compose ce qui me reste à diviser.

Je continue la division en prenant $- ab$ pour premier terme de mon nouveau dividende.

Divisant

Divisant $-ab$ par a, j'écris — au quotient, parce que les signes du dividende & du diviseur sont différents. Quant aux lettres, je trouve b pour quotient, & je l'écris à la suite du premier quotient.

Je multiplie les deux termes a & b du diviseur, par le terme $-b$ du quotient ; les deux produits sont $-ab$ & $-bb$; je change leurs signes & j'écris $+ab$, $+bb$ sous les parties restantes du dividende. Je fais la réduction en effaçant les parties semblables & de signe contraire : comme il ne reste rien, j'en conclus que le quotient est $a-b$.

On auroit pu également ordonner le dividende & le diviseur par rapport à la lettre b, & alors on auroit eu $-bb+aa$ à diviser par $b+a$, ce qui en opérant de la même maniere, auroit donné $-b+a$ pour quotient, quantité qui est la même que $a-b$.

Avant que de passer à l'exemple qui suit, il est à propos que les Commençants s'exercent sur les exemples de la Table ci-jointe, *page 36*.

37. Si après avoir ordonné le dividende & le diviseur par rapport à une même lettre, il se trouvoit plusieurs termes dans lesquels cette lettre eût le même exposant, on disposeroit ceux-ci dans une même colonne verticale, comme on le voit dans l'exemple sui-

vant; & dans cette diſpoſition, on obſerveroit d'ordonner tous les termes de chaque colonne par rapport à une même autre lettre.

EXEMPLE.

On propoſe de diviſer $19a^2b^2 + 13a^3b - 20a^4 - 10a^3c - 6a^2bc + 2ab^2c - 5ab^3$, par $-3ab - 5a^2 + bb$. J'ordonne le dividende & le diviſeur, par rapport à la lettre a, ce qui me donne $-20a^4 + 13a^3b - 10a^3c + 19a^2b^2 - 6a^2bc + 2ab^2c - 5ab^3$ à diviſer par $-5a^2 - 3ab + bb$; mais comme il y a deux termes affectés de a^3, deux termes affectés de a^2, & deux termes affectés de a, je le diſpoſe comme on le voit ici, en ordonnant dans chaque colonne, par rapport à la lettre b.

$$
\begin{array}{l|l}
\text{Divid.}\begin{cases} -20a^4 + 13a^3b + 19a^2b^2 - 5ab^3 \\ \qquad\quad -10a^3c - 6a^2bc + 2ab^2c \end{cases} & \begin{array}{l} -5a^2 - 3ab + bb \ \text{Diviſ.} \\ \hline 4a^2 - 5ab + 2ac \ \text{Quot.} \end{array} \\
\quad +20a^4 + 12a^3b - 4a^2b^2 & \\
\hline
\text{Reſte....}\begin{cases} +25a^3b + 15a^2b^2 - 5ab^3 \\ -10a^3c - 6a^2bc + 2ab^2c \end{cases} & \\
\qquad\qquad -25a^3b - 15a^2b^2 + 5ab^3 & \\
\hline
\text{Reſte.....} \ -10a^3c - 6a^2bc + 2ab^2c & \\
\qquad\qquad +10a^3c + 6a^2bc - 2ab^2c & \\
\hline
\text{Reſte.........................} 0 &
\end{array}
$$

Je procede enſuite à l'opération, en diviſant $-20a^4$ premier terme du dividende, par $-5a^2$ premier terme du diviſeur. Cette opération faite ſuivant les regles ci-deſſus, me donne pour quotient $+ 4a^2$ ou ſimplement $4a^2$, parce que c'eſt le premier terme; je l'écris au quotient.

Je multiplie les trois termes du diviſeur, ſucceſſivement par $4a^2$, & changeant les ſignes à meſure que je trouve ces produits, je les écris ſousle dividende, ce qui me donne $20a^4 + 12a^3b - 4a^2b^2$ dont je fais la réduction avec les termes du dividende, & j'ai pour reſte & pour nouveau dividende $+ 25a^3b - 10a^3c + 15a^2b^2 - 6a^2bc - 5ab^3 + 2ab^2c$.

Je continue la diviſion en prenant $+ 25a^3b$ pour dividende, & je trouve pour quotient $- 5ab$; j'écris ce quotient; je multiplie, par cette même quantité, les trois termes du diviſeur; & changeant les ſignes à meſure que je les trouve, j'écris les produits ſous mon nouveau dividende; j'ai $- 25a^3b - 15a^2b^2 + 5ab^3$, dont faiſant la réduction avec les termes de ce même nouveau dividende, j'ai pour reſte & pour troiſieme dividende $- 10a^3c - 6a^2bc + 2ab^2c$.

Je paſſe à une troiſieme diviſion en prenant $- 10a^3c$ pour dividende: je trouve $+ 2ac$ pour quotient; je fais la multiplication, le changement de ſignes, & la réduction, comme ci-devant, & il ne me reſt rien; ainſi le quotient eſt $4a^2 - 5ab + 2ac$.

38. Il arrive ſouvent qu'une quantité

résultante de plusieurs opérations différentes, peut être mise sous la forme d'un produit ou résultat de multiplication : lorsque cela arrive, il est très-souvent utile de lui donner cette forme, en indiquant la multiplication entre ses facteurs. Quoique la méthode générale pour découvrir ces facteurs dépende de connoissances que nous ne donnerons que par la suite, néanmoins nous observerons que lorsqu'on s'est un peu familiarisé avec la multiplication & la division, on les apperçoit, dans beaucoup de cas, avec facilité. Par exemple, si on avoit à ajouter $5ab-3bc+a^2$, avec $3ab+3bc-2a^2$, on auroit $8ab-a^2$ qui, à cause de la lettre a qui est facteur commun des deux termes $8ab$ & a^2, peut être considéré comme étant venu de la multiplication de $8b-a$ par a, & peut être représenté par $(8b-a)\times a$. Il est utile de s'exercer à ces sortes de décompositions.

De la maniere de trouver le plus grand commun diviseur de deux quantités littérales.

39. La méthode pour trouver le plus grand commun diviseur de deux quantités littérales, est analogue à celle que nous avons donnée pour les nombres (*Arith.* 95). Il faut, après avoir ordonné les deux quantités par rapport à une même lettre, diviser celle où cette lettre a le plus grand exposant, par la seconde, & continuer la division jusqu'à ce que cet exposant y soit devenu moindre que dans la seconde, ou tout au plus égal. On divise ensuite la seconde, par le reste de cette divi-

Exemples de la Multiplication.

$$\begin{array}{r} a + b \\ a - b \\ \hline a^2 + ab \\ - ab + b^2 \\ \hline a^2 - b^2 \end{array} \qquad \begin{array}{r} a + b \\ a + b \\ \hline a^2 + ab \\ + ab + b^2 \\ \hline a^2 + 2ab + b^2 \end{array} \qquad \begin{array}{r} a^2 + 2ab + b^2 \\ a + b \\ \hline a^3 + 2a^2b + ab^2 \\ + a^2b + 2ab^2 + b^3 \\ \hline + a^3 + 3a^2b + 3ab^2 + b^3 \end{array}$$

$$\begin{array}{r} a^3 + 3a^2b + 3ab^2 + b^3 \\ a^3 - 3a^2b + 3ab^2 - b^3 \\ \hline a^6 + 3a^5b + 3a^4b^2 + a^3b^3 \\ - 3a^5b - 9a^4b^2 - 9a^3b^3 - 3a^2b^4 \\ + 3a^4b^2 + 9a^3b^3 + 9a^2b^4 + 3ab^5 \\ - a^3b^3 - 3a^2b^4 - 3ab^5 - b^6 \\ \hline a^6 - 3a^4b^2 + 3a^2b^4 - b^6 \end{array}$$

$$\begin{array}{r} 5a^3 - 4a^2b + 5ab^2 - 3b^3 \\ 4a^2 - 5ab + 2b^2 \\ \hline 20a^5 - 16a^4b + 20a^3b^2 - 12a^2b^3 \\ - 25a^4b + 20a^3b^2 - 25a^2b^3 + 15ab^4 \\ + 10a^3b^2 - 8a^2b^3 + 10ab^4 - 6b^5 \\ \hline 20a^5 - 41a^4b + 50a^3b^2 - 45a^2b^3 + 25ab^4 - 6b^5 \end{array}$$

Exemples de Division.

$$\begin{array}{r} a^3 - b^3 \\ - a^3 + a^2b \\ \hline + a^2b - b^3 \\ - a^2b + ab^2 \\ \hline + ab^2 - b^3 \\ - ab^2 + b^3 \\ \hline 0 \end{array} \left\{ \begin{array}{l} a - b \\ \hline a^2 + ab + b^2 \end{array} \right.$$

$$\begin{array}{r} 8a^4 - 2a^3b - 13a^2b^2 - 3ab^3 \\ - 8a^4 - 10a^3b - 2a^2b^2 \\ \hline - 12a^3b - 15a^2b^2 - 3ab^3 \\ + 12a^3b + 15a^2b^2 + 3ab^3 \\ \hline 0 \end{array} \left\{ \begin{array}{l} 4a^2 + 5ab + b^2 \\ \hline 2a^2 - 3ab \end{array} \right.$$

$$\begin{array}{r} a^4 + 2aabb + b^4 - c^4 \\ - a^4 - aabb - aacc \\ \hline + aabb - aacc + b^4 - c^4 \\ - aabb - b^4 - bbcc \\ \hline - aacc - bbcc - c^4 \\ + aacc + bbcc + c^4 \\ \hline 0 \end{array} \left\{ \begin{array}{l} aa + bb + cc \\ \hline aa + bb - cc \end{array} \right.$$

$$\begin{array}{r} a^6 - b^6 \\ - a^6 - a^3b^3 \\ \hline - a^3b^3 - b^6 \\ + a^3b^3 + b^6 \\ \hline 0 \end{array} \left\{ \begin{array}{l} a^3 + b^3 \\ \hline a^3 - b^3 \end{array} \right.$$

$$\begin{array}{r} 20a^5 - 41a^4b + 50a^3b^2 - 45a^2b^3 + 25ab^4 - 6b^5 \\ - 20a^5 + 16a^4b - 20a^3b^2 + 12a^2b^3 \\ \hline - 25a^4b + 30a^3b^2 - 33a^2b^3 + 25ab^4 - 6b^5 \\ + 25a^4b - 20a^3b^2 + 25a^2b^3 - 15ab^4 \\ \hline + 10a^3b^2 - 8a^2b^3 + 10ab^4 - 6b^5 \\ - 10a^3b^2 + 8a^2b^3 - 10ab^4 + 6b^5 \\ \hline 0 \end{array} \left\{ \begin{array}{l} 5a^3 - 4a^2b + 5ab^2 - 3b^3 \\ \hline 4a^2 - 5ab + 2b^2 \end{array} \right.$$

ſion, & avec les mêmes conditions. On diviſe après cela, le premier reſte par le ſecond, & l'on continue de diviſer le reſte précédent par le nouveau, juſqu'à ce qu'on ſoit arrivé à une diviſion exacte : alors le dernier diviſeur qu'on aura employé, eſt le plus grand commun diviſeur cherché. La démonſtration eſt fondée ſur les mêmes principes que celle que nous avons donnée en Arithmétique, *page 92*.

Avant de mettre cette regle en pratique, nous ferons une obſervation qui peut en faciliter l'uſage; cette obſervation eſt qu'on ne change rien au plus grand commun diviſeur de deux quantités, lorſqu'on multiplie ou lorſqu'on diviſe l'une des deux par une quantité qui n'eſt point diviſeur de l'autre, & qui n'a aucun commun diviſeur avec cette autre. Par exemple ab & ac ont pour commun diviſeur a, ſi je multiplie ab par d, il deviendra abd qui n'a, avec ac, d'autre commun diviſeur que a, c'eſt-dire, le même qui étoit entre ab & ac.

Il n'en ſeroit pas de même, ſi je multipliois ab par un nombre qui fût diviſeur de ac, ou qui eût un facteur commun avec ac; par exemple, ſi je multipliois ab par c, il deviendroit abc, dont le diviſeur commun avec ac eſt ac lui même. Pareillement, ſi je multipliois ab par cd qui a un facteur commun avec ac, j'aurois $abcd$ dont le diviſeur commun avec ac eſt ac.

40. Concluons de-là 1°. que ſi en cherchant le plus grand commun diviſeur de deux quantités, on s'apperçoit dans le cours des diviſions que l'on fera ſucceſſivement, que le dividende ou le diviſeur ait un facteur ou un diviſeur qui ne ſoit point facteur de l'autre, on pourra ſupprimer ce facteur.

2°. Qu'on pourra multiplier l'une des deux quantités, par tel nombre qu'on voudra, pourvu que ce nombre ne ſoit point diviſeur de l'autre quantité, & n'ait aucun facteur commun avec elle.

Appliquons maintenant la regle, & les remarques que nous venons de faire.

Suppoſons qu'on demande le plus grand commun diviſeur de $aa - 3ab + 2bb$ & $aa - ab - 2bb$. Je diviſe la premiere par le ſeconde : j'ai 1 pour quotient, & $- 2ab + 4bb$ pour reſte. Je vais donc diviſer $aa - ab - 2bb$, par le reſte $- 2ab + 4bb$; mais comme celui-ci a pour facteur $2b$ qui n'eſt point facteur du nouveau dividende, je ſupprime ce facteur $2b$, & je me contente de chercher le commun diviſeur de $aa - ab - 2bb$ & $- a + 2b$, c'eſt-à-dire, de diviſer $aa - ab - 2bb$ par $- a + 2b$; la division se fait exactement. J'en conclus que $-a+2b$ est le plus grand commun diviseur des deux quantités proposées.

Proposons-nous pour second exemple, de trouver le plus grand commun diviseur des deux quantités $5a^3-18a^2b+11ab^2-6b^3$ & $7a^2-23ab+6b^2$. Il faudroit donc diviser la premiere de ces deux quantités, par la seconde; mais comme 5 ne peut être divisé exactement par 7, je multiplierai la premiere par 7, qui n'étant point facteur de tous les termes de la seconde, ne peut rien changer au commun diviseur. J'aurai donc $35a^3-126a^2b+77ab^2-42b^3$ à diviser par $7a^2-23ab+6b^2$. En faisant la division, j'aurai $5a$ pour quotient, & pour reste $-11a^2b+47ab^2-42b^3$. Comme l'exposant de a dans celui-ci est encore égal à celui de a dans le diviseur, je puis continuer la division; mais j'observe, qu'il faudra encore, par la même raison que ci-dessus, multiplier par 7; d'ailleurs je remarque que je puis ôter b dans tous les termes de $-11a^2b+47ab^2-42b^3$, parce qu'il n'est point facteur commun de tous les termes du diviseur $7a^2-23ab+6b^2$; j'aurai donc, d'après ces observations, $-77a^2+329ab-294b^2$ à diviser par $7a^2-23ab+6b^2$; faisant la division, j'ai -11 pour quotient, & $76ab-228b^2$ pour reste. Je vais donc diviser $7a^2-23ab+6b^2$ qui m'a servi de diviseur jusqu'ici, par le reste $76ab-228b^2$, ou plutôt par $76a-228b$. Pour que la division pût se faire, il faudroit multiplier la premiere de ces deux quantités par 76; mais avant de faire cette multiplication, il faut savoir si 76 n'est pas facteur de toute la quantité $76a-228b$, ou s'il n'a pas quelqu'un de ses facteurs qui en soit facteur commun. Or je remarque que 76 est 3 fois dans $228b$; & comme il n'est pas facteur de $7a^2-23ab+6b^2$, je supprime dans le diviseur $76a-228b$, le facteur 76, & j'ai $7a^2-23ab+6b^2$ à diviser par $a-3b$ seulement; la division faite, il ne reste rien; d'où je conclus que le commun diviseur des deux quantités proposées, est $a-3b$.

Des Fractions littérales.

41. Les fractions littérales se calculent suivant les mêmes regles que les fractions numériques, mais en appliquant en même temps les regles que nous avons données

ci-dessus concernant l'addition, la soustraction, la multiplication & la division. Comme cette application est facile, nous la ferons très-sommairement.

42. La fraction $\frac{a}{b}$ peut être transformée, sans changer de valeur, en $\frac{ac}{bc}$, ou $\frac{aa}{ab}$, ou $\frac{aa+ab}{ab+bb}$, & ainsi de suite.

En effet, ces dernieres ne sont autre chose que la premiere dont on a multiplié les deux termes, par c dans le premier cas, par a dans le second, & par $a+b$ dans le troisieme, ce qui (*Arith.* 88) n'en change pas la valeur.

43. La fraction $\frac{aac}{abc}$ est la même chose que $\frac{a}{b}$; la fraction $\frac{6a^3+3a^2b}{12a^3+9a^2c}$ est la même que $\frac{2a+b}{4a+3c}$. Cela est évident (*Arith.* 89), en divisant les deux termes de la premiere, par ac, & les deux termes de la troisieme, par $3a^2$. Au reste cette réduction des fractions à leur plus simple expression est comprise dans ce qui a été dit (33).

44. La regle générale & la plus sûre pour réduire une fraction quelconque à ses moindres termes, est de diviser les deux termes par leur plus grand commun diviseur que l'on trouve par ce qui a été dit (39 & 40).

45. Pour réduire à une seule fraction une quantité composée d'un entier & d'une fraction, il faut, comme en Arithmétique, multi-

plier l'entier par le dénominateur de la fraction qui l'accompagne. Par exemple, $a + \frac{bd}{c}$, peut être changé en $\frac{ac + bd}{c}$. De même, $a + \frac{cd - ab}{b - d}$, se réduit à $\frac{ab - ad + cd - ab}{b - d}$, en multipliant l'entier a par le dénominateur $b - d$.

Lorsqu'à la suite de ces opérations, il se trouve des termes semblables, il ne faut pas oublier de les réduire; ainsi dans le dernier exemple, la quantité $a + \frac{cd - ab}{b - d}$ a été changée en $\frac{ab - ad + cd - ab}{b - d}$ qui se réduit $\frac{-ad + cd}{b - d}$ ou $\frac{cd - ad}{b - d}$ en effaçant les deux termes ab & $-ab$ qui se détruisent.

46. Pour tirer les entiers qu'une fraction littérale peut renfermer, cela se réduit, comme en Arithmétique, à diviser le numérateur, par le dénominateur, autant qu'il est possible, & en suivant les regles données ci-dessus pour la division; ainsi la quantité $\frac{3ab + ac + cd}{a}$, peut être réduite à $3b + c + \frac{cd}{a}$; pareillement la quantité $\frac{a^2 + 4ab + 4bb + cc}{a + 2b}$, se réduit à $a + 2b + \frac{cc}{a + 2b}$, en faisant la division par $a + 2b$.

47. Pour réduire plusieurs fractions littérales, au même dénominateur, la regle est la

même qu'en Arithmétique : ainsi pour réduire à un même dénominateur, les trois fractions $\frac{a}{b}$, $\frac{c}{d}$, $\frac{e}{f}$, je multiplie les deux termes a & b de la premiere, par df qui est le produit des dénominateurs des deux autres fractions, & j'ai $\frac{adf}{bdf}$. Je multiplie de même les deux termes c & d de la seconde, par bf produit des deux autres dénominateurs, & j'ai $\frac{bcf}{bdf}$; enfin je multiplie les deux termes e & f de la derniere, par bd produit des dénominateurs des deux autres, & j'ai $\frac{bde}{bdf}$, ensorte que les trois fractions, réduites au même dénominateur, deviennent $\frac{adf}{bdf}$, $\frac{bcf}{bdf}$, $\frac{bde}{bdf}$.

On se conduiroit de la même maniere, si les numérateurs ou les dénominateurs, ou tous les deux étoient complexes, mais en observant les regles de la multiplication des nombres complexes. C'est ainsi qu'on trouvera que les deux fractions $\frac{b+c}{a+b}$ & $\frac{a-2c}{a-b}$, réduites au même dénominateur, deviennent $\frac{ab+ac-bb-bc}{aa-bb}$, & $\frac{aa-2ac+ab-2bc}{aa-bb}$, en multipliant les deux termes de la premiere par $a-b$, & les deux termes de la seconde par $a+b$.

48. Quand les dénominateurs ont un diviseur ou facteur commun, on peut réduire les fractions à un même dénominateur, plus simplement que par la regle générale : par exemple, si j'avois les deux fractions $\frac{a}{bc}$, $\frac{d}{bf}$; je vois que les deux dénominateurs seroient les mêmes si f étoit facteur du premier, & c facteur du second; je multiplie donc les deux termes de la premiere fraction par f, & les deux termes de la seconde, par c; ce qui me donne $\frac{af}{bcf}$ & $\frac{cd}{bcf}$ plus simples que $\frac{abf}{bbcf}$ & $\frac{bcd}{bbcf}$ que j'aurois eues en suivant le regle générale. Si j'avois les trois fractions $\frac{a}{bc}$, $\frac{d}{bf}$, $\frac{e}{cg}$; je vois que si fg étoit facteur du dénominateur de la premiere; cg, de celui de la seconde; & bf, de celui de la troisieme, les trois fractions auroient le même dénominateur; je multiplie donc les deux termes de la premiere, par fg; les deux termes de la seconde, par cg; & les deux termes de la troisieme, par bf; & j'ai $\frac{afg}{bcfg}$, $\frac{dcg}{bcfg}$, $\frac{bef}{bcfg}$.

On peut appliquer cela aux nombres, en les décomposant en leurs facteurs. Par exemple $\frac{5}{12}$ & $\frac{3}{16}$ sont la même chose que $\frac{5}{4\times 3}$ & $\frac{3}{4\times 4}$; je multiplie donc les deux termes de la premiere par 4, & les deux termes de la seconde par 3, & j'ai $\frac{22}{48}$ & $\frac{9}{48}$.

49. A l'égard de l'addition & de la soustraction, lorsqu'on a réduit les fractions au même dénominateur, il ne s'agit plus que de faire l'addition ou la soustraction des numérateurs. Ainsi, les deux fractions $\frac{b+c}{a+b}$ & $\frac{a-2c}{a-b}$, réduites au même dénominateur, ont donné ci-dessus $\frac{ab+ac-bb-bc}{aa-bb}$ & $\frac{aa-2ac+ab-2bc}{aa-bb}$; si donc on veut ajouter, on aura . . . .
$\frac{ab+ac-bb-bc+aa-2ac+ab-2bc}{aa-bb}$ qui se réduit à $\frac{2ab-ac-bb-3bc+aa}{aa-bb}$. Au contraire, si l'on veut retrancher la seconde de la premiere, on aura $\frac{ab+ac-bb-bc-aa+2ac-ab+2bc}{aa-bb}$ qui se réduit à $\frac{3ac-bb+bc-aa}{aa-bb}$.

50. Remarquons, en passant, que pour retrancher la seconde fraction, nous avons changé les signes du numérateur seulement : si l'on changeoit les signes du numérateur & du dénominateur en même-temps, on ne changeroit point la fraction, & par conséquent, au lieu de la retrancher, on l'ajouteroit ; en effet $\frac{a}{b}$ est la même chose que $\frac{-a}{-b}$ selon la regle qui a été donnée (35).

51. Pour multiplier $\frac{a}{b}$, par $\frac{c}{d}$; on écrira $\frac{ac}{bd}$

en multipliant numérateur par numérateur & dénominateur par dénominateur, conformément aux regles de l'Arithmétique; de même $\frac{1}{2} a \times \frac{1}{2} b$ donnera $\frac{1}{4} a b$.

Si l'on avoit $\frac{a}{b}$ à multiplier par c, on pourroit considérer c, comme étant $\frac{c}{1}$, ce qui ramene cette multiplication au cas précédent, & donne $\frac{ac}{b}$; mais on voit que cela se réduit à multiplier le numérateur par l'entier c; nous prendrons donc pour regle dorénavant, celle-ci, *pour multiplier une fraction par un entier, ou un entier par une fraction, il faut multiplier le numérateur par l'entier, & conserver le même dénominateur.*

Si le numérateur & le dénominateur étoient complexes, on leur appliqueroit la regle de la multiplication des nombres complexes.

52. Pour diviser $\frac{a}{b}$, par $\frac{c}{d}$; l'opération (*Arith.* 109) se réduit à multiplier $\frac{a}{b}$ par $\frac{d}{c}$, ce qui s'exécute par la regle précédente, & donne $\frac{ad}{bc}$. Et pour diviser $\frac{a+b}{c+d}$, par $\frac{c+d}{a-b}$, cela se réduit à multiplier $\frac{a+b}{c+d}$ par $\frac{a-b}{c+d}$, ce qui donne $\frac{(a+b)(a-b)}{(c+d)(c+d)}$ ou $\frac{(a+b)(a-b)}{(c+d)^2}$ ou,

en faisant la multiplication indiquée dans le numérateur, $\frac{aa-bb}{(c+d)^2}$.

Enfin, si l'on avoit $\frac{a}{b}$ à diviser par c, on pourroit considérer c, comme étant $\frac{c}{1}$; ce qui rameneroit au cas précédent, & réduiroit à multiplier $\frac{a}{b}$ par $\frac{1}{c}$ ce qui donne $\frac{a}{bc}$; d'où l'on voit que *pour diviser une fraction par un entier, il faut multiplier le dénominateur par l'entier, & conserver le numérateur.*

Des Equations.

53. Pour marquer que deux quantités sont égales, on les sépare l'une de l'autre par ce signe $=$, qui se prononce par le mot *égale*, ou par les mots *est égal à*; ainsi cette expression $a=b$, se prononceroit en disant a égale b, ou a est égal à b.

L'assemblage de deux ou de plusieurs quantités séparées ainsi par le signe $=$, est ce qu'on appelle une *Equation*. La totalité des quantités qui sont à la gauche du signe $=$, forme ce qu'on appelle le *premier membre* de l'équation; & la totalité de celles qui sont à la droite de ce même signe, forme le *second membre*. Dans l'équation $4x-3=2x+7$,

$4x - 3$ forme le premier membre, & $2x + 7$ forme le second. Les équations sont d'un très-grand usage pour la résolution des questions qu'on peut proposer sur les quantités.

Toute question qui peut être résolue par l'Algebre, renferme toujours dans son énoncé, soit explicitement, soit implicitement, un certain nombre de conditions qui sont autant de moyens de saisir les rapports des quantités inconnues, aux quantités connues dont celles-là dépendent. Ces rapports peuvent toujours, ainsi qu'on le verra par la suite, être exprimés par des équations dans lesquelles les quantités inconnues & les quantités connues se trouvent combinées les unes avec les autres, & cela d'une maniere plus ou moins composée, selon que la question est plus ou moins difficile.

Ainsi pour résoudre, par Algebre, les questions qu'on peut proposer sur les quantités, il faut trois choses.

1°. Saisir dans l'énoncé ou dans la nature de la question, les rapports qu'il y a entre les quantités connues & les quantités inconnues. C'est une faculté que l'esprit acquiert, comme beaucoup d'autres, par l'usage; mais il n'y a point de regles générales à donner là-dessus.

2°. Exprimer chacun de ces rapports, par

une équation. Cette condition peut être réduite à une ſeule regle, que nous expoſerons par la ſuite; mais l'application en eſt plus ou moins facile ſelon la nature des queſtions, la capacité & l'exercice que peut avoir celui qui entreprend de réſoudre.

3°. Réſoudre cette équation, ou ces équations, c'eſt-à-dire, en déduire la valeur des quantités inconnues. Ce dernier point eſt ſuſceptible d'un nombre déterminé de regles : c'eſt par lui que nous allons commencer.

Comme les queſtions qu'on peut avoir à réſoudre, peuvent conduire à des équations plus ou moins compoſés, on a partagé celles-ci en pluſieurs claſſes ou degrés que l'on diſtingue par l'expoſant de la quantité ou des quantités inconnues qui s'y trouvent: nous ferons connoître ces équations à meſure que nous avancerons: celles dont nous allons nous occuper d'abord, ſont les *équations du premier degré.* On nomme ainſi les équations dans leſquelles les inconnues ne ſont multipliées ni par elles-mêmes, ni entr'elles.

Des Equations du premier degré, à une ſeule inconnue.

54. Réſoudre une équation, c'eſt la réduire à une autre, dans laquelle l'inconnue,

ou la lettre qui la représente, se trouve seule dans un membre, & où il n'y ait plus que des quantités connues dans l'autre membre.

Par exemple, si l'on proposoit cette question : *Trouver un nombre dont le quadruple ajouté à 3, donne autant que son triple ajouté à 12*. En représentant ce nombre par x, son quadruple seroit $4x$, lequel ajouté à 3 fait $4x + 3$; d'un autre côté le triple de ce même nombre x est $3x$, lequel ajouté à 12 fait $3x + 12$; puis donc que $4x + 3$ doit donner autant que $3x + 12$, il faut que le nombre x soit tel que l'on ait $4x + 3 = 3x + 12$; c'est là l'équation qu'il s'agit de résoudre, pour trouver le nombre demandé.

Or il est évident que puisque les deux quantités séparées par le signe $=$, sont égales, elles le seront encore, si l'on retranche de chacune $3x$, ce qui réduit l'équation à $x + 3 = 12$; enfin ces deux-ci seront encore égales, si de chacune on retranche le même nombre 3, ce qui donne $x = 9$, & résout la question; car il est évident que x est connu, puisqu'il est égal à une quantité connue 9.

L'objet que nous nous proposons ici, est de donner des regles pour ramener l'équation, dans tous les cas, à avoir ainsi l'inconnue seule dans un membre, & n'avoir que

que des quantités connues dans l'autre membre. Pour une queſtion auſſi ſimple que celle que nous venons de prendre pour exemple, l'uſage des équations ſeroit ſans doute ſuperflu ; mais toutes les queſtions ne ſont pas de cette facilité ; & il ne s'agit encore que de faire entendre comment la queſtion eſt réſolue, lorſque l'inconnue eſt ſeule dans un membre, & qu'il n'y a plus que des quantités connues dans l'autre.

Les regles pour réſoudre les équations dont il s'agit ici, c'eſt-à-dire, pour les réduire à avoir l'inconnue ſeule dans un membre, ſe réduiſent à trois, qui ſont relatives aux trois différentes manieres dont l'inconnue peut ſe trouver mêlée ou engagée avec des quantités connues.

Dorénavant nous repréſenterons les quantités inconnues par quelques-unes des dernieres lettres x, y, z de l'Alphabet, pour les diſtinguer des quantités connues que nous repréſenterons, ou par des nombres, ou par les premieres lettres de l'Alphabet.

55. L'inconnue peut ſe trouver mêlée avec des quantités connues, en trois manieres ; 1°. par addition ou ſouſtraction, comme dans l'équation $x + 3 = 5 - x$. 2°. Par addition, ſouſtraction & multiplication, comme dans l'équation $4x - 6 = 2x + 16$. 3°. Enfin

par addition, soustraction, multiplication & division, comme dans l'équation $\frac{9}{5}x - 4 = \frac{2}{3}x + 17$; ou par ces deux dernieres opérations seulement, ou par la derniere seulement.

Voici les regles qu'il faut suivre pour dégager l'inconnue dans ces différents cas.

56. *Pour faire passer un terme quelconque d'une équation, d'un membre de cette équation dans l'autre; il faut effacer ce terme, & l'écrire dans l'autre membre avec un signe contraire à celui qu'il a dans le membre où il est.* Sur quoi il faut se rappeller qu'un terme qui n'a pas de signe, est censé avoir le signe $+$.

Par exemple, dans l'équation $4x + 3 = 3x + 12$, si je veux faire passer le terme $+3$ dans le second membre, j'écris $4x = 3x + 12 - 3$, où l'on voit que le terme 3 n'est plus dans le premier membre; mais il est dans le second avec le signe $-$, contraire au signe $+$ qu'il avoit dans le premier.

Cette équation réduite, revient à $4x = 3x + 9$; si l'on veut maintenant faire passer le terme $3x$, dans le premier membre, on écrira $4x - 3x = 9$, qui, en réduisant, devient $x = 9$.

Pareillement, si dans l'équation $5x - 7 = 21 - 4x$, je veux faire passer le terme -7 dans le second membre; j'écrirai $5x =$

$21 - 4x + 7$, qui ſe réduit à $5x = 28 - 4x$; ſi je veux enſuite faire paſſer $4x$, j'écrirai $5x + 4x = 28$, ou, en réduiſant, $9x = 28$. Nous verrons dans quelques moments, comment s'achève la réſolution de cette équation.

La raiſon de cette regle eſt bien facile à ſaiſir. Puiſque les quantités qui compoſent le premier membre ſont, enſemble, égales à la totalité de celles qui compoſent le ſecond, il eſt évident qu'on ne trouble point cette égalité, ſi ayant ajouté ou ôté à l'un des membres un terme quelconque, on ajoute, ou l'on ôte à l'autre, ce même terme; or, lorſqu'on efface un terme qui a le ſigne $+$, c'eſt diminuer le membre où il ſe trouve : il faut donc diminuer l'autre de pareille quantité, c'eſt-à-dire, y écrire ce terme avec le ſigne $-$. Au contraire, lorſqu'on efface un terme qui a le ſigne $-$, il eſt évident qu'on augmente le membre où il ſe trouve, il faut donc augmenter l'autre, de pareille quantité, c'eſt-à-dire, y écrire ce terme avec le ſigne $+$.

57. On voit donc que par cette regle on peut faire paſſer à la fois, dans un même membre, tous les termes affectés de l'inconnue, & toutes les quantités connues dans l'autre. On choiſira d'abord dans quel mem-

bre on veut avoir les termes affectés de l'inconnue ; céla est indifférent : je suppose que ce soit dans le premier. On écrira de nouveau l'équation, en observant de conserver aux termes affectés de l'inconnue, & qui étoient dans le premier membre, les signes qu'ils avoient ; on écrira, à la suite de ceux-là, les termes affectés de l'inconnue, qui se trouvent dans l'autre membre, mais en observant de changer leur signe. A la suite de tous ces termes, on écrira le signe $=$, & l'on formera le second membre, en écrivant les quantités connues qui composoient d'abord le second membre, en les écrivant, dis-je, avec les mêmes signes qu'elles avoient, & ensuite les quantités connues qui étoient dans le premier membre, mais en leur donnant des signes contraires à ceux qu'elles avoient. C'est ainsi que l'équation $7x - 8 = 14 - 4x$ devient $7x + 4x = 14 + 8$, ou $11x = 22$. Pareillement l'équation $ax + bc - cx = ac - bx$, devient $ax - cx + bx = ac - bc$.

58. Il peut arriver, par cette transposition, que ce qui reste des x, après la réduction, se trouve avoir le signe $-$; par exemple, si l'on avoit $3x - 8 = 4x - 12$, en passant tous les x dans le premier membre, on auroit $3x - 4x = -12 + 8$, qui se réduit à

$-x = -4$; alors il n'y a qu'à changer les ſignes de l'un & de l'autre membre, ce qui, dans le cas préſent, donne $+x = +4$, ou $x = 4$. En effet, on étoit également maître de tranſpoſer les x dans le ſecond membre, ce qui auroit donné $-8 + 12 = 4x - 3x$, qui ſe réduit à $4 = x$, qui eſt la même choſe que $x = 4$.

59. On peut ſouvent abréger la réduction de l'équation, lorſqu'elle eſt numérique, ou lorſque étant littérale, elle renferme des quantités ſemblables. Si ces quantités ont le même ſigne dans différents membres, on efface l'une, & on diminue l'autre de pareille quantité; au contraire on les ajoute, lorſqu'elles ont différents ſignes. Par exemple, dans l'équation $6b - 4a + 2x = 5a + 3x$, j'efface $2x$ dans le premier membre, & j'écris ſeulement x dans le ſecond, j'efface $5a$ dans le ſecond, & j'augmente $4a$ de $5a$, ce qui me donne tout de ſuite $6b - 9a = x$. On voit donc que s'il ſe trouvoit de part & d'autre, des termes parfaitement égaux & de même ſigne, on pourroit les ſupprimer tout de ſuite; c'eſt ainſi que l'équation $5a + 2b = 5a + x$, ſe réduit tout de ſuite à $2b = x$.

60. Lorſqu'on a paſſé dans un membre, tous les termes affectés de l'inconnue, &

toutes les quantités connues dans l'autre membre ; s'il n'y a point de fractions dans l'équation, il ne s'agit plus que d'exécuter la regle suivante, pour avoir la valeur de l'inconnue. *Ecrivez l'inconnue seule dans un membre, & donnez pour diviseur au second membre, la quantité qui multiplioit l'inconnue dans le premier.*

Par exemple, dans l'équation $7x - 8 = 14 - 4x$ que nous avons traitée ci-dessus, nous avons eu, par la transposition & la réduction, $11x = 22$; pour avoir x, je n'ai autre chose à faire qu'à écrire $x = \frac{22}{11}$, qui se réduit à $x = 2$; c'est-à-dire, écrire x seul dans le premier membre, & faire servir son multiplicateur 11, de diviseur au second membre 22. En effet, lorsqu'au lieu de $11x$, j'écris seulement x, je n'écris que la onzieme partie du premier membre ; il faut donc, pour conserver l'égalité, n'écrire que la onzieme partie du second membre, c'est-à-dire, diviser le second membre par 11.

Pareillement, si l'on proposoit l'équation $15x - 15 = 4x + 25$; après avoir passé (56) tous les x d'un côté, & les quantités connues, de l'autre, on aura $12x - 4x = 25 + 15$, ou, en réduisant, $8x = 40$; maintenant pour avoir x, j'écris $x, = \frac{40}{8}$, qui se réduit à $x = 5$. Car, lorsqu'au lieu de $8x$ j'écris x seulement, je n'écris que la huitieme partie du premier membre ; je dois donc, pour maintenir l'égalité, n'écrire que la huitieme partie du second membre, c'est-à-dire, n'écrire que $\frac{40}{8}$.

Si les quantités connues qui multiplient x, au lieu d'être des nombres, étoient représentées par des lettres, la regle ne seroit pas différente pour cela : ainsi dans l'équation $ax = bc$, il n'y a autre chose à faire, pour avoir x, que d'écrire $x = \frac{bc}{a}$.

Si après la transposition faite, il y a plusieurs termes affectés de l'inconnue, la regle est encore la même ; ainsi, dans l'équation $ax + bc - cx = ac - bx$, que nous avons eue ci-dessus, on a, après la transposition, $ax - cx + bx = ac - bc$; pour avoir x, il ne s'agit plus que d'écrire $x = \frac{ac - bc}{a - c + b}$; c'est-à-dire, écrire x seul dans un membre, & donner pour diviseur au second, la quantité qui multiplioit x dans le premier, laquelle est ici $a - c + b$, puisque la quantité $ax - cx + bx$ est x multiplié par la totalité des trois quantités $a - c + b$.

61. On voit donc que lorsqu'après la transposition, il y a plusieurs termes affectés de x, on doit, pour avoir la valeur de x, diviser le second membre par la totalité des quantités qui affectent x dans le premier, en prenant ces quantités avec leurs signes tels

qu'ils ſont. Par exemple, dans l'équation $ax = bc - 2x$, on a, par la tranſpoſition, $ax + 2x = bc$; & en appliquant la regle actuelle ou la diviſion, on aura $x = \frac{bc}{a+2}$. De même, l'équation $x - ab = bc - ax$, donne par la tranſpoſition $x + ax = bc + ab$, & par conſéquent $x = \frac{bc + ab}{1 + a}$; car il ne faut pas oublier ici (5) que le multiplicateur de x dans le premier terme de $x + ax$, eſt 1; en ſorte que dans $x + ax$, x eſt multiplié par $1 + a$; en effet, dans $x + ax$, x ſe trouve 1 fois de plus que dans ax.

62. S'il ſe trouvoit quelque quantité qui fût facteur commun de tous les termes de l'équation, on pourroit ſimplifier, en diviſant tous les termes par ce facteur commun: par exemple, dans l'équation $15bb = 27ab + 6bx$, je diviſerois par $3b$ qui eſt facteur commun de tous les termes; & j'aurois $5b = 9a + 2x$, qui, par la tranſpoſition, devient $5b - 9a = 2x$, & enfin par la diviſion, donne $\frac{5b - 9a}{2} = x$ ou $x = \frac{5b - 9a}{2}$.

63. Les regles que nous venons de donner, ont toujours lieu, lors même que les différents termes de l'équation ont des dénominateurs, pourvu que ces dénominateurs ne contiennent pas l'inconnue; mais comme

l'application de ces regles est plus facile pour les Commençants, lorsqu'il n'y a pas de fractions dans l'équation, nous allons ajouter ici une regle pour faire disparoître les dénominateurs.

64. Pour changer une équation dans laquelle il y a des dénominateurs, en une autre dans laquelle il n'y en ait plus, *il faut multiplier chaque terme qui n'a pas de dénominateur, par le produit de tous les dénominateurs; & multiplier le numérateur de chaque fraction, par le produit des dénominateurs des autres fractions seulement.*

Par exemple, si j'avois l'équation $\frac{2x}{3} + 4 = \frac{4x}{5} + 12 - \frac{5x}{7}$; je multiplierois le numérateur $2x$ de la fraction $\frac{2x}{3}$, par 35, produit des deux dénominateurs 5 & 7, ce qui me donneroit $70x$. Je multiplierois le terme 4, qui n'a point de dénominateur, par 105, produit des trois dénominateurs 3, 5, 7, ce qui me donneroit 420. Je multiplierois le numérateur $4x$ de la fraction $\frac{4x}{5}$, par 21, produit des deux dénominateurs 3 & 7, & j'aurois $84x$. Je multiplierois 12, qui n'a pas de dénominateur, par le produit 105 des trois dénominateurs, & j'aurois 1260. Enfin je multiplierois le numérateur $5x$ de la fraction $\frac{5x}{7}$, par 15, produit des deux autres dénominateurs, ce qui me donne $75x$; en ſorte que l'équation propoſée, eſt changée en celle-ci $70x + 420 = 84x + 1260 - 75x$, dans laquelle, pour avoir x, il ne s'agit plus que d'appliquer les deux regles précédentes. Par la premiere (56) on changera cette équation en $70x - 84x + 75x = 1260 - 420$; ou, en réduiſant, $61x = 840$; & par la ſeconde (60), $x = \frac{840}{61}$, qui en faiſant la diviſion, ſe réduit à $x = 13\frac{47}{61}$.

La raiſon de cette regle eſt facile à appercevoir, ſi l'on ſe rappelle ce qui a été dit (*Arith.* 91) pour réduire pluſieurs fractions au même dénominateur. En effet, ſi dans l'équation propoſée $\frac{2x}{3} + 4 = \frac{4x}{5} + 12 - \frac{5x}{7}$, on vouloit réduire au même dénominateur, les trois fractions $\frac{2x}{3}$, $\frac{4x}{5}$, $\frac{5x}{7}$, il faudroit multiplier leurs numérateurs par les mêmes nombres par leſquels notre regle actuelle preſcrit de les multiplier, & donner à ces nouveaux numérateurs, pour dénominateur commun, le produit de tous les dénominateurs; en ſorte que l'équation propoſée ſeroit changée en cette autre $\frac{70x}{105} + 4 = \frac{84x}{105} + 12$

$-\frac{75x}{105}$, qui eſt la même dans le fonds, puiſque (*Arith.* 88) les nouvelles fractions ſont les mêmes que les premieres. Maintenant, ſi nous voulons auſſi réduire les entiers en fraction, il faut (*Arith.* 86) multiplier ces entiers par le dénominateur de la fraction qui les accompagne, c'eſt-à-dire, ici par 105 qui a été formé du produit de tous les dénominateurs qui ſe trouvent dans l'équation; alors on aura $\frac{70x + 420}{105} = \frac{84x + 1260 - 75x}{105}$; mais il eſt évident qu'on peut, ſans troubler l'égalité, ſupprimer de part & d'autre le dénominateur commun, puiſque ſi ces deux quantités ſont égales étant diviſées par un même nombre, elles doivent l'être auſſi ſans cette diviſion; on a donc alors $70x + 420 = 84x + 1260 - 75x$, comme ci-deſſus.

65. Si les différents termes qui compoſent l'équation, ſont tous des quantités littérales, la regle ne ſera pas, pour cela, différente. Il faut ſeulement obſerver les regles de la multiplication des quantités littérales : ainſi dans l'équation $\frac{ax}{b} + b = \frac{cx}{d} + \frac{ab}{c}$, je multiplie le numérateur ax par le produit cd des deux autres dénominateurs, ce qui donne $acdx$. Je multiplie le terme $+ b$, par le produit bcd de tous les dénominateurs,

& j'ai $+ b^2 cd$. Je multiplie cx par bc; & j'ai $bc^2 x$; enfin je multiplie ab par bd, & j'ai $ab^2 d$; en ſorte que l'équation devient $acdx + b^2 cd = bc^2 x + ab^2 d$, laquelle, par tranſpoſition, donne $acdx - bc^2 x = ab^2 d - b^2 cd$, & (61) par diviſion $x = \frac{ab^2 d - b^2 cd}{acd - bc^2}$.

66. Lorſque les dénominateurs ſont complexes, on peut, pour ſoulager l'eſprit, commencer par indiquer ſeulement les opérations, pour les exécuter enſuite; ce qui eſt plus facile en les voyant ainſi indiquées : par exemple, ſi j'avois $\frac{ax}{a-b} + 4b = \frac{cx}{3a+b}$; j'écrirois $ax \times (3a+b) + 4b \times (a-b) \times (3a+b) = cx \times (a-b)$; alors faiſant les opérations indiquées, j'aurois $3a^2x + abx + 12a^2b - 8ab^2 - 4b^3 = acx - bcx$; tranſpoſant, $3a^2x + abx - acx + bcx = 4b^3 + 8ab^2 - 12a^2b$; & enfin, (61) en diviſant $x = \frac{4b^3 + 8ab^2 - 12a^2b}{3a^2 + ab - ac + bc}$.

Application des principes précédents à la réſolution de quelques queſtions ſimples.

67. Quoique nous nous ſoyons propoſé de ne traiter avec quelque détail, des uſages de l'Algebre, que dans la ſeconde ſection, nous croyons néanmoins à propos de préparer

à ces usages, en appliquant dès à présent les principes précédents, à quelques questions assez faciles. Cela nous donnera lieu d'ailleurs de faire quelques remarques utiles pour la suite.

Les regles que nous venons de donner, sont suffisantes pour résoudre toute question du premier degré, lorsqu'une fois elle est exprimée par une équation. Pour mettre une question en équation, on peut faire usage de la regle suivante : *Représentez la quantité ou les quantités cherchées, chacune par une lettre ; & ayant examiné avec attention, l'état de la question, faites, à l'aide des signes algébriques, sur ces quantités & sur les quantités connues, les mêmes opérations & les mêmes raisonnements que vous feriez, si connoissant les valeurs des inconnues, vous vouliez les vérifier.*

Cette regle est générale, & conduira toujours à trouver les équations que la question peut fournir. Mais il est bon d'en diriger l'application par quelques exemples.

Question premiere : *Un pere & un fils ont cent ans à eux deux : le pere a 40 ans plus que le fils : on demande quel est l'âge de chacun ?*

Avec une attention médiocre, on voit que la question se réduit à celle-ci : Trouver deux quantités qui réunies fassent 100, & dont l'une surpasse l'autre de 40. Or il est facile de voir que dès que l'une de ces quantités ſera connue, la ſeconde le ſera auſſi, puiſque, ſi la plus grande, par exemple, étoit connue, il ne s'agiroit que d'en ôter 40 pour avoir la plus petite.

Je repréſente donc la plus grande par x.

Maintenant, ſi connoiſſant la valeur de x, je voulois la vérifier, j'en retrancherois 40 pour avoir le plus petit nombre; je réunirois enſuite le plus grand & le plus petit, pour voir s'ils compoſent 100. Imitons donc ce procédé.

Le plus grand nombre eſt x

Le plus petit ſera donc . . . . $x - 40$

Ces deux nombres réunis font $2x - 40$

Or, par les conditions de la queſtion, ils doivent faire 100

Donc. . . . . $2x - 40 = 100$

Il ne s'agit plus, pour avoir x, que d'appliquer les regles données (56) & (60). La premiere donne $2x = 100 + 40$ ou $2x = 140$, & la ſeconde $x = \frac{140}{2} = 70$; ayant trouvé le plus grand nombre x, j'en retranche 40 pour avoir le plus petit, & j'ai 30 pour celui-ci. Ainſi les deux âges demandés ſont 70 & 30.

En réfléchiſſant ſur la maniere dont nous nous ſommes conduits pour réſoudre cette queſtion, on peut voir que les raiſonnements que nous avons employés, ne ſont point dépendants des valeurs particulieres des nombres 100 & 40 qui entrent dans cette queſtion ; & que ſi, au lieu de ces nombres, on en eût propoſé d'autres, il eût fallu ſe conduire de même. Ainſi ſi l'on propoſoit la queſtion de cette maniere générale : *Deux nombres réunis ſont une ſomme connue & repréſentée par* a ; *ces deux nombres different entre eux d'un nombre connu repréſenté par* b ; *comment trouverois-je ces deux nombres ?*

Ayant repréſenté le plus grand par x
Le plus petit ſera donc . . . . $x - b$.
Ces deux nombres réunis font. . . . $2x - b$.
Or ſelon la queſtion, ils doivent compoſer le nombre a ; il faut donc que $2x - b = a$.

Tranſpoſant, on a $2x = a + b$, & diviſant, $x = \frac{a+b}{2}$ ou $x = \frac{a}{2} + \frac{b}{2}$.

C'eſt-à-dire, que pour avoir le plus grand, il faut prendre la moitié de a, & y ajouter la moitié de b ; ce qui m'apprend que, lorſque je connoîtrai la ſomme a de deux nombres inconnus, & leur différence b, j'aurai le plus grand de ces deux nombres inconnus en prenant la moitié de la ſomme, & y ajoutant la moitié de la différence.

Puiſque le plus petit des deux nombres eſt $x - b$, il ſera donc $\frac{a}{2} + \frac{b}{2} - b$, ou, en réduisant tout à une seule fraction (45), il sera $\frac{a+b-2b}{2}$; c'est-à-dire, $\frac{a-b}{2}$ ou $\frac{a}{2} - \frac{b}{2}$; donc pour avoir le plus petit, il faut ôter la moitié de b, de la moitié de a ; c'est-à-dire, retrancher la moitié de la différence, de la moitié de la somme.

On voit par-là, comment en représentant d'une maniere générale, c'est-à-dire, par des lettres, les quantités connues qui entrent dans ces questions, on parvient à trouver des regles générales pour la résolution de toutes les questions de même espece. Cette regle que nous venons de trouver, est celle que nous avons donnée (*Géom.* 301).

Souvent des questions paroissent différentes au premier coup d'œil, & cependant après un léger examen, on trouve qu'elles ne different que par l'énoncé. Par exemple, si l'on proposoit cette question :

Partager un nombre connu & représenté par a, *en deux parties, dont l'une soit moindre ou plus grande que l'autre, d'une quantité connue & représentée par* b. Il est facile de voir que cette question revient au même que la précédente.

Question seconde : *Partager le nombre 720 en trois parties, dont la plus grande surpasse la plus petite de 80, & dont la moyenne surpasse la plus petite de 40.*

Si

Si l'on me disoit quelle est la plus petite partie; pour la vérifier, j'y ajouterois 40 d'une part, ce qui me donneroit la seconde, & 80 d'une autre part, ce qui donneroit la plus grande; alors réunissant ces trois parties, il faudroit que leur somme formât 720.

Nommons donc cette plus petite partie, x; & en procédant de la même maniere, nous dirons :

La plus petite partie est x
Donc la moyenne est . . . . . $x + 40$
Et la plus grande . . . . $x + 80$
Or ces 3 parties réunies font . $3x + 120$;
D'ailleurs la question exige
qu'elles fassent . . . . 720.
Il faut donc que. . . . $3x + 120 = 720$.

Appliquant les regles ci-dessus, on aura $3x = 720 - 120$ ou $3x = 600$, & par conséquent $x = 200$; donc la seconde partie est 240; & la plus grande, 280; ces trois parties réunies font en effet 720.

Il est encore évident, dans cet exemple, que quand les nombres proposés, au lieu d'être 720, 40 & 80, eussent été différents, la question auroit toujours pu se résoudre de la même maniere; ainsi pour résoudre toutes les questions dans lesquelles il s'agit de partager un nombre connu a en trois parties, telles que l'excès de la plus grande sur la plus petite ſoit un nombre connu & repré-ſenté par b, & que l'excès de la moyenne ſur la plus petite ſoit c; en raiſonnant de même, on dira :

Repréſentons la plus petite, par x
La moyenne ſera . . . . $x+c$
Et la plus grande. . . . . . . $x+b$
Ces trois parts réunies font. . $3x+b+a$
Or elles doivent faire . . . . a
Il faut donc que $3x+b+c=a$

Donc tranſpoſant, $3x=a-b-c$, & diviſant, $x=\frac{a-b-c}{3}$.

C'eſt-à-dire, que pour avoir la plus petite, il faut retrancher du nombre qu'il s'agit de partager, les deux excès, & prendre le tiers du reſte : alors les deux autres ſont faciles à trouver. Ainſi, ſi l'on demande de partager 642 en trois parties dont la moyenne ſurpaſſe la plus petite de 75, & dont la plus grande ſurpaſſe la plus petite de 87 ; j'ajouterois les deux différences 75 & 87, ce qui me donneroit 162 ; retranchant 162 de 642, il reſte 480, dont le tiers 160 eſt la plus petite part. Les deux autres ſont donc 160 + 75 ou 235, & 160 + 87 ou 247.

Au reſte, les deux queſtions que nous venons de donner pour exemples, n'ont pas beſoin du ſecours de l'Algebre ; mais leur ſimplicité eſt propre à faire voir clairement la maniere dont on doit faire uſage du principe que nous avons donné pour mettre une queſtion en équation.

Queſtion troiſieme : *Partager un nombre connu, par exemple* 14250, *en trois parties qui ſoient entr'elles comme les nombres* 3, 5 & 11; *c'eſt-à-dire, dont la premiere ſoit à la ſeconde* : : 3 : 5, & *dont la premiere ſoit à la troiſieme* : : 3 : 11.

Si je connoiſſois l'une des parties, la premiere, par exemple, voici comment je la vérifierois.

Je chercherois par une regle de trois (*Arith.* 194) un nombre qui fût à cette 1re partie : : 5 : 3 ; ce ſeroit la 2de partie. Je chercherois, de même, un autre nombre qui fût à cette 1re partie : : 11 : 3 ; ce ſeroit la 3me partie; réuniſſant ces trois parties, elles devroient former 14250. Imitons donc ce procédé.

Soit la premiere part. x

Pour trouver la ſeconde, je calcule le quatrieme terme de cette proportion $3 : 5 :: x :$

Ce quatrieme terme, ou la ſeconde partie, ſera donc. . . . . $\frac{5x}{3}$.

Pour trouver la troiſieme, je calcule le quatrieme terme de cette proportion $3 : 11 :: x :$

Ce quatrieme terme, ou la troisieme partie, sera donc. . . . . $\frac{11x}{3}$.

Ces trois parts réunies font $x + \frac{5x}{3} + \frac{11x}{3}$, ou $x + \frac{16x}{3}$;

Mais la question exige qu'elles fassent 14250; il faut donc que $x + \frac{16x}{3} = 14250$.

Pour avoir la valeur de x, je fais (64) disparoître le dénominateur 3, & j'ai $3x + 16x = 42750$, ou $19x = 42750$; donc (60) en divisant par 19, $x = \frac{42750}{19} = 2250$. La seconde part qui est $\frac{5x}{3}$, sera donc $\frac{5 \times 2250}{3}$, ou $\frac{11250}{3}$, ou 3750; & la troisieme qui est $\frac{11x}{3}$, sera $\frac{11 \times 2250}{3}$, ou $\frac{24750}{3}$, ou 8250; ces trois parts réunies forment en effet 14250; d'ailleurs les trois nombres 2250, 3750, 8250, sont entre eux comme les trois nombres 3, 5 & 11, ce qu'il est facile de voir en divisant les trois premiers, par le même nombre 750, ce qui (*Arith.* 170) ne change point leur rapport.

Si le nombre qu'on propose de partager, au lieu d'être 14250, étoit tout autre; s'il étoit en général représenté par a, & que les nombres proportionnels aux parties en lesquelles on veut le partager, au lieu d'être 3, 5, 11, fussent en général trois nombres connus &

représentés par les lettres m, n, p; il est visible qu'il ne faudroit qu'imiter ce que nous venons de faire.

Ainsi, la premiere part étant représentée par x

Pour avoir la seconde, je calculerois le 4me terme de cette proportion $m : n :: x :$

Ce quatrieme terme, ou la seconde part, seroit donc . . . . $\frac{nx}{m}$.

Et pour avoir la troisieme, je calculerois le 4me terme de cette proportion $m : p :: x :$

Ce quatrieme terme, ou la troisieme part, seroit donc. . . . . $\frac{px}{m}$.

Les trois parts réunies feroient donc $x + \frac{nx}{m} + \frac{px}{m}$, ou $x + \frac{nx+px}{m}$; or elles doivent faire a; il faut donc que $x + \frac{nx+px}{m} = a$.

Chassant le dénominateur, on a $mx + nx + px = ma$, & par conséquent (61) en divisant, $x = \frac{ma}{m+n+p}$; ce qui nous donne lieu de faire remarquer l'utilité de l'Algebre, pour découvrir des regles de calcul.

Si l'on vouloit calculer le quatrieme terme d'une proportion dont les trois premiers seroient $m+n+p : m :: a :$; il est visible (*Arith.* 179) que ce quatrieme terme seroit $\frac{am}{m+n+p}$; & puisque nous trouvons que x est exprimé par la même quantité, concluons-en que, pour avoir x, il faut calculer le quatrieme terme d'une proportion dont le premier est la somme des parties proportionnelles ; le second, la premiere de ces parties ; & le troisieme est le nombre même qu'il s'agit de partager ; ce qui est précisément la regle que nous avons donnée (*Arith.* 197).

Question quatrieme : *On a fait partir de Dreux, pour Brest, un courier qui fait 2 lieues par heure. Huit heures après son départ, on en a fait partir un autre de Paris, pour Brest, & celui-ci fait 3 lieues par heure. On demande où il rencontrera le premier, sachant d'ailleurs qu'il y a 17 lieues de Paris à Dreux.*

Si l'on me disoit combien le second courier doit faire de lieues pour attraper le premier, je vérifierois ce nombre en cette maniere. Je chercherois combien le premier a dû faire de chemin pendant que le second a été en marche ; & comme ils en doivent faire, en même temps, à proportion de leur vîtesse, c'est-à-dire, à proportion du nombre de lieues qu'ils font par heure, je trouverois combien le premier a dû faire, en calculant le quatrieme terme de cette proportion.. 3 : 2 :: le nombre de lieues faites par le second, est au nombre de lieues que le premier aura faites dans le même temps. Ayant trouvé ce quatrieme terme, j'y ajouterois le nombre de lieues que le premier courier a dû faire pendant les 8 heures qu'il avoit d'avance, & enfin les 17 lieues de Paris à Dreux, qu'il avoit aussi d'avance; & le tout devroit former le nombre de lieues que le second a faites. Conduisons-nous donc de la même maniere en représentant par x, le nombre de lieues que fera le second courier.

Pour trouver le nombre de lieues que le premier fait pendant que le second fait x, je calcule le quatrieme terme de cette proportion . . $3 : 2 :: x :$; ce 4me terme est $\frac{2x}{3}$; or pendant 8 heures, ce même premier courier a dû faire 16 lieues, à raison de 2 lieues par heure; & puisqu'il y a 17 lieues de Paris à Dreux, si l'on réunit ces trois quantités, on aura $\frac{2x}{3} + 16 + 17$, ou $\frac{2x}{3} + 33$ pour le chemin qu'aura dû faire le second courier, lorsqu'il attrapera le premier. Puis donc, qu'on a supposé qu'alors il auroit fait x de lieues, il faut que $\frac{2x}{3} + 33 = x$.

Il ne s'agit plus que d'avoir x par le moyen des regles données ci-dessus. Je chasse donc le dénominateur 3, & j'ai (64) l'équation $2x + 99 = 3x$; transposant tous les x dans le second membre & réduisant, j'ai $99 = x$; c'eſt-à-dire, que les deux couriers ſe rencontreront, lorſque le ſecond courier aura fait 99 lieues, ou qu'ils ſe rencontreront à 99 lieues de Paris.

En effet, pendant que le ſecond fera 99 lieues, le premier fera 66 lieues, puiſqu'il fait deux lieues pendant que le ſecond en fait trois; or il a 16 lieues d'avance, par les 8 heures dont ſon départ précede celui du ſecond, & il a de plus 17 lieues d'avance comme partant de Dreux; il ſera donc alors à 99 lieues de Paris, c'eſt-à-dire, au même endroit que le ſecond.

Avec un peu d'attention, on voit que quand on changeroit les nombres qui entrent dans cette queſtion, la maniere de raiſonner & d'opérer n'en feroit pas, pour cela, différente. Repréſentons donc, en général, par a, l'intervalle des deux lieux de départ, qui étoit 17 lieues dans la queſtion précédente: repréſentons par b, le nombre d'heures dont le départ du premier courier précede celui du ſecond; par c le nombre de lieues que le premier fait par heure, & par d le nombre de lieues que fait le ſecond par heure.

Si nous repréſentons toujours par x le nombre de lieues que le ſecond courier doit faire pour rencontrer le premier, x ſera encore compoſé de l'intervalle des deux lieux de départ, du chemin que le premier peut faire pendant le nombre b d'heures, & enfin du chemin que le premier fera pendant tout le temps que le second fera en marche.

Pour déterminer ce dernier chemin, j'obſerve que les deux couriers marchant alors pendant le même temps, doivent faire du chemin à proportion de leurs vîteſſes; ainſi x étant le chemin que le ſecond eſt ſuppoſé faire, j'aurai celui que fait le premier pendant ce temps, en calculant le quatrieme terme d'une proportion qui commenceroit par ces trois-ci $d : c :: x :$; ce quatrieme terme ſera donc $\frac{c \times x}{d}$ (*Arith.* 179) ou ſimplement $\frac{cx}{d}$. Or, puiſque ce premier courier eſt ſuppoſé faire le nombre c de lieues par heure, il a dû, dans le nombre b d'heures, en faire b de fois autant, c'eſt-à-dire, 8 fois ſi b vaut huit, 30 fois ſi b vaut trente; en général, il en doit faire autant qu'il y a d'unités dans $c \times b$ ou bc; il en a donc fait une quantité exprimée par bc.

Réuniſſons donc maintenant le nombre de lieues $\frac{cx}{d}$ avec le nombre de lieues bc, & avec le nombre de lieues a, & le tout $\frac{cx}{d} + bc + a$ ſera ce que le premier a dû faire; or on a ſuppoſé que x étoit ce qu'il a dû faire; donc

$x = \frac{cx}{d} + bc + a$. Chaſſant le dénominateur, on a $dx = cx + bcd + ad$; tranſporſant, $dx - cx = bcd + ad$; diviſant enfin (61) on a $x = \frac{bcd + ad}{d - c}$, qui donne la ſolution de toutes les queſtions de cette eſpece, au moins tant qu'on ſuppoſe que les deux couriers vont du même côté, & que le départ du courier qui va le moins vîte, précede celui du ſecond.

Pour montrer l'uſage de cette formule, reprenons l'exemple précédent, & rappellons-nous que, dans ce cas, a repréſente 17 lieues; c'eſt-à-dire, $a = 17^l$, $b = 8^h$, $c = 2^l$, $d = 3^l$. Alors la valeur générale de x devient $x = \frac{17 \times 3 + 8 \times 2 \times 3}{3 - 2}$, c'eſt-à-dire, $x = \frac{51 + 48}{1} = 99$, comme ci-deſſus.

Tel eſt donc l'uſage de ces ſolutions générales, qu'en y ſubſtituant à la place des lettres, les nombres qu'elles ſont deſtinées à repréſenter, & faiſant les opérations que la diſpoſition & les ſignes de ces lettres indiquent, on trouve la réſolution de toutes les queſtions particulieres de même eſpece.

Par exemple, ſi l'on propoſoit cette autre queſtion : *L'aiguille des heures d'une montre répond à 17 minutes, & celle des minutes répond à 24 minutes, c'eſt-à-dire, qu'il eſt* $3^h\ 24'$ *: on* *demande à quel nombre d'heures & de minutes ces deux aiguilles ſeront l'une ſur l'autre.*

Puiſque l'aiguille des heures & celle des minutes marchent en même temps, la quantité b par laquelle nous avons repréſenté ce dont le départ d'un des couriers précede celui du ſecond, eſt ici zéro. L'intervalle des deux lieux de départ eſt ici le chemin que l'aiguille des minutes a à faire pour venir de la vingt-quatrieme diviſion du cadran, à la dix-ſeptieme, c'eſt-à-dire, que $a = 53$ diviſions: or, pendant que l'aiguille des minutes parcourt les 60 diviſions, celle des heures n'en parcourt que 5; on a donc $c = 5$, $d = 60$. Puiſque $b = 0$, je rejette de la formule $x = \frac{ad + bcd}{d - c}$, le terme bcd, ou $b \times cd$, parce que zéro multiplié par tout ce qu'on voudra, fait toujours zéro. J'aurai donc, pour le cas préſent $x = \frac{ad}{d-c}$; & en ſubſtituant pour a, d, c, leurs valeurs, $x = \frac{53 \times 60}{60 - 5} = \frac{3180}{55} = 57 \frac{45}{55} = 57 \frac{9}{11}$, c'eſt-à-dire, qu'il faudra que l'aiguille des minutes parcourre encore 57 diviſions & $\frac{9}{11}$; ainſi, puiſqu'elle répondoit à la vingt-quatrieme diviſion, elle répondra à 81 diviſions & $\frac{9}{11}$; ou, puiſque 60 diviſions font un tour, les deux aiguilles ſeront l'une ſur l'autre à $21' \frac{9}{11}$ de l'heure ſuivante, c'eſt-à-dire, $4^h\ 21' \frac{9}{11}$.

L'avantage des ſolutions littérales ſur les ſolutions numériques, ne conſiſte pas ſeulement en ce que, pour chaque queſtion particuliere, il ne s'agit plus que de ſubſtituer des nombres : ſouvent, par certaines préparations, on rend ces ſolutions ſuſceptibles d'un énoncé ſimple & facile à retenir. Par exemple, la formule $x = \frac{ad + bcd}{d - c}$, que nous venons de trouver, eſt dans ce cas : la quantité d étant facteur commun des deux termes du numérateur, on peut écrire la valeur de x en cette maniere, $x = \frac{(a + bc) \times d}{d - c}$; or, ſous cette forme, on peut reconnoître que la valeur de x eſt le quatrieme terme d'une proportion dont les trois premiers ſeroient $d - c : d :: a + bc :$; mais, de ces trois termes, le premier, $d - c$, marque la différence des vîteſſes des deux couriers ; le ſecond, d, marque la vîteſſe du ſecond courier ; & le troiſieme, $a + bc$, eſt compoſé de l'intervalle a des deux lieux de départ, & de la quantité bc ou $c \times b$ qui exprime combien le premier courier fait de lieues pendant le nombre d'heures qu'il a d'avance ; enſorte que $a + bc$ marque toute l'avance que le premier a ſur le ſecond ; la réſolution de la queſtion peut donc ſe réduire à cet énoncé : Multipliez le chemin que le premier fait par heure, par le nombre d'heures qu'il a d'avance, & l'ayant ajouté à l'intervalle des deux lieux de départ, faites cette regle de trois... La différence des vîteſſes des deux couriers eſt à la vîteſſe du ſecond, comme la ſomme des deux nombres que vous venez d'ajouter, eſt à un quatrieme terme : ce ſera le nombre de lieues que le ſecond courier doit faire pour rencontrer le premier. Ainſi dans le premier exemple ci-deſſus, le premier courier ayant 8 heures d'avance, & faiſant 2 lieues par heure, on a 16 lieues à ajouter à 17 lieues, intervalle des deux lieux de départ, ce qui donne 33. Je calcule donc le quatrieme terme de cette proportion $3 - 2 : 3 :: 33 :$, ou $1 : 3 :: 33 :$; ce quatrieme terme eſt 99, comme ci-deſſus.

Au reſte, qu'il y ait des fractions ou qu'il n'y en ait point, c'eſt toujours la même regle. Par exemple, ſi le premier courier faiſoit 7 lieues en 4 heures; le ſecond, 13 lieues en 5 heures : ſi le premier courier avoit 15 heures d'avance, & qu'enfin l'intervalle des deux lieux de départ fût de 42 lieues, je dirois : Puiſque le premier courier fait ſept lieues en 4 heures, c'eſt $\frac{7}{4}$ de lieue par heure; pareillement, pour le ſecond, c'eſt $\frac{13}{5}$ de lieue par heure; donc pendant les 15 heures que le premier a d'avance, il doit, à raison de $\frac{7}{4}$ de lieue par heure, faire 15 fois $\frac{7}{4}$ de lieue ou $\frac{105}{4}$ de lieue, lesquels ajoutés à 42 lieues, font $42 + \frac{105}{4}$ ou $\frac{273}{4}$; je calcule donc le quatrieme terme de cette proportion $\frac{13}{5} - \frac{7}{4} : \frac{13}{5} :: \frac{273}{4} :$; ce quatrieme terme sera $\frac{\frac{13}{5} \times \frac{273}{4}}{\frac{13}{5} - \frac{7}{4}}$, ou (*Arith.* 106) $\frac{\frac{3549}{20}}{\frac{13}{5} - \frac{7}{4}}$, ou, (en réduisant les deux fractions inférieures, au même dénominateur), $\frac{\frac{3549}{20}}{\frac{52-35}{20}}$, ou $\frac{\frac{3549}{20}}{\frac{17}{20}}$, ou (*Arith.* 109) $\frac{3549}{20} \times \frac{20}{17}$, ou enfin $\frac{3549}{17}$; car en omettant le facteur 20 qui doit multiplier le numérateur & le dénominateur, on ne change rien à la fraction. La valeur de $\frac{3549}{17}$ est $208 \frac{13}{17}$. C'est le nombre de lieues que le second courier seroit obligé de faire.

Réflexions sur les quantités positives & les quantités négatives.

69. Lorsqu'on a ainsi résolu, d'une maniere générale, toutes les questions d'une même espece, on peut souvent faire usage de ces formules générales pour la résolution d'autres questions, dont les conditions seroient tout opposées à celles qu'on a eu en vue de remplir : un simple changement de + en −, ou de − en +, dans les signes

des quantités, suffit souvent. Mais avant de faire connoître ce nouvel usage des signes, il faut les considérer sous un nouvel aspect.

Les lettres ne représentent que la valeur absolue des quantités. Les signes + & — n'ont représenté jusqu'ici que les opérations de l'addition & de la soustraction; mais ils peuvent aussi représenter, dans plusieurs cas, la maniere d'être des quantités les unes à l'égard des autres.

Une même quantité peut être considérée sous deux points de vue opposés, ou comme capable d'augmenter une quantité, ou comme capable de la diminuer. Tant qu'on ne représentera cette quantité que par une lettre ou par un nombre, rien ne désignera quel est celui de ces deux aspects sous lequel on la considere. Par exemple, dans l'état d'un homme qui auroit autant de biens que de dettes, le même nombre peut servir à exprimer la quantité numérique des unes & des autres; mais ce nombre, tel qu'il soit, ne feroit point connoître la différence des unes aux autres. Le moyen le plus naturel de faire sentir cette différence, c'est de les désigner par un signe qui indique l'effet qu'elles peuvent avoir l'une sur l'autre; or l'effet des dettes étant de retrancher sur les possessions, il est naturel de désigner celles-là en leur appliquant le ſigne —.

Pareillement, ſi l'on regarde une ligne droite (*Fig.* 1.), comme engendrée par le mouvement d'un point *A* mû perpendiculairement à la ligne *B C*, on voit que ce point pouvant aller ou de *A* vers *D*, ou de *A* vers *E*, ſi l'on repréſente par *a* le chemin *A D* ou *A E* qu'il a fait, on ne détermine pas encore abſolument la ſituation de ce point. Le moyen de la fixer, eſt d'indiquer, par quelque ſigne, ſi la quantité *a* doit être conſidérée à droite ou à gauche; or les ſignes + & — ſont propres à cet effet; car ſi l'on eſtime le mouvement du point *A* à l'égard du point *L* connu & regardé comme terme fixe; lorſque le point *A* ſe meut vers *D*, ce qu'il décrit tend à augmenter *L A*; & lorſqu'il ſe meut vers *E*, ce qu'il décrit tend au contraire à diminuer *L A*; il eſt donc naturel de repréſenter *A D* par + *a* ou ſimplement par *a*, & au contraire, de repréſenter *A E* par — *a*. Ce ſeroit tout le contraire, ſi au lieu de rapporter le mouvement du point *A*, au point *L*, on l'avoit rapporté au point *O*.

Les quantités négatives ont donc une exiſtence auſſi réelle que les poſitives, & elles n'en different qu'en ce qu'elles ont une acception toute contraire, dans le calcul.

Les

Les quantités positives & les quantités négatives peuvent se trouver & se trouvent souvent mêlées ensemble dans un calcul, non-seulement parce que certaines opérations ont conduit, comme nous l'avons vu jusqu'ici, à retrancher certaines quantités, d'autres quantités ; mais encore parce que l'on a souvent besoin d'exprimer dans le calcul, les différents aspects sous lesquels on considere les quantités.

70. Si donc après avoir résolu une question, il arrivoit que la valeur de l'inconnue trouvée par les méthodes ci-dessus, fût négative ; par exemple, si l'on arrivoit à un résultat tel que celui-ci, $x = -3$, il faudroit en conclure que la quantité qu'on a désignée par x, n'a point les propriétés qu'on lui a supposées en faisant le calcul, mais des propriétés toutes contraires. Par exemple, si l'on proposoit cette question. Trouver un nombre qui étant ajouté à 15 donne 10 ; cette question est évidemment impossible ; si l'on représente le nombre cherché par x, on aura cette équation $x + 15 = 10$, & par conséquent, en vertu des regles ci-dessus, $x = 10 - 15$ ou $x = -5$. Cette derniere conclusion me fait donc voir que x que j'avois considéré comme devant être ajouté à 15 pour former 10, en

doit au contraire être retranché. Ainsi toute solution négative indique quelque fausse supposition dans l'énoncé de la question ; mais en même temps elle en indique la correction, en ce qu'elle marque que la quantité cherchée doit être prise dans un sens tout opposé à celui dans lequel elle a été prise.

71. Concluons donc delà, que si après avoir résolu une question dans laquelle quelques-unes des quantités étoient prises dans un certain sens ; si, dis-je, on veut résoudre cette même question, en prenant ces mêmes quantités dans un sens tout opposé ; il suffira de changer les signes qu'ont actuellement ces quantités. Par exemple, dans la question quatrieme, résolue généralement pour le cas où les deux couriers alloient vers un même côté, si je veux avoir la résolution de toutes les questions qu'on peut proposer dans le cas où ils viennent au-devant l'un de l'autre, j'y satisferai, en changeant, dans la valeur de x que nous avons trouvée $x = \frac{ad + bcd}{d - c}$, le signe de c. En effet, puisque le premier courier vient au-devant du second, au lieu de s'en éloigner, il diminue le chemin que celui-ci doit faire ; il le diminue à raison du chemin c qu'il fait par heure ; il faut donc exprimer que c, au lieu d'ajouter, retranche ; il faut

donc, au lieu de $+c$, mettre $-c$. Ce changement donnera $x=\frac{ad-bcd}{d+c}$; car en changeant le ſigne de c, dans le terme $+bcd$ qui n'eſt autre choſe que $+bd\times+c$, il faudroit écrire $+bd\times-c$, qui (24) revient à $-bcd$.

Confirmons tout cela par un exemple : ſuppoſons deux couriers venant en ſens contraires, & partis de deux endroits éloignés de cent lieues. Le premier part ſept heures avant le ſecond, & fait deux lieues par heure ; le ſecond en fait trois par heure. En nommant x le chemin que fera celui-ci juſqu'à la rencontre, je vois que x ſera égal à la différence entre la diſtance totale & le chemin qu'aura fait le premier courier : or le chemin qu'aura fait celui-ci eſt compoſé du chemin qu'il peut faire pendant ſept heures, & du chemin qu'il fera pendant que le ſecond ſera en marche : à l'égard de ce dernier chemin, on le déterminera en calculant le quatrieme terme de cette proportion $3:2::x$; ce 4me terme ſera $\frac{2x}{3}$; & puiſque le chemin que fait le premier courier pendant les ſept heures qu'il a d'avance, doit être de 14 lieues, à raiſon de 2 lieues par heure, il aura donc fait en tout $14+\frac{2x}{3}$; donc il ne reſte à faire pour le ſecond courier, que la quantité

$100 - 14 - \frac{2x}{3}$ ou $86 - \frac{2}{3}x$; puis donc qu'on a repréſenté par x ce qu'il avoit à faire, il faut que $x = 86 - \frac{2}{3}x$; équation d'où l'on tire $3x = 258 - 2x$, ou $5x = 258$, ou enfin $x = \frac{258}{5} = 51\frac{3}{5}$.

Or ſi l'on ſubſtitue dans la formule $x = \frac{ad - bcd}{d + c}$ que nous prétendons convenir à ce cas; ſi l'on ſubſtitue, dis-je, 100 pour a, 7 pour b, 3 pour d, & 2 pour c, on aura $x = \frac{100 \times 3 - 7 \times 2 \times 3}{3 + 2} = \frac{300 - 42}{5} = \frac{258}{5} = 51\frac{3}{5}$; ce qui eſt abſolument la même choſe.

A meſure que nous avancerons, nous aurons ſoin de fixer de plus en plus l'idée qu'on doit ſe faire des quantités négatives.

72. Comme il importe beaucoup d'acquérir la facilité de mettre en équation, nous joignons ici quelques queſtions ſimples, pour exercer les commençants, nous contentant d'en donner le réſultat pour ſervir à confirmer leurs eſſais. Après avoir réſolu ces queſtions en nombres, ainſi qu'elles ſont propoſées, on fera très-bien de s'exercer à les réſoudre, en ſubſtituant des lettres aux nombres; c'eſt en imitant ainſi les ſolutions particulieres, que l'on acquiert la facilité de généraliſer & d'étendre ſes idées.

Trouver un nombre qui étant successivement ajouté à 5 *& à* 1 , *donne deux sommes qui soient l'une à l'autre, comme* 3 *est à* 4 . . . Rép. 16.

Trouver un nombre dont la moitié, le tiers, & les $\frac{2}{5}$ *réunis, surpassent ce nombre de* 7 . . . Rép. 30.

On emploie trois ouvriers dont le premier fait 5 *toises d'ouvrage par jour, le second* 7 , *& le troisieme* 8 ; *on demande en quel temps ces trois ouvriers, travaillant ensemble, feront* 100 *toises?* Rép. 5 jours.

On a loué un ouvrier paresseux à raison de 24 *sols pour chaque jour qu'il travailleroit; mais à condition de lui retenir, sur ce qui lui seroit dû,* 6 *sols par chaque jour qu'il ne travailleroit pas. On lui fait son compte au bout de* 30 *jours, & il se trouve qu'il n'a rien à recevoir; on demande combien de jours il a travaillé?* . . . . Rép. 6 jours.

Un homme achete un cheval qu'il vend ensuite 100 *liv. de plus qu'il ne l'a acheté. A ce marché il se trouve gagner* 10 *pour cent du prix qu'il le vend; on demande combien il l'a acheté?* Rép. 900. liv.

On a payé une certaine somme en 15 *paiements qui ont été en augmentant toujours de la même quantité, le premier paiement a été de* 7 *liv. le dernier de* 37 *liv. on demande de combien chaque paiement augmentoit ? . . . .* Rép. $2\frac{1}{7}$.

On a de l'eau de mer, qui ſur 32 livres contient une livre de ſel ; on demande combien il faudroit y mêler d'eau-douce pour que ſur 32 livres du mélange, il n'y eût plus que 2 onces de ſel ? . . . Rép. 224 livres.

Des Équations du premier degré, à plusieurs inconnues.

73. Soit qu'il y ait pluſieurs inconnues ; ſoit qu'il n'y en ait qu'une, la méthode qu'on doit ſuivre pour mettre en équation eſt toujours la même. Mais, en général, il faut former autant d'équations que peuvent en donner les conditions de la queſtion. Si ces conditions ſont toutes diſtinctes & indépendantes les unes des autres, & ſi, en même temps, chacune peut être exprimée par une équation, la queſtion ne peut avoir plus d'une ſolution, lorſque toutes ces équations ſont du premier degré, & qu'en même temps il y en a autant que d'inconnues. Mais ſi quelqu'une des conditions ſe trouve ou explicitement ou implicitement compriſe dans quelqu'une des autres, ou ſi le nombre des conditions eſt moindre que le nombre des inconnues, alors on aura moins d'équations que d'inconnues ; & la queſtion peut avoir une infinité de ſolutions, à moins

que quelque condition particuliere, mais qui ne peut être exprimée par une équation, n'en limite le nombre. Nous éclaircirons tout cela par des exemples.

Nous ſuppoſerons d'abord deux équations & deux inconnues.

Les regles que nous avons établies concernant les équations à une inconnue, ont également lieu pour les équations à pluſieurs inconnues; mais il faut y ajouter la regle ſuivante pour les équations à deux inconnues.

74. *Prenez dans chaque équation la valeur d'une même inconnue, en opérant comme ſi tout le reſte étoit connu : égalez ces deux valeurs, & vous aurez une équation qui ne renfermera plus que la ſeconde inconnue, que vous déterminerez par les regles précedentes. Cette ſeconde inconnue étant trouvée, ſubſtituez ſa valeur dans l'une ou l'autre des deux valeurs que vous avez priſes par la premiere opération, & vous aurez la ſeconde inconnue.*

Par exemple, ſi j'avois les deux équations $2x + y = 24$, $5x + 3y = 65$. De la premiere, je tirerois en tranſpoſant, $2x = 24 - y$, & en diviſant, $x = \frac{24-y}{2}$. De la ſeconde, je tire en tranſpoſant, $5x = 65 - 3y$, & en diviſant $x = \frac{65-3y}{5}$.

J'égale les deux valeurs de x, en

écrivant $\frac{24-y}{2} = \frac{65-3y}{5}$. Equation qui ne renferme plus que la seconde inconnue y.

Pour avoir la valeur de y, je chasse (64) les dénominateurs 2 & 5 ; & j'ai $120 - 5y = 130 - 6y$: transposant & réduisant, j'ai $y = 10$.

Pour avoir x, je substitue, au lieu de y, sa valeur 10 dans la premiere valeur de x trouvée ci-dessus. (On pourroit également substituer dans la seconde). Cette substitution me donne $x = \frac{24-10}{2} = \frac{14}{2} = 7$.

75. Prenons pour second exemple, les deux équations $\frac{4x}{5} - \frac{5y}{6} = 2$ & $\frac{2}{3}x + \frac{3}{4}y = 19$.

Je commence par chasser les dénominateurs (64), dans chacune de ces équations, ce qui les change en ces deux autres, $24x - 25y = 60$ & $8x + 9y = 228$. De la premiere de ces deux-ci, je tire en transposant, $24x = 60 + 25y$, & en divisant, $x = \frac{60+25y}{24}$. De la seconde, j'ai en transposant, $8x = 228 - 9y$, & en divisant, $x = \frac{228-9y}{8}$.

J'égale ces deux valeurs de x, en écrivant $\frac{60+25y}{24} = \frac{228-9y}{8}$; équation qui ne renferme plus que y.

Pour avoir la valeur de cette inconnue, je chasse les dénominateurs, & j'ai $480 + 200y$

$= 5472 - 216y$; transposant, il me vient $200y + 216y = 5472 - 480$, qui se réduit à $416y = 4992$; enfin, divisant, j'ai $y = \frac{4992}{416} = 12$.

Pour avoir x, je mets, au lieu de y, sa valeur 12 dans l'une ou l'autre des deux valeurs de x, dans la premiere, par exemple; c'est-à-dire, dans $x = \frac{60 + 25y}{24}$, laquelle devient par-là, $x = \frac{60 + 25 \times 12}{24} = \frac{60 + 300}{24} = \frac{360}{24} = 15$.

76. Prenons pour troisieme exemple, les deux équations $\frac{2}{5}x = \frac{1}{4}x + \frac{3}{7}y - 9$ & $\frac{4}{5}x - \frac{2}{7}y = \frac{1}{2}y - 6$.

Je commence par faire disparoître les dénominateurs (64).

J'ai $56x = 35x + 60y - 1260$.

Et $56x - 20y = 35y - 420$.

De la premiere je tire, en transposant & réduisant, $21x = 60y - 1260$, & en divisant, $x = \frac{60y - 1260}{21}$.

La seconde me donne, en transposant & réduisant $56x = 55y - 420$, & en divisant, $x = \frac{55y - 420}{56}$.

Egalant ces deux valeurs de x; j'ai $\frac{60y - 1260}{21} = \frac{55y - 420}{56}$.

Pour avoir la valeur de y dans cette équation, je chasse les dénominateurs, & j'ai $3360y - 70560 = 1155y - 8820$, transposant & réduisant, il vient $2205y = 61740$; enfin en divisant, on a $y = \frac{61740}{2205} = 28$.

Pour avoir la valeur de x, je substitue, au lieu de y, sa valeur 28, dans l'équation $x = \frac{60y - 1260}{21}$ trouvée ci-dessus; ce qui donne $x = \frac{60 \times 28 - 1260}{21} = \frac{1680 - 1260}{21} = \frac{420}{21} = 20$.

77. Si les équations étoient littérales, on opéreroit de la même maniere. Ainsi, si l'on avoit les deux équations $ax + by = c$, & $dx + fy = e$, dans lesquelles $a, b, c\ d, e, f$, marquent des quantités connues, positives ou négatives; la premiere donneroit, par transposition $ax = c - by$, & par division, $x = \frac{c - by}{a}$; la seconde donneroit de même par transposition $dx = e - fy$, & par division $x = \frac{e - fy}{d}$. Egalant ces deux valeurs de x, on auroit $\frac{c - by}{a} = \frac{e - fy}{d}$; chassant les fractions, on a $cd - bdy = ae - afy$; transposant, $afy - bdy = ae - cd$; enfin, divisant (61), on a $y = \frac{ae - cd}{af - bd}$.

Pour avoir la valeur de x, il faut substituer, au lieu de y, sa valeur $\frac{ae - cd}{af - bd}$, dans l'une des deux valeurs de x, dans $x = \frac{c - by}{a}$, par exemple. Cette substitution donnera $x = \frac{c - b \times \frac{ae - cd}{af - bd}}{a}$ qui revient à $x = \frac{c \frac{-abe + bcd}{af - bd}}{a}$ ou (45) réduisant c en fraction, $x = \frac{\frac{afc - bcd - abe + bcd}{af - bd}}{a}$, ou $x = \frac{\frac{afc - abe}{af - bd}}{a}$, ou (52), $x = \frac{afc - abe}{aaf - abd}$, ou enfin (33), $x = \frac{fc - be}{af - bd}$.

78. Nous avons supposé jusqu'ici, que les deux inconnues se trouvoient toutes deux dans chaque équation. Lorsque cela n'arrive point, le calcul ne differe des précédents qu'en ce qu'il est plus simple. Par exemple, si l'on avoit $5ax = 3b$ & $cx + dy = e$: la premiere donneroit $x = \frac{3b}{5a}$; & la seconde, $x = \frac{e - dy}{c}$. Egalant ces deux valeurs, on auroit $\frac{3b}{5a} = \frac{e - dy}{c}$; d'où chassant les dénominateurs, transposant & réduisant, on tire $y = \frac{5ae - 3bc}{5ad}$.

Des Equations du premier degré, à trois, & à un plus grand nombre d'inconnues.

79. Ce que nous venons de dire étant une fois bien conçu, il est facile de voir, comment on doit se conduire lorsque le nombre des inconnues & des équations est plus considérable.

Nous supposerons toujours qu'on ait autant d'équations que d'inconnues. Si l'on en a trois, *on prendra dans chacune, la valeur d'une même inconnue, comme si tout le reste étoit connu. On égalera ensuite la premiere valeur à la seconde, & la premiere à la troisieme; ou bien l'on égalera la premiere à la seconde, & la seconde à la troisieme. On aura, par ce procedé, deux équations à deux inconnues seulement; & on les traitera par la regle précédente* (74).

Soient, par exemple, les trois équations:

$$3x + 5y + 7z = 179$$
$$8x + 3y - 2z = 64$$
$$5x - y + 3z = 75$$

De la premiere, je tire, par transposition; $3x = 179 - 5y - 7z$; &, par division, $x = \frac{179 - 5y - 7z}{3}$.

De la seconde, j'ai, par transposition;

$8x = 64 - 3y + 2z$, &, par division $x = \frac{64 - 3y + 2z}{8}$.

Dans la troisieme, j'ai, par transposition; $5x = 75 + y - 3z$, & par division. . . . $x = \frac{75 + y - 3z}{5}$.

Egalant la premiere valeur de x à la seconde, j'ai $\frac{179 - 5y - 7z}{3} = \frac{64 - 3y + 2z}{8}$.

Egalant de même la premiere à la troisieme, j'ai $\frac{179 - 5y - 7z}{3} = \frac{75 + y - 3z}{5}$.

Comme il n'y a plus que deux inconnues; je traite ces deux dernieres équations suivant la regle donnée (74) pour les équations à deux inconnues. Je chasse donc d'abord les dénominateurs, ce qui me donne les deux équations suivantes $1432 - 40y - 56z = 192 - 9y + 6z$, & $895 - 25y - 35z = 225 + 3y - 9z$.

Je prends dans chacune de ces équations la valeur de y : la premiere me donne, en transposant & réduisant, $1240 - 62z = 31y$, & en divisant, $y = \frac{1240 - 62z}{31}$. La seconde me donne, en transposant & réduisant, $670 - 26z = 28y$, & en divisant, $y = \frac{670 - 26z}{28}$.

J'égale ces deux valeurs de y, & j'ai $\frac{1240 - 62z}{31} = \frac{670 - 26z}{28}$, qui ne renferme plus qu'une inconnue. Pour en avoir la valeur, je chasse les dénominateurs, & j'ai $34720 - 1736z = 20770 - 806z$. Transposant & réduisant, il vient $13950 = 930z$; divisant enfin, on a $z = \frac{13950}{930} = \frac{1395}{93} = 15$.

Pour avoir y, je mets, au lieu de z, sa valeur 15, dans l'équation $y = \frac{1240 - 62z}{31}$ que nous venons de trouver ci-dessus ; ce qui me donne $y = \frac{1240 - 62 \times 15}{31} = \frac{1240 - 930}{31} = \frac{310}{31} = 10$.

Enfin, pour avoir x, je mets, au lieu de y, sa valeur 10, & au lieu de z, sa valeur 15, dans l'une des trois valeurs de x trouvées ci-dessus; par exemple, dans $x = \frac{179 - 5y - 7z}{3}$, qui devient par-là $x = \frac{179 - 5 \times 10 - 7 \times 15}{3}$ $= \frac{179 - 50 - 105}{3} = \frac{179 - 155}{3} = \frac{24}{3} = 8$.

80. Si toutes les inconnues n'entroient pas à la fois dans chaque équation, le calcul seroit plus simple, mais se feroit toujours d'une maniere analogue.

Par exemple, si l'on avoit les trois équations, $5x + 3y = 65$, $2y - z = 11$, $3x + 4z = 57$. La premiere donneroit $x = \frac{65 - 3y}{5}$, la seconde ne donneroit point de valeur de x; la troisieme donneroit $x = \frac{57 - 4z}{3}$; il n'y auroit donc que ces deux valeurs de x à égaler, elles donnent $\frac{65 - 3y}{5} = \frac{57 - 4z}{3}$, équation qui ne renferme plus d'x, & qui étant traitée, avec la seconde équation $2y - z = 11$, selon les regles des équations à deux inconnues, donnera les valeurs de y & de z. En achevant le calcul, on trouvera $z = 9, y = 10, x = 7$.

81. On voit par-là que s'il y avoit un plus grand nombre d'équations, la regle générale seroit..... *Prenez, dans chaque équation, la valeur d'une même inconnue; égalez l'une de ces valeurs à chacune des autres, & vous aurez une équation & une inconnue de moins. Traitez ces nouvelles équations comme vous venez de faire pour les premieres, & vous aurez encore une équation & une inconnue de moins. Continuez ainsi jusqu'à ce qu'enfin vous parveniez à n'avoir plus qu'une inconnue.*

82. Il ne sera peut-être pas inutile de placer ici une regle générale pour déterminer les valeurs des inconnues dans les équations du premier degré. Lorsque le nombre des inconnues est un peu considérable, & que les équations renferment tous les termes qu'elles peuvent renfermer, on est conduit, par la premiere méthode, si elles sont littérales, à des valeurs plus composées qu'il ne convient; à la vérité, on peut les réduire; mais c'est un travail qui devient d'autant plus long que le nombre des inconnues est plus considérable. D'ailleurs nous réduirons, par la suite, l'art de chasser les inconnues dans les équations qui passent le premier degré, à celui de les chasser dans celles du premier degré. Les méthodes que l'on a eues jusqu'ici pour éliminer ou chasser les inconnues, dans les équations qui passent le premier degré, ont toutes (si l'on en excepte seulement celles qu'ont données MM. Euler & Cramer) l'inconvénient de conduire à des équations beaucoup plus composées qu'il ne faut. Ces dernieres même

ne ſont point à l'abri de cet inconvénient, lorſqu'on a plus de deux inconnues. Il peut donc être utile de donner ici des moyens faciles pour avoir les valeurs des inconnues dans les équations du premier degré. C'eſt ce que nous allons faire après avoir expoſé une ſeconde méthode qui peut avoir ſon utilité dans pluſieurs rencontres.

Soient les deux équations $3x + 4y = 81$, & $3x - 4x = 9$. Si l'on retranche la ſeconde de la premiere, on aura $8y = 72$, & par conſéquent, $y = \frac{72}{8} = 9$. Au contraire ſi l'on ajoute la premiere équation à la ſeconde, on aura $6x = 90$, & par conſéquent, $x = \frac{90}{6} = 15$. On voit donc que lorſque les deux équations ſont telles que le coëfficient de l'une des inconnues, eſt le même dans chacune, il eſt très-facile, par une ſimple addition ou une ſimple ſouſtraction, de réduire les deux équations à n'avoir qu'une inconnue.

83. Mais ne peut-on pas ramener les équations à cet état? On le peut toujours; il ſuffit pour cela de multiplier l'une des deux équations par un nombre convenable. Voici comment on doit s'y prendre pour trouver ce nombre. Soient les deux équations $4x + 3y = 65$, & $5x + 8y = 111$.

Je repréſente par m, le nombre dont il s'agit, & je multiplie l'une des deux équations, la ſeconde, par exemple, par m, ce qui me donne $5mx + 8my = 111m$. Je l'ajoute avec la premiere, & j'ai $4x + 5mx + 3y + 8my = 65 + 111m$ qu'on peut écrire ainſi $(4 + 5m)x + (3 + 8m)y = 65 + 111m$.

Si je veux maintenant faire diſparoître les x, je n'ai qu'à ſuppoſer que le nombre m eſt tel que $4 + 5m = 0$, ce qui me donne $m = -\frac{4}{5}$. Cette ſuppoſition réduit l'équation à $(3 + 8m)y = 65 + 111m$, qui donne $y = \frac{65 + 111m}{3 + 8m}$; Equation, qui, en mettant pour m ſa valeur $-\frac{4}{5}$, devient, $y = \frac{65 - \frac{444}{5}}{3 - \frac{32}{5}} =$

$$\frac{\frac{325 - 444}{5}}{\frac{15 - 32}{5}} = \frac{-\frac{119}{5}}{-\frac{17}{5}} = + \frac{119}{5} \times \frac{5}{17} = \frac{119}{17} = 7.$$

Si au contraire j'avois voulu faire diſparoître les y, j'aurois ſuppoſé m tel que $3 + 8m = 0$, c'eſt-à-dire, que j'aurois égalé à zéro à zéro, le coëfficient ou multiplicateur de y, ce qui m'auroit donné $m = -\frac{3}{8}$. Cette supposition réduit l'équation à $(4 + 5m)x = 65 + 111m$, qui donne $x = \frac{65 + 111m}{4 + 5m}$, équation, qui, en mettant pour m sa valeur actuelle $-\frac{3}{8}$, devient $x = \frac{65 - \frac{333}{8}}{4 - \frac{15}{8}} = \frac{\frac{520 - 333}{8}}{\frac{32 - 15}{8}} = \frac{\frac{187}{8}}{\frac{17}{8}} = \frac{187}{17} = 11$.

84. Si l'on avoit trois équations & trois inconnues, on multiplieroit la seconde par un nombre m, & la troisieme par un nombre n; & les ajoutant, ainsi multipliées, à la premiere, on supposeroit égal à zéro, le coëfficient de chacune de deux des trois inconnues x, y & z. On auroit pour déterminer m & n, deux équations que l'on traiteroit comme dans le cas précédent.

Par exemple, prenons les trois équations $3x + 5y + 7z = 179$, $8x + 3y - 2z = 64$, $5x - y + 3z = 75$ que nous avons déja traitées. En multipliant la seconde par m, la troisieme par n, & les ajoutant à la premiere, on aura $3x + 8mx + 5nx + 5y + 3my - ny + 7z - 2mz + 3nz = 179 + 64m + 75n$ qu'on peut écrire ainsi, $(3 + 8m + 5n)x + (5 + 3m - n)y + (7 - 2m + 3n)z = 179 + 64m + 75n$.

Si c'est z que je veux avoir, je supposerai $3 + 8m + 5n = 0$ & $5 + 3m - n = 0$; ce qui réduit l'équation à $(7 - 2m + 3n)z = 179 + 64m + 75n$, qui donne $z = \frac{179 + 64m + 75n}{7 - 2m + 3n}$, il ne s'agit donc plus que de déterminer m & n, ce que l'on fera par le moyen des deux équations $3 + 8m + 5n = 0$, & $5 + 3m - n = 0$, que l'on traitera comme dans le cas précédent; c'est-à-dire, qu'on multipliera la seconde par un nombre p, & on l'ajoutera à la premiere, ce qui donnera $4 + 5p + 8m + 3pm + 5n - pn = 0$, qu'on écrit ainsi, $3 + 5p + (8 + 3p)m + (5 - p)n = 0$. Pour avoir n, on supposera $8 + 3p = 0$, ce qui réduira l'équation à $3 + 5p + (5 - p)n = 0$, qui donne $n = \frac{-3 - 5p}{5 - p}$; or l'équation $8 + 3p = 0$, donne p

$= -\frac{8}{3}$; donc $n = \dfrac{-3 + \frac{40}{3}}{5 + \frac{8}{3}}$, qui ſe réduit à $n = \frac{31}{23}$; par une opération ſemblable, on trouvera $m = -\frac{31}{23}$, ſubſtituant donc dans la valeur de z on aura $z = \dfrac{179 - 64 \cdot \frac{28}{23} + 75 \cdot \frac{31}{23}}{7 - 2 \cdot \frac{-28}{23} + 3 \cdot \frac{31}{23}}$, qui ſe réduit à $z = 15$. On voit par-là comment on s'y ſeroit pris, ſi au lieu de z, on avoit voulu avoir y ou x ; mais, lorſque l'une des inconnues eſt trouvée, il ſeroit ſuperflu de recommencer un calcul ſemblable pour chacune des autres, il faut ſubſtituer la valeur de cette inconnue dans les équations propoſées ; & employant une équation de moins, on détermine les autres valeurs, comme pour le cas où il y a une équation de moins.

85. En ſuivant cette méthode, ou la premiere, on peut trouver des formules générales qui repréſentent les valeurs des inconnues dans tous les cas imaginables. C'eſt ainſi qu'on trouvera que ſi l'on repréſente généralement deux équations du premier degré à deux inconnues par $ax + by + c = 0$, & $a'x + b'y + c' = 0$, ce qu'on peut toujours faire, en paſſant tous les termes dans un même membre, & repréſentant par une ſeule lettre la totalité des quantités connues qui multiplient chaque inconnue, & la totalité des termes entiérement connus, on trouvera, dis-je, que les valeurs de x & de y, ſont exprimées en cette maniere : $x = \frac{bc' - b'c}{ab' - a'b}$, $y = \frac{a'c - ac'}{ab' - a'b}$.

Pareillement, ſi l'on repréſente trois équations du premier degré à trois inconnues, par $ax + by + cz + d = 0$, $a'x + b'y + c'z + d' = 0$, $a''x + b''y + c''z + d'' = 0$, on trouvera que les valeurs de x, y & z, ſont exprimées en cette maniere :

$$z = \frac{-ab'd'' + a'bd'' - a''bd' + ab''d' - a'b''d + a''b'd}{+ab'c'' - a'bc'' + a''bc' - ab''c' + a'b''c - a''b'c}$$

$$y = \frac{-adc'' + a'dc'' - a''dc' + ac'd'' - a'cd'' + a''cd'}{+ab'c'' - a'bc'' + a''bc' - ab''c' + a'b''c - a''b'c}$$

$$x = \frac{-b'c''d + bc''d' - bc'd'' + b''c'd - b''cd' + b'cd''}{+ab'c'' - a'bc'' + a''bc'' - a''bc' + ab'c' - a''b'c}$$

Pour 4 équations & 4 inconnues, on auroit quatre fractions dont le numérateur & le dénominateur auroient chacun 24 termes. Ils auroient 120 termes pour 5 inconnues; 720, pour 6, & ainsi de suite, selon le produit des nombres 1. 2. 3. 4. 5. &c. *

Application des Regles précédentes à la résolution de quelques questions qui renferment plus d'une inconnue.

86. Question premiere : *Un homme a deux especes de monnoie : sept pieces de la plus forte espece, avec douze pieces de la seconde, font 288 livres; & 12 pieces de la premiere espece, avec sept de la seconde font 358 livres. On demande combien vaut chaque espece de monnoie?*

Si l'on savoit combien vaut chaque espece de piece, en multipliant la valeur d'une piece de la premiere espece, par 7, & celle d'une piece de la seconde espece, par 12, & ajoutant les deux produits, on trouveroit 288 livres; pareillement, en multipliant la valeur d'une piece de la premiere espece, par 12, celle de la seconde par 7, & ajoutant les deux produits, on trouveroit 358

* Si l'on veut s'instruire plus à fond de la maniere de déterminer les valeurs des inconnues dans les Equations du premier degré, on peut consulter l'Ouvrage que nous avons publié en 1779, sous le titre *Théorie générale des Equations Algébriques*, Paris, *in*-4°. On y trouvera une méthode très-générale & très-expéditive pour déterminer toutes à la fois ou séparément, les valeurs des inconnues dans les Equations, soit numériques, soit littérales.

livres ; cela étant, si je représente par x le nombre de livres ou la valeur d'une piece de la premiere espece, & par y celle d'une piece de la seconde espece, je pourrai raisonner ainsi :

Chaque piece de la premiere espece valant x, les sept pieces vaudront 7 fois x, ou $7x$; par la même raison 12 pieces de la seconde espece vaudront $12y$; il faut donc que $7x + 12y = 288$.

Un raisonnement semblable à l'égard de la seconde condition, fera voir qu'il faut que $12x + 7y = 358$. Il ne s'agit donc plus que de trouver les valeurs de x & de y. Pour cet effet, je prends dans chaque équation la valeur de x. La premiere me donne, après la transposition & la division, $x = \frac{288 - 12y}{7}$; la seconde me donne $x = \frac{358 - 7y}{12}$; j'égale ces deux valeurs de x, & j'ai l'équation $\frac{288 - 12y}{7} = \frac{358 - 7y}{12}$.

Pour tirer de cette derniere la valeur de y, je chasse les dénominateurs (64) & j'ai $3456 - 144y = 2506 - 49y$, ou en transposant & réduisant $950 = 95y$, ou enfin en divisant, $y = \frac{950}{95} = 10$. Pour avoir x, je reprends la premiere valeur de x, savoir $x = \frac{288 - 12y}{7}$, & substituant pour y, sa valeur 10, j'ai

$x = \frac{288 - 12 \times 10}{7} = \frac{288 - 120}{7} = \frac{168}{7} = 24$; donc la plus forte piece étoit de 24 livres & la plus petite de 10 livres. En effet, 7 pieces de 24 livres font 168 livres, qui avec 12 pieces de 10 livres ou 120 livres, font 288 livres. De plus, 12 pieces de 24 livres, qui font 288 livres, avec sept pieces de 10 livres qui font 70 livres, donnent 358 livres.

Question seconde : *On a mêlé ensemble une certaine quantité d'or & une certaine quantité d'argent. Tout le mélange fait un volume de 12 pouces cubes, & pese 100 onces : un pouce cube d'or pese 12 onces $\frac{2}{3}$, & un pouce cube d'argent en pese 6 $\frac{8}{9}$. On demande quelle est la quantité d'or & quelle est la quantité d'argent qui ont été alliés ?*

Si l'on connoissoit le nombre de pouces cubes de chaque espece de matiere, en ajoutant ces deux nombres, ils donneroient 12 pour leur somme. De plus, en prenant 12 onces $\frac{2}{3}$ autant de fois qu'il y a de pouces cubes d'or, c'est-à-dire, en multipliant 12 $\frac{2}{3}$ par le nombre des pouces cubes d'or, on auroit le poids de l'or qui entre dans le mélange, & en multipliant de même 6 onces $\frac{8}{9}$ par le nombre des pouces cubes d'argent, on auroit le poids de l'argent, & en ajoutant ces deux produits ils formeroient 100 onces.

Raisonnons donc de la même maniere en représentant par x le nombre des pouces cubes d'or, & par y le nombre des pouces cubes d'argent : il faut donc que $x + y = 12$. D'un autre côté, chaque pouce cube d'or pesant 12 onces $\frac{2}{3}$, ou $\frac{38}{3}$ d'once, un nombre x de pouces d'or pesera $\frac{38}{3} \times x$ ou $\frac{38x}{3}$. Par la même raison chaque pouce cube d'argent pesant 6 onces $\frac{8}{9}$ ou $\frac{62}{9}$ d'once, un nombre y de pouces cubes, pesera $\frac{62}{9} \times y$ ou $\frac{62}{9} y$; donc l'or & l'argent réunis peseront $\frac{38}{3} x + \frac{62}{3} y$; or ils doivent peser 100 onces, donc $\frac{38}{3} x + \frac{62}{9} y = 100$.

Pour trouver les valeurs de x & de y, je chasse les dénominateurs de cette derniere équation, & j'ai $342x + 186y = 2700$. De la premiere équation je tire $x = 12 - y$, & la derniere donne $x = \frac{2700 - 186y}{342}$; égalant ces deux valeurs, on a $12 - y = \frac{2700 - 186y}{342}$.

Pour avoir y je chasse le dénominateur, & il me vient $4104 - 342y = 2700 - 186y$; transposant & réduisant, $1404 = 156y$, & enfin en divisant $y = \frac{1404}{156} = 9$; & comme on a trouvé $x = 12 - y$, on a donc $x = 3$, c'est-à-dire, qu'on a mêlé 3 pouces d'or avec 9 pouces d'argent. En effet, le tout fait 12 pouces cubes. D'ailleurs 3 pouces cubes pesant chacun 12 onces $\frac{2}{3}$ font 38 onces, & 9 pouces cubes pesant chacun 6 onces $\frac{2}{8}$ font 62 onces, lesquelles avec les 38 font 100 onces.

Si les deux matieres qu'on a mêlées avoient des pesanteurs spécifiques * différentes, & si le volume, ainsi que le poids total du mélange, étoient différents de ce qu'on vient de supposer, la méthode, pour trouver les quantités de chaque espece de matiere, n'en seroit pas moins la même ; ainsi pour renfermer dans une seule, toutes les solutions des questions de cette espece, supposons généralement que le nombre total des pouces cubes des deux especes de matiere soit . . . . a.

Que le poids total du mélange exprimé en onces soit . . . . b.

Que le poids d'un pouce cube de la premiere matiere soit . . . . c.

Et celui d'un pouce cube de la seconde soit . . . . d.

c & d étant exprimés en onces.

Alors si nous représentons par x le nombre des pouces cubes de la premiere matiere, & par y le nombre de pouces cubes de la se-

* On appelle *pesanteur spécifique*, la pesanteur d'un corps dont le volume est connu. Quand on dit : un tel corps pese 12 livres ; on ne détermine que le poids de ce corps & non pas celui de l'espece de matiere dont il est composé ; mais quand on dit, par exemple : 12 pouces cubes d'eau commune pesent 7 onces 6 gros, alors on détermine la pesanteur de cette espece d'eau ; on met en état de déterminer combien pese tout autre volume connu de cette même eau.

conde ; nous aurons pour premiere équation
$$x + y = a.$$

D'ailleurs chaque pouce de la premiere matiere pesant c d'onces, dès qu'il y a x de pouces cubes, la quantité de la premiere matiere pesera $c \times x$ ou cx. Par la même raison, la quantité de la seconde matiere pesera dy; en sorte que le total pesera $cx + dy$; & comme il est supposé peser b, il faut que $cx + dy = b$.

Cela posé, la premiere équation donne $x = a - y$; la seconde donne $x = \frac{b-dy}{c}$; égalant ces deux valeurs, on a $a - y = \frac{b-dy}{c}$; chassant le dénominateur, il vient $ac - cy = b - dy$; transposant & divisant, $y = \frac{ac-b}{c-d}$.

Pour avoir la valeur de x, il faut substituer dans l'équation $x = a - y$, la valeur qu'on vient de trouver pour y, & l'on aura $x = a = \frac{b-ac}{c-d}$, où l'on voit que j'ai changé les signes du numérateur de $\frac{ac-b}{c-d}$, parce que y doit être retranché de a (11). Cette valeur de x peut être simplifiée, en réduisant le tout en fraction (45), ce qui donnera $x = \frac{ac-ad+b-ac}{c-d}$, ou en réduisant, $x = \frac{b-ad}{c-d}$.

Les valeurs $x = \frac{b-ad}{c-d}$, & $y = \frac{ac-b}{c-d}$ que l'on vient de trouver, peuvent fournir une regle susceptible d'un énoncé assez simple, pour la résolution générale de toutes les questions de cette espece.

Pour trouver cette regle, il faut faire attention 1°, que b marque le poids total du mélange; 2°, que a marquant le nombre total des parties du mélange, & d le poids d'une des parties de la seconde espece, ad marque ce que peseroit le volume du mélange, s'il étoit composé seulement de la matiere de la seconde espece. En effet, si tout le volume étoit d'argent, par exemple, on trouveroit son poids total, en multipliant la pesanteur d d'un pouce cube d'argent, par le nombre total a des pouces cubes. Enfin le dénominateur $c - d$ est la différence des pesanteurs spécifiques de chaque espece de matiere.

Si l'on analyse, de même, la valeur de y, on verra que ac est ce que peseroit le volume du mélange, s'il étoit uniquement composé de la premiere matiere. De-là on pourra conclure cette regle.

Calculez ce que peseroit le volume du mélange, s'il étoit composé seulement de la seconde matiere; retranchez ce poids du poids total actuel du mélange, & divisez le reste par la différence des pesanteurs spécifiques des deux matieres: le quotient sera le nombre des parties de la premiere matiere qui entre dans le mixte.

Au contraire, *pour avoir le nombre des parties de la ſeconde matiere, calculez ce que peſeroit le volume du mélange, s'il étoit tout entier de la premiere matiere; retranchez-en le poids total actuel du mélange, & diviſez le reſte par la même quantité que ci-deſſus.*

Cette regle eſt préciſément, ce qu'on appelle en Arithmétique, *la regle d'Alliage;* & qu'en Arithmétique nous avons renvoyée à cette troiſieme Partie.

On peut, à cette même queſtion, en ramener une infinité d'autres, qui, au premier coup d'œil, ne ſemblent pas de même eſpece: par exemple, celle-ci: *Faire 522 livres en 42 pieces, les unes de 24 livres, & les autres de 6 livres;* car avec un peu d'attention, on voit que cette queſtion eſt la même que cette autre; un mixte compoſé de 42 pouces cubes de matiere, peſe 522 onces: des deux matieres qui y entrent, l'une peſe 24 onces par pouce cube, & l'autre 6 onces. En ſuivant la regle précédente, on trouvera qu'il faut 15 pieces de 24 liv. & 27 pieces de 6 livres.

La même regle ſerviroit encore à réſoudre cette autre queſtion. *Un pied cube d'eau de mer peſe 74 livres, un pied cube d'eau de pluie peſe 70 livres; combien faudroit-il mêler enſemble d'eau de mer & d'eau de pluie, pour faire de l'eau qui pesât 73 livres par pied cube?*

On voit par-là, combien il peut être utile de s'accoutumer de bonne heure à représenter, d'une maniere générale, les quantités connues qui entrent dans les questions, & à interpréter ou traduire les résultats algébriques des solutions des problêmes.

Question troisieme : *On a trois lingots dans chacun desquels il entre de l'or, de l'argent & du cuivre. L'alliage dans le premier est tel que sur 16 onces, il y en a 7 d'or, 8 d'argent & 1 de cuivre. Dans le second sur 16 onces, il y en a 5 d'or, 7 d'argent & 4 de cuivre. Dans le troisieme sur 16 onces, il y en a 2 d'or, 9 d'argent & 5 de cuivre. On veut, en prenant différentes parties de ces trois alliages, composer un quatrieme lingot, tel que sur 16 onces, il s'en trouve 4 onces &* $\frac{15}{16}$ *en or,* $7\frac{10}{16}$ *en argent, &* $3\frac{7}{16}$ *en cuivre.*

Représentons par x le nombre d'onces qu'il faut prendre du premier lingot; par y, le nombre d'onces qu'il faut prendre du second; & enfin par z, le nombre d'onces qu'il faut prendre du troisieme.

Puisque 16 onces du premier contiennent 7 onces d'or, on trouvera ce que x d'onces de ce même lingot peuvent contenir d'or, en calculant le quatrieme terme de cette proportion $16 : 7 :: x :$; ce quatrieme sera $\frac{7x}{16}$; par un raisonnement semblable, on trouvera qu'en prenant y d'onces du second lingot, on prend $\frac{5y}{16}$ en or, & sur le troisieme $\frac{2z}{16}$. Ces trois quantités réunies font $\frac{7x+5y+2z}{16}$; or on veut qu'elles fassent 4 $\frac{15}{16}$ ou $\frac{79}{16}$; donc $\frac{7x+5y+2z}{16}=\frac{79}{16}$.

Pour satisfaire à la seconde condition, on remarquera, de même, qu'en prenant x d'onces sur le premier lingot, on prend nécessairement $\frac{8x}{16}$ d'onces en argent, sur le second $\frac{7y}{16}$, & enfin sur le troisieme, on prend nécessairement $\frac{9z}{16}$; ces trois quantités réunies font $\frac{8x+7y+9z}{16}$, & comme on veut qu'elles fassent 7 $\frac{10}{16}$ ou $\frac{122}{16}$, on aura $\frac{8x+7y+9z}{16}=\frac{122}{16}$.

En procédant de la même maniere, on aura, pour satisfaire à la troisieme condition, l'équation $\frac{x+4y+5z}{16}=\frac{55}{16}$.

Comme le nombre 16 est diviseur commun des deux membres de chacune des trois équations qu'on vient de trouver, on peut le supprimer ; & alors on aura les trois équations suivantes ..... $7x+5y+2z=79$, $8x+7y+9z=122$, $x+4y+5z=55$. Tirant de chacune, la valeur de x on aura $x=\frac{79-5y-2z}{7}$, $x=\frac{122-7y-9z}{8}$, $x=55-$

$4y - 5z$; égalant la premiere valeur de x à la seconde & à la troisieme (79), on aura $\frac{79 - 5y - 2z}{7} = \frac{122 - 7y - 9z}{8}$ & $\frac{79 - 5y - 2z}{7} = 55 - 4y - 9z$, équations qui ne renferment plus que deux inconnues, & qu'il faut, par conséquent, traiter, selon ce qui a été dit (74).

Pour cet effet, je commence par faire disparoître les diviseurs, & j'ai $632 - 40y - 16z = 854 - 49y - 63z$, & $79 - 5y - 2z = 385 - 28y - 35z$, ou, en passant tous les y d'un côté & réduisant, $9y = 222 - 47z$, & $23y = 306 - 33z$; la premiere de ces deux équations donne $y = \frac{222 - 47z}{9}$; & la seconde, $y = \frac{306 - 33z}{23}$; égalant ces deux valeurs de y, j'ai $\frac{222 - 47z}{9} = \frac{306 - 33z}{23}$; chassant les diviseurs, $5106 - 1081z = 2754 - 297z$; transposant, $5106 - 2754 = 1081z - 297z$; réduisant, $2352 = 784z$; & enfin, en divisant, $z = \frac{2352}{784} = 3$.

Pour avoir la valeur de y, je substitue dans l'une des deux valeurs qu'on a trouvées ci-dessus pour y, j'y substitue, dis-je, au lieu de z, sa valeur 3, qu'on vient de trouver; par exemple, en substituant dans $y = \frac{222 - 47z}{9}$, j'ai $y = \frac{222 - 141}{9} = \frac{81}{9} = 9$.

Enfin, pour avoir x, je substitue, au lieu de y & de z, leurs valeurs 9 & 3 dans l'une des trois valeurs qu'on a trouvées ci-dessus pour x; par exemple, dans la derniere, savoir $x = 55 - 4y - 5z$, & cette valeur devient $x = 55 - 36 - 15 = 55 - 51 = 4$; c'est-à-dire, puisqu'on trouve $x = 4$, $y = 9$ & $z = 3$, qu'il faut prendre 4 onces du premier lingot, 9 du second, & 3 du troisieme, & alors le nouveau lingot contiendra en or, 4 onces & $\frac{15}{16}$; en argent, 7 onces $\frac{10}{16}$; & en cuivre, 3 onces $\frac{7}{16}$.

En effet, puisque le premier lingot contient sur 16 onces, 7 onces d'or, 8 d'argent & 1 de cuivre; il est évident que si l'on prend 4 onces seulement de ce lingot, on aura $\frac{28}{16}$ d'once en or, $\frac{32}{16}$ en argent & $\frac{4}{16}$ en cuivre. Par une raison semblable, en prenant 9 onces du second lingot, on aura $\frac{45}{16}$ en or, $\frac{63}{16}$ en argent, & $\frac{36}{16}$ en cuivre; & en prenant 3 onces du troisieme lingot, on aura $\frac{6}{16}$ en or, $\frac{27}{16}$ en argent, & $\frac{15}{16}$ en cuivre.

Réunissant les trois quantités de chaque espece de matiere, provenantes des trois lingots, on aura $\frac{79}{16}$, $\frac{122}{16}$, $\frac{55}{16}$ ou $4\frac{15}{16}$, $7\frac{10}{16}$ & $3\frac{7}{16}$ pour les quantités d'or, d'argent & de cuivre qui entreront, en effet, dans le quatrieme lingot.

Des cas où les questions proposées restent indéterminées, quoiqu'on ait autant d'Equations que d'inconnues; & des cas où les questions sont impossibles.

87. Il arrive quelquefois que quoiqu'on ait autant d'équations que d'inconnues, la question qui a conduit à ces équations reste néanmoins indéterminée, c'est-à-dire, qu'elle est alors susceptible d'un nombre indéfini de solutions.

Ce cas a lieu lorsque quelques-unes des conditions, quoique différentes en apparence, se trouvent être les mêmes dans le fonds. Alors les équations qui expriment ces conditions sont, ou des multiples les unes des autres, ou, en général, quelques-unes d'entr'elles, sont composées d'une ou de plusieurs des autres, ajoutées ou soustraites, multipliées ou divisées par certains nombres. Par exemple, une question qui conduiroit à ces trois équations $5x + 3y + 2z = 17$, $8x + 2y + 4z = 20$; $18x + 8y + 8z = 54$, seroit susceptible d'un nombre indéfini de solutions, quoiqu'il semble, d'après ce que nous avons vu plus haut, que x, y & z, ne peuvent avoir chacun qu'une ſeule valeur. De ces trois équations, la derniere eſt compoſée de la ſeconde ajoutée avec le double de la premiere. Or il eſt évident que les deux premieres étant une fois ſuppoſées avoir lieu, la troiſieme s'enſuit néceſſairement ; que par conſéquent, elle n'exprime aucune nouvelle condition : on eſt donc dans le même cas que ſi l'on avoit ſeulement les deux premieres équations : or nous verrons dans peu que lorſqu'on n'a que deux équations pour trois inconnues, chaque inconnue eſt ſuſceptible d'un nombre indéfini de valeurs.

88. Le calcul fait toujous connoître les cas dont il s'agit ici : voici comment. Il n'y a qu'à procéder à la recherche des inconnues, ſelon les regles données ci-deſſus : alors ſi quelqu'une des équations eſt compriſe dans les autres, on arrivera dans le cours du calcul, à une équation *identique*, c'eſt-à-dire, à une équation dans laquelle les deux membres ſeront non-ſeulement égaux, mais encore compoſés de termes ſemblables & égaux : autant on trouvera d'équations identiques, autant il y aura d'équations inutiles parmi celles qui auront été propoſées.

Par exemple, ſi de chacune des deux équations $6x + 8y = 12$ & $x + \frac{4}{3}y = 2$, je tire

tire la valeur de x, j'aurai $x = \frac{12-8y}{6}$ & $x = 2 - \frac{4}{3}y$: égalant ces deux valeurs, j'aurai $\frac{12-8y}{6} = 2 - \frac{4}{3}y$, ou chassant les dénominateurs, $36 - 24y = 36 - 24y$, équation identique & qui ne peut faire connoître la valeur de y, parce qu'après la transposition & la réduction, on est conduit à cette équation $0 = 0$.

Pareillement, des trois équations ci-dessus on tire $x = \frac{17-3y-2z}{5}$, $x = \frac{20-2y-4z}{8}$ & $x = \frac{54-8y-8z}{18}$, égalant la premiere de ces valeurs à la seconde & à la troisieme, on aura $\frac{17-3y-2z}{5} = \frac{20-2y-4z}{8}$ & $\frac{17-3y-2z}{5} = \frac{54-8y-8z}{18}$; chassant les dénominateurs, transposant, réduisant, & divisant, on aura, par la premiere, $y = \frac{36+4z}{14}$; & par la seconde, $y = \frac{36+4z}{14}$; valeurs qui étant égalées, donnent l'équation identique $\frac{36+4z}{14} = \frac{36+4z}{14}$: il n'y a donc, dans ce cas, que deux équations réellement distinctes.

Mais si l'on avoit les trois équations suivantes :

$$5x + 3y + 2z = 24$$
$$\frac{25}{2}x + \frac{15}{2}y + 5z = 60$$
$$15x + 9y + 6z = 72$$

La premiere donneroit $x = \frac{24 - 3y - 2z}{5}$; la ſeconde, après avoir chaſſé les dénominateurs, tranſpoſé, réduit, &c, donneroit $x = \frac{120 - 15y - 10z}{15}$; & la troiſieme, $x = \frac{72 - 9y - 6z}{15}$. Egalant la premiere de ces valeurs à la ſeconde & à la troiſieme, on auroit $\frac{24 - 3y - 2z}{5} = \frac{120 - 15y - 10z}{25}$ & $\frac{24 - 3y - 2z}{5} = \frac{72 - 9y - 6z}{15}$; & en chaſſant les dénominateurs, $600 - 75y - 50z = 600 - 75y - 50z$, & $360 - 45y - 30z = 360 - 45y - 30z$, équations identiques & dont on ne peut tirer ni y ni z, parce qu'elles ſe réduiſent chacune à $0 = 0$. Il n'y a donc ici, à proprement parler, qu'une ſeule équation.

Les queſtions qui conduiſent à de pareils réſultats, ſont indéterminées, mais ne ſont pas impoſſibles. Nous verrons dans peu, comment on doit les traiter.

89. Dans les cas dont nous venons de parler, le numérateur & le dénominateur de chacune des valeurs des inconnues x, y, z, &c, que nous avons données (85) deviennent 0, ce qui doit être, ainſi qu'on peut le conclure facilement de ce que nous venons de dire. On peut donc, par le moyen de ces mêmes formules générales, reconnoître les cas où quelques-unes des équations ſeront compriſes dans les autres.

90. Lorſqu'une queſtion qui ne conduit qu'à des équations du 1er degré eſt impoſſible, on s'en apperçoit à ce que la ſuite du calcul conduit à une abſurdité; par exem-

ple, conduit à dire, $4 = 3$. Si l'on avoit, par exemple, les deux équations

$$5x + 3y = 30$$
$$\& \ 20x + 12y = 135.$$

La premiere donneroit $x = \frac{30 - 3y}{5}$, & la seconde $x = \frac{135 - 12y}{20}$; égalant ces deux valeurs, on a $\frac{30 - 3y}{5} = \frac{135 - 12y}{20}$; chassant les dénominateurs, on a $600 - 60y = 675 - 60y$ qui conduit à $600 = 675$, ce qui est absurde; donc la question qui conduiroit aux deux équations $5x + 3y = 30$, & $20x + 12y = 135$, est impossible & absurde.

91. Les solutions négatives indiquent aussi une sorte d'impossibilité dans la question; mais cette impossibilité n'est pas absolue, elle est relative au sens dans lequel les quantités ont été prises; en sorte qu'il y a un sens dans lequel ces solutions sont naturelles & admissibles; voyez ce qui a été dit (70).

Des Problêmes indéterminés.

92. On appelle, *Problême indéterminé*, toute question à laquelle on peut satisfaire en plusieurs manieres, sans pouvoir déterminer parmi toutes ces manieres, quelle est celle qui donne lieu à la question. Ces sortes de Problêmes ont toujours moins de conditions que d'inconnues; & envisagés généralement,

ils ſont ſuſceptibles d'une infinité de ſolutions ; mais il arrive ſouvent auſſi que le nombre de ces ſolutions eſt limité par quelques conditions qui ne pouvant pas être reduites en équations, ne permettent pas de déterminer d'une maniere directe le nombre des ſolutions que la queſtion peut avoir.

Si l'on propoſoit cette queſtion : *Trouver deux nombres qui pris enſemble faſſent* 24; en nommant x l'un de ces nombres, & y l'autre, on auroit $x+y=24$, équation de laquelle on tire $x=24-y$. Or cette queſtion eſt ſuſceptible d'une infinité de ſolutions, ſi par x & y on entend indifféremment des nombres entiers, ou des nombres factionnaires, & des nombres poſitifs ou négatifs : il ſuffit, pour y ſatisfaire, de prendre pour y tel nombre qu'on voudra, & de conclure la valeur de x de l'équation $x=24-y$, en y ſubſtituant pour y le nombre qu'on aura pris arbitrairement; ainſi ſi l'on ſuppoſe ſucceſſivement $y=1$, $y=1\frac{1}{2}$, $y=2$, $y=2\frac{2}{3}$, &c. on aura $x=23$, $x=22\frac{1}{2}$, $x=22$, $x=21\frac{1}{3}$, &c. Mais ſi l'on ne veut que des nombres entiers & poſitifs, alors le nombre des ſolutions eſt limité ; car pour que x ſoit poſitif, il faut que y ne ſoit pas plus grand que 24. Et puiſqu'on ne veut que des nombres entiers, il eſt évident que l'équation ne peut avoir en tout que 25 solutions en y comprenant o : en sorte que supposant successivement $y = 0$, $y = 1$, $y = 2$, $y = 3$, &c, on aura $x = 24$, $x = 23$, $x = 22$, $x = 21$, &c.

93. Mais, lorsqu'on impose la condition que les nombres demandés soient des nombres entiers & positifs, on ne voit pas toujours aussi facilement que dans l'exemple précédent, comment on peut satisfaire à cette condition : les questions suivantes sont propres à le faire connoître.

Question premiere. *On demande en combien de manieres on peut payer 542 livres, en donnant des pieces de 17 livres & recevant en échange des pieces de 11 livres.*

Représentons par x le nombre des pieces de 17 liv. & par y celui des pieces de 11 liv.; en donnant x pieces de 17 liv. on payera x fois 17 liv. ou $17x$: en recevant y pieces de 11 liv. on recevra $11y$; par conséquent, on aura payé $17x - 11y$; & puisqu'on veut payer 542 liv. on aura $17x - 11y = 542$. Tirons la valeur de y, c'est-à-dire, de l'inconnue qui a le moindre coëfficient, & nous aurons $y = \frac{17x - 542}{11}$.

Comme on n'a que cette équation, on voit qu'en mettant arbitrairement pour x tel nombre qu'on voudra, on aura pour y une valeur qui satisfera sûrement à l'équation ; mais comme la question exige que x & y soient des nombres entiers : voici comment il faut s'y prendre pour y parvenir directement.

La valeur de $y = \frac{17x - 542}{11}$ se réduit, en faisant la division autant qu'il est possible, à $y = x - 49 + \frac{6x - 3}{11}$; il faut donc que $\frac{6x - 3}{11}$ soit un nombre entier : soit u ce nombre entier ; on aura $\frac{6x - 3}{11} = u$, & par conséquent $6x - 3 = 11u$ & $x = \frac{11u + 3}{6}$, ou, en faisant la division, $x = u + \frac{5u + 3}{6}$; il faut donc que $\frac{5u + 3}{6}$ fasse un nombre entier : soit t ce nombre entier ; on aura $\frac{5u + 3}{6} = t$, & par conséquent $5u + 3 = 6t$ & $u = \frac{6t - 3}{5} = t + \frac{t - 3}{5}$; il faut donc que $\frac{t - 3}{5}$ fasse un nombre entier : soit s ce nombre entier, on aura $\frac{t - 3}{5} = s$, & par conséquent $t = 5s + 3$: l'opération est terminée ici, parce qu'il est évident qu'en prenant pour s tel nombre entier qu'on voudra, on aura toujours pour t un nombre entier tel que l'exige la question, puisqu'il n'y a plus de dénominateur.

Remontons maintenant aux valeurs de x & y : puisqu'on a trouvé $u = \frac{6t - 3}{5}$; en mettant pour t sa valeur $5s + 3$, on aura

$u = \frac{30s + 18 - 3}{5} = 6s + 3$: & puiſqu'on a trouvé $x = \frac{11u + 3}{6}$, en mettant pour u ſa valeur, on aura $x = \frac{66s + 33 + 3}{6} = 11s + 6$: enfin, puiſqu'on a trouvé $y = \frac{17x - 542}{11}$, en ſubſtituant pour x ſa valeur, on aura $y = \frac{187s + 102 - 542}{11} = 17s - 40$; ainſi les valeurs correſpondantes de x & de y ſont $x = 11s + 6$, & $y = 17s - 40$. Par la premiere, on eſt libre de prendre pour s tel nombre entier qu'on voudra ; mais la ſeconde ne permet pas de prendre s plus petit que 3 ; en effet y devant être poſitif, il faut que $17s$ ſoit plus grand que 40, ou que s ſoit plus grand que $\frac{40}{17}$, c'eſt-à-dire, plus grand que 2.

On peut donc ſatisfaire à cette queſtion d'une infinité de manieres différentes, qu'on aura toutes en mettant dans les valeurs de x & de y, au lieu de s, tous les nombres entiers poſitifs imaginables depuis 3 juſqu'à l'infini ; ainſi poſant ſucceſſivement $s = 3$, $s = 4$, $s = 5$, $s = 6$, $s = 7$, &c, on aura les valeurs correſpondantes de x & de y comme il ſuit :

$x = 39$....	$y = 11$
$= 50$	$= 28$
$= 61$	$= 45$
$= 72$	$= 62$
$= 83$, &c.	$= 79$

Dont chacune eſt telle qu'en donnant le nombre de pieces de 17 liv. déſigné par x, & recevant le nombre correſpondant de pieces de 11 liv. déſigné par y, on payera 542 livres.

Queſtion ſeconde. *Faire 741 liv. en 41 pieces, de trois eſpeces ; ſavoir, de 24 liv. de 19 liv. & de 10 livres.*

Soient x, y & z les nombres de pieces de chacune de ces trois eſpeces ; puiſqu'on veut en tout 41 pieces, on aura 1°, $x + y + z = 41$.

2°. Chaque piece de la premiere eſpece valant 24 liv., le nombre x des pieces vaudra x fois 24 liv. ou $24x$; par la même raiſon y pieces de la ſeconde eſpece vaudront $19y$, & z pieces de la troiſieme eſpece vaudront $10z$; ainſi les valeurs réunies des trois nombres de pieces différentes, monteront à $24x + 19y + 10z$; & comme elles doivent monter à 741 liv. on aura $24x + 19y + 10z = 741$.

Je prends, dans chacune de ces équations, la valeur d'une même inconnue, peu importe laquelle ; de x, par exemple, & j'ai $x = 41 - y - z$, & $x = \frac{741 - 19y - 10z}{24}$; j'égale ces deux valeurs, & j'ai $41 - y - z = \frac{741 - 19y - 10z}{24}$, ou chaſſant le dénominateur, $984 - 24y - 24z = 741 - 19y - 10z$;

tranſpoſant & réduiſant, on a $243 = 5y + 14z$.

Je prends maintenant la valeur de y qui a le plus petit coëfficient, & j'ai $y = \frac{243 - 14z}{5} = 48 - 2z + \frac{3 - 4z}{5}$; or y & z devant être des nombres entiers, il faut que $\frac{3 - 4z}{5}$ ſoit un nombre entier : ſoit donc t ce nombre entier ; on aura $\frac{3 - 4z}{5} = t$, ou $3 - 4z = 5t$; donc $z = \frac{3 - 5t}{4} = -t + \frac{3 - t}{4}$; il faut donc que $\frac{3 - t}{4}$ ſoit un nombre entier : ſoit u ce nombre ; on aura $\frac{3 - t}{4} = u$, ou $3 - t = 4u$, & par conſéquent $t = 3 - 4u$.

Remontons maintenant aux valeurs de y, z & x.

Puiſqu'on vient de trouver $z = \frac{3 - 5t}{4}$, on aura en mettant pour t ſa valeur, $z = \frac{3 - 15 + 20u}{4} = \frac{20u - 12}{4} = 5u - 3$; & puiſqu'on a trouvé $y = \frac{243 - 14z}{5}$; en mettant pour z, ſa valeur, on aura $y = \frac{243 - 70u + 42}{5} = \frac{285 - 70u}{5} = 57 - 14u$.

Enfin, puiſqu'on a trouvé $x = 41 - y - z$, on aura $x = 41 - 57 + 14u - 5u + 3 = 9u - 13$. En ſorte que les valeurs correſpondantes de x, y & z, ſont $x = 9u - 13$, $y = 57 - 14u$, & $z = 5u - 3$, dans leſquelles on peut mettre pour u, tel nombre entier qu'on voudra, pourvu qu'il en résulte des nombres positifs pour x, y & z: or cette condition emporte ces trois autres. 1°. Que $9u$ soit plus grand que 13; ou que u soit plus grand que $\frac{13}{9}$ ou $1\frac{4}{9}$. 2°. Que 57 soit plus grand que $14u$, ou que u soit plus petit que $\frac{57}{14}$; c'est-à-dire, plus petit que $4\frac{1}{14}$. 3°. Enfin que $5u$ soit plus grand que 3, ou u plus grand que $\frac{3}{5}$, ce qui ne peut manquer d'arriver, dès qu'on observera la premiere condition; ainsi le nombre des solutions est donc très-limité, & se réduit à trois que l'on trouve, en donnant à u pour valeurs les nombres 2, 3 & 4, qui sont les seuls que l'état de la question admette. On ne peut donc faire 741 liv. en 41 pieces de trois especes proposées, qu'en prenant les nombres de pieces marquées ci-dessous, & qu'on trouve, en mettant pour u, les nombres 2, 3 & 4, successivement dans chacune des valeurs de x, y & z.

x	y	z
5	29	7
14	15	12
23	1	17

Dans le cours des divisions que l'on fait pour réduire la valeur de l'indéterminée à un nombre entier, rien n'oblige à prendre le quotient plutôt au-dessous de sa véritable valeur, qu'au-dessus. Il est même quelquefois plus expéditif de le prendre de cette derniere maniere.

Par exemple, si j'avois l'équation $19y = 52x + 139$, au lieu d'en conclure $y = 2x + 7 + \frac{14x+6}{19}$ en prenant $2x$ pour valeur du quotient de $52x$ divisé par 19, en nombres entiers; je conclurois $y = 3x + 7 \frac{-5x+6}{19}$ en prenant plutôt $3x$ pour quotient, parce que ce quotient est plus approchant, & que l'excédent $5x$ dont je tiens compte en lui donnant le signe —, a un coëfficient plus petit, ce qui ne peut manquer d'abréger le calcul. Je fais ensuite $\frac{-5x+6}{19} = u$; & j'en conclus $x = \frac{6-19u}{5}$, & par la même raison, $x = 1 - 4u + \frac{1+u}{5}$. Faisant $\frac{1+u}{5} = t$, j'ai enfin $u = 5t - 1$; ce qui acheve la solution plus promptement que si j'avois pris chaque quotient au-dessous de sa véritable valeur. Si on remonte, comme ci-dessus, aux valeurs de x & de y, on trouvera $x = 5 - 19t$, & $y = 21 - 52t$, qui en donnant à t pour valeurs, tous les nombres négatifs depuis zéro, donneront toutes les solutions positives de l'équation.

Des Equations du ſecond degré, à une ſeule inconnue.

94. On appelle *Equation du ſecond degré*, celles dans leſquelles la plus haute puiſſance de l'inconnue, eſt cette même inconnue multipliée par elle-même, ou élevée à ſon quarré. Ainſi l'équation $5x^2 = 125$, eſt une équation du ſecond degré, parce que dans le terme $5x^2$ la quantité x eſt multipliée par elle même.

95. Lorſque l'équation ne renferme d'autre puiſſance de l'inconnue, que le quarré, elle eſt toujours facile à réſoudre : il ſuffit de dégager le quarré de l'inconnue, de tout ce qui peut le multiplier, ou le diviſer ; ou des quantités qui peuvent ſe trouver jointes avec lui, par les ſignes $+$ ou $-$, ce qui ſe fait par les regles donneés (56, 60 & 64) ; après quoi il n'y a plus qu'à tirer la racine quarrée de chaque membre.

Par exemple, de l'équation $5x^2 = 125$, je conclus, en diviſant par 5, $x^2 = \frac{125}{5} = 25$, & tirant la racine quarrée de chaque membre, $x = 5$: car il eſt évident que ſi deux quantités ſont égales, leurs racines quarrées ſeront auſſi égales, & il eſt également clair que x eſt la racine quarrée de x^2.

Pareillement ſi j'ai l'équation $\frac{5}{3}x^2 = \frac{4}{5}x^2 + 7$; je chaſſe les fractions, & j'ai $25x^2$

$= 12x^2 + 105$; transposant, $25x^2 - 12x^2 = 105$, ou $13x^2 = 105$; divisant par 13, $x^2 = \frac{105}{13}$; donc $x = \sqrt{\frac{105}{13}}$; ce signe $\sqrt{\ }$ marque qu'on doit tirer la racine quarrée.

Lorsqu'on doit tirer la racine quarrée de la fraction, comme dans le cas présent, on fait descendre les jambes du signe $\sqrt{\ }$ (qu'on appelle *signe radical*) au-dessous de la barre qui sépare les deux termes de la fraction. Mais si l'on n'avoit à représenter que la racine quarrée de l'un ou de l'autre des deux termes de la fraction, le radical seroit tout entier au-dessus ou au-dessous de la barre de division; ainsi pour marquer qu'on veut diviser par 3, la racine quarrée de 40, on écriroit $\frac{\sqrt{40}}{3}$.

Si la quantité dont on doit tirer la racine quarrée étoit complexe, on donneroit au radical une queue qui recouvrît toute la quantité; par exemple, pour marquer la racine quarrée de $3ab + b^2$, on écriroit $\sqrt{3ab + b^2}$. Quelquefois aussi, sans donner une queue au radical, on renferme la quantité complexe, entre deux crochets, qu'on fait précéder du signe $\sqrt{\ }$, en cette maniere $\sqrt{\ }(3ab + b^2)$.

96. Nous avons vu (24) que lorsque le multiplicande & le multiplicateur avoient tous deux le même signe, le produit avoit toujours le signe +. Cela étant, lorsqu'on a

à tirer la racine quarrée d'une quantité qui a le ſigne +, on doit indifféremment donner à cette racine quarrée le ſigne + ou le ſigne —; ainſi dans l'équation précédente $x^2 = 25$, on peut, lorſqu'on tire la racine quarrée, dire également, qu'elle eſt + 5, & qu'elle eſt — 5, parce que chacun de ces nombres multiplié par lui-même, reproduit toujours + 25; en ſorte que la réſolution de l'équation $x^2 = 25$ s'écrit ainſi $x = \pm 5$, ce qui ſe prononce en diſant *x égale plus ou moins* 5, & équivaut à ces deux équations $x = + 5$ & $x = - 5$.

Pareillement pour la ſeconde équation ci-deſſus, on écriroit $x = \pm \sqrt{\frac{105}{13}}$ *.

97. Lorſqu'on a à tirer la racine quarrée d'une quantité précédée du ſigne —, on couvre le tout, du radical, que l'on fait auſſi précéder du double ſigne ±; ainſi ſi l'on

* On pourroit demander ici pourquoi nous ne donnons pas auſſi le double ſigne ± au premier membre? La réponſe eſt, qu'on le peut; mais cela ne mene à rien de nouveau. En effet ſi l'on écrit $\pm x = \pm 5$, on en tire ces quatre équations $+x = +5$, $+x = -5$, $-x = +5$, $-x = -5$. La derniere, en changeant les ſignes, revient à la premiere. Il en eſt de même de la troiſieme, relativement à la ſeconde.

Il faut ſe garder de conſidérer la valeur de x dans la premiere équation $x = 5$, comme étant la même que dans la ſeconde $x = -5$, quoique ces deux valeurs ſoient exprimées par le même caractere ou la même lettre x. Cette lettre x eſt un ſigne par lequel on repréſente la quantité que l'on cherche; il peut déſigner des quantités différentes, comme le mot *Ecu* déſigne des quantités différentes, dans différents pays.

avoit $x^2 = -4$, on écriroit $x = \pm \sqrt{-4}$; & quoiqu'on puiſſe tirer la racine quarrée de 4, qui eſt 2, il ne faudroit pas écrire $x = \pm 2$: il eſt eſſentiel ici de faire attention au ſigne — de la quantité qui eſt ſous le radical.

98. Lorſqu'une équation conduit ainſi à tirer la racine quarrée d'une quantité négative, on peut conclure que le Problême qui a conduit à cette équation, eſt impoſſible : en effet une quantité négative ne peut avoir de racine quarrée, ni exactement, ni par approximation; car il n'y a aucune quantité ſoit poſitive, ſoit négative, qui étant multipliée par elle-même puiſſe produire une quantité négative : il eſt bien vrai que -4, par exemple, peut être conſidéré comme venant de $+2$ multiplié par -2; mais ces deux quantités ayant un ſigne différent ne ſont point égales, & par conſéquent leur produit n'eſt pas un quarré. Ainſi, lorſqu'on propoſe de tirer la racine quarrée d'une quantité négative, on propoſe une choſe abſurde ; donc tout problême qui ſe réduira à une pareille opération, ſera un problême impoſſible. C'eſt à ce caractere qu'on diſtingue l'impoſſibilité des queſtions du ſecond degré.

Au reſte, il ne faut pas pour cela regarder, comme inutile, la conſidération des racines quarrées des quantités négatives : il arrive aſſez ſouvent qu'une queſtion quoique poſſible n'admet de ſolution que par le concours de pareilles quantités dans leſquelles à la fin, ce qu'il a d'abſurde, diſparoît. On appelle ces ſortes de quantités, *quantités imaginaires*. Ainſi $\sqrt{-a}$, eſt une quantité imaginaire; $a+\sqrt{-b}$, eſt une quantité imaginaire.

99. Ce que nous venons de dire, ſuffit pour la réſolution des équations du ſecond degré, lorſqu'il n'y a pas d'autres puiſſances de x que le quarré. Mais outre le quarré de l'inconnue, il peut encore y avoir (& cela arrive le plus ſouvent) la premiere puiſſance de l'inconnue multipliée ou diviſée par quelque quantité connue, comme dans cette équation $x^2-4x=12$. Alors l'artifice qu'on doit employer pour réſoudre l'équation, conſiſte à préparer le premier membre de maniere à en faire un quarré parfait : cette préparation ſuppoſe avant tout, trois choſes; 1°, qu'on ait paſſé dans un ſeul membre tous les termes affectés de x, & les quantités connues dans l'autre; cela s'exécute par ce qui a été dit (55) : 2°. Que le terme qui renferme x^2, ſoit poſitif; s'il avoit le ſigne —, on changeroit tous les ſignes de l'équation, ce qui ne troubleroit point l'égalité; 3°. Que le

le terme qui renferme x^2, soit libre de tout multiplicateur ou de tout diviseur ; s'il n'étoit point dans cet état, on l'y ameneroit, en multipliant tous les autres termes de l'équation par ce diviseur, & en les divisant par le multiplicateur. Par exemple, si j'avois à résoudre l'équation $4x - \frac{3}{5}x^2 = 4 - 2x$, 1°, je passerois tous les x dans le premier membre, en écrivant le terme x^2 le premier, & j'aurois $-\frac{3}{5}x^2 + 4x + 2x = 4$, ou $-\frac{3}{5}x^2 + 6x = 4$; 2°, je changerois les signes pour rendre x^2 positif, & j'aurois $\frac{3}{5}x^2 - 6x = -4$; 3°, je multiplierois par 5, ce qui me donneroit $3x^2 - 30x = -20$; enfin je diviserois par 3, & j'aurois $x^2 - 10x = -\frac{20}{3}$.

Comme on peut toujours ramener, à cet état, toute équation du second degré, nous ne nous occuperons actuellement que d'une équation préparée de cette maniere.

100. Cela posé, pour résoudre une équation du second degré, il faut suivre cette regle :

Prenez la moitié de la quantité connue qui multiplie x *dans le second terme : élevez cette moitié au quarré, & ajoutez ce quarré à chaque membre de l'équation, ce qui ne changera rien à l'égalité. Le premier membre sera alors un quarré parfait. Tirez la racine quarrée de chaque membre, & faites précéder celle du second membre, du double ſigne* $\pm$ *; l'équation ſera réduite au premier degré.*

Quant à la maniere de tirer la racine quarrée du premier membre, on tirera la racine quarrée du quarré de l'inconnue, & celle du quarré qu'on a ajouté : on joindra cette ſeconde à la premiere, par le ſigne qu'aura le ſecond terme de l'équation.

Par exemple, ayant l'équation $x^2 + 6x = 16$, je prends la moitié de la quantité connue 6, qui multiplie x dans le ſecond terme : je quarre cette moitié, & j'ajoute à chaque membre le quarré 9, j'ai $x^2 + 6x + 9 = 25$; il ne s'agit plus que de tirer la racine quarrée, ce que je fais en prenant la racine quarrée de x^2 qui eſt x, puis celle de 9 qui eſt 3 ; & comme le ſecond terme $6x$ de l'équation a le ſigne $+$, j'en conclus que $x + 3$, eſt la racine quarrée du premier membre. Quant à celle du ſecond, elle eſt 5 ou plutôt (96) ± 5; par conſéquent $x + 3 = \pm 5$. Pour avoir x, il ne s'agit plus que de tranſpoſer, & l'on aura $x = \pm 5 - 3$; c'eſt-à-dire, que x a deux valeurs ; ſavoir $x = + 5 - 3 = 2$, & $x = - 5 - 3 = - 8$. Nous verrons ci-après ce que ſignifie cette ſeconde valeur.

Pour entendre la raiſon de cette regle, il faut ſe rappeller ce que nous avons remarqué (25), ſavoir que le quarré d'une quantité composée de deux termes, contient toujours le quarré du premier terme, le double du premier terme multiplié par le second, & le quarré du second.

Cela posé, lorsqu'il s'agit d'ajouter à une quantité telle que $x^2 + 6x$, ce qui est nécessaire pour en faire un quarré parfait, il faut remarquer 1°, que cette quantité contient déja un quarré x^2 qu'on peut considérer comme le quarré du premier terme x d'un binome. 2°, Qu'on peut toujours considérer le terme suivant $6x$, comme étant le double de x multiplié par une autre quantité. 3°, Que cette autre quantité est nécessairement la moitié de 6 multiplicateur de x. Il ne manque donc plus que le quarré de cette seconde quantité, c'est-à-dire, le quarré de la moitié du multiplicateur de x dans le second terme. On voit que ce raisonnement est général, quel que soit le multiplicateur de x.

Quant à la regle que nous donnons en même-temps pour extraire la racine quarrée du premier membre, elle est également une suite de la formation du quarré; puisque les deux quarrés extrêmes qui se trouvent dans le quarré d'un binome étant les quarrés des deux termes de la racine, il est évident qu'il ne s'agit que de tirer séparément les racines de ces deux quarrés pour avoir ces deux termes. Mais on doit donner au ſecond terme de la racine, le même ſigne qu'a le ſecond terme de l'équation, parce que de même que le calcul fait voir que le quarré de $a+b$ eſt $a^2+2ab+b^2$, de même il fait voir que le quarré de $a-b$ eſt $a^2-2ab+b^2$.

Application de la Regle précédente, à la Réſolution de quelques queſtions du ſecond dégré.

101. De quelque degré que doive être l'équation, il faut toujours, pour mettre la queſtion en équation, faire uſage de la regle que nous avons donnée (67).

Queſtion premiere. *Trouver un nombre tel que ſi à ſon quarré, on ajoute* 8 *fois ce même nombre, le tout faſſe* 33?

Si je connoiſſois ce nombre, que j'appelle x, il eſt évident que j'en prendrois le quarré x^2; qu'à ce quarré, j'ajouterois 8 fois ce nombre, c'eſt-à-dire, $8x$, & que le tout x^2+8x formeroit 33; il faut donc que $x^2+8x=33$.

Pour réſoudre cette équation, j'ajoute à chaque membre, le nombre 16 qui eſt le quarré de la moitié du nombre 8 qui multiplie x dans le ſecond terme, & j'ai $x^2+8x+16=49$, équation dont le premier membre eſt un quarré parfait. Je tire la racine quarrée de chaque membre, en obſervant la regle donnée (100), & j'ai $x + 4 = \pm 7$; par conſéquent $x = \pm 7 - 4$, qui donne ces deux valeurs de x, $x = + 7 - 4 = 3$ & $x = - 7 - 4 = - 11$.

De ces deux valeurs, la premiere ſatisfait à la queſtion, puiſque 9 qui eſt le quarré de 3, étant ajouté à 8 fois 3 ou 24, fait 33. A l'égard de la ſeconde, comme elle eſt négative, elle indique qu'il y a une autre queſtion dans laquelle prenant x dans un ſens tout contraire, la ſolution ſeroit 11; c'eſt-à-dire, que la ſeconde valeur de x doit ſatisfaire à cette autre queſtion : *Trouver un nombre tel que ſi de ſon quarré, on retranche* 8 *fois ce même nombre, le reſte ſoit* 33 : ce qui eſt en effet; car le quarré de 11 eſt 121, & 8 fois 11 font 88, leſquels retranchés de 121, il reſte 33.

Pour confirmer ce que nous avons dit ſur les quantités négatives (70), remarquons que cette ſeconde queſtion miſe en équation, donne $x^2 - 8x = 33$, laquelle étant réſolue ſelon la regle, donne $x = \pm 7 + 4$; c'eſt-à-dire, ces deux valeurs, $x = 11$ & $x = - 3$, qui ſont préciſément le contraire de celles de la premiere queſtion.

102. On voit par-là qu'une équation du ſecond degré, à une ſeule inconnue, a tou-

jours deux ſolutions. Car les deux valeurs 11 & — 3 ſubſtituées, au lieu de x, dans l'équation $x^2 - 8x = 33$, la réſolvent également, c'eſt-à-dire, réduiſent également le premier membre à 33. On vient de le voir pour 11. A l'égard de — 3, ſon quarré eſt + 9; & 8 fois — 3, font — 24, qui, retranchés de + 9, donnent + 9 + 24, ſelon ce qui a été enſeigné (11).

Mais on voit en même-temps que ſi toute équation du ſecond degré a deux ſolutions, il n'en eſt pas toujours de même de la queſtion qui a conduit à cette équation; car, dans le cas préſent, la ſeconde valeur — 3, ne réſout que la queſtion contraire. Au reſte, il arrive ſouvent que les deux ſolutions de l'équation, ſont auſſi toutes deux, ſolutions de la queſtion. Nous en verrons un exemple dans la troiſieme queſtion.

Queſtion ſeconde. *On devoit partager 175 livres entre un certain nombre de perſonnes; mais il y en a deux d'abſentes & qui, par cette raiſon, ne doivent pas avoir part. Cette circonſtance augmente de 10 livres la part de chaque préſent; on demande combien il devoit d'abord y avoir de partageants?*

Si je ſavois quel eſt ce nombre, je diviſerois 175 par ce nombre, pour connoître combien chacun auroit eu, ſi toutes les personnes eussent été présentes. Je diviserois ensuite par ce même nombre diminué de 2, pour connoître combien chaque partageant aura réellement; enfin je verrois si en ôtant 10 livres de ce second quotient, le reste est égal au premier. Imitons ces opérations, en représentant par x le nombre cherché.

Si tous étoient présents, chacun auroit donc $\frac{175}{x}$; mais s'il manque deux personnes, chaque partageant aura $\frac{175}{x-2}$; puis donc que ce dernier nombre doit être plus grand de 10, que le premier, il faut que $\frac{175}{x-2} - 10 = \frac{175}{x}$.

Pour résoudre cette équation, je chasse les dénominateurs; & selon la remarque faite (66), j'écris $175x - 10(x-2)x = 175 \times (x-2)$, puis faisant les opérations indiquées, j'ai $175x - 10xx + 20x = 175x - 350$; supprimant $175x$ de part & d'autre, puis changeant les signes (99), on a $10xx - 20x = 350$; enfin en divisant par 10, il vient $xx - 2x = 35$, équation à laquelle il ne s'agit plus que d'appliquer la regle donnée (100). Je prends donc la moitié -1 du multiplicateur -2 de x. Je quarre cette moitié, ce qui me donne $+1$, que j'ajoute à chaque membre, & j'ai $x^2 - 2x + 1 = 36$; tirant la racine quarrée, j'ai $x - 1 = \pm 6$,

& par conséquent $x = \pm 6 + 1$, qui donne $x = 7$ & $x = -5$. La premiere est le nombre cherché ; car 175 divisé par 7, donne 25 ; & 175 divisé par 7 — 2 ou 5, donne 35 qui excede 25 de 10. Quant à la seconde, elle résout la question où l'on supposeroit qu'il s'agit de partager 175 livres avec deux nouveaux survenus, & que cette circonstance diminue de 10 livres la part que chacun auroit eue sans cela.

Question troisieme. *Un homme achete un cheval, qu'il vend, au bout de quelque temps, pour 24 pistoles. A cette vente, il perd autant, pour cent, que le cheval lui avoit coûté. On demande combien il l'avoit acheté ?*

Si l'on me disoit ce que le cheval a coûté, je vérifierois ce nombre en cette maniere. Je le retrancherois de 100, & je ferois cette regle de trois : Si 100 se réduisent au nombre que vient de me donner la soustraction, à combien le nombre prétendu doit-il se réduire ? Ayant trouvé ce quatrieme terme, il devroit être égal à 24.

Nommons donc x le nombre cherché, c'est-à-dire, le nombre de pistoles que le cheval a coûté. Alors puisque 100 sont supposés se réduire à $100 - x$, je trouverai à combien x doit être réduit, en faisant cette regle de trois, $100 : 100 - x :: x :$; le quatrieme terme sera $\frac{(100-x)x}{100}$ (*Arith.* 179) ou $\frac{100x-xx}{100}$; puis donc qu'on suppose que le prix du cheval a été réduit à 24 pistoles, il faut que $\frac{100x-xx}{100}=24$.

Pour résoudre cette équation, je chasse le dénominateur, & j'ai $100x-xx=2400$, ou en changeant les signes $xx-100x=-2400$. Je prends donc (100) la moitié de -100 qui est -50 ; je l'éleve au quarré, ce qui me donne $+2500$ à ajouter à chaque membre. L'équation devient $xx-100x+2500=2500-2400=100$; tirant la racine quarrée, j'ai $x-50=\pm 10$, & par conséquent, $x=50\pm 10$, qui donne ces deux valeurs $x=60$ & $x=40$, dont chacune résout la question ; ensorte que le prix du cheval peut également avoir été de 60 ou de 40 pistoles : l'énoncé de la question n'est pas suffisant pour déterminer lequel de ces deux prix a eu lieu. Si l'on veut vérifier ces deux solutions, on verra qu'en supposant que le cheval a été acheté 60 pistoles, puisqu'alors 100 se réduisent à 40, 60 se réduiront à 24. Et dans le second cas, on verra de même, que 100 se réduisant à 60, 40 se réduiront à 24.

103. Dans les questions précédentes, l'équation a eu deux solutions, l'une positive

l'autre négative. Dans la derniere, elle en a deux positives Elle peut en avoir aussi deux négatives. Mais cela n'arrive que lorsque l'énoncé de la question est vicieux; car alors chacune de ces deux solutions négatives, indique (70) que l'inconnue doit être prise dans un sens tout opposé à celui de l'énoncé. Par exemple, si l'on proposoit cette question; trouver un nombre tel que si à son quarré on ajoute neuf fois ce même nombre, & encore le nombre 50, le tout fasse 30; cette question mise en équation donneroit $x^2 + 9x + 50 = 30$, qui en suivant les regles données plus haut, deviendroit successivement $x^2 + 9x = -20$, $x^2 + 9x + \frac{81}{4} = \frac{81}{4} - 20 = \frac{1}{4}$; tirant la racine quarrée $x + \frac{9}{2} = \pm \frac{1}{2}$, qui donne $x = -\frac{9}{1} + \frac{1}{2} = -4$, & $x = -\frac{9}{2} - \frac{1}{2} = -5$. Ce qui indique que la question doit être changée en cette autre: Trouver un nombre tel que si après avoir ajouté 50 à son quarré, on retranche du tout, 9 fois ce même nombre demandé, il reste 30.

104. L'algebre a donc cet avantage, que non-seulement elle résout les questions, mais elle fait encore distinguer si elles sont bien ou mal proposées; & si elles sont impossibles, elle le fait connoître aussi: nous en avons déja donné le caractere (98). Si l'on en veut un exemple, il n'y a qu'à ré-

ſoudre la queſtion troiſieme, en y ſuppoſant vingt-ſix piſtoles au lieu de vingt-quatre. L'équation ſera $\frac{100x - xx}{100} = 26$, ou $100x - xx = 2600$, ou $xx - 100x = -2600$, qui, ſelon la regle (100), devient $xx - 100x + 2500 = 2500 - 2600 = -100$, tirant la racine quarrée $x - 50 = \pm\sqrt{-100}$, & enfin $x = 50 \pm \sqrt{-100}$; or nous avons vu (98) que la racine quarrée d'une quantité négative eſt impoſſible.

Queſtion quatrieme. *Deux perſonnes ſe ſont réunies dans un commerce : l'une a mis 30 louis qui ont reſté 17 mois dans la ſociété. Le ſecond n'a fourni ſes fonds qu'au bout de 5 mois ; c'eſt-à-dire, qu'ils n'ont été que 12 mois dans la ſociété. Ces fonds que l'on ne connoît point, font, avec le gain qui lui revient, 26 louis. Le gain total a été de 18 louis &* $\frac{3}{4}$ *; on demande ce que le ſecond avoit mis, & combien chacun a gagné?*

La queſtion ſe réduit à trouver la miſe du ſecond, car il eſt évident que le gain de chacun ſera facile à trouver enſuite. Repréſentons cette miſe, ou le nombre de louis de cette miſe par x. Puiſque les 30 louis du premier ont été 17 mois dans la ſociété, ils doivent lui avoir produit autant que produiroient 17 fois 30 louis ou 510 louis pendant un mois. Pareillement, puiſque la miſe x du ſecond a été 12 mois dans la ſociété, elle doit lui avoir produit autant que 12 fois x de louis ou $12x$ produiroient pendant un mois ; ainſi, on peut regarder la ſociété, comme n'ayant duré qu'un mois, mais en ſuppoſant que les miſes aient été 510 & $12x$; cela étant, pour ſavoir ce que le ſecond doit gagner, il faut (*Arith.* 197) calculer le quatrieme terme de cette proportion $510 + 12x : 18\frac{3}{4} :: 12x :$

Ce quatrieme terme ſera $\frac{12x \times 18\frac{3}{4}}{510 + 12x}$, qui revient à $\frac{225x}{510 + 12x}$; or il eſt dit dans la queſtion que le gain du ſecond & ſa miſe x font 26 louis ; donc $\frac{225x}{510 + 12x} + x = 26$.

Pour réſoudre cette équation, chaſſons le dénominateur, & nous aurons $225x + x(510 + 12x) = 26(510 + 12x)$, ou, en faiſant les multiplications indiquées, $225x + 510x + 12xx = 13260 = 312x$. Tranſpoſant & réduiſant, on a $12xx + 423x = 13260$; diviſant par 12, $x^2 + \frac{423}{12}x = \frac{13260}{12}$ qui ſe réduit à $x^2 + \frac{141}{4}x = 1105$; prenant donc la moitié de $\frac{141}{4}$, qui eſt $\frac{141}{8}$; élevant cette moitié au quarré, & l'ajoutant à chaque membre, on aura $x^2 + \frac{141}{4}x + \frac{19881}{64} = \frac{19881}{64} + 1105 = \frac{90601}{64}$, en réduiſant 1105 en fraction. Tirant donc la racine quarrée, on aura $x + \frac{141}{8} = \pm\sqrt{\frac{90601}{64}} = \pm\frac{301}{8}$; donc $x = -\frac{141}{8} \pm \frac{301}{8}$; qui donne pour la ſeule valeur, qui ſatisfaſſe à la queſtion, $x = \frac{-141+301}{8} = \frac{160}{8} = 20$; la miſe du ſecond étoit donc de 20 louis; par conſéquent ſon gain étoit de 6, & celui du premier de $12\frac{3}{4}$.

105. A l'égard des équations littérales, la regle eſt abſolument la même. Si l'on avoit à réſoudre l'équation $abx - axx = b^3c$; conformément à ce qui a été dit (99 & 100), je changerois cette équation en $axx - abx = -b^3c$, puis en $xx - bx = -\frac{b^2c}{a}$; j'ajouterois à chaque membre le quarré de $-\frac{b}{2}$; c'eſt-à-dire, $+\frac{bb}{4}$, & j'aurois $xx - bx + \frac{bb}{4} = \frac{bb}{4} - \frac{b^2c}{a}$; tirant la racine quarrée, j'ai $x - \frac{b}{2} = \pm \sqrt{\frac{bb}{4} - \frac{b^2c}{a}}$, & enfin $x = \frac{b}{2} \pm \sqrt{\frac{bb}{4} - \frac{b^2c}{a}}$.

106. Lorſque l'équation eſt littérale, elle peut ſe préſenter ſous une forme plus compoſée que nous ne l'avons vue juſques ici; mais on peut toujours la ramener à trois termes en cette maniere. Soit l'équation $ax^2 + bcx - a^2b = bx^2 - ab^2 - acx$. Je paſſe dans un ſeul membre tous les termes affectés de x, en obſervant d'écrire de ſuite, tous ceux qui ont les mêmes puiſſances de x, & j'ai $ax^2 - bx^2 + bcx + acx = a^2b - ab^2$. Je remarque, à préſent, que $ax^2 - bx^2$ n'eſt

autre chofe que $(a - b) \times x^2$, ou $(a - b)\, x^2$; pareillement $bcx + acx$ n'eft autre chofe que $(bc + ac)x$, enforte que l'équation $ax^2 - bx^2 + bcx + acx = a^2b - ab^2$ peut s'écrire ainfi $(a - b)\, x^2 + (bc + ac)\, x = a^2b - ab^2$; or les quantités a, b, c, étant des quantités connues, on doit regarder $a - b$, $bc + ac$, & $a^2b - ab^2$ comme des quantités toutes connues; on peut donc, pour abréger, repréfenter chacune de ces quantités par une feule lettre, & fuppofer $a - b = m$, $bc + ac = n$, $a^2b - ab^2 = p$, & alors l'équation eft réduite à $mx^2 + nx = p$, qui eft dans le cas des précédentes, & qui étant réfolue fuivant les mêmes regles, deviendra fucceffivement $x^2 + \frac{n}{m}x = \frac{p}{m}$, puis $x^2 + \frac{n}{m}x + \frac{n^2}{4m^2} = \frac{n^2}{4m^2} + \frac{p}{m}$ (en ajoutant le quarré de la moitié de $\frac{n}{m}$, c'eft-à-dire, de $\frac{n}{2m}$); tirant la racine quarrée, $x + \frac{n}{2m} = \pm\sqrt{\frac{n^2}{4m^2} + \frac{p}{m}}$, enfin $x = \frac{-n}{2m} \pm \sqrt{\frac{n^2}{4m^2} + \frac{p}{m}}$.

107. Au refte on ne fait ces fortes de transformations que lorfque le calcul qu'on auroit à faire fans elles, feroit très-compofé; car dans ce même exemple, après avoir mis l'équation propofée, fous la forme $(a - b)\, x^2 + (bc + ac)\, x = a^2b - ab^2$, on

peut la traiter, ſans trop de calcul, comme les précédentes, en diviſant d'abord par $a-b$, ce qui donne . . . $x^2+\frac{bc+ac}{a-b}x=ab$; maintenant il faut ajouter de part & d'autre le quarré de la moitié de $\frac{bc+ac}{a-b}$, c'eſt-à-dire, le quarré de $\frac{bc+ac}{2a-2b}$; mais on peut ſe contenter de l'indiquer en cette maniere $\left(\frac{bc+ac}{2a-2b}\right)^2$; ainſi on aura $x^2+\frac{bc+ac}{a-b}x+\left(\frac{bc+ac}{2a-2b}\right)^2=\left(\frac{bc+ac}{2a-2b}\right)^2+ab$; tirant la racine quarrée, on aura . . . .

$$x+\frac{bc+ac}{2a-2b}=\pm\sqrt{\left(\frac{bc+ac}{2a-2b}\right)^2+ab},$$ &

enfin $x=\frac{-bc-ac}{2a-2b}\pm\sqrt{\left(\frac{bc+ac}{2a-2b}\right)^2+ab}$.

108. Quoiqu'on puiſſe, lorſqu'on a conclu la valeur de x, laiſſer le radical dans l'état où il eſt, juſqu'à ce qu'on vienne aux applications numériques; néanmoins, il peut être ſouvent utile de lui donner une forme plus ſimple, en réduiſant au même dénominateur les deux parties qui ſe trouvent ſous ce radical. Sur quoi il faut obſerver qu'on peut ſouvent les réduire au même dénominateur d'une maniere plus ſimple que par la regle générale donnée (47); & cela en ſe conformant aux obſervations que nous

avons faites (48); prenons, pour exemple $\sqrt{\frac{n^2}{4m^2}+\frac{p}{m}}$: pour réduire à un même dénominateur les deux quantités $\frac{n^2}{4m^2}$ & $\frac{p}{m}$, j'observe que leurs dénominateurs actuels ont un facteur commun m, & que par conséquent, si je multipliois les deux termes de la fraction $\frac{p}{m}$, par $4m$ qui est le second facteur du premier dénominateur, alors elle auroit le même dénominateur que cette premiere fraction; c'est pourquoi je change $\sqrt{\frac{n^2}{4m^2}+\frac{p}{m}}$ en $\sqrt{\frac{n^2+4pm}{4m^2}}$; or comme le radical marque qu'il faut tirer la racine quarrée de la fraction, c'est-à-dire (*Arith.* 142) du numérateur & du dénominateur; je tire celle du dénominateur qui est un quarré; & j'ai $\frac{\sqrt{n^2+4pm}}{2m}$; ainsi dans l'équation ci-dessus, où nous avons trouvé $x=\frac{-n}{2m}\pm\sqrt{\frac{n^2}{4m}+\frac{p}{m}}$, on peut changer cette valeur de x, en cette autre, $x=\frac{-n}{2m}\pm\frac{\sqrt{n^2+4pm}}{2m}$, ou (à cause du dénominateur commun $2m$), en cette autre,

$$x=\frac{-n\pm\sqrt{n^2+4pm}}{2m}.$$

De

De l'extraction de la racine quarrée des quantités littérales.

109. La résolution des équations du second degré conduit donc, comme nous venons de le voir, à extràire la racine quarrée des quantités, soit numériques soit littérales. Nous n'avons rien à ajouter à ce que nous avons dit des premieres en Arithmétique. Nous allons parler des dernieres.

Lorsqu'il a été question de la multiplication des quantités monomes (18), nous avons dit que le produit renfermoit toutes les lettres du multiplicande & toutes celles du multiplicateur; or, lorsqu'on éleve une quantité au quarré, le multiplicande & le multiplicateur sont les mêmes; donc, dans un quarré monome, chacune des lettres de la racine doit être deux fois facteur; donc l'exposant de chacune des lettres d'un quarré monome doit être double de celui des mêmes lettres dans la racine; donc *pour avoir la racine quarrée d'une quantité monome, il faut donner à chacune des lettres de cette quantité, un exposant moitié moindre;* suivant cette regle, la racine quarrée de a^2 est a, celle de a^6 est a^3, celle de $a^2b^2c^2$ est abc, celle de $a^4b^6c^8$ est $a^2b^3c^4$.

110. S'il se trouvoit un exposant impair, ce seroit donc un signe que la quantité pro-

posée n'est point un quarré parfait ; alors, en suivant la regle, il resteroit un exposant fractionnaire qui désigneroit qu'il reste à tirer la racine quarrée de la quantité qui auroit cet exposant. Ainsi la racine quarrée de $a^2b^3c^4$ est $ab^{\frac{3}{2}}c^2$ ou $abb^{\frac{1}{2}}c^2$: car on peut considérer $a^2b^3c^4$ comme $a^2b^2bc^4$.

L'exposant fractionnaire a donc ici le même usage que le signe $\sqrt{}$; ainsi $abb^{\frac{1}{2}}c^2$, ou (ce qui est la même chose) $abc^2b^{\frac{1}{2}}$ équivaut à $abc^2\sqrt{b}$. Donc réciproquement, si une quantité monome est affectée du signe $\sqrt{}$, on pourra supprimer ce radical, pourvu qu'on prenne la moitié de chacun des exposants.

III. Cette remarque sert à simplifier les quantités affectées du signe, lorsque cela est possible. Par exemple, la quantité $\sqrt{a^2b^3c}$ étant la même chose que $a^{\frac{2}{2}}\ b^{\frac{3}{2}}\ c^{\frac{1}{2}}$, se réduit à $abb^{\frac{1}{2}}c^{\frac{1}{2}}$, ou, en remettant le radical, au lieu des exposants fractionnaires, à $ab\sqrt{bc}$. De même $\sqrt{a^5b^4c^3}$ se réduit à $a^2b^2c\sqrt{ac}$, en considérant $a^5b^4c^3$ comme $a^4b^4c^2ac$, & prenant la moitié des exposants 4, 4 & 2. On trouvera de même que $\sqrt{\frac{a^3}{f}}$ se réduit à $a\sqrt{\frac{a}{f}}$; ou bien si l'on multiplie le numérateur & le dénominateur par f, se réduit à $a\sqrt{\frac{af}{f^2}}$, ou enfin à $\frac{a}{f}\sqrt{af}$.

112. On voit donc que pour faire ſortir hors du radical les facteurs que l'on peut en faire ſortir, il faut prendre la moitié des expoſants de ces facteurs. Au contraire pour faire entrer ſous le radical un facteur qui ſeroit au dehors, il faudra doubler l'expoſant de ce facteur, c'eſt-à-dire, élever ce facteur au quarré. Ainſi $a\sqrt{b}$ peut être changé en $\sqrt{a^2b}$; $a\sqrt{\frac{b}{a}}$ peut être changé en $\sqrt{\frac{a^2b}{a}}$ qui ſe réduit à $\sqrt{ab}$. De même $(a+b)\sqrt{c}$ peut être changé en $\sqrt{(a+b)^2c}$.

113. Juſqu'ici nous n'avons pas eu égard au coëfficient. S'il y en avoit un, & qu'il fût un quarré parfait, on en tireroit la racine quarrée ſelon les regles de l'Arithmétique; Ainſi $\sqrt{9a^2b^3}$ devient $3ab\sqrt{b}$. De même, $\sqrt{1024a^2b^3c}$ devient $32\,ab\sqrt{bc}$.

114. Mais ſi le coëfficient n'étoit point un quarré parfait, il faudroit voir s'il ne peut pas être décompoſé en deux facteurs dont l'un ſoit un quarré parfait dont on tireroit la racine, & on laiſſeroit l'autre ſous le radical; c'eſt ainſi que $\sqrt{48a^2b^3}$ ſe réduit à $4ab\sqrt{3b}$, parce que 48 étant $= 16\times3$, $\sqrt{48a^2b^3} = \sqrt{16\times3a^2b^3}$, ou $= \sqrt{16a^2b^2\times3b} = 4ab\sqrt{3b}$. On trouvera de même que $\sqrt{512a^3b^2}$ ſe réduit à $16ab\sqrt{2a}$.

115. Si la quantité affectée du ſigne ra-

dical, eſt complexe & n'eſt point un quarré parfait, il faut examiner ſi elle ne peut pas être décompoſée en deux facteurs, dont l'un ſeroit un quarré parfait; alors on tireroit la racine de celui-ci, & on laiſſeroit l'autre ſous le radical. Lorſque le facteur quarré, s'il y en a, eſt monome, il eſt toujours facile à appercevoir. Par exemple, dans la quantité $\sqrt{4a^3b^2 - 5a^2b^3 + 6b^5}$, je vois que b^2, eſt facteur de tous les termes, en ſorte que cette quantité équivaut à cette autre $\sqrt{(4a^3 - 5a^2b + 6b^3) \times b^2}$; je tire donc la racine quarrée de b^2, & j'ai $b\sqrt{4a^3 - 5a^2b + 6b^3}$.

116. Mais lorſque ce facteur quarré doit être complexe, ou lorſque la quantité complexe qui eſt ſous le radical, eſt elle-même un quarré, il faut bien ſe garder, pour en avoir la racine, de tirer ſéparément la racine quarrée de chacun des termes qui la compoſent. Par exemple, ſi l'on avoit $a^2 + b^2$, on ſe tromperoit beaucoup ſi l'on prenoit $a + b$ pour cette racine, puiſque le quarré de $a + b$ n'eſt pas $a^2 + b^2$, mais $a^2 + 2ab + b^2$ (25). $a^2 + b^2$ n'a point de racine exacte en lettres. Voici la méthode qu'il faut ſuivre lorſque la quantité complexe propoſée eſt ſuſceptible d'une racine exacte.

117. Soit donc la quantité $60ab + 36a^2$

$+ 25b^2$. Pour en avoir la racine quarrée, j'ordonne les termes de cette quantité par rapport à l'une de ſes lettres : par rapport à a, par exemple,

$$\begin{array}{l|l} 36a^2 + 60ab + 25b^2 & 6a + 5b \text{ Racine.} \\ -36a^2 & \overline{12a + 5b} \\ \hline \quad +60ab + 25b^2 & \\ \quad -60ab - 25b^2 & \\ \hline \quad\quad 0 & \end{array}$$

Je prends la racine quarrée du premier terme $36a^2$, laquelle eſt $6a$ que j'écris à côté de la quantité propoſée.

Je quarre cette racine & j'écris le quarré $36a^2$ ſous le premier terme, avec le ſigne —, pour le retrancher. La réduction faite, il reſte $+ 60ab + 25b^2$.

Sous la racine $6a$ j'écris ſon double $12a$ que j'emploie pour diviſer le premier terme $60ab$ de la quantité reſtante $60ab + 25b^2$. Je trouve pour quotient $+ 5b$ que j'écris à la ſuite de la racine $6a$, & j'ai $6a + 5b$ pour la racine cherchée; mais pour confirmer cette opération, j'écris auſſi le quotient $5b$ que je viens de trouver, à côté de $12a$, & je multiplie le total $12a + 5b$ par ce même quotient $5b$; je porte à meſure, les produits ſous la quantité $60ab + 25b^2$, en obſervant de changer les ſignes de ces produits ; faiſant enſuite la réduction, il ne reſte rien ; j'en conclus que la racine trouvée $6a + 5b$ eſt la racine quarrée exacte de $36a^2 + 60ab + 25b^2$.

Prenons pour ſecond exemple, la quantité $9b^2 - 12ab + 16c^2 + 4a^2 + 16ac - 24bc$. J'ordonne cette quantité par rapport à la lettre a, & j'ai . . . .

$$
\left.\begin{array}{ll}
 & 4a^2 - 12ab + 16ac + 9b^2 - 24bc + 16c^2 \\
 & -4a^2 \\
\hline
\text{1}^{\text{r}}\ \text{Reſte} & -12ab + 16ac + 9b^2 - 24bc + 16c^2 \\
 & +12ab \qquad\qquad -9b^2 \\
\hline
\text{2}^{\text{d}}\ \text{Reſte} & +16ac - 24bc + 16c^2 \\
 & -16ac + 24bc - 16c^2 \\
\hline
\text{Dernier reſte} & \ldots\ldots\ldots\ldots\ 0
\end{array}\right\}
\begin{array}{l}
2a - 3b + 4c \ \text{Racine} \\
\hline
4a - 3b \\
4a - 6b + 4c
\end{array}
$$

Je tire la racine quarrée de $4a^2$: elle eſt $2a$, que j'écris à côté. Je quarre $2a$, & je l'écris avec le ſigne $-$, ſous $4a^2$; faiſant la réduction, il reſte $- 12ab + 16ac + 9b^2 - 24bc + 16c^2$.

Au deſſous de la racine $2a$, j'écris ſon double $4a$, que j'emploie pour diviſer le premier terme $- 12ab$ du reſte : je trouve pour quotient $- 3b$, que j'écris à la ſuite du premier terme $2a$ de la racine : je l'écris auſſi à côté du double $4a$, & je multiplie le tout $4a - 3b$, par le même quotient $- 3b$; écrivant les produits, après avoir changé leurs ſignes, ſous le reſte $- 12ab + 16ac$ &c ;

& faiſant la réduction, j'ai pour ſecond reſte, $+16ac - 24bc + 16c^2$.

Je conſidere à préſent les deux termes de la racine $2a - 3b$, comme ne faiſant qu'une ſeule quantité; je double cette quantité, & je l'écris au-deſſous pour ſervir de diviſeur au ſecond reſte; mais pour faire cette diviſion je me contente, ſelon ce qui a été dit (36), de diviſer le premier terme $+16ac$, par le premier terme $+4a$ de mon diviſeur; je trouve pour quotient $+4c$, que j'écris à la ſuite de la racine $2a - 3b$, & à la ſuite du double $4a - 6b$: je multiplie cette derniere ſomme $4a - 6b + 4c$, par le nouveau terme $+4c$ de la racine; & changeant, à meſure, les ſignes des produits, j'écris ces mêmes produits ſous le ſecond reſte; faiſant la ſouſtraction, il ne reſte rien. D'où je conclus que la racine trouvée eſt exacte.

Tout cela eſt fondé ſur ce principe, que le quarré d'une quantité compoſée de deux parties, contient le quarré de la premiere, le double de la premiere multipliée par la ſeconde, & le quarré de la ſeconde; car il ſuit de-là, que pour avoir la premiere partie, il faudra tirer la racine quarrée du premier quarré; que pour avoir la ſeconde, il faudra diviſer le terme ſuivant, par le double de la racine trouvée; & qu'enſin pour vérifier, il faudra multiplier le double de la premiere par la seconde, & la seconde par elle-même : or c'est ce que prescrit la méthode que nous venons d'exposer.

Nous invitons les commençants à s'exercer encore sur les trois quantités suivantes : 1°. $16a^4 + 40a^3b + 25a^2b^2$. 2°. $36b^4 - 60ab^3 + 25a^2b^2 - 36b^2c^2 + 30abc^2 + 9c^4$. 3°. $a^6 - 4a^3c^3 + 8a^3e^3 + 4c^6 - 16c^3e^3 + 16e^6$, dont ils trouveront que les racines quarrées sont $4a^2 + 5ab$, $6b^2 - 5ab - 3c^2$, $a^3 - 2c^3 + 4e^3$.

Du calcul des quantités affectées du signe $\sqrt{}$.

118. On fait sur les quantités radicales dont nous venons de parler, les mêmes opérations que sur les autres quantités. Lorsque les deux quantités radicales ne sont pas semblables, on se contente, pour les ajouter ou les soustraire, de les unir par le signe + ou le signe —. Ainsi $3a\sqrt{b}$ ajouté avec $4b\sqrt{c}$, donne $3a\sqrt{b} + 4b\sqrt{c}$; de même $3a\sqrt{b}$ retranché de $4b\sqrt{c}$, donne $4b\sqrt{c} - 3a\sqrt{b}$. Mais si les quantités radicales sont semblables & ne different que par le coëfficient numérique hors du radical, alors on ajoute ou l'on retranche les coëfficients, selon qu'il s'agit d'addition ou de soustraction. Par exemple,

$4ab\sqrt{c}$, ajouté avec $5ab\sqrt{c}$, donne $9ab\sqrt{c}$.

Nous ſuppoſons ici qu'on a réduit les radicaux ſelon ce qui a été enſeigné (112); car ſi l'on avoit $4b\sqrt{a^3c}$ à ajouter avec $6a\sqrt{ab^2c}$; je commencerois par réduire le premier radical à $4ab\sqrt{ac}$, & le ſecond à $6ab\sqrt{ac}$, leſquels ajoutés, donnent $10ab\sqrt{ac}$.

Pour multiplier deux quantités radicales, il faut multiplier comme s'il n'y avoit point de radicaux, & affecter enſuite le produit, du ſigne radical. Par exemple, pour multiplier $\sqrt{a}$ par $\sqrt{c}$, je multiplierai a par c, & donnant au produit ac, le ſigne $\sqrt{\ }$, j'aurai $\sqrt{ac}$. Pour multiplier $\sqrt{a^2+b^2}$ par $\sqrt{ac}$, j'aurai $\sqrt{a^3c+abc^2}$. De même $\sqrt{a}\times\sqrt{a}=\sqrt{a^2}=a$; $\sqrt{a+b}\times\sqrt{a+b}=\sqrt{(a+b)^2}=a+b$; $\sqrt{-a}\times\sqrt{-a}=\sqrt{(-a)^2}=-a$ *. On voit donc que pour quarrer une quantité

* Il ne faut pas confondre $\sqrt{(-a)^2}$ avec $\sqrt{-aa}$; le premier eſt $\sqrt{-a\times -a}$, & le ſecond eſt $\sqrt{-a\times +a}$. Nous ferons, à cette occaſion, une remarque que nous croyons très-à-propos. Puiſque $-a\times -a$ donne $+a^2$ dont (96) la racine eſt $\pm a$, $\sqrt{-a}\times\sqrt{-a}$ devroit donc donner $\pm a$; cependant nous ne donnons ici que $-a$. La raiſon en eſt ſimple. Quand on demande quelle eſt la racine de $+a^2$, on a raiſon d'aſſigner également $+a$ & $-a$; parce que rien dans cette queſtion ne détermine, ſi l'on conſidere $+a^2$, comme venue de $+a\times +a$, ou de $-a\times -a$; mais quand on demande quelle eſt la valeur de

affectée du ſigne $\sqrt{\ }$, il n'y a autre choſe à faire qu'à ôter ce ſigne ; ainſi pour quarrer $\sqrt{a^2b + b^3}$, j'aurai $a^2b + b^3$.

119. Cette remarque peut ſervir à dégager une équation des ſignes $\sqrt{\ }$, qu'elle peut renfermer. Par exemple, ſi j'avois l'équation $x - 2a = b + \sqrt{ax}$, je laiſſerois $\sqrt{ax}$ ſeul dans un membre, & j'aurois $x - 2a - b = \sqrt{ax}$; alors quarrant chaque membre, j'aurois $x^2 - 4ax - 2bx + 4aa + 4ab + bb = ax$, ou en tranſpoſant, $x^2 - 5ax - 2bx = -4aa - 4ab - bb$.

120. Pour diviſer une quantité radicale, par une autre quantité radicale, on diviſera comme s'il n'y avoit pas de ſigne $\sqrt{\ }$, & on donnera au quotient ou à la fraction, le ſigne radical ; ainſi pour diviſer $\sqrt{a}$ par $\sqrt{b}$, on diviſera a par b, ce qui donnera $\frac{a}{b}$, auquel appliquant le radical, on aura $\sqrt{\frac{a}{b}}$. Pour diviſer $\sqrt{ab}$ par $\sqrt{a}$, on diviſera ab par a, ce

$\sqrt{-a} \times \sqrt{-a}$, quoique cette quantité, ſelon les regles, ſe réduiſe à $\sqrt{+a^2}$, on ne doit prendre que $-a$, parce que la queſtion elle-même fixe ici par quelle opération eſt venu $+a^2$. C'eſt en faiſant cette attention qu'on remarquera que $\sqrt{-a} \times \sqrt{-b}$ doit donner $-\sqrt{ab}$, & non pas $\pm\sqrt{ab}$; parce que $\sqrt{-a}$ étant la même choſe que $\sqrt{a} \times \sqrt{-1}$, & $\sqrt{-b}$, la même choſe que $\sqrt{b} . \sqrt{-1}$, $\sqrt{-a} \times \sqrt{-b}$ ſera $\sqrt{a} \times \sqrt{b} \times \sqrt{-1} \times \sqrt{-1}$, ou $\sqrt{ab} \times \sqrt{(-1)^2}$, qui revient à $-\sqrt{ab}$, puiſque $\sqrt{(-1)^2} = -1$.

qui donnera b, & on aura $\sqrt{b}$ pour quotient. Pour diviser $\sqrt{aa-xx}$ par $\sqrt{a+x}$, on divisera $aa-xx$ par $a+x$, ce qui donnera $a-x$, & on aura $\sqrt{a-x}$ pour le quotient demandé. De même $ab\sqrt{bc}$ divisé par $a\sqrt{b}$, donnera $b\sqrt{c}$, en divisant ab par a, & $\sqrt{bc}$ par $\sqrt{b}$.

121. Si le dividende ou le diviseur étoit rationel, on sépareroit l'un de l'autre par une barre assez longue pour faire connoître que l'un des deux n'est pas affecté du radical. Par exemple, pour diviser a par $\sqrt{b}$, on écriroit $\frac{a}{\sqrt{b}}$. Pour diviser a par $\sqrt{a}$, on écriroit $\frac{a}{\sqrt{a}}$; mais lorsqu'il y a une parité dans les lettres du dividende & du diviseur, il est souvent à propos de donner à la quantité rationnelle une forme de radical, parce qu'elle donne lieu à des simplifications; ainsi dans le dernier exemple je changerois a en $\sqrt{a^2}$, & alors au lieu de $\frac{a}{\sqrt{a}}$ j'aurois $\frac{\sqrt{a^2}}{\sqrt{a}}$, & par conséquent $\sqrt{a}$. De même si j'avois $\sqrt{aa-xx}$ à diviser par $a+x$, j'écrirois $\frac{\sqrt{aa-xx}}{a+x}$ ou $\frac{\sqrt{aa-xx}}{\sqrt{(a+x)^2}}$ ou $\sqrt{\frac{aa-xx}{(a+x)^2}}$; & comme le numérateur & le dénominateur peuvent être divisés chacun par $a+x$, j'aurois enfin $\sqrt{\frac{a-x}{a+x}}$.

De la Formation des puiſſances des quantités monomes, de l'extraction de leurs racines, & du calcul des radicaux & des expoſants.

122. Nous avons déja dit qu'on appelle *puiſſance* d'une quantité, le produit de cette quantité multipliée par elle-même pluſieurs fois de ſuite. a^3 eſt la troiſieme puiſſance ou le cube de a; parce que a^3 réſulte de $a \times a \times a$. La quantité qu'on a multipliée eſt autant de fois facteur dans la puiſſance, qu'il y a d'unités dans l'expoſant de cette même puiſſance : ainſi dans a^5, a eſt cinq fois facteur, dans $(a+b)^6$, $a+b$ eſt 6 fois facteur.

123. Puiſque pour multiplier les quantités littérales monomes qui ont des expoſants, il ſuffit (20) d'ajouter l'expoſant de chaque lettre du multiplicande, avec l'expoſant de la lettre ſemblable du multiplicateur, il s'enſuit donc que *pour élever à une puiſſance propoſée, une quantité monome, il ſuffira de multiplier l'expoſant actuel de chacune de ſes lettres, par le nombre qui marque à quelle puiſſance on veut élever cette quantité.* Nous appellerons ce nombre *l'expoſant de la puiſſance.*

Ainſi pour élever a^2b^3c à la quatrieme puiſſance, j'écrirai $a^8b^{12}c^4$, en multipliant les exposants 2, 3 & 1 de a, b, c, par l'exposant 4 de la puissance à laquelle on veut élever a^2b^3c. En effet, pour élever a^2b^3c à la quatrieme puissance, il faudroit multiplier a^2b^3c par a^2b^3c, puis le produit par a^2b^3c, & ce second produit par a^2b^3c ; or pour faire ces multiplications, il faut (20) ajouter les exposants ; puis donc qu'ils sont les mêmes dans chaque facteur, il faut ajouter chaque exposant à lui-même 4 fois, c'est-à-dire, le multiplier par 4. Le raisonnement est le même à quelqu'autre puissance qu'on veuille élever un monome, & quels que soient les exposants actuels des lettres de ce monome.

Lorsqu'on a à faire sur les exposants des quantités, des raisonnements ou des opérations qui ne dépendent point de certaines valeurs particulieres de ces exposants, mais qui sont également applicables à toutes sortes d'exposants, on représente ces exposants par des lettres. Ainsi, pour en faire l'application à la regle que nous venons de donner, si l'on veut élever la quantité quelconque $a^m b^n c^p$ à une puissance quelconque désignée par r, on écrira $a^{mr}\ b^{nr}\ c^{qr}$.

124. Si la quantité qu'on veut élever à une puissance proposée, étoit une fraction, on éleveroit à cette puissance, le numérateur & le dénominateur ; ainsi $\frac{a^2b^3}{cd^2}$ élevé à la cinquieme puiſſance, devient $\frac{a^{10}b^{15}}{c^5d^{10}}$; pareillement $\frac{a^mb^n}{c_pd_q}$ élevé à la puiſſanee r devient $\frac{a^{mr}b^{nr}}{c^{pr}d^{qr}}$.

125. Si la quantité propoſée avoit un coëfficient, on l'éleveroit à la puiſſance propoſée en le multipliant par lui-même, ſelon les regles de l'Arithmétique; ainſi $4a^3b^2$ élevé à la cinquieme puiſſance donneroit $1024a^{15}b^{10}$. Quelquefois on ſe contente d'indiquer cette élévation, comme pour les lettres, ainſi on peut écrire $4^5a^{15}b^{10}$.

126. A l'égard des ſignes, ſi l'expoſant de la puiſſance à laquelle il s'agit d'élever, eſt pair, le réſultat aura toujours le ſigne +; mais s'il eſt impair, il aura le ſigne + ou le ſigne — ſelon que la quantité propoſée aura elle-même le ſigne + ou le ſigne —; c'eſt une ſuite immédiate de la regle donnée pour les ſignes (24).

127. Il ſuit de tout ce que nous venons de dire, que dans une puiſſance quelconque, l'expoſant actuel de chaque lettre contient l'expoſant de ſa racine, autant qu'il y a d'unités dans l'expoſant de la puiſſance que l'on conſidere; par exemple, dans la quatrieme puiſſance, l'expoſant de chaque lettre eſt quadruple de ce qu'il étoit dans la quantité primitive qui en eſt la racine.

128. Donc pour revenir d'une puiſſance

quelconque à sa racine, c'est-à-dire, *pour extraire une racine d'un degré proposé, d'une quantité monome quelconque ; il faut diviser l'exposant actuel de chacune de ses lettres, par le nombre qui marque le degré de la racine qu'on veut extraire.* On appelle ce nombre *l'exposant de la racine.*

Ainsi pour tirer la racine troisieme ou cubique de $a^{12}b^6c^3$, je diviserois chacun des exposants par 3, & j'aurois a^4b^2c. Pareillement pour tirer la racine cinquieme de $a^{20}b^{15}c^5$, je diviserois chacun des exposants par 5, & j'aurois a^4b^3c. En général pour tirer la racine du degré r de la quantité a^mb^n, j'écrirois $a^{\frac{m}{r}}\ b^{\frac{n}{r}}$.

129. Si la quantité proposée étoit une fraction, on tireroit séparément la racine du numérateur & celle du dénominateur.

130. S'il y avoit des coëfficients, on en tireroit la racine quarrée ou cubique par les méthodes données en Arithmétique; & par celle qu'on verra par la suite, lorsque cette racine est plus élevée.

131. Lorsque l'exposant de la racine qu'on veut extraire, ne divise pas exactement chacun des exposants de la quantité proposée, c'est une preuve que cette quantité n'est point une puissance parfaite du degré dont il

s'agit. Alors, l'exposant reste fractionnaire, & marque une racine qui reste à extraire. Ainsi, si l'on demande la racine cubique de $a^9b^3c^4$, on aura $a^3bc^{\frac{4}{3}}$ ou $a^3bcc^{\frac{1}{3}}$, dans laquelle l'exposant $\frac{1}{3}$ marque qu'il reste encore à extraire la racine cubique de c.

132. On indique aussi les extractions de racines supérieures au second degré, en employant le signe $\sqrt{}$; mais on place dans l'ouverture de ce signe, le nombre qui marque le degré de la racine dont il s'agit. Ainsi $\sqrt[3]{a}$, marque la racine cubique de a : $\sqrt[7]{a}$ marque la racine septieme de a. Il faut donc regarder ces deux expressions $\sqrt[3]{a}$ & $a^{\frac{1}{3}}$ comme signifiant la même chose : il en est de même de $\sqrt[5]{a^4}$ & $a^{\frac{4}{5}}$.

133. Lorsque la quantité est complexe, il ne faut pas diviser chacun de ses exposants ; mais il faut considérer la totalité de ses parties, comme ne faisant qu'une seule quantité dont l'exposant est naturellement 1, que l'on divise par l'exposant de la racine qu'il s'agit d'extraire, ce qui n'est, à proprement parler, qu'une indication de cette racine ; par exemple, au lieu de $\sqrt[4]{a^2 + b^2}$ qui est la même chose que $\sqrt[4]{(a^2 + b^2)^1}$, on écrit, $(a^2 + b^2)^{\frac{1}{4}}$

ou

ou $\overline{a^2+b^2}^{\frac{1}{4}}$. Si la quantité totale qui eſt ſous le radical, avoit déja un expoſant, on diviſeroit de même cet expoſant, par celui de la racine qu'on a deſſein d'extraire. Ainſi, au lieu de $\sqrt[4]{(a^2+b^2)^3}$, on peut écrire $(a^2+b^2)^{\frac{3}{4}}$.

134. Les regles que nous avons données (118 & *ſuiv.*) pour l'addition, la ſouſtraction, la multiplication & la diviſion des quantités radicales du ſecond degré, s'appliquent également aux quantités radicales des degrés ſupérieurs, pourvu que les radicaux ſur leſquels on a à opérer, ſoient de même degré entr'eux. Ainſi $\sqrt[7]{a^5} \times \sqrt[7]{a^3} = \sqrt[7]{a^8} = \sqrt[7]{a^7 a}$ $= a \sqrt[7]{a}$. $\sqrt[5]{a^2 b^3} \times \sqrt[5]{a^3 b^2} = \sqrt[5]{a^5 b^5} = ab$. $a \times \sqrt[5]{\frac{b}{a}} = \sqrt[5]{a^5} \times \sqrt[5]{\frac{b}{a}} = \sqrt[5]{\frac{a^5 b}{a}} = \sqrt[5]{a^4 b}$.

135. S'il s'agit d'élever un radical quelconque à une puiſſance dont l'expoſant ſoit le même que celui du radical, il ſuffira d'ôter ce radical; ainſi $(\sqrt[5]{a})^5 = a$; ce qui eſt évident en général, ſi l'on fait attention que l'objet eſt alors de ramener la quantité à ſon premier état.

Pour élever une quantité radicale monome à une puiſſance quelconque, il faut élever chacun de ſes facteurs à cette puiſſance, ſelon la regle donnée (123). Ainſi $\sqrt[7]{a^2 b^3}$

élevé à la puissance quatrieme, donne $\sqrt[7]{a^8 b^{12}}$ qui se réduit à $ab\sqrt[7]{ab^5}$; ce qu'on peut voir encore en cette autre maniere; $\sqrt[7]{a^2 b^3}$ étant la même chose (132) que $a^{\frac{2}{7}}b^{\frac{3}{7}}$, pour élever celui-ci à la quatrieme puissance, je multiplie ses exposants par 4, ce qui me donne $a^{\frac{8}{7}}b^{\frac{12}{7}} = aba^{\frac{1}{7}}b^{\frac{5}{7}} = ab\sqrt[7]{ab^5}$.

136. Pour diviser $\sqrt[7]{a^5}$ par $\sqrt[7]{a^3}$, on divisera a^5 par a^3, & l'on donnera au quotient a^2 le signe $\sqrt[7]{\ }$, ce qui donne $\sqrt[7]{a^2}$; de même $\frac{\sqrt[5]{a^4b^3}}{\sqrt[5]{a^2b}} = \sqrt[5]{\frac{a^4b^3}{a^2b}} = \sqrt[5]{a^2b^2}$; $\frac{a}{\sqrt[5]{a^3}} = \frac{\sqrt[5]{a^5}}{\sqrt[5]{a^3}} = \sqrt[5]{\frac{a^5}{a^3}} = \sqrt[5]{a^2}$; $\frac{\sqrt[5]{a^3}}{a} = \frac{\sqrt[5]{a^3}}{\sqrt[5]{a^5}} = \sqrt[5]{\frac{a^3}{a^5}} = \sqrt[5]{\frac{1}{a^2}} = \frac{1}{\sqrt[5]{a^2}}$; car la racine cinquieme de 1 est 1. En général toute puissance, ou toute racine de l'unité, est l'unité.

137. Pour extraire une racine quelconque d'une quantité radicale, il faut multiplier l'exposant actuel du radical, par l'exposant de cette nouvelle racine; ainsi, pour extraire la racine troisieme de $\sqrt[5]{a^4}$, on écrira $\sqrt[15]{a^4}$ en multipliant 5 par 3. En effet $\sqrt[5]{a^4} =$

$a^{\frac{4}{5}}$; or (128) pour extraire la racine de celui-ci, il faut diviser son exposant par 3, ce qui donne $a^{\frac{4}{15}}$ qui est la même chose que $\sqrt[15]{a^4}$.

138. Lorsque les quantités radicales proposées, ne sont pas toutes du même degré, il faut pour pratiquer sur elles les opérations de l'addition, soustraction, multiplication & division, les ramener au même degré, ce qui est facile par cette regle.

S'il n'y a que deux radicaux, multipliez l'exposant de l'un, par l'exposant de l'autre ; le produit sera l'exposant commun que doivent avoir les deux radicaux : élevez en même tems la quantité qui est sous chaque radical, à la puissance marquée par l'exposant de l'autre radical. Par exemple, pour réduire à un même radical, les deux quantités $\sqrt[5]{a^3}$ & $\sqrt[7]{a^4}$, je multiplie 5 par 7, & j'ai 35 pour l'exposant du nouveau radical qui sera $\sqrt[35]{\ }$; j'éleve a^3 à la septieme puissance, & a^4 à la cinquieme, ce qui me donne a^{21} & a^{20} ; en sorte que les quantités proposées sont changées en $\sqrt[35]{a^{21}}$ & $\sqrt[35]{a^{20}}$.

S'il y a plus de deux quantités radicales, *multipliez entr'eux les exposants de tous les radicaux ; le produit sera l'exposant commun que doivent avoir tous ces radicaux. Elevez, en même-temps, la quantité qui est sous chaque ra-*

dical, à une puissance d'un degré marqué par le produit des exposans de tous les radicaux autres que celui dont il s'agit. Par exemple, si j'avois les trois radicaux $\sqrt[5]{a^3}$, $\sqrt[7]{a^2}$, & $\sqrt[8]{a^7}$; je multiplierois les trois exposants 5, 7 & 8, ce qui me donneroit 280 pour l'exposant commun des nouveaux radicaux; j'éléverois a^3 à la puissance 7×8 ou 56; a^2, à la puissance 5×8 ou 40; & a^7 à la puissance 5×7 ou 35, ce qui me donneroit $\sqrt[280]{a^{168}}$, $\sqrt[280]{a^{80}}$, $\sqrt[280]{a^{245}}$.

La raison de cette regle est facile à appercevoir, en observant sur le premier exemple, que lorsqu'on éleve, selon la regle, a^3 à la septieme puissance, on rend a 7 fois aussi souvent facteur qu'il l'étoit: mais en rendant l'exposant de son radical 7 fois aussi grand qu'il l'étoit, on rend a 7 fois moins souvent facteur; il y a donc compensation, & il n'y a que la forme de changée.

139. On peut conclure de ce raisonnement, que lorsque l'exposant de la quantité qui est sous le radical, & celui du radical même, ont un diviseur commun, on peut en simplifier l'expression, en divisant par ce diviseur commun, l'un & l'autre de ces deux exposants: par exemple, $\sqrt[12]{a^8}$, peut se réduire à $\sqrt[3]{a^2}$, en divisant 12 & 8 par 4. Pa-

reillement $\sqrt[4]{a^2}$ peut ſe réduire à $\sqrt{a}$; $\sqrt[6]{a^3}$ ſe réduit à $\sqrt{a}$.

140. Concluons encore que lorſque l'expoſant de la racine qu'on veut extraire eſt un nombre compoſé du produit de deux ou pluſieurs autres nombres, on peut faire cette extraction ſucceſſivement en cette maniere : Suppoſons qu'on demande la racine ſixieme de a^{24} ; je puis tirer d'abord la racine quarrée, puis la racine cubique, & j'aurai la racine ſixieme. En effet $\sqrt[6]{a^{24}}$, ſe réduit (139) à $\sqrt[3]{a^{12}}$; puis à $\sqrt[1]{a^4}$ ou a^4, ce qui eſt la même choſe que ſi l'on avoit pris tout de ſuite la racine ſixieme de a^{24} en diviſant l'expoſant 24 par 6, (128).

Au reſte, comme les expoſants fractionnaires tiennent lieu des radicaux, & que les premiers ſont plus commodes à employer dans le calcul, que les derniers, nous dirons encore un mot ſur le calcul des expoſants.

Si j'avois $\sqrt[5]{a^3}$ à multiplier par $\sqrt[5]{a^4}$, je changerois cette opération en celle-ci : $a^{\frac{3}{5}} \times a^{\frac{4}{5}}$, qui (20) donne $a^{\frac{7}{5}}$ ou $aa^{\frac{2}{5}}$ qui ſe réduit à $a\sqrt[5]{a^2}$. Si j'avois $\sqrt[5]{a^3}$ à multiplier par $\sqrt[7]{a^4}$, j'écrirois $a^{\frac{3}{5}} \times a^{\frac{4}{7}}$ ou $a^{\frac{3}{5}+\frac{4}{7}}$, ou (en réduiſant les deux fractions au même dénominateur),

$a^{\frac{21+20}{35}}$, ou $a^{\frac{41}{35}}$ qui revient à $aa^{\frac{6}{35}}$, ou enfin à $a\sqrt[35]{a^6}$

En général $\sqrt[m]{a^n b^p} \times \sqrt[q]{a^r b^s}$ se change en $a^{\frac{n}{m}} b^{\frac{p}{m}} \times a^{\frac{r}{q}} b^{\frac{s}{q}}$ qui revient à $a^{\frac{n}{m}+\frac{r}{q}} b^{\frac{p}{m}+\frac{s}{q}}$, ou (en réduisant au même dénominateur) $a^{\frac{qn+mr}{qm}} b^{\frac{pq+ms}{qm}}$, ou enfin (132) à $\sqrt[qm]{a^{qn+mr} b^{pq+ms}}$.

Il en est de même de la division; $\frac{\sqrt[5]{a^4}}{\sqrt[5]{a^3}}$ se change en $\frac{a^{\frac{4}{5}}}{a^{\frac{3}{5}}} = a^{\frac{1}{5}}$ (31), ou enfin en $\sqrt[5]{a}$. Pareillement $\frac{\sqrt[5]{a^3 b^4}}{\sqrt[7]{a^2 b^3}}$ se change en $\frac{a^{\frac{3}{5}} b^{\frac{4}{5}}}{a^{\frac{2}{7}} b^{\frac{3}{7}}}$ $= a^{\frac{3}{5}-\frac{2}{7}} b^{\frac{4}{5}-\frac{3}{7}}$ (31), ou (en réduisant les fractions au même dénominateur)...... $a^{\frac{21-10}{35}} b^{\frac{28-15}{35}}$ qui se réduit à $a^{\frac{11}{35}} b^{\frac{13}{35}}$ qui est la même chose que $\sqrt[35]{a^{11} b^{13}}$. En général $\frac{\sqrt[m]{a^n b^p}}{\sqrt[q]{a^r b^s}} = \frac{a^{\frac{n}{m}} b^{\frac{p}{m}}}{a^{\frac{r}{q}} b^{\frac{s}{q}}} = a^{\frac{n}{m}-\frac{r}{q}} b^{\frac{p}{m}-\frac{s}{q}} = \ldots\ldots$ $a^{\frac{qn-mr}{qm}} b^{\frac{pq-ms}{qm}} = \sqrt[qm]{a^{qn-mr} b^{pq-ms}}$.

141. Dans ce dernier exemple nous avons retranché l'exposant de chaque lettre du dénominateur, de l'exposant de la lettre correspondante dans le numérateur. La regle que nous avons donnée (31) pour la division, ne ſemble le permettre, que lorſque l'expoſant du dénominateur eſt plus petit que celui du numérateur ; mais cela ſe peut en général, en donnant à l'excédent, le ſigne —, après la réduction faite ; en ſorte qu'on peut, en général, mettre toute fraction Algébrique ſous la forme d'un entier. Par exemple, au lieu de $\frac{a^3}{b^2}$ on peut écrire a^3b^{-2}. En effet, ſuivant l'idée que nous avons donnée de la diviſion, l'effet d'un diviſeur eſt de détruire dans le dividende, tous les facteurs qui ſe trouvent dans le diviſeur ; dans $\frac{a^5}{a^2}$, qui ſe réduit à a^3, le diviſeur a^2 détruit dans a^5 deux facteurs égaux à a. Pareillement dans la quantité $\frac{a^3}{b^2}$ l'effet de b^2 doit être de détruire dans a^3 deux facteurs égaux à b. Or quoique ces facteurs n'y ſoient pas explicitement, on peut toujours ſe les repréſenter ; car on conçoit que a contient b, un certain nombre de fois ſoit entier ſoit fractionnaire : ſoit m ce nombre de fois ; alors a vaut donc m fois b, ou mb ; la quantité $\frac{a^3}{b^2}$ ſera donc $\frac{m^3 b^3}{b^2}$ qui ſe réduit à m^3b ; or la quantité a^3b^{-2}, devient en pareil cas $m^3b^3b^{-2}$ ou (20) m^3b^{3-2}, c'eſt-à-dire, m^3b ; donc $\frac{a^3}{b^2}$ revient au même que a^3b^{-2}, donc en général *on peut faire paſſer une quan-*

tité, du dénominateur au numérateur, en l'écrivant dans celui-ci, comme facteur, mais avec un exposant de signe contraire à celui qu'elle avoit dans le dénominateur.

Ainsi, au lieu de $\frac{1}{a^3}$, on peut écrire $1 \times a^{-3}$ ou simplement a^{-3}; au lieu de $\frac{1}{a^m}$ on peut écrire a^{-m}; au lieu de $\frac{a^m\ b^n}{c^p\ d^q}$ on peut écrire $a^m\ b^n\ c^{-p}\ d^{-q}$. Au lieu de $\frac{a^3 + b^3}{a^2 + b^2}$ on peut écrire $(a^3 + b^3) \times (a^2 + b^2)^{-1}$; & eu égard à tout ce qui précede, au lieu de $\frac{\sqrt[5]{(a^3 + b^3)^4}}{\sqrt[4]{(a^2 + b^2)^3}}$ on peut écrire $\frac{(a^3 + b^3)^{\frac{4}{5}}}{(a^2 + b^2)^{\frac{3}{4}}}$, & enfin $(a^3 + b^3)^{\frac{4}{5}} \times (a^2 + b^2)^{-\frac{3}{4}}$.

142. Et réciproquement *si une quantité est composée de parties qui aient des exposants négatifs, on pourra faire passer ces parties au dénominateur, en rendant leurs exposants positifs*. Ainsi au lieu de $a^3 b^{-4}$, on pourra écrire $\frac{a^3}{b^4}$; au lieu de a^{m-3} qui est la même chose que $a^m \times a^{-3}$ on pourra écrire $\frac{a}{a^3}$ & ainsi de suite.

De la Formation des puissances des quantités complexes, & de l'extraction de leurs racines.

143. Suivant l'idée que nous avons

donnée des puissances, il ne s'agit, lorsqu'on veut élever une quantité complexe à une puissance proposée, que de multiplier cette quantité par elle-même autant de fois moins une qu'il y a d'unités dans l'exposant de cette puissance; mais en se bornant à ce moyen, on tomberoit souvent dans des calculs très-longs pour parvenir à des résultats qu'on peut avoir à bien moins de frais, en réfléchissant un peu sur les propriétés des produits de quelques-unes de ces multiplications.

Nous allons nous occuper des puissances des quantités binomes, parce que celles-ci conduisent à la formation des puissances des quantités plus composées; mais pour mieux faire sentir l'étendue de ce que nous avons à dire, nous reprendrons les choses d'un peu plus haut; nous examinerons quelle est la nature des produits que l'on trouve en multipliant successivement plusieurs facteurs binomes qui auroient tous un terme commun: cette recherche qui nous conduira directement à notre objet, nous fournira en même-temps plusieurs propositions qui nous seront très-utiles par la suite.

144. Soient donc $x+a$, $x+b$, $x+c$, $x+d$, &c, plusieurs quantités binomes qui ont toutes le terme x commun, & qu'on veut multiplier les unes par les autres.

En multipliant $x + a$

par. . . . . $x + b$

on aura. . . . . $x^2 + ax + ab$
$ + bx$

Multipliant ce produit par $x + c$, on aura

$$\begin{array}{llll} x^3 & + ax^2 & + abx & + abc \\ & + bx^2 & + acx & \\ & + cx^2 & + bcx & \end{array}$$

Multipliant ce 2[d] produit par $x + d$, on aura

$$\begin{array}{lllll} x^4 & + ax^3 & + abx^2 & + abcx & + abcd \\ & + bx^3 & + acx^2 & + abdx & \\ & + cx^3 & + adx^2 & + acdx & \\ & + dx^3 & + bcx^2 & + bcdx & \\ & & + bdx^2 & & \\ & & + cdx^2 & & \end{array}$$

Et ainſi de ſuite ; ce qui nous fournit les obſervations ſuivantes, en prenant pour un terme tout ce qui eſt dans une même colonne.

1°. Le premier terme de chaque produit eſt toujours le premier terme x de chaque binome, élevé à une puiſſance marquée par le nombre de ces binomes ; en ſorte que ſi le nombre des binomes étoit m, le premier terme de chaque produit ſeroit x^m.

2°. Les puiſſances de x vont enſuite en diminuant continuellement d'une unité juſqu'au dernier terme qui ne renferme plus d'x.

3°. Les multiplicateurs de chaque puiſſance de x, (que nous nommerons à l'avenir, multiplicateurs du terme où se trouvent ces puissances) sont, pour le second terme, la somme des seconds termes a, b, c, &c, des binomes; pour le troisieme terme, la somme des produits de ces quantités a, b, c, &c, multipliées deux à deux; pour le quatrieme, la somme des produits de ces quantités a, b, c, &c, multipliées trois à trois; & ainsi de suite jusqu'au dernier qui est le produit de toutes ces quantités. Ces conséquences sont évidentes, quel que soit le nombre des quantités $x+a$, $x+b$, &c, qu'on a multipliées.

145. Si l'on suppose maintenant, que toutes les quantités a, b, c, &c, soient égales, auquel cas tous les binomes qu'on a multipliés seront égaux; les produits trouvés ci-dessus, seront donc les puissances successives de l'un quelconque de ces binomes, de $x+a$, par exemple, si l'on suppose que les quantités b, c, d, &c, sont chacune égales à a. Si l'on met donc a dans ces produits, au lieu de chacune des lettres b, c, d, &c, on aura les résultats suivans pour les valeurs des puissances qui sont marquées à côté.

$$x^2 + 2ax + a^2 = (x+a)^2$$

$$x^3 + 3ax^2 + 3a^2x + a^3 = (x+a)^3$$

$$x^4 + 4ax^3 + 6a^2x^2 + 4a^3x + a^4 = (x+a)^4$$

Où l'on voit que si m est l'exposant de la

puissance à laquelle on veut élever le binome, les puissances successives de x seront x^m, x^{m-1}, x^{m-2}, x^{m-3}, ${}^{m-4}$, &c.

Mais on ne voit pas aussi évidemment comment les coëfficients des différents termes de chaque puissance dérivent les uns des autres, ni quelle est leur dépendance de l'exposant m, dont ils dépendent cependant comme on va le voir.

146. Pour trouver la loi de ces coëfficients, il faut retourner à nos premiers produits, & remarquer que puisque le multiplicateur du second terme est la somme de toutes les quantités a, b, c, &c, il faudra, lorsque toutes ces quantités seront égales à a, qu'il soit composé de a, pris autant de fois qu'il y a de ces quantités; donc si leur nombre est m, ce multiplicateur sera m fois a, ou ma, c'est-à-dire, que son coëfficient m sera égal à l'exposant du premier terme de cette puissance. C'est ce que l'on voit aussi dans les trois puissances particulieres que nous avons exposées ci-dessus.

Voyons maintenant quels doivent être les multiplicateurs des autres termes. Il est évident que tous les produits ab, ac, ad, bc, bd, &c, deviennent chacun égal à a^2, dans la supposition présente; pareillement tous les produits abc, abd, &c, deviennent chacun égal à a^3 & ainſi de ſuite. Donc le multiplicateur du troiſieme terme de chacun de nos premiers produits ſe réduit alors à a^2 pris autant de fois que les lettres a, b, c, &c, peuvent donner de produits deux à deux. Pareillement celui du quatrieme ſe réduit à a^3 pris autant de fois que les lettres a, b, c, &c, peuvent donner de produits trois à trois & ainſi de ſuite ; donc pour avoir le coëfficient numérique, des troiſieme, quatrieme, &c, termes de la puiſſance m du binome $x + a$, la queſtion ſe réduit à déterminer combien un nombre m de lettres a, b, c, &c, peut donner de produits deux à deux, trois à trois, &c.

147. Or je remarque que ſi l'on a un nombre quelconque m de lettres, & qu'on les combine de toutes les manieres imaginables deux à deux, trois à trois, quatre à quatre, &c, ſans répéter une même lettre dans une même combinaiſon, je remarque, dis-je,

1°. Que le nombre des combinaiſons deux à deux, ſera double du nombre des produits de deux lettres réellement différents. En effet deux lettres peuvent être combinées l'une avec l'autre de deux manieres différentes ; par exemple, a & b donnent ces deux combinaiſons $a\,b$ & $b\,a$; mais ces deux combinaiſons ne font pas deux produits différents.

2°. Le nombre des combinaiſons de pluſieurs lettres trois à trois, ſera ſextuple du nombre des produits de trois lettres, réellement diſtincts : en effet, pour avoir les combinaiſons de trois quantités *a*, *b*, *c*, il faut, après en avoir combiné deux, *a* & *b*, par exemple, ce qui donne *ab* & *ba*, combiner la troiſieme *c* avec chacune des deux premieres combinaiſons, c'eſt-à-dire, lui donner toutes les diſpoſitions poſſibles à l'égard des lettres *a* & *b* qui entrent dans *ab* & *ba*; or cela donne 6 combinaiſons de trois lettres, comme il eſt évident par les diſpoſitions ſuivantes *abc*, *acb*, *cab*, *bac*, *bca*, *cba*; mais ces ſix combinaiſons ne font chacune que le même produit.

Un raiſonnement ſemblable prouvera que quatre quantités ſont ſuſceptibles de 24 combinaiſons, dont chacune cependant ne fait que le même produit; donc le nombre des produits diſtincts qu'on peut avoir en combinant pluſieurs lettres quatre à quatre, eſt la 24e partie du nombre total de ces combinaiſons. Pareillement le nombre des produits diſtincts qu'on peut avoir en combinant pluſieurs lettres 5 à 5, 6 à 6, 7 à 7, &c, eſt la 120e, la 720e, la 5040e, &c, partie du nombre total de ces combinaiſons; c'eſt-à-dire, eſt, en général, exprimé par une fraction qui a pour numérateur le nombre total des combinaisons, & pour dénominateur le produit de tous les nombres 1, 2, 3, 4, &c, jusqu'à celui qui marque de combien de lettres chaque produit est composé.

148. Voyons donc quel est le nombre total des combinaisons que peut donner un nombre m de lettres a, b, c, &c, prises deux à deux, trois à trois, &c.

Il est évident pour les combinaisons deux à deux, que puisqu'une même lettre ne doit pas être combinée avec elle-même, elle ne peut l'être qu'avec les $m - 1$ autres, & par conséquent elle doit donner $m - 1$ combinaisons; donc puisqu'il y a $\overline{m}$ de lettres en tout, elles donneront m fois $\overline{m - 1}$ ou $m.\overline{m - 1}$ combinaisons. Donc suivant ce qui vient d'être dit (147), le nombre des produits de deux lettres réellement différents, sera $m \cdot \frac{m-1}{2}$

A l'égard des combinaisons trois à trois: pour les avoir, il faut que chacune des combinaisons deux à deux, soit combinée avec chacune des lettres qu'elle ne renferme point, c'est-à-dire, avec un nombre de lettres marqué par $m - 2$; donc chacune de ces combinaisons donnera $m - 2$ combinaisons de trois lettres; donc puisqu'il y a m.

$m . \overline{m-1}$ combinaiſons de deux lettres ; dont chacune doit donner $m-2$ combinaiſons de trois lettres, il y aura en tout $m . \overline{m-1} . \overline{m-2}$ combinaiſons de trois lettres ; donc puiſque (147) le nombre des produits réellement diſtincts, eſt la ſixieme partie de ce nombre total de combinaiſons, il ſera $m . \frac{\overline{m-1} . \overline{m-2}}{6}$ ou $m . \frac{\overline{m-1}}{2} . \frac{\overline{m-2}}{3}$.

On prouvera de même, que le nombre des combinaiſons quatre à quatre, ſera $m . \overline{m-1} . \overline{m-2} . \overline{m-3}$. car il faudra combiner chaque combinaiſon de trois lettres avec toutes les autres lettres que cette combinaiſon ne renferme point, & qui étant au nombre de $m-3$ donneront, pour chaque combinaiſon de 3 lettres, $m-3$ combinaiſons de quatre lettres ; donc le nombre des combinaiſons trois à trois étant $m . \overline{m-1} . \overline{m-2}$, celui des combinaiſons quatre à quatre ſera $m . \overline{m-1} . \overline{m-2} . \overline{m-3}$; & puiſque le nombre des produits quatre à quatre réellement différents, eſt la 24e partie de ce nombre de combinaiſons, il ſera donc $m . \frac{\overline{m-1}}{2} . \frac{\overline{m-2}}{3} . \frac{\overline{m-3}}{4}$.

Le même raiſonnement prouvera que le nombre

nombre des produits diſtincts qu'on peut former en multipliant un nombre m de lettres 5 à 5, 6 à 6, &c, ſera exprimé par $m.\frac{m-1}{2}.\frac{m-2}{3}.\frac{m-3}{4}.\frac{m-4}{5}$, par $m.\frac{m-1}{2}.\frac{m-2}{3}.\frac{m-3}{4}.\frac{m-4}{5}.\frac{m-5}{6}$, & ainſi de ſuite.

149. Concluons donc de-là, & de ce qui a été dit (146), que les termes ſucceſſifs du binome $x + a$ élevé à la puiſſance m ou de $(x + a)^m$ ſont :

$$x^m + m\,a\,x^{m-1} + m.\frac{m-1}{2}a^2x^{m-2} + m.\frac{m-1}{2}.\frac{m-2}{3}a^3x^{m-3} + \&c.$$

C'eſt-à-dire, que le premier terme de la ſuite ou ſérie qui exprime cette puiſſance, eſt le premier terme x du binome, élevé à la puiſſance m; qu'enſuite les expoſants de x vont en diminuant d'une unité, & ceux de a en augmentant d'une unité, à partir du ſecond terme où il commence à entrer. A l'égard des coëfficients m, $m.\frac{m-1}{2}$, &c, il faut remarquer que celui du ſecond eſt égal à l'expoſant du premier : que celui du troiſieme qui eſt $m.\frac{m-1}{2}$ eſt le coëfficient m du précédent multiplié par $\frac{m-1}{2}$; c'eſt-à-dire, par la moitié de l'expoſant de x dans ce même terme précédent. Pareillement, le coëfficient du quatrieme qui eſt $m \cdot \frac{m-1}{2} \cdot \frac{m-2}{3}$, n'eſt autre choſe que le coëfficient $m \cdot \frac{m-1}{2}$ du terme précédent, multiplié par $\frac{m-2}{3}$, c'eſt-à-dire, par le tiers de l'expoſant de x dans ce même terme précédent ; & ainſi de ſuite. Toutes ces conſéquences, que l'inſpection ſeule fournit, nous conduiſent à cette regle générale : *Le coëfficient de l'un quelconque des termes, ſe trouve en multipliant le coëfficient du précédent, par l'expoſant de* x *dans ce même terme précédent, & diviſant par le nombre des termes qui précedent celui dont il s'agit.*

Formons d'après cette regle, la ſeptieme puiſſance de $x + a$, pour ſervir d'exemple. Nous aurons $(x+a)^7 = x^7 + 7ax^6 + 21a^2x^5 + 35a^3x^4 + 35a^4x^3 + 21a^5x^2 + 7a^6x + a^7$. En écrivant d'abord x^7 ; puis multipliant celui-ci par 7, diminuant l'expoſant d'une unité & multipliant par a, ce qui donne $7ax^6$.

Je multiplie celui-ci par $\frac{6}{2}$, je diminue l'expoſant de x d'une unité, & j'augmente celui de a d'une unité, & j'ai $21a^2x^5$ pour le troiſieme terme.

Je multiplie ce troiſieme par $\frac{5}{3}$, je diminue l'expoſant de x d'une unité, & j'augmente celui de a d'une unité, ce qui me donne $35a^3x^4$ pour le quatrieme terme : il est aisé d'achever.

Si au lieu de $x + a$, on avoit $x - a$; alors les termes auroient alternativement les signes + & —, à commencer du premier ; car si dans a^4, par exemple, on substitue $-a$ au lieu de $+a$, le signe ne changera point (126) ; mais il changeroit, si l'on substituoit $-a$ dans une puissance impaire de a.

La même formule que nous venons de donner peut servir à élever à une puissance proposée, non-seulement un binome simple comme $x + a$, mais encore un binome composé tel que $x^2 + a^2$ ou $x^2 + a$ ou $x^3 + a^3$, &c ; & même à élever non-seulement à une puissance dont l'exposant seroit un nombre entier positif, mais encore à une puissance dont l'exposant seroit positif ou négatif, entier ou fractionnaire Mais ces usages exigent, pour plus de commodité, que nous lui donnions une autre forme.

150. Reprenons donc la formule $(x+a)^m$ $= x^m + max^{m-1} + m \cdot \frac{m-1}{2} a^2x^{m-2} + m \cdot \frac{m-1}{2} \cdot \frac{m-2}{3} \cdot a^3x^{m-3} +$, &c.

Suivant ce que nous avons dit (142), on peut, au lieu de x^{m-1}, écrire $\frac{x^m}{x}$; au lieu de

x^{m-2}, écrire $\frac{x^m}{x^2}$; au lieu de x^{m-3}, écrire $\frac{x^m}{x^3}$, & ainsi de suite. Conformément à ce principe, nous pourrons donc changer notre formule, en cette autre. $(x+a)^m = x^m + \frac{max^m}{x} + m.\frac{m-1}{2}.\frac{a^2x^m}{x^2}. + m.\frac{m-1}{2}.\frac{m-2}{3}.\frac{a^3x^m}{x^3} + m.\frac{m-1}{2}.\frac{m-2}{3}.\frac{m-3}{4}.\frac{a^4x^m}{x^4}$, &c.

Si l'on fait attention maintenant que tous les termes ont pour facteur commun x^m, on pourra donner à la formule cette autre forme : $(x+a)^m = x^m (1 + \frac{ma}{x} + m.\frac{m-1}{2}\frac{a^2}{x^2} + m.\frac{m-1}{2}.\frac{m-2}{3}\frac{a^3}{x^3} + \&c,)$ dans laquelle x^m est censé multiplier tout ce qui est entre deux crochets. De-là nous concluons la regle suivante, pour former d'une maniere commode la suite ou série des termes qui doivent composer la puissance m du binome $x+a$.

151. Ecrivez sur une premiere ligne, comme il suit, les quantités

$$m, \frac{m-1}{2}, \frac{m-2}{3}, \frac{m-3}{4}, \frac{m-4}{5}, \&c.$$

$$1 + m\frac{a}{x} + m.\frac{m-1}{2}\frac{a^2}{x^2} + m.\frac{m-1}{2}\frac{m-2}{3}\frac{a^3}{x^3} + m.\frac{m-1}{2}.\frac{m-2}{3}.\frac{m-3}{4}\frac{a^4}{x}, \&c.$$

Et ayant écrit l'unité au-dessous & à une place plus avant sur la gauche, formez la ſuite inférieure, par cette loi. . . . .

Multipliez cette unité par le premier terme de la ſuite ſupérieure & par $\frac{a}{x}$ & vous aurez le ſecond terme de la ſérie inférieure.

Multipliez ce ſecond terme, par le ſecond terme de la ſuite ſupérieure & encore par $\frac{a}{x}$, & vous aurez le troiſieme terme de la ſérie inférieure.

Multipliez ce troiſieme terme, par le troiſieme de la ſuite ſupérieure & encore par $\frac{a}{x}$, & vous aurez le quatrieme terme de la ſérie inférieure; & ainſi de ſuite.

Réuniſſez tous ces termes de la ſérie inférieure, & multipliez la totalité par x^m, vous aurez la valeur de $(x+a)^m$.

152. Si au lieu de $x+a$, on avoit x^2+a^2, ou x^3+a^3, ou, &c; au lieu de multiplier ſucceſſivement par $\frac{a}{x}$, on multiplieroit par $\frac{a^2}{x^2}$ dans le premier cas, par $\frac{a^3}{x^3}$ dans le ſecond, & en général par le ſecond terme du binome diviſé par le premier : & on multiplieroit la totalité, dans le premier cas, par x^2 élevé à la puiſſance m; & dans le ſecond cas, par x^3 élevé à la puiſſance m, c'eſt-à-dire, en général, par le premier terme du binome, élevé à la puiſſance propoſée.

Enfin ſi le ſecond terme du binome, au lieu d'avoir le ſigne +, avoit le ſigne —, au lieu de multiplier ſucceſſivement par $\frac{a}{x}$, lorſqu'on a $x + a$, ou par $\frac{a^2}{x^2}$ lorſqu'on a $x^2 + a^2$, on multiplieroit ſucceſſivement par $-\frac{a}{x}$, ou par $-\frac{a^2}{x^2}$, & ainſi de ſuite.

Suppoſons, pour donner un exemple, qu'on demande la ſixieme puiſſance de $x^3 + a^3$; je procede comme ci-deſſous. . . . .

$$6 \quad \frac{5}{2} \quad \frac{4}{3} \quad \frac{3}{4} \quad \frac{2}{5} \quad \frac{1}{6}$$

$$1 + \frac{6a^3}{x^3} + \frac{15a^6}{x^6} + \frac{20a^9}{x^9} + \frac{15a^{12}}{x^{12}} + \frac{6a^{15}}{x^{15}} + \frac{a^{18}}{x^{18}}$$

C'eſt-à-dire, qu'ayant écrit la ſuite $6, \frac{5}{2}, \frac{4}{3}$, &c, qui répond à $m, \frac{m-1}{2}, \frac{m-2}{3}, \frac{m-3}{4}$, &c, & ayant écrit, au-deſſous, l'unité, pour premier terme de la ſeconde ſuite; je multiplie ce premier terme, par le premier terme 6 de la ſuite ſupérieure, & par $\frac{a^3}{x^3}$, ce qui me donne $\frac{6a^3}{x^3}$ pour le ſecond terme. Je multiplie $\frac{6a^3}{x^3}$ par le ſecond terme $\frac{5}{2}$ de la ſuite ſupérieure, & par $\frac{a^3}{x^3}$, & j'ai $\frac{15a^6}{x^6}$ pour troiſieme terme, & ainſi de ſuite. Enfin je multiplie la totalité des termes formés ſuivant cette loi, par x^3 élevé à la puiſſance 6, c'eſt-à-dire (123), par x^{18}, & j'ai $x^{18} + \frac{6a^3 x^{18}}{x^3} + \frac{15a^6 x^{18}}{x^6} + \frac{20a^9 x^{18}}{x^9} + \frac{15a^{12}x^{18}}{x^{12}} + \frac{6a^{15}x^{18}}{x^{15}} + \frac{a^{18}x^{18}}{x^{18}}$, qui se réduit à $x^{18} + 6a^3x^{15} + 15a^6x^{12} + 20a^9x^9 + 15a^{12}x^6 + 6a^{15}x^3 + a^{18}$.

153. Si au lieu d'un binome on avoit un trinome à élever à une puissance proposée; si l'on avoit, par exemple, $a + b + c$ à élever à la troisieme puissance, on feroit $b + c = m$, & l'on auroit $a + m$ à élever à la troisieme puissance, qui selon les regles qu'on vient de donner, seroit $a^3 + 3a^2m + 3am^2 + m^3$. Remettant maintenant, au lieu de m sa valeur $b + c$, on auroit $a^3 + 3a^2(b+c) + 3a(b+c)^2 + (b+c)^3$. Or les puissances $(b+c)$, $(b+c)^2$, $(b+c)^3$ étant toutes des puissances de binome, se trouveront également par les regles précédentes; il ne s'agira plus que de les multiplier respectivement par $3a^2$, $3a$ & 1. En achevant le calcul, on trouvera $a^3 + 3a^2b + 3a^2c + 3ab^2 + 6abc + 3ac^2 + b^3 + 3b^2c + 3bc^2 + c^3$.

154 Mais en réfléchissant un peu sur la regle de l'élévation des binomes, on verra qu'on peut former la puissance d'un polynome quelconque, d'une maniere plus commode en observant la regle suivante.

Supposons qu'on veut élever le trinome $a + b + c$ à la troisieme puissance. Faites $b + c = p$, & alors il s'agit d'élever $a + p$ à la puissance 3, ce qui donnera . . . .

$$a^3 + 3a^2\underset{1}{p} + 3a\underset{2}{p^2} + \underset{3}{p^3}.$$

J'écris sous chaque terme de cette quantité, l'exposant de p; je multiplie chaque terme par le nombre qui lui répond, & je change un p en b, ce qui donne . . . .

$$3a^2b + 6ab\underset{\frac{1}{2}}{p} + 3b\underset{\frac{2}{2}}{p^2}.$$

J'écris sous cette quantité la moitié de chaque exposant de p, & je multiplie chaque terme par le nombre correspondant, changeant encore un p en b; j'ai . . . .

$$3ab^2 + 3b^2\underset{\frac{1}{3}}{p}.$$

J'écris sous chaque terme de celle-ci le tiers de l'exposant de p; je multiplie comme ci-devant, & je change un p en b; j'ai . . . . b^3

Enfin je réunis toutes ces quatre lignes en changeant p en c, & j'ai $a^3 + 3a^2c + 3ac^2 + c^3 + 3a^2b + 6abc + 3bc^2 + 3ab^2 + 3b^2c + b^3$, de même que ci-deſſus.

Ainſi on multipliera chaque terme de la premiere ligne, par l'expoſant de p ; chaque terme de la ſeconde, par la moitié de l'expoſant de p dans cette ſeconde ; chaque terme de la troiſieme, par le tiers de l'expoſant de p dans cette troiſieme, & ainſi de ſuite, obſervant à chaque ligne, à commencer de la ſeconde, de changer un p en b, & à la fin on changera tous les p reſtants, en c. Cette regle s'applique de même aux quatrinomes, quintinonnes, &c.

De l'Extraction des Racines des quantités complexes.

155. Lorſqu'une fois on eſt en état de trouver tous les termes dont une puiſſance propoſée d'un binome doit être compoſée, il eſt aiſé d'en conclure la méthode d'extraire une racine d'un degré propoſé, ſoit que la quantité dont il s'agit ſoit littérale, ſoit qu'elle ſoit numérique : ce que nous allons dire ſur la racine cinquieme ſuffira pour faire comprendre comment on doit ſe conduire dans les autres degrés.

Selon la formule des puiſſances d'un binome, la cinquieme puiſſance de $a + b$, eſt $a^5 + 5a^4b + 10a^3b^2 + 10a^2b^3 + 5ab^4 + b^5$. De ces ſix termes les deux premiers ſuffiſent pour établir la regle que nous cherchons.

Le premier eſt la cinquieme puiſſance du premier terme du binome, & le ſecond eſt le quintuple de la quatrieme puiſſance de ce même premier terme, multipliée par le ſecond terme; donc pour avoir le premier terme de la racine, il faut, après avoir ordonné tous les termes de la puiſſance donnée, extraire la racine cinquieme, du premier terme de cette puiſſance; & pour avoir le ſecond terme de la racine, il faut diviſer le ſecond terme de la quantité propoſée, par le quintuple de la quatrieme puiſſance de la racine qu'on vient de trouver par la premiere opération. En effet, il eſt évident que la racine cinquieme de a^5 eſt a, qui eſt le premier terme du binome, dont la quantité $a^5 + 5a^4b$ $+$, &c, eſt la cinquieme puiſſance; & il eſt également évident que $\frac{5a^4b}{5a^4}$ donne b qui eſt le ſecond terme de ce binome. Mais comme il pourroit ſe faire que la quantité propoſée ne fût pas une puiſſance parfaite du cinquieme degré; après avoir ainſi trouvé le ſecond terme de la racine, il faudra vérifier cette racine en l'élevant au cinquieme degré & retranchant le réſultat, de la quantité propoſée; voici un exemple.

On demande la racine cinquieme de . . ,

$32a^5 + 240a^4b + 720a^3b^2 + 1080a^2b^3 + 810ab^4 + 243b^5$	Racine
$-32a^5$	$2a + 3b$
Reſte $+ 240a^4b + 720a^3b^2 + 1080a^2b^3 + 810ab^4 + 243b^5$	$80a^4$

Je tire la racine cinquieme de $32a^5$, elle eſt $2a$ que j'écris à la racine.

J'éleve $2a$ à la cinquieme puissance, & j'écris le produit $32a^5$ avec un signe contraire, sous le premier terme $32a^5$ de la quantité proposée, ce qui le détruit.

J'éleve la racine $2a$ à la quatrieme puissance, ce qui me donne $16a^4$ que je quintuple, & j'ai $80a^4$ que j'écris sous la racine $2a$; je m'en sers pour diviser le premier terme $240a^4b$ du reste : la division faite, j'ai pour quotient $3b$ que j'écris à la racine; en sorte que j'ai $2a + 3b$ pour la racine cherchée; mais pour m'en assurer, j'éleve $2a + 3b$ à la cinquieme puissance, je retrouve les mêmes termes que dans la quantité proposée; faisant la soustraction, il ne reste rien; d'où je conclus que la racine est exactement $2a + 3b$.

S'il devoit y avoir encore un autre terme à la racine, alors il y auroit un reste, après cette premiere opération : je regarderois $2a + 3b$ comme une seule quantité, avec laquelle j'opérerois pour trouver le troisieme terme, comme j'ai opéré avec $2a$ pour trouver le second.

156. A l'égard des quantités numériques, la regle est absolument la même; la seule chose qu'il faille éclaircir, est, à quel caractere on reconnoîtra ce qui répond au premier terme a^5, & ce qui répond au terme $5a^4b$.

Pour ſe conduire dans cette recherche, il n'y a qu'à imaginer que dans le binome $a + b$, a marque les dixaines & b les unités; alors il eſt évident que a^5 ſera des centaines de mille, parce que la cinquieme puiſſance de 10 eſt 100000; donc le premier terme a^5, ou la quantité dont il faudra tirer la racine 5ᵉ, pour avoir le premier chiffre de la racine, ne peut faire partie des cinq derniers chiffres ſur la droite, on ſéparera donc les cinq derniers chiffres, & ſuppoſé qu'il en reſte cinq ſeulement ou moins de cinq ſur la gauche, on en cherchera la racine cinquieme, qui ſera facile à trouver, ne pouvant avoir qu'un ſeul chiffre.

Quand on aura trouvé le premier chiffre de la racine & qu'on aura retranché ſa cinquieme puiſſance, de la quantité qui a ſervi à trouver cette racine, on abaiſſera, à côté du reſte, les cinq chiffres ſéparés : & pour avoir la partie qu'il faut diviſer par $5a^4$, c'eſt-à-dire, par le quintuple de la quatrieme puiſſance des dixaines trouvées, il faudra ſéparer quatre chiffres ſur la droite, & ne diviſer que la partie reſtante à gauche : car $5a^4b$, qui eſt la partie qu'on doit diviſer par $5a^4$, pour avoir b, ne peut faire partie des quatre derniers chiffres, puiſqu'étant le produit de $5a^4$ par b, elle doit être au moins des dixaines de mille, puiſque a^4 eſt des dixaines de mille.

Ces éclairciſſements poſés, le procédé eſt le même que pour l'extraction littérale, voici un exemple.

On demande la racine cinquieme de . . .

3802.04032	{ 52
3125	
6770.4032	
3125	
380204032	
0	

Je ſépare les cinq derniers chiffres 04032, & je cherche la racine cinquieme de 3802 qui ayant moins de cinq chiffres, ne peut donner qu'un chiffre pour cette racine ; elle eſt 5 que j'écris à côté.

J'éleve 5 à la cinquieme puiſſance, & j'écris le produit ſous 3802 pour l'en retrancher; il reſte 677, à côté duquel j'abaiſſe les cinq chiffres ſéparés d'abord ; du total, je ſépare 4 chiffres ſur la droite, & je diviſe la partie reſtante 6770, par le quintuple de la quatrieme puiſſance de la racine trouvée 5, c'eſt-à-dire, par 5 fois 625, ou 3125. Je trouve pour quotient 2 que j'écris à côté du premier chiffre trouvé 5. Pour vérifier cette racine 52, je l'éleve à la cinquieme puiſſance, & je trouve le nombre même propoſé, d'où je conclus que 52 eſt exactement la racine.

S'il y avoit un reste, & qu'on voulût approcher plus près de la racine, on mettroit 5 zéros, & on continueroit pour avoir le troisieme chiffre, qui seroit une décimale, comme on a fait pour avoir le second.

En général, pour tirer une racine de degré quelconque *m*, il faut séparer en allant de droite à gauche, en tranches de *m* chiffres chacune, dont la plus à gauche peut en avoir moins. Tirer la racine du degré *m* de cette derniere tranche, cette racine n'aura jamais qu'un seul chiffre : à côté du reste, descendre la tranche suivante, en séparer $m - 1$ chiffres sur la droite, & diviser la partie restante à gauche, par *m* fois la racine trouvée, & élevée à la puissance $m - 1$; & ainsi de suite. Cela est fondé sur ce que les deux premiers termes d'un binome $a + b$ élevé à la puissance quelconque *m*, sont $a^m + ma^{m-1}b$, & sur ce que si *a* marque des dixaines & *b* des unités, a^m ne peut faire partie des *m* derniers chiffres, & $ma^{m-1}b$ ne peut faire partie des $m - 1$ derniers.

De la maniere d'approcher de la racine des puissances imparfaites des quantités littérales.

157. Lorsque la quantité complexe

proposée n'est point une puissance parfaite du degré dont on demande la racine, alors il n'y a point de racine exacte à espérer : il faut se borner à en approcher aussi près que peut l'exiger la question pour laquelle cette extraction est nécessaire. On pourroit y parvenir en suivant la méthode que nous venons d'exposer pour les puissances parfaites : elle donneroit une suite de termes fractionnaires dont la valeur décroissant continuellement, permet de se borner à un nombre limité de termes & de négliger les autres : mais l'opération seroit longue & pénible. On peut parvenir au même résultat par une voie beaucoup plus courte, en employant la regle que nous avons donnée ci-dessus (151) pour élever un binome à une puissance proposée. Pour cet effet, il faut se rappeller (133) que toute racine peut être représentée par une puissance fractionnaire. Ainsi, demander la racine quarrée de $a + b$, ou d'évaluer $\sqrt{a + b}$, c'est demander d'élever $a + b$ à la puissance $\frac{1}{2}$, puisque (133) $(a + b)^{\frac{1}{2}} = \sqrt{a + b}$.

Donc, suivant la regle donnée (151), j'écris la suite.

$$\tfrac{1}{2}, \frac{\frac{1}{2} - 1}{2}, \frac{\frac{1}{2} - 2}{3}, \frac{\frac{1}{2} - 3}{4}, \frac{\frac{1}{2} - 4}{5}, \text{\&c.}$$

Qui se réduit à $\frac{1}{2}, -\frac{1}{4}, -\frac{1}{2}, -\frac{5}{8}, -\frac{7}{10}$, &c.

Et posant 1 pour premier terme de la seconde suite, je forme cette seconde . . . . .

$$1 + \frac{1}{2}\frac{b}{a} - \frac{1}{8}\frac{b^2}{a^2} + \frac{1}{16}\frac{b^3}{a^3} - \frac{5}{128}\frac{b^4}{a^4} + \frac{35}{1280}\frac{b^5}{a^5},$$

&c.

En multipliant le premier terme 1, par le premier terme $\frac{1}{2}$ de la premiere suite, & par $\frac{b}{a}$, c'est-à-dire, par le second terme du binome $a + b$, divisé par le premier ; j'ai $\frac{1}{2}\frac{b}{a}$ pour le second terme.

Je forme de même le troisieme, en multipliant ce second, par le second terme $-\frac{1}{4}$ de la premiere suite, & par $\frac{b}{a}$, ce qui me donne $-\frac{1}{8}\frac{b^2}{a^2}$ pour le troisieme.

Pour le quatrieme, je multiplie ce troisieme, par le troisieme terme $-\frac{1}{2}$ de la premiere suite & par $\frac{b}{a}$, & j'ai $+\frac{1}{16}\frac{b^3}{a^3}$ pour quatrieme terme, & ainsi de suite.

Enfin je multiplie la totalité de ces termes, par le premier terme du binome, élevé à la puissance $\frac{1}{2}$, & j'ai pour la valeur de $(a+b)^{\frac{1}{2}}$ ou de $\sqrt{a+b}$, la quantité suivante :

$$a^{\frac{1}{2}}\left(1 + \frac{1}{2}\frac{b}{a} - \frac{1}{8}\frac{b^2}{a^2} + \frac{1}{16}\frac{b^3}{a^3} \quad \frac{5}{128}\frac{b^4}{a^4} + \frac{35}{1280}\frac{b^5}{a^5}, \text{\&c.}\right)$$

qu'il est facile de prolonger autant qu'on le jugera à propos.

158. Nous verrons, par la suite, l'usage de ces sortes d'approximations. Pour le présent, nous nous contenterons de faire voir par un exemple en nombres, comment on peut les employer pour approcher des racines des quantités numériques. Supposons qu'on veut avoir la racine quarrée de 101. Je partagerai 101 en deux parties dont l'une soit un quarré, le plus grand qu'il sera possible; par exemple, je le partage en ces deux parties 100 & 1; je prends la premiere pour a, & la seconde pour b, en sorte que je suppose $a = 100$, & $b = 1$; par conséquent $a^{\frac{3}{2}} = \overline{100}^{\frac{1}{2}} = \sqrt{101} = 10$; & $\frac{b}{a} = \frac{1}{100} = 0{,}01$; donc la série qui exprime $\sqrt{a+b}$, c'est-à-dire, ici $\sqrt{100}$, deviendra, en mettant pour $a^{\frac{1}{2}}$ & $\frac{b}{a}$, leurs valeurs,

$$10\left(1 + \frac{0{,}01}{2} - \frac{(0{,}01)^2}{8} + \frac{(0{,}01)^3}{16} - \frac{5(0{,}01)^4}{128} + \frac{35(0{,}01)^5}{1280} \text{ \&c.}\right)$$

Supposons qu'on veut avoir cette racine jusqu'à un dix-millieme près seulement; alors il suffit de prendre les trois premiers termes; car le quatrieme qui est $\frac{(0{,}01)^3}{16}$ revient à $\frac{0{,}000001}{16}$, c'est-à-dire, à 0,0000000625; & quoiqu'il doive être multiplié par 10 qui doit multiplier tous les termes de la série, il ne produira que 0,000000625 qui est bien au dessous

deſſous d'un dix-millieme. Les termes ſuivants ſont à plus forte raiſon beaucoup au-deſſous, puiſqu'étant continuellement multipliés par 0,01 qui eſt une fraction, ils doivent diminuer continuellement; car en multipliant par une fraction, on ne prend (*Arith.* 120) qu'une partie du multiplicande.

La valeur de $\sqrt{101}$ ſe réduit donc à $10\left(1+\frac{0,01}{2}-\frac{(0,01)^2}{8}\right)$, c'eſt-à-dire, à $10\,(1+0,005-0,0000125)$, ou $10 \times 1,0049875$, ou 10,0498 5; c'eſt-à-dire, 10,0499 en ſe bornant aux dix-milliemes.

Cette méthode peut s'appliquer à toutes ſortes de racines & à toutes ſortes de quantités; nous en donnerons encore un exemple ſur $\sqrt[5]{a^5-x^5}$. Je change donc cette quantité en $(a^5-x^5)^{\frac{1}{5}}$, & procédant comme ci-deſſus, j'écris. . . . .

$$\frac{1}{5},\ \frac{\frac{1}{5}-1}{2},\ \frac{\frac{1}{5}-2}{3},\ \frac{\frac{1}{5}-3}{4},\ \frac{\frac{1}{5}-4}{5},\ \&c.$$

ou $\frac{1}{5}, -\frac{2}{5}, -\frac{3}{5}, -\frac{7}{10}, -\frac{10}{25}$, &c.

Et poſant 1, pour premier terme de la ſeconde ſuite, je forme cette ſeconde . . . .

$$1-\frac{1}{5}\frac{x^5}{a^5}-\frac{2}{25}\frac{x^{10}}{a^{10}}-\frac{6}{125}\frac{x^{15}}{a^{15}}-\frac{42}{1250}\frac{x^{20}}{a^{20}}-\frac{798}{31250}\frac{x^{25}}{a^{25}},\ \&c.$$

En multipliant le premier terme 1, par le premier terme $\frac{1}{5}$, de la ſuite ſupérieure, & par $-\frac{x^5}{a^5}$, c'eſt-à-dire, par le ſecond terme du binome, divisé par le premier; ce qui donne $-\frac{1}{5}\frac{x^5}{a^5}$ pour second terme de la série.

Pour avoir le troisieme, je multiplie celui-ci par le second terme $-\frac{2}{5}$, de la suite supérieure, & par $-\frac{x^5}{a^5}$, ce qui me donne $\frac{-2x^{10}}{25a^{10}}$.

En calculant de même les suivants jusqu'au sixieme, & multipliant le tout par le 1er terme a^5 du binome, élevé à la puissance $\frac{1}{5}$, c'est-à-dire (123), par $a^{5\times\frac{1}{5}}$ ou par a; j'ai pour valeur approchée de $\sqrt[5]{a^5-x^5}$, la quantité $a\left(1-\frac{x^5}{5a^5}-\frac{2x^{10}}{25a^{10}}-\frac{6x^{15}}{125a^{15}}-\frac{42x^{20}}{1250a^{20}}, \&c.\right)$

159. Observons à l'égard de ces séries & de toutes les autres qu'on peut former de la même maniere, qu'on doit toujours prendre pour premier terme de la quantité proposée, le plus grand terme; par exemple, dans $\sqrt{a+b}$ nous avons pris ci-dessus a pour premier terme; mais si b étoit plus grand que a, il aura fallu prendre b pour premier terme. La raison en est que lorsque b est plus grand que a, la 1re série $a^{\frac{1}{2}}\left(1+\frac{1}{2}\frac{b}{a}-\frac{1}{8}\frac{b^2}{a^2}\ \&c.\right)$ est trompeuse; car $\frac{b}{a}$ étant alors plus grand que l'unité, les termes suivants qui sont continuellement multipliés par $\frac{b}{a}$ vont toujours en augmentant, ensorte qu'on n'a aucune

raiſon de s'arrêter après un certain nombre de termes. Mais ſi dans ce même cas on forme la ſérie en prenant b pour premier terme, on aura $b^{\frac{1}{2}}\,(1 + \frac{1}{2}\frac{a}{b} - \frac{1}{8}\frac{a^2}{b^2}$, &c.) dans laquelle les termes vont en décroiſſant.

Les ſéries dont les termes vont en augmentant de valeur à meſure qu'ils s'éloignent de l'origine, s'appellent *ſéries divergentes ;* & au contraire on appelle *ſéries convergentes* celles dont les termes diminuent de valeur à meſure qu'ils s'éloignent de l'origine.

160. Nous avons vu (141) que toute fraction algébrique pouvoit être miſe ſous la forme d'un entier, en faiſant paſſer ſon dénominateur au numérateur avec un expoſant négatif. Cette obſervation nous fournit le moyen de réduire en ſérie toute fraction dont le dénominateur ſeroit complexe, ce qui ſera utile par la ſuite. Par exemple, ſi j'avois $\frac{a^2}{a^2 - x^2}$; au lieu de cette quantité, j'écrirois $a^2 \times (a^2 - x^2)^{-1}$, & alors j'éleverois $a^2 - x^2$ à la puiſſance -1 ſelon la regle donnée (151); c'eſt-à-dire, que je poſerois d'abord la ſérie -1, $\frac{-1-1}{2}$, $\frac{-1-2}{3}$, $\frac{-1-3}{4}$, &c.
ou . . . . . -1, -1, -1, -1.

Et je formerois la ſérie ſuivante :

$$1 + \frac{x^2}{a^2} + \frac{x^4}{a^4} + \frac{x^6}{a^6} + \frac{x^8}{a^8}, \text{ \&c.}$$

en multipliant le premier terme 1 de cette seconde, par le premier terme -1 de la série supérieure & par $-\frac{x^2}{a^2}$, ce qui donneroit $+\frac{x^2}{a^2}$; multipliant celui-ci par le second terme -1 de la série supérieure, & par $-\frac{x^2}{a^2}$; & ainsi de suite. Après quoi je multiplierois la totalité, par le premier terme a^2 élevé à la puissance -1, c'est-à-dire, (123) par $a^{2\times-1}$ ou a^{-2}, ce qui me donneroit $a^{-2}\left(1+\frac{x^2}{a^2}+\frac{x^4}{a^4}+\frac{x^6}{a^6}+\frac{x^8}{a^8}, \&c.\right)$ pour valeur de $(a^2-x^2)^{-1}$; donc pour avoir $a^2(a^2-x^2)^{-1}$, il ne s'agit plus que de multiplier par a^2; or $a^{-2}\times a^2$ donnant a^{2-2} (20), ou a^0, qui se réduit à 1; on aura donc $a^2(a^2-x^2)^{-1}=1+\frac{x^2}{a^2}+\frac{x^4}{a^4}+\frac{x^6}{a^6}+\frac{x^8}{a^8}$, &c.

On s'y prendroit de même pour réduire en série $\frac{a^2}{(a^2+x^2)^3}$; on considéreroit cette quantité comme $a^2(a^2+x^2)^{-3}$. Pareillement au lieu de $\frac{a^2}{\sqrt[5]{(a^2+x^2)^3}}$, on écriroit $\frac{a^2}{(a^2+x^2)^{\frac{3}{5}}}$, & ensuite $a^2(a^2+x^2)^{-\frac{3}{5}}$, & ainsi des autres.

161. Nous avons supposé que la même formule qui servoit pour former les puissances parfaites d'un binome, pouvoit aussi servir pour en former les puissances imparfaites. Comme les principes sur lesquels cette formule est fondée, supposent que l'exposant est un nombre entier positif; on pourroit douter qu'on pût l'appliquer légitimement au cas où cet exposant est fractionnaire positif ou négatif, ou entier négatif. Voici comment on peut se convaincre que la même formule peut servir dans

tous ces cas. Soit en général $(a+b)^{\frac{m}{n}}$, $\frac{m}{n}$ étant positif. On aura

$$(151)\ (a+b)^{\frac{m}{n}} = a^{\frac{m}{n}}\left(1+\frac{m}{n}\cdot\frac{b}{a}+\frac{m}{n}\cdot\frac{\frac{m}{n}-1}{2}\cdot\frac{b^2}{a^2}+\frac{m}{n}\cdot\frac{\frac{m}{n}-1}{2}\cdot\frac{\frac{m}{n}-2}{3}\cdot\frac{b^3}{a^3},\right.$$

&c.

Faisons, pour abréger, la somme de tous les termes de cette série, excepté le premier, égale à p; c'est-à-dire, faisons $p=\frac{m}{n}\cdot\frac{b}{a}+\frac{m}{n}\cdot\frac{\frac{m}{n}-1}{2}\frac{b^2}{a^2}+\frac{m}{n}\cdot\frac{\frac{m}{n}-1}{2}\cdot\frac{\frac{m}{n}-2}{3}\frac{b^3}{a^3}$; alors nous aurons $(a+b)^{\frac{m}{n}}=a^{\frac{m}{n}}(1+p)$; élevons chaque membre à la puissance n, & (123) nous aurons $(a+b)^{\frac{mn}{n}}=a^{\frac{mn}{n}}(1+p)^n$ c'est-à-dire, $(a+b)^m=a^m(1+p)^n$; or nous savons que $(a+b)^m$, a pour valeur..............................

$$a^m\left(1+m\frac{b}{a}+m\cdot\frac{m-1}{2}\frac{b^2}{a^2}+m\cdot\frac{m-1}{2}\cdot\frac{m-2}{3}\frac{b^3}{a^3},\ \&c.\right)$$

Si donc $a^m(1+p)^n$ revient à cette quantité, ce sera une preuve, la derniere égalité ayant lieu, que toutes celles dont elle est déduite, ont lieu; & que par conséquent la valeur de $(a+b)^{\frac{m}{n}}$ doit être telle que la donne la premiere équation.

Voyons donc si $a^m(1+p)^n$ revient au même que $(a+b)^m$.

Or $(1+p)^n=1+np+n.\frac{n-1}{2}p^2+n.\frac{n-1}{2}.\frac{n-2}{3}p^3+$ &c.

Substituons, dans ce second membre, au lieu de p sa valeur; mais pour ne pas embrasser trop de calcul à la fois, ne tenons compte dans cette substitution que des termes qui ne passeront pas le cube; nous aurons donc..............

$$p=\frac{m}{n}\frac{b}{a}+\frac{m}{n}\cdot\frac{\frac{m}{n}-1}{2}\frac{b^2}{a^2}+\frac{m}{n}\cdot\frac{\frac{m}{n}-1}{2}\cdot\frac{\frac{m}{n}-2}{3}\frac{b^3}{a^3}+\ \&c.$$

$$pp=\frac{m^2}{n^2}\frac{b^2}{a^2}+\frac{2m^2}{n^2}\cdot\frac{\frac{m}{n}-1}{2}\cdot\frac{b^3}{a^3}+\ \&c.$$

$$p^3=\frac{m^3}{n^3}\frac{b^3}{a^3}.$$

par conséquent $1 + np + n.\frac{n-1}{2}p^2 + n.\frac{n-1}{2}.\frac{n-2}{3}p^3$, &c.

deviendra $1 + m\frac{b}{a} + m.\frac{\frac{m}{n}-1}{2}.\frac{b^2}{a^2} + m.\frac{\frac{m}{n}-1}{2}.\frac{\frac{m}{n}-2}{3}.\frac{b^3}{a^3}$ + &c.

$$+\frac{m^2}{n}.\frac{n-1}{2}.\frac{b^2}{a^2} + \frac{2m^2}{n}.\frac{\frac{m}{n}-1}{2}.\frac{n-1}{2}.\frac{b^3}{a^3} + \text{\&c.}$$

$$+\frac{m^3}{n^2}.\frac{n-1}{2}.\frac{n-2}{3}.\frac{b^3}{a^3} + \text{\&c.}$$

Or $m.\frac{\frac{m}{n}-1}{2} + \frac{m^2}{n}.\frac{n-1}{2}$, qui est la totalité de ce qui multiplie $\frac{b^2}{a^2}$, se réduit à $m\left(\frac{m-n}{2n}+\frac{mn-m}{2n}\right)$, ou $m.\frac{mn-n}{2n}$, ou enfin à $m.\frac{m-1}{2}$.

Pareillement, $m.\frac{\frac{m}{n}-1}{2}.\frac{\frac{m}{n}-2}{3} + \frac{2m^2}{n}.\frac{\frac{m}{n}-1}{2}.\frac{n-1}{2} + \frac{m^3}{n^2}.\frac{n-1}{2}.\frac{n-2}{3}$, qui est la totalité de ce qui multiplie $\frac{b^3}{a^3}$, se réduit à ....

$m.\left(\frac{m-n}{2n}.\frac{m-2n}{3n} + \frac{m}{n}.\frac{m-n}{n}.\frac{n-1}{2} + \frac{m^2}{n^2}.\frac{n-1}{2}.\frac{n-2}{3}\right)$

ou $m\left(\frac{\overline{m-n}.\overline{m-2n}+3m.\overline{m-n}.\overline{n-1}+m^2.\overline{n-1}.\overline{n-2}}{2n\times 3n}\right)$

ou (en faisant les opérations indiquées, & les réductions), à $m.\left(\frac{m^2-3m+2}{2\times 3}\right)$, qui est la même chose que $m.\frac{m-1}{2}.\frac{m-2}{3}$; donc la quantité $1+np+n.\frac{n-1}{2}p^2+n.\frac{n-1}{2}.\frac{n-2}{3}p^3$ &c, revient à $1+\frac{mb}{a}+m.\frac{m-1}{2}\frac{b^2}{a^2}+m.\frac{m-1}{2}.\frac{m-2}{3}\frac{b^3}{a^3}$ + &c.

Et si au lieu de se borner aux termes qui ne passent pas le cube, on poursuivoit plus loin, on trouveroit de même que les termes suivants de cette série sont $m.\frac{m-1}{2}.\frac{m-2}{3}.\frac{m-3}{4}\frac{b^4}{a^4}$, $m.\frac{m-1}{2}.\frac{m-2}{3}.\frac{m-3}{4}.\frac{m-4}{5}\frac{b^5}{a^5}$ &c.

Donc $a^m(1+np+n.\frac{n-1}{2}p^2+n.\frac{n-1}{2}.\frac{n-2}{3}p^3+\&c.)$

revient à $a^m(1+\frac{mb}{a}+m.\frac{m-1}{2}\frac{b^2}{a^2}+m.\frac{m-1}{2}.\frac{m-2}{3}\frac{b^3}{a^3}+\&c.$

Donc l'équation $(a+b)^m = a^m(1+p)^n$ est vraie ; donc aussi l'équation $(a+b)^{\frac{m}{n}} = a^{\frac{m}{n}}(1+p)$ dont celle-là a été déduite, ou (ce qui revient au même), l'équation.........

$$(a+b)^{\frac{m}{n}}=a^{\frac{m}{n}}(1+\frac{mb}{na}+\frac{m}{n}.\frac{\frac{m}{n}-1}{2}\frac{b^2}{a^2}+\frac{m}{n}.\frac{\frac{m}{n}-1}{2}.\frac{\frac{m}{n}-2}{3}\frac{b^3}{a^3}\ \&c.$$

est vraie. Donc la formule qui sert à élever à une puissance dont l'exposant est un nombre entier positif, peut servir aussi à élever à une puissance dont l'exposant est un nombre fractionnaire positif.

Pour faire voir que la même formule peut être employée, lorsque l'exposant est négatif, il faut remarquer que si nous représentons par T la totalité des termes que donneroit $(a+b)^{\frac{-m}{n}}$ en le développant suivant la même regle, on aura $(a+b)^{\frac{-m}{n}}=T$, c'est-à-dire, $\frac{1}{(a+b)^{\frac{-m}{n}}}=T$ (142) ; & par conséquent $1=T\times(a+b)^{\frac{m}{n}}$, il faut donc prouver que si l'on multiplie la somme T des termes que donnera $(a+b)^{\frac{-m}{n}}$ évalué selon la regle que nous avons donnée, si on la multiplie, dis-je, par la valeur de $(a+b)^{\frac{m}{n}}$, le produit se réduira à l'unité. Or $(a+b)^{\frac{-m}{n}}$ donneroit suivant cette regle.........

$$a^{\frac{-m}{n}}(1-\frac{m}{b}\frac{b}{a}+\frac{m}{n}.\frac{\frac{m}{n}+1}{2}\frac{b^2}{a^2}-\frac{m}{n}.\frac{\frac{m}{n}+1}{2}.\frac{\frac{m}{n}+2}{3}\frac{b^3}{a^3}\ \&c.$$

Et $(a+b)\frac{n}{m}$ donnera

$$a^{\frac{m}{n}}(1+\frac{m}{n}\frac{b}{a}+\frac{m}{n}.\frac{\frac{m}{n}-1}{2}.\frac{b^2}{a^2}+\frac{m}{n}.\frac{\frac{m}{n}-1}{2}.\frac{\frac{m}{n}-2}{3}.\frac{b^3}{a^3}\ \&c.$$

Multipliant ces deux quantités l'une par l'autre, & ſe bornant au cube de $\frac{b}{a}$, on aura

$$a^{\frac{m}{n}-\frac{m}{n}}\left(1-\frac{m}{n}\frac{b}{a}+\frac{m}{n}\cdot\frac{\frac{m}{n}+1}{2}\frac{b^2}{a^2}-\frac{m}{n}\cdot\frac{\frac{m}{n}+1}{2}\cdot\frac{\frac{m}{n}+2}{3}\frac{b^2}{a^3}\ \&c.\right.$$

$$+\frac{m}{n}\frac{b}{a}-\frac{m^2}{n^2}\frac{b^2}{a^2}+\frac{m^2}{n^2}\cdot\frac{\frac{m}{n}+1}{2}\cdot\frac{b^3}{a^3}\ \ldots\ldots\ \&c.$$

$$+\frac{m}{n}\cdot\frac{\frac{m}{n}-1}{2}\frac{b^2}{a^2}-\frac{m^2}{n^2}\cdot\frac{\frac{m}{n}-1}{2}\cdot\frac{b^3}{a^3}\ \ldots\ldots\ \&c.$$

$$+\frac{m}{n}\cdot\frac{\frac{m}{n}-1}{2}\cdot\frac{\frac{m}{n}-2}{3}\frac{b^3}{a^3}\ \&c.$$

Or ſi l'on ſe donne la peine d'en faire le calcul, on verra que la ſomme des quantités qui multiplient $\frac{b}{a}$, de celles qui multiplient $\frac{b^2}{a^2}$, de celles qui multiplient $\frac{b^3}{a^3}$, ſe réduit à zéro ; & il en ſera de même des puiſſances ſuivantes, ſi l'on pouſſe le calcul au-delà de $\frac{b^3}{a^3}$; donc ce produit ſe réduit à $a^{\frac{m}{n}-\frac{m}{n}}\times 1$ ou $a^0\times 1$ ou 1×1, c'eſt-à-dire, 1. Donc la formule peut ſervir dans tous les cas.

Des Equations à deux inconnues, lorſqu'elles paſſent le premier degré.

162. Une équation à une ſeule inconnue eſt dite du troiſieme, du quatrieme, du cinquieme, &c, degré, lorſque la plus haute puiſſance de l'inconnue eſt la troiſieme, la quatrieme, la cinquieme, &c ; mais outre

cette puissance, une équation peut encore renfermer toutes les puissances inférieures; ainsi $x^3=8$, $x^3+5x^2=4$, $x^3+6x^2-9x=7$, sont toutes des équations du 3me degré.

Une équation à deux ou à un plus grand nombre d'inconnues est dite passer le premier degré, non-seulement lorsque l'une de ces inconnues passe le premier degré; mais encore, lorsque quelques-unes de ces mêmes inconnues sont multipliées entr'elles; & en général, le degré s'estime par la plus forte somme que puissent faire les exposants dans un même terme: l'équation $x^3+y^3=a^2b$ est du troisieme degré; l'équation $bx^2+x^2y+ay^2=ab^2$ est aussi du troisieme degré, parce que les exposants de x & de y dans le terme x^2y font 3; dans les autres termes, les exposants sont moindres.

163. Pour résoudre les questions qui conduisent à des équations à plusieurs inconnues, & au-delà du premier degré, il faut, comme pour celles du premier degré, réduire ces équations à une seule qui ne renferme plus qu'une inconnue.

Si l'on a deux équations & deux inconnues, & que, dans l'une de ces équations, l'une des inconnues ne passe pas le premier degré, *prenez la valeur de cette inconnue, comme si tout le reste étoit connu; substituez cette valeur dans l'autre équation, & vous aurez une nouvelle équation qui ne renfermera plus qu'une inconnue.*

Par exemple, si l'on me proposoit cette question, trouver deux nombres dont la somme soit 12, & dont le produit soit 35. En représentant ces deux nombres par x & y, j'aurois $x+y=12$, & $xy=35$.

De la premiere je tire $x=12-y$; substituant dans la seconde équation, cette valeur de x, j'aurai $(12-y)y=35$ ou $12y-yy=35$, équation du second degré qui étant résolue suivant les regles données (99 & *suiv.*), donnera $y=6\pm1$, c'est-à-dire $y=7$ ou $y=5$; & puisque $x=12-y$, on aura $x=5$ ou $x=7$; c'est-à-dire, que les deux nombres cherchés sont 5 & 7 ou 7 & 5.

Pareillement, si j'avois les équations $x+3y=6$ & $x^2+y^2=12$. De la premiere, je tirerois $x=6-3y$; substituant dans la seconde, j'aurois $(6-3y)^2+y^2=12$; faisant l'opération indiquée, j'ai $36-36y+9y^2+y^2=12$; ou en passant tout d'un même côté, & réduisant, $10y^2-36y+24=0$; équation du second degré, qu'on peut résoudre par les regles données (99 & *suiv.*)

Prenons pour troisieme exemple, les deux équations $xy+y^2=5$ & $x^3+x^2y=y^2+7$. La premiere donne $x=\frac{5-y^2}{y}$; substituant dans la seconde, on a $\left(\frac{5-y^2}{y}\right)^3+\left(\frac{5-y^2}{y}\right)^2y=y^2+7$ ou $\frac{(5-y^2)^3}{y^3}+\frac{(5-y^2)^2y}{y^2}=y^2+7$. Pour chasser les fractions, il suffit ici de multiplier le second terme par y & le second membre par y^3, ce qui donne $(5-y^2)^3+(5-y^2)^2y^2=y^5+7y^3$. Faisant les opérations indiquées, on a, $125-75y^2+15y^4-y^6+25y^2-10y^4+y^6=y^5+7y^3$; passant tout dans le premier membre & réduisant, on a, après avoir changé les signes, $y^5-5y^4+7y^3+50y^2-125=0$, équation qui ne renferme plus que y, mais qui est du cinquieme degré.

164. A l'occasion de cet exemple nous ferons remarquer que lorsque quelques-uns des dénominateurs de l'équation ont quelques facteurs communs entr'eux, on peut faire disparoître ces dénominateurs plus simplement que par la regle générale, en examinant par quelle quantité il faudroit multiplier ces dénominateurs pour qu'ils devinssent égaux. Cette remarque est analogue à celle que nous avons faite (48) au sujet des fractions. Par exemple, si j'avois l'équation $\frac{cx}{ab}+\frac{dx}{ac}=e$, je la changerois en $\frac{c^2x+bdx}{abc}=e$, en multipliant les deux termes de la 1e fraction par c, & les deux termes de la 2e, par b; alors chassant le dénominateur, j'aurois $c^2x+bdx=abce$.

165. *Si dans l'une des équations, l'une des deux inconnues ne passe pas le second degré : prenez dans celle-ci la valeur du quarré de l'inconnue la moins élevée, & substituez-la dans l'autre, à la place du quarré de cette même inconnue & de ses puissances; & continuez de substituer jusqu'à ce que cette inconnue ne se trouve plus qu'au premier degré. Alors tirez de cette derniere équation, la valeur de cette même inconnue, & substituez-la dans la premiere.*

Par exemple, si j'avois $x^2 + 3y^2 = 6x$ & $2x^3 - 3y^2 = 8$, je prendrois, dans la premiere, la valeur de x^2 qui est $x^2 = 6x - 3y^2$; la substituant dans la seconde, j'aurois (en faisant attention que x^3 est $x^2 \times x$), $2(6x - 3y^2)x - 3y^2 = 8$, qui se réduit à $12x^2 - 6xy^2 - 3y^2 = 8$; comme il y a encore x^2 dans celle-ci, j'y substitue de nouveau, la même valeur de x^2 que ci-dessus, & j'ai $72x - 36y^2 - 6xy^2 - 3y^2 = 8$, équation dans laquelle x n'est plus qu'au premier degré.

J'en tire la valeur de x, & j'ai $x = \frac{39y^2+8}{72-6y^2}$; je substitue cette valeur dans la premiere équation $x^2 + 3y^2 = 6x$: il me vient $\left(\frac{39y^2+8}{72-6y^2}\right)^2 + 3y^2 = 6\left(\frac{39y^2+8}{72-6y^2}\right)$ ou $\frac{(39y^2+8)^2}{(72-6y^2)^2} + 3y^2 = \frac{234y^2+48}{72-6y^2}$ ou (164) $\frac{(39y^2+8)^2}{(72-6y^2)^2} + 3y^2 = \frac{(234y^2+48)(72-6y^2)}{(72-6y^2)^2}$, ou enfin, en chassant le dénominateur commun, $(39y^2+8)^2+3y^2$ $(72-6y^2)^2=(234y^2+48)(72-6y^2)$, équation dans laquelle il n'y a plus à faire que des multiplications & des réductions ordinaires.

166. Lorſque les équations ſont de degrés plus élevés, on peut, en ſuivant une méthode analogue à celle que nous venons d'expoſer, arriver auſſi à l'équation qui ne renferme plus qu'une inconnue; mais il eſt difficile d'éviter un inconvénient qui accompagne alors cette méthode : cet inconvénient eſt de faire monter l'équation à un degré plus élevé qu'elle ne doit être. Nous allons expoſer une méthode qui n'eſt pas ſujette à cette difficulté.

167. Toute équation à deux inconnues peut être toujours miſe ſous cette forme .... $Ax^m+Bx^{m-1}+Cx^{m-2}....+T=0$; m marquant le degré auquel x eſt élevé. En effet, on peut toujours faire une totalité des différents termes compoſés de y & des quantités connues qui multiplient chaque puiſſance de x, & repréſenter cette totalité par une ſeule lettre; par exemple, dans l'équation $ax^2+bxy+cy^2+dx+ey+f=0$, qui peut généralement repréſenter toutes les équations du ſecond degré à deux inconnues; [car il ne peut s'y trouver d'autres puiſſances de ces inconnues], on peut raſſembler les termes en cette maniere $ax^2+(d+by)x+cy^2+ey+f=0$, & pour abréger, l'écrire ainſi; $Ax^2+Bx+C=0$, ſauf à remettre, au lieu de A, B, C, ce que ces lettres repréſentent, après qu'on aura fait, de l'équation $Ax^2+Bx+C=0$, l'uſage pour lequel on lui donne cette forme. Cela poſé ſoient donc

$$Ax^m+Bx^{m-1}+Cx^{m-2}+Dx^{m-3}+....T=0$$
$$\&\ A'x^m+B'x^{m-1}+C'x^{m-2}+D'x^{m-3}+....T'=0$$

les deux équations propoſées, dont il s'agit de chaſſer ou éliminer x. Je les ſuppoſe d'abord du même degré; nous verrons enſuite ce qu'il faut faire quand elles ſont de différents degrés.

On multipliera la premiere par A', la ſeconde par A, & l'on retranchera le ſecond produit du premier, ce qui donnera une équation du degré $m-1$.

On multipliera la premiere par $A'x+B'$, la ſeconde par $Ax+B$, & l'on retranchera le ſecond produit du premier, ce qui donnera une ſeconde équation du degré $m-1$.

On multipliera la premiere par $A'x^2 + B'x + C'$, la seconde par $Ax^2 + Bx + C$, on retranchera le second produit du premier, ce qui donnera une troisieme équation du degré $m - 1$.

On continuera de même jusqu'à ce que le multiplicateur soit devenu du degré $m - 1$.

Cela posé, on aura m équations, chacune du degré $m - 1$. On considérera dans chacune, les différentes puissances x^{m-1}, x^{m-2}, x^{m-3}, &c. comme si elles étoient autant d'inconnues au premier degré. Par le moyen des $m - 1$ premieres équations ou en général par le moyen d'un nombre $m - 1$ de ces équations, on déterminera (85) les valeurs de ces inconnues que l'on substituera dans la derniere. Cette opération donnera une équation sans x, dans laquelle mettant pour A, B, & C, A', B', C', &c. les quantités que ces lettres représentent, & qui peuvent d'ailleurs renfermer telles puissances de y qu'on voudra, on aura l'équation en y.

Par exemple, si j'avois les deux équations.

$$Ax^2 + Bx + C = 0.$$
$$A'x^2 + B'x + C' = 0.$$

Qui peuvent représenter toutes les équations à deux inconnues, dans lesquelles l'une seulement des deux inconnues ne passe pas le second degré; en multipliant la premiere par A', la seconde par A, retranchant le second produit du premier & réduisant, j'aurois $(A'B - AB')x + A'C - AC' = 0$.

Multipliant la premiere équation par $A'x + B'$, la seconde par $Ax + B$, retranchant le second produit du premier, & réduisant j'aurois $(A'C - AC')x + B'C - BC' = 0$.

Prenant donc, dans la premiere, la valeur de x qui est $x = \frac{AC' - A'C}{A'B - AB'}$, & la substituant dans la 2e, j'aurai $(A'C - AC') \times \frac{AC' - A'C}{A'B - AB'} + B'C - BC' = 0$. Ou [à cause que $AC' - A'C$ est la même chose que $-(A'C - AC')$], j'aurai $\frac{-(A'C - AC')^2}{A'B - AB'} + B'C - BC' = 0$, ou enfin $-(A'C - AC')^2 + (A'B - AB')(B'C - BC') = 0$.

Si l'on avoit les deux équations ....

$$Ax^3 + Bx^2 + Cx + D = 0.$$
$$A'x^3 + B'x^2 + C'x + D' = 0.$$

Multipliant la premiere par A', la seconde par A, retranchant & réduisant, on auroit $(A'B - AB')x^2 + (A'C - AC')x + (A'D - AD') = 0$.

Multipliant la premiere par $A'x + B'$, la seconde par $Ax + B$, retranchant & réduisant, on auroit $(A'C - AC')x^2 + (A'D - AD' + B'C - BC')x + B'D - BD' = 0$.

Enfin multipliant la premiere par $A'x^2 + B'x + C'$, la seconde par $Ax^2 + Bx + C$, retranchant & réduisant, on auroit $(A'D - AD')x^2 + (B'D - BD')x + C'D - CD' = 0$.

Il ne s'agit plus maintenant, en considérant x^2 & x comme des inconnues au premier degré, que de déterminer leurs valeurs à l'aide de deux quelconques de ces trois équations du second degré, & de substituer ces valeurs dans la troisieme.

168. Si les deux équations proposées n'étoient pas au même degré pour x; alors on opérera comme il suit.

Soient m & n les deux exposants, & m le plus grand. On multipliera l'équation du degré n par x^{m-n}, ce qui les mettra toutes deux au même degré. Alors on opérera comme dans le cas précédent, en continuant les multiplications jusqu'à ce que le multiplicateur soit devenu du degré $n-1$, ce qui donnera n équations, chacune du degré $m - 1$.

On substituera dans chacune & dans toutes les puissances supérieures à x^n, la valeur de x^n tirée de l'équation du degré n, & on continuera de substituer, jusqu'à ce que la plus haute puissance restante soit x^{m-n}, ce qui sera toujours possible; alors on aura n équations chacune du degré $n - 1$. En employant $n-1$ de ces équations, on déterminera les valeurs de x^{n-1}, x^{n-2}, x^{n-3}, &c. considérées comme autant d'inconnues au premier degré, & on les substituera dans la derniere.

Cette méthode est générale. Elle peut être simplifiée dans beaucoup de cas que nous ne nous arrêterons pas à détailler. Nous nous contenterons de remarquer que dans les multiplications successives par A' & A, $A'x + B'$ & $Ax + B$, &c. on peut se dispenser de multiplier le premier, les deux premiers, &c. termes des deux équations proposées, & en général autant des premiers termes qu'il entre de termes dans le multiplicateur, parce que le produit qu'ils donneront s'anéantira par la soustraction.

169. Si l'on détermine les valeurs des différentes puissances de x d'après la regle que nous avons donnée pour les équations du premier degré à plusieurs inconnues, l'équation finale en y ne montera jamais à un degré plus haut que $m\,n$,

en supposant que le plus haut exposant de x, ainsi que celui de y, soit m dans l'une des équations & n dans l'autre. Mais si les exposants de x & de y sont inégaux dans chaque équation, ensorte que ceux de x dans la premiere & dans la seconde étant toujours m & n, ceux de y soient $m+p$ & $n+q$, l'équation finale en y ne passera jamais le degré $mn+mq+np$. Voyez pour la démonstration les *Mém. de l'Acad. des Sciences ann.* 1764. Voyez aussi les *Mém. de l'Acad. de Berlin ann.* 1748, & l'*Analyse des lignes courbes* de Cramer.

Des Équations à plus de deux inconnues, lorsqu'elles passent le premier degré.

170. Lorsqu'on a plus de deux équations & plus de deux inconnues, trois par exemple, on peut s'y prendre de la même maniere, en éliminant d'abord une des inconnues par le moyen de la premiere & de la seconde équation, traitées selon la méthode précédente ; & en éliminant encore la même inconnue par le moyen de la premiere & de la troisieme ou de la seconde & de la troisieme. On aura par ce moyen deux équations qui ne renfermeront plus que deux inconnues que l'on traitera encore selon la méthode précédente.

Mais nous ne devons pas dissimuler que cette méthode qui conduit sûrement, lorsqu'on n'a que deux équations & deux inconnues, tombe néanmoins dans l'inconvénient de conduire à des équations plus élevées qu'il ne faut, lorsque le nombre des équations proposées est plus grand que 2.

Le moyen d'éviter cet inconvénient, est d'éliminer en combinant les équations, non pas deux à deux, mais trois à trois, lorsqu'il y en a trois ; quatre à quatre, lorsqu'il y en a quatre, &c. Mais cette maniere de les combiner exige encore un choix particulier, dont le détail nous meneroit trop loin. On le trouvera dans les *Mém. de l'Acad. des Scienc. pour l'année* 1764. On y trouvera aussi plusieurs recherches sur le degré où doit monter l'équation finale résultante de l'élimination de plusieurs inconnues. Au reste, quoique ces méthodes auxquelles nous renvoyons, abaissent considérablement le degré auquel conduiroient celles qu'on a eues jusqu'ici, & autant qu'il est possible en n'éliminant qu'une inconnue à la fois, il y a lieu de croire cependant, qu'il peut être encore diminué ; mais probablement on n'y parviendra que quand on aura trouvé une méthode

méthode pour éliminer à la fois toutes les inconnues hors une, ce que je ne ſache pas qu'on puiſſe encore pratiquer généralement ſur d'autres équations que ſur celles du premier degré *.

Des Equations à deux termes.

171. On appelle *Equations à deux termes*, celles dans leſquelles il n'entre qu'une ſeule puiſſance de l'inconnue, parce qu'elles peuvent toujours être réduites à deux termes. Par exemple, l'équation $ax^5 + bx^5 = a^4b^2 - a^3b^3$ eſt une équation à deux termes, parce qu'en la mettant ſous cette forme $(a+b)\,x^5 = a^4b^2 - a^3b^3$, on voit que a & b étant des quantités connues, on pourra toujours réduire $a+b$ à une ſeule quantité, & $a^4b^2 - a^3b^3$ pareillement à une ſeule quantité; en ſorte que cette équation peut être repréſentée par cette autre $px^5 = q$. Ces équations ſont très-faciles à réſoudre; car il eſt évident qu'après avoir dégagé la puiſſance de l'inconnue, par les mêmes regles que dans les autres équations, il ne reſte plus qu'à tirer la racine du degré marqué par l'expoſant de l'inconnue. Par exemple, l'équation $px^5 = q$, deviendroit $x^5 = \frac{q}{p}$ & tirant la racine cinquieme, $x = \sqrt[5]{\frac{q}{p}}$.

* Cette méthode nous l'avons trouvée depuis; ſi on conſulte l'Ouvrage que nous avons publié en 1779, ſous le titre *Théorie générale des Equations Algébriques*, Paris, *in*-4°., on y trouvera tout ce que l'on peut deſirer de ſavoir ſur le degré de l'Equation finale réſultante de tant d'Equations qu'on voudra, & ſur les moyens de l'obtenir la plus ſimple qu'il ſoit poſſible.

172. Lorſque l'expoſant eſt impair, il n'y a jamais qu'une ſeule valeur réelle. Par exemple, ſi l'on avoit cette équation $x^5 = 1024$, on auroit $x = \sqrt[5]{1024} = 4$; or il eſt évident qu'il n'y a qu'un ſeul nombre réel qui, élevé à la cinquieme puiſſance, puiſſe produire 1024.

Si le ſecond membre de l'équation avoit le ſigne —, la valeur de x auroit le ſigne — ; parce que — combiné par multiplication, avec —, un nombre impair de fois, donne — ; mais lorſque l'expoſant eſt pair l'inconnue a deux valeurs, l'une poſitive, l'autre négative, & qui peuvent être ou toutes deux réelles, ou toutes deux imaginaires. Ce dernier cas aura lieu ſi le ſecond membre a le ſigne —. Si l'on avoit l'équation $x^4 = 625$, on en concluroit $x = \sqrt[4]{625} = 5$; mais puiſque — multiplié par —, un nombre pair de fois, donne la même choſe que + multiplié par +, — 5 peut ſatisfaire auſſi bien que + 5 ; ainſi il faut écrire $x = \pm \sqrt[4]{625} = \pm 5$ comme dans les équations du ſecond degré. Si, au contraire, on avoit eu $x^4 = -625$, on auroit conclu $x = \pm \sqrt[4]{-625}$; mais ces deux valeurs ſont imaginaires, parce qu'il n'y a aucun nombre poſitif ou négatif qui multiplié par lui-même un nombre pair de fois, puiſſe produire une quantité négative. Appliquons ces équations à une queſtion. Suppoſons qu'on demande de *trouver deux moyennes proportionnelles entre 5 & 625*. En nommant x & y ces inconnues, on aura $\div 5 : x : y : 625$, qui donne ces deux proportions $5 : x :: x : y$

& $x : y :: y : 625$

D'où l'on déduit ces deux équations, en multipliant les extrêmes & les moyens, $5y = x^2$, & $625\,x = y^2$. La premiere donne $y = \frac{x^2}{5}$; ſubſtituant dans la ſeconde, on a $625\,x = \frac{x^4}{25}$; diviſant par x & multipliant par 25, on a $x^3 = 15625$, & enfin $x = \sqrt[3]{15625} = 25$; donc $y = \frac{x^2}{5} = \frac{625}{5} = 125$.

Des Equations qui peuvent ſe réſoudre à la maniere de celles du ſecond degré.

173. Ces équations ne doivent renfermer que deux puiſſances différentes de x, mais dont l'une ait un expoſant double de celui de l'autre. Par exemple, $x^4 + 5x^2 = 8$, $x^6 + 5x^3 = 8$, ſont dans ce cas. Ces équations ſe réſolvent comme celle du ſecond degré : après avoir rendu la plus haute puiſſance poſitive, ſi elle ne l'eſt pas, & après avoir dégagé cette même

puissance, des quantités qui la multiplient ou la divisent, on prend la moitié de ce qui multiplie la puissance inférieure de l'inconnue, & on ajoute à chaque membre le quarré de cette moitié, ce qui rend le premier membre un quarré parfait. Alors on tire la racine quarrée de chaque membre, en donnant à celle du second, le double signe $\pm$. L'équation est réduite à une équation à deux termes.

Par exemple, si l'on demandoit de *trouver deux nombres dont la somme des cubes fût 35, & dont le produit fût 6* : on auroit ces deux équations $x^3+y^3=35$ & $xy=6$. Cette derniere donneroit $y=\frac{6}{x}$, valeur qui substituée dans la premiere, donne $x^3+\frac{216}{x^3}=35$; chassant le dénominateur & transposant, on a $x^6-35x^3=-216$. Je prends donc la moitié de 35 qui est $\frac{35}{2}$; j'en ajoute le quarré à chaque membre, & j'ai $x^6-35x^3+(\frac{35}{2})^2=(\frac{35}{2})^2-216$; tirant la racine quarrée, $x^3-\frac{35}{2}=\pm\sqrt{(\frac{35}{2})^2-216}$; transposant, $x^3=\frac{35}{2}\pm\sqrt{(\frac{35}{2})^2-216}$, & enfin tirant la racine cubique, $x=\sqrt[3]{\frac{35}{2}\pm\sqrt{(\frac{35}{2})^2-216}}$; or $(\frac{35}{2})^2=\frac{1225}{4}$; & $(\frac{35}{2})^2-216=\frac{1225-864}{4}=\frac{361}{4}$; donc $\sqrt{(\frac{35}{2})^2-216}=\sqrt{\frac{361}{4}}=\frac{19}{2}$; donc $x=\sqrt[3]{\frac{35}{2}\pm\frac{19}{2}}$ qui donne ces deux valeurs

$x = \sqrt[3]{\frac{35+19}{2}} = \sqrt[3]{\frac{54}{2}} = \sqrt[3]{27} = 3$, &

$x = \sqrt[3]{\frac{35-19}{2}} = \sqrt[3]{\frac{16}{2}} = \sqrt[3]{8} = 2$; &

puiſqu'on a trouvé $y = \frac{6}{x}$, on aura $y = 2$ & $y = 3$.

Lorſque le plus haut expoſant eſt 4 ou un multiple de 4, il peut y avoir juſqu'à quatre racines réelles.

De la Compoſition des Equations.

174. Nous venons de voir que les Equations à deux termes ne donnoient, pour l'inconnue, qu'une ſeule valeur réelle lorſqu'elles ſont de degré impair, & deux lorſqu'elles ſont de degré pair : elles en donnent, outre cela, pluſieurs autres qui ſont imaginaires, mais qui ne ſont pas moins utiles, ainſi que nous le verrons lors de la réſolution des équations, & ailleurs. En général *une équation quelconque donne toujours autant de valeurs pour l'inconnue, qu'il y a d'unités dans le plus haut expoſant de cette équation.* De ces valeurs, qu'on nomme auſſi *racines* de l'équation, les unes peuvent être poſitives, les autres négatives; les unes réelles, les autres imaginaires.

175. Pour rendre toutes ces vérités ſenſibles, il faut obſerver que lorſque dans une équation on a fait paſſer tous les termes dans un ſeul membre, & que l'on a ordonné toutes les puiſſances de x ou de l'inconnue, on peut toujours conſidérer ce membre comme le réſultat de la multiplication de pluſieurs facteurs binomes ſimples qui auroient tous pour terme commun x.

Par exemple, lorſque l'équation $x^3 + 7x = 8x^2 + 9$ a été miſe ſous la forme ſuivante, par la tranſpoſition de ſes termes $x^3 - 8x^2 + 7x - 9 = 0$, on conçoit que $x^3 - 8x^2 + 7x - 9$, peut très-bien réſulter de la multiplication de trois facteurs binomes ſimples $x - a$, $x - b$, $x - c$.

En effet, ſi l'on multiplie ces trois facteurs, on aura . . .

$$\begin{aligned} x^3 - ax^2 + abx - abc &= 0 \\ - bx^2 + acx & \\ - cx^2 + bcx & \end{aligned}$$

Or pour que ces deux équations ſoient les mêmes, il ne s'agit que de trouver pour a, b, c, des valeurs telles que $a+b+c=8$, $ab+ac+bc=7$, & $abc=9$.

Pour trouver chacune de ces quantités, a, par exemple, il faut, après avoir multiplié la premiere équation par a^2, & la ſeconde par a, ce qui donnera $a^3+a^2b+a^2c=8a^2$, $a^2b+a^2c+abc=7a$, & $abc=9$, il faut, dis-je, retrancher la ſeconde de la premiere, & y ajouter la troiſieme; ce qui donne $a^3=8a^2-7a+9$, ou, en tranſpoſant $a^3-8a^2+7a-9=0$.

On trouvera de la même maniere, que l'équation qui donneroit b, eſt $b^3-8b^2+7b-9=0$, & que celle qui donneroit c, eſt $c^3-8c^2+7c-9=0$. Ce qui nous fournit les propoſitions ſuivantes.

176. 1°, Puiſque l'équation qui doit donner a, eſt la même que celle qui doit donner b, & la même que celle qui doit donner c; & que d'ailleurs il eſt facile de voir que les valeurs de a, b, c ne peuvent être égales, il faut donc, que l'une quelconque de ces trois équations, puiſſe donner les valeurs de a, de b & de c: donc chacune de ces équations doit avoir trois racines, dont l'une ſera la valeur de a; la ſeconde, la valeur de b; & la troiſieme, la valeur de c.

2°. Chacune de ces équations eſt la même que l'équation même proposée $x^3-8x^2+7x-9=0$, à la ſeule différence près, que a, ou b, ou c, eſt changé en x. Donc celle-ci doit avoir trois racines, & ces trois racines doivent être les trois valeurs de a, b, c.

Donc les quantités qu'il faut mettre pour a, b, c dans $x-a$, $x-b$, $x-c$, pour produire l'équation $x^3-8x^2+7x-9=0$, par la multiplication de ces facteurs ſimples, ſont les racines mêmes de cette équation.

177. Si les coëfficients des différentes puiſſances de x, au lieu d'être 8, 7, &c, étoient d'autres nombres, & ſi l'équation, au lieu d'être du troiſieme degré, étoit du quatrieme, du cinquieme, &c, les conſéquences que nous venons de tirer ſeroient encore de même nature. Ainſi, ſi l'on avoit en général $x^4-px^3+qx^2-rx+s=0$, p, q, r, s étant des nombres connus; on pourroit de même conſidérer cette équation comme formée du produit de quatre facteurs ſimples $x-a$, $x-b$, $x-c$, $x-d$. En effet ces quatre facteurs étant multipliés, donneroient . . . .

$$\begin{aligned} x^4 - ax^3 + abx^2 - abcx + abcd = 0\,; \\ - bx^3 + acx^2 - abdx \\ - cx^3 + adx^2 - acdx \\ - dx^3 + bcx^2 - bcdx \\ + bdx^2 \\ + cdx^2 \end{aligned}$$

Or pour que cette quantité ſoit la même que $x^4 - px^3 + qx^2 - rx + s = 0$, il faut que a, b, c, d ſoient tels que l'on ait $a + b + c + d = p$, $ab + ac + ad + bc + bd + cd = q$, $abc + abd + acd + bcd = r$, $abcd = s$.

Si l'on multiplie la premiere de ces équations par a^3, la ſeconde par a^2, la troiſieme par a, & qu'on retranche la ſeconde & la quatrieme, de la premiere & de la troiſieme réunies, on aura $a^4 = pa^3 - qa^2 + ra - s$, ou $a^4 - pa^3 + qa^2 - ra + s = 0$; on trouveroit de même que l'équation en b, eſt $b^4 - pb^3 + qb^2 - rb + s = 0$; que l'équation en c eſt $c^4 - pc^3 + qc^2 - rc + s = 0$; & que l'équation en d eſt $d^4 - pd^3 + qd^2 - rd + s = 0$. Ainſi l'équation qui donnera a, doit donc auſſi donner b, c & d; elle doit donc avoir quatre racines qui ſeront les valeurs des quatre quantités a, b, c, d. Et comme chacune de ces équations eſt la même que l'équation $x^4 - px^3 + qx^2 - rx + s = 0$, les quantités a, b, c, d qu'il faut prendre pour produire cette derniere par la multiplication de quatre facteurs ſimples $x - a$, $x - b$, $x - c$, $x - d$, ſont donc les racines mêmes de cette équation.

178. Donc en général, 1°, *une équation de degré quelconque peut toujours être conſidérée comme formée du produit d'autant de facteurs binomes ſimples, qui ont tous pour terme commun la lettre qui repréſente l'inconnue, qu'il y a d'unités dans le plus haut expoſant de l'inconnue.* 2°, *Les ſeconds termes de ces binomes, ſont les racines de cette équation, chacune étant priſe avec un ſigne contraire.*

179. Si l'équation, au lieu d'avoir ſes termes alternativement poſitifs & négatifs comme nous l'avons ſuppoſé ci-deſſus, dans l'équation $x^4 - px^3 + qx^2 - rx + s = 0$, avoit toute autre ſucceſſion de ſignes, par exemple, ſi elle étoit $x^4 + px^3 - qx^2 - rx + s = 0$, on n'en démontreroit pas moins, & de la même maniere, qu'elle peut toujours être repréſentée par $(x - a) \times (x - b) \times (x - c) \times (x - d)$; a, b, c, d étant les racines de cette derniere équation.

180. Puiſque a, b, c, d, &c, ſont les racines de l'équation, il ſuit des équations $a + b + c + d = p$, $ab + ac + ad + bc$

$+bd+cd=q$, $abc+abd+acd+bcd=r$, $abcd=s$, 1°, que dans l'équation $x^4-px^3+qx^2-rx+s=0$; & en général dans toute équation, *le coëfficient* — p *du second terme, pris avec un signe contraire, c'est-à-dire*, + p, *est égal à la somme de toutes les racines.*

2°, Que *le coëfficient* q *du troisieme terme est égal à la somme des produits de ces racines multipliées deux à deux.*

3°, Que *celui du quatrieme, pris avec un signe contraire, est égal à la somme des racines multipliées trois à trois*; & ainsi de suite, & qu'*enfin le dernier terme, est le produit de toutes les racines.*

Cela est général quels que soient les différents signes des termes de l'équation, prenant toujours avec un signe contraire, le coëfficient de chaque terme de numéro pair.

181. D'où il suit que, *dans une équation qui n'a pas de second terme, il y a sûrement des racines positives & des racines négatives, & la somme des unes est égale à la somme des autres.*

Ainsi dans l'équation $x^3+2x^2-23x-60=0$, la somme des trois racines est -2; la somme de leurs produits, multipliées deux à deux, est -23; la somme de leurs produits, trois à trois, ou le produit des trois racines est $+60$. En effet les trois racines sont $+5$, -4, -3, ainsi qu'on peut le voir en mettant chacun de ces nombres, au lieu de x, dans l'équation; car chacun réduit le premier membre à zéro. Or il est évident que la somme de ces trois nombres, c'est-à-dire, $+5-4-3$, est -2; que la somme de leurs produits deux à deux, ou $-20-15+12$, est -23; & que le produit des trois, est $5\times-4\times-3$, c'est-à-dire, $+60$.

Pareillement dans l'équation $x^3+19x+30=0$, comme le second terme manque, je conclus qu'il y a des racines positives & des racines négatives, & que la somme des unes est égale à la somme des autres; en effet les trois racines sont $+2$, $+3$, & -5.

En considérant une équation, comme formée du produit de plusieurs facteurs binomes simples, on se rend aisément raison, comment il peut se faire qu'il y ait plusieurs nombres différents qui satisfassent à une équation. Par exemple, si l'on proposoit cette question: *Trouver un nombre tel que si on en retranche* 5; *& qu'à ce même nombre on ajoute successivement les nombres* 4 *&* 3, *les deux sommes multipliées entr'elles, & par le reste, fassent zéro*: on aura, en nommant x ce nombre, $x-5$ pour le reste, & $x+4$, $x+3$ pour les deux sommes; il faut donc que $(x+4)\times(x+3)\times(x-5)=0$, c'est-à-dire, que $x^3 + 2x^2 - 23x - 60 = 0$; or on voit évidemment que ce produit ou ſon égal $(x + 4) \times (x + 3) \times (x - 5)$ peut devenir zéro dans trois cas différents ; ſavoir, ſi $x = -4$, ſi $x = -3$, & ſi $x = 5$: en effet, dans le premier cas, il devient $0 \times (-4 + 3) \times (-4 - 5)$ ou 0 ; dans le ſecond, il devient $(-3 + 4) \times (0) \times (-3 - 5)$ ou 0 ; & dans le troiſieme, $(5 + 4) \times (5 + 3) \times (0)$ ou 0. Or quand on propoſe une équation telle que $x^3 + 2x^2 - 23x - 60 = 0$, rien ne détermine à prendre -4 plutôt que -3, ou plutôt que $+5$, puiſque chacun réduiſant également le premier membre, à zéro, ſatisfait également à l'équation.

182. Nous placerons encore ici une autre remarque qui peut avoir ſon utilité. Les équations $a + b + c + d = p$, $ab + ac + ad + bc + bd + cd = q$, $abc + abd + acd + bcd = r$, $abcd = s$, nous ont, toutes, conduit à la même équation, ſoit pour avoir a, ſoit pour avoir b, ſoit, &c. La raiſon en eſt que a, b, c, d, étant toutes diſpoſées de la même maniere dans chaque équation, il n'y a pas de raiſon pour que l'une ſoit déterminée par aucune opération différente de celles qui détermineroient l'autre ; donc en général, ſi dans la recherche de pluſieurs quantités inconnues, on eſt obligé d'employer pour chacune, les mêmes raiſonnemements, les mêmes opérations, & les mêmes quantités connues, toutes ces quantités ſeront néceſſairement racines d'une même équation; & par conſéquent cette queſtion conduira à une équation compoſée.

183. Puiſqu'on peut conſidérer une équation comme formée du produit de pluſieurs facteurs ſimples, on peut auſſi la conſidérer comme formée du produit de pluſieurs facteurs composés ; ainſi une équation du troiſieme degré peut être conſidérée comme formée du produit d'un facteur du ſecond degré, tel que $x^2 + ax + b$, par un facteur du premier, tel que $x + c$: en effet, $x^3 + ax + b$, peut toujours repréſenter le produit des deux autres facteurs ſimples.

De même, une équation du cinquieme degré peut être conſidérée comme formée, ou du produit de cinq facteurs ſimples, ou de deux facteurs du ſecond degré & d'un facteur du premier, ou d'un facteur du troiſieme & d'un facteur du ſecond, ou enfin d'un facteur du quatrieme & d'un facteur du premier.

184. Nous avons vu qu'une équation du ſecond degré pouvoit avoir des racines imaginaires : puis donc qu'une équation de degré quelconque peut avoir été formée par le concours d'un ou de pluſieurs facteurs du ſecond degré, elle peut auſſi

avoir des racines imaginaires. Mais il peut y en avoir de formes bien différentes de celles du second degré.

185. Quand on considere une équation comme formée du produit de plusieurs facteurs simples, on voit qu'elle ne peut avoir que m diviseurs du premier degré, m marquant le degré.

186. En considérant une équation comme formée du produit de facteurs du second degré, le nombre des diviseurs du second degré qu'elle peut avoir, est exprimé par $m \cdot \frac{m-1}{2}$, m marquant le degré de cette équation. En effet, chaque facteur du second degré étant le produit de deux facteurs simples, dont chacun peut diviser l'équation, doit aussi pouvoir diviser l'équation. Or nous avons vu (148) qu'il y a $m \cdot \frac{m-1}{2}$ manieres différentes de multiplier, deux à deux, un nombre m de quantités, il y aura donc $m \cdot \frac{m-1}{2}$ différents diviseurs du second degré.

Par exemple, l'équation

$$\begin{array}{lllll} x^4 - ax^3 & + abx^2 & - abcx & + abcd = 0 \\ - bx^3 & + acx^2 & - abdx & \\ - cx^3 & + adx^2 & - acdx & \\ - dx^3 & + bcx^2 & - bcdx & \\ & + bdx^2 & & \\ & + cdx^2 & & \end{array}$$

formée du produit de $(x-a) \times (x-b) \times (x-c) \times (x-d)$, peut être considérée comme formée du produit de deux facteurs du second degré, en ces six manieres . . . . . .

en multipliant $(x-a) \times (x-b)$ par $(x-c) \times (x-d)$
$(x-a) \times (x-c)$ . . $(x-b) \times (x-d)$
$(x-a) \times (x-d)$ . . $(x-b) \times (x-c)$
$(x-b) \times (x-c)$ . . $(x-a) \times (x-d)$
$(x-b) \times (x-d)$ . . $(x-a) \times (x-c)$
$(x-c) \times (x-d)$ . . $(x-a) \times (x-b)$

Ainsi une équation du quatrieme degré peut avoir six différents diviseurs du second, & en général une équation du degré m, peut avoir $. \frac{m-1}{2}$ différents diviseurs du second degré.

Concluons donc de-là, que si l'on demande quelles devroient être les valeurs de g & de h, pour que $x2 + gx + h$ fût diviseur d'une équation proposée du degré m, on peut être assuré que g & h ne peuvent être déterminés chacun que par une équation du degré

$m \cdot \frac{m-1}{2}$. Car $x^2 + gx + h$ est aussi propre à représenter l'un des diviseurs du second degré que tout autre; donc h doit être susceptible de $m \cdot \frac{m-1}{2}$ valeurs; il en est de même de g qui est la somme de deux des racines de l'équation. Chacune de ces quantités doit donc être donnée par une équation du degré $m. \frac{m-1}{2}$.

On prouvera de même qu'en considérant une équation comme formée du produit de facteurs du troisieme degré, chaque facteur du troisieme degré est susceptible de $m. \frac{m-1}{2} \cdot \frac{m-2}{3}$ valeurs différentes; ensorte que si $x^3 + gx^2 + hx + k$ représente l'un de ces facteurs, k ne pourra être déterminé que par une équation du degré $m. \frac{m-1}{2} \cdot \frac{m-2}{3}$. On voit assez les conséquences analogues qu'il y a à tirer pour les facteurs du quatrieme, cinquieme, &c. degré.

187. Concluons de tout ce qui précede que lorsqu'on a trouvé une racine d'une équation, on peut, pour avoir les autres, diviser l'équation par x — cette racine, c'est-à-dire, par $x - a$ en représentant cette racine par a; la division se fera exactement, & donnera pour quotient une quantité où x sera moins élevé d'un degré; cette quantité étant égalée à zéro sera l'équation qu'il faut résoudre pour avoir les autres racines. On voit de même que si l'on connoît deux racines, que je représente par a & b, il n'y a qu'à diviser l'équation par $(x-a) \times (x-b)$ & ainsi de suite.

Des Transformations qu'on peut faire subir aux Equations.

188. On peut faire subir aux équations différentes transformations dont il est à propos que nous parlions avant de passer à la résolution de ces mêmes équations.

189. *Si l'on change dans une équation les signes des termes qui renferment des puissances impaires, les racines positives de cette équation seront changées en négatives & les négatives en positives.* En effet, pour changer les signes des racines de l'équation, il suffit de mettre $-x$ au lieu de $+x$; or cette substitution ne

change point les signes des termes qui renferment des puissances paires de x, & change au contraire, les signes de ceux qui renferment des puissances impaires.

190. *Pour changer une équation dans laquelle il y a des dénominateurs, en une autre dans laquelle il n'y en ait plus, & cela sans donner un coëfficient au premier terme*, il faut substituer au lieu de l'inconnue, une nouvelle inconnue divisée par le produit de tous les dénominateurs; & multiplier ensuite toute l'équation par le dénominateur qu'aura alors le premier terme.

Par exemple, si j'ai $x^3 + \frac{ax^2}{m} + \frac{cx}{n} + \frac{d}{p} = 0$, je ferai $x = \frac{y}{mnp}$; & substituant dans l'équation, j'aurai $\frac{y^3}{m^3n^3p^3} + \frac{ay^2}{m^3n^2p^2} + \frac{cy}{mn^2p} + \frac{d}{p} = 0$; multipliant par $m^3n^3p^3$, j'ai $y^3 + \frac{am^3n^3p^3y^2}{m^3n^2p^2} + \frac{m^3n^3p^3c}{mn^2p}y + \frac{m^3n^3p^3d}{p} = 0$; & faisant les divisions indiquées, $y^3 + anpy^2 + m^2np^2cy + m^3n^3p^2d = 0$.

191. Si m, n & p étoient égaux, il suffiroit de faire $x = \frac{y}{m}$. D'où il suit que pour changer une équation dont tous les coëfficients sont des nombres entiers, mais dont le premier terme a un coëfficient, en une autre dans laquelle celui-ci n'en ait plus, & où les autres aient néanmoins des entiers pour coëfficients, il faut faire $x = \frac{y}{m}$, m marquant ce coëfficient du premier terme. En effet, si j'ai l'équation $mx^3 + ax^2 + bx + c = 0$; en divisant par m, j'aurai $x^3 + \frac{a}{m}x^2 + \frac{b}{m}x + \frac{c}{m} = 0$, où tous les dénominateurs sont égaux.

192. *Pour faire disparoître le second terme d'une équation*, il faut substituer, au lieu de l'inconnue, une nouvelle inconnue augmentée du coëfficient du second terme de l'équation, pris avec un signe contraire, & divisé par l'exposant du premier.

En effet, représentons, en général, cette équation, par $x^m + ax^{m-1} + bx^{m-2} + \ldots k = 0$. Si on suppose $x = y + s$, on aura deux équations & trois inconnues; on sera donc maître de déterminer l'une d'entr'elles, par telle condition que l'on voudra.

Or si l'on substitue, dans chaque terme, au lieu de la puissance de x qu'il renferme, une puissance semblable de $y+s$, on aura (149) une suite de termes telle que celle-ci. . . . . .

$$y^m + msy^{m-1} + m.\frac{m-1}{2}.s^2y^{m-2} \&c. \ldots + k = 0.$$
$$+ay^{m-1} + \overline{m-1}.asy^{m-2} \&c.$$
$$+ \quad by^{m-2} \&c.$$

Si donc nous regardons y comme l'inconnue, il est évident que cette équation sera sans second terme, si s est telle que l'on ait $ms+a=0$, c'est-à-dire, si l'on prend $s = \frac{-a}{m}$, qui est la valeur que cette équation donne pour s. Or nous venons de voir que nous pouvions prendre pour l'une des trois inconnues, & par conséquent, pour s, telle valeur que nous jugerions à propos; puis donc que $\frac{-a}{m}$ est la valeur qu'il faut lui donner pour que l'équation en y soit sans second terme, il s'ensuit que pour changer l'équation proposée $x^m + ax^{m-1} +$, &c, en une autre qui n'ait point de second terme, il faut faire $x=y-\frac{a}{m}$, ce qui démontre la regle que nous venons de donner.

Par exemple, pour faire disparoître le second terme de l'équation $x^3+6x^2-3x+4=0$; je fais $x=y-\frac{6}{3}$, c'est-à-dire, $x=y-2$. En substituant j'aurai. . . . .

$$\begin{aligned}y^3-6y^2+12y-8&=0\\ +6y^2-24y+24&\\ -3y+6&\\ +4&\end{aligned}$$

qui se réduit à $y^3-15y+26=0$, équation qui n'a point le second terme y^2.

De la Résolution des Equations composées.

193. Nous supposerons, dans tout ce que nous allons dire, qu'on ait fait passer dans un seul membre, tous les termes de l'équation.

Nous avons déja dit (54) ce qu'on doit entendre par ces mots *résoudre une équation*, mais il faut ici fixer plus particuliérement ce que l'on entend par *résolution générale d'une équation.*

Résoudre généralement une équation d'un degré quelconque, telle que $x^m + px^{m-1} + qx^{m-2} + \ldots k = 0$, c'est trouver pour l'inconnue autant de valeurs qu'il y a d'unités dans le plus haut exposant de cette inconnue, & dont chacune soit exprimée par les lettres p, q, &c. k combinées entr'elles de quelque maniere que ce soit; telle cependant que chacune de ces valeurs substituées au lieu de x dans l'équation, réduise le premier membre à zéro, indépendamment de toute valeur particuliere de p, q, &c.

Par exemple, la regle que nous avons donnée (100) pour les équations du second degré, résout généralement ces équations. En effet $x^2 + px + q = 0$, peut représenter toute équation du second degé, parce que par p & q on peut entendre toutes sortes de nombres, positifs ou négatifs; or cette équation résolue suivant cette même regle, donne ces deux valeurs de x, $x = -\frac{1}{2}p \pm \sqrt{\frac{1}{4}p^2 - q}$. Que l'on substitue maintenant l'une de ces deux valeurs, celle-ci, par exemple. . . . . . . $-\frac{1}{2}p + \sqrt{\frac{1}{4}p^2 - q}$, au lieu de x, dans le premier membre de l'équation $x^2 + px + q = 0$, on aura $(-\frac{1}{2}p + \sqrt{\frac{1}{4}p^2 - q})^2 + p(-\frac{1}{2}p + \sqrt{\frac{1}{4}p^2 - q}) + q$, qui revient à $\frac{1}{4}p^2 - p\sqrt{\frac{1}{4}p^2 - q} + \frac{1}{4}p^2 - q - \frac{1}{2}p^2 + p\sqrt{\frac{1}{4}p^2 - q} + q$, qui, toute réduction faite, se réduit à zéro. Il en seroit de même, si l'on substituoit $-\frac{1}{2}p - \sqrt{\frac{1}{4}p^2 - q}$.

Cette expression générale des différentes valeurs de x dans une équation, est d'autant plus difficile à trouver, que le degré de l'équation est plus élevé, & il est aisé de sentir que cela doit être, si l'on fait les réflexions suivantes.

Quelle que puisse être la forme des valeurs de l'inconnue dans une équation de degré quelconque, il est certain que la résolution générale d'une équation d'un degré déterminé doit renfermer la résolution des équations générales de tous les degrés inférieurs.

En effet, la résolution générale d'une équation du cinquieme degré, par exemple, telle que $x^5 + px^4 + qx^3 + rx^2 + sx + t = 0$, doit donner pour x cinq valeurs, dont chacune doit nécessairement renfermer toutes les lettres p, q, r, s, t. Or lorsque t est zéro, cette équation se réduit à $x^5 + px^4 + qx^3 + rx^2 + sx = 0$, qui étant le produit de ces deux facteurs $x^4 + px^3 + qx^2 + rx + s$, & x, donne 1°, $x = 0$; 2°, $x^4 + px^3 + qx^2 + rx + s = 0$.

Donc des cinq valeurs de x que donnera la résolution générale, l'une doit alors se réduire à zéro, & les quatre autres doivent être les racines de l'équation $x^4 + px^3 + qx^2 + rx + s = 0$. Or celle-ci n'étant que du 4e degré, ses racines ne peuvent avoir que la forme de celles du quatrieme degré; donc puisqu'elles sont en même temps comprises dans celle du cinquieme degré, il faut que la résolution de celle-ci comprenne la résolution du quatrieme. On prouvera de même que la résolution du quatrieme doit comprendre celle du troisieme, & ainsi de suite. Donc la résolution d'une équation de degré quelconque, doit comprendre la résolution de tous les degrés inférieurs.

Delà on peut conclure que l'expression de l'une quelconque des racines, doit renfermer toutes les especes de radicaux depuis son degré jusqu'au premier *. En effet, il est facile de voir que dans quelque degré que ce soit, il doit y avoir des radicaux de ce degré, puisque dans le cas particulier où tous les termes, excepté le premier & le dernier, manqueroient, l'expression des valeurs de x renfermeroit un pareil radical; car l'équation étant alors $x^m + k = 0$, on auroit $x = \sqrt[m]{-k}$; donc puisque la forme générale des racines doit comprendre la forme de celles de tous les degrés inférieurs, elle doit renfermer tous les radicaux depuis son degré, jusqu'au premier.

194. Après ces réflexions sur la forme des racines, voyons la méthode qu'on peut employer pour les trouver.

Celles que nous allons exposer, consiste à considérer l'équation qu'il s'agit de résoudre, comme le résultat de deux équations à deux inconnues. Nous avons vu ci-dessus (167), comment on parvenoit à réduire ces deux-ci à une seule, qui ne renferme plus qu'une inconnue. Il s'agit donc de les choisir telles que l'élimination produise une équation que l'on puisse supposer la même que l'équation proposée. Nous allons voir quelles elles doivent être pour cet effet.

Quoique cette méthode n'exige pas qu'on fasse disparoître le second terme de l'équation proposée, cependant les calculs

* Lorsque l'exposant de l'équation est un nombre composé du produit de deux ou plusieurs autres, il peut arriver, selon la méthode qu'on employera pour résoudre, que l'expression générale des racines ne renferme pas explicitement les radicaux de ce degré; mais ils n'y sont pas moins implicitement. Par exemple, dans le quatrieme degré, au lieu des $\sqrt[4]{\ }$, on trouve, par certaines méthodes, des quantités telles que $\sqrt{a + \sqrt{b}}$, mais on voit que celles-ci comprennent les premieres.

étant plus ſimples, lorſqu'il n'y a pas de ſecond terme, nous ſuppoſerons qu'on a fait évanouir celui-ci, par la méthode donnée (192).

Ainſi nous ſuppoſerons que $x^m + px^{m-2} + qx^{m-3} + rx^{m-4} +$ &c $+ k = 0$, eſt en général l'équation qu'il s'agit de réſoudre.

On prendra les deux équations. . . , $y^m - 1 = 0$ & $ay^{m-1} + by^{m-2} + cy^{m-3} + dy^{m-4} +$ &c. . . $+ x = 0$, a, b, c, &c, étant des quantités inconnues que l'on déterminera comme il va être dit.

Par le moyen de ces deux dernieres on éliminera y, ce qui conduira à une équation en x qui ſera du degré m, & n'aura point de ſecond terme.

Les coëfficients * des différentes puiſſances de x, ſeront compoſés de a, b, c, & leurs puiſſances.

On égalera chaque coëfficient, au coëfficient de pareille puiſſance de x dans l'équation propoſée $x^m + px^{m-2} +$ &c; ce qui donnera autant d'équations pour déterminer a, b, c, &c, qu'il y a de ces quantités. Lorſque a, b, c, &c, auront été déterminés, on aura toutes les racines ou valeurs de x, en ſubſtituant dans l'équation $ay^{m-1} + by^{m-2} + cy^{m-3} + dy^{m-4} +$ &c. . . $+ x = 0$, ces valeurs de a, b, c, &c, & mettant ſucceſſivement pour y, chacune des racines de l'équation $y^m - 1 = 0$ qui ſont faciles à déterminer, comme nous le verrons par la ſuite.

Application au troiſieme degré.

195. Soit donc $x^3 + px + q = 0$, l'équation qu'il s'agit de réſoudre.

Je prends $y^3 - 1 = 0$, & $ay^2 + by + x = 0$. Pour chaſſer y, je multiplie cette derniere par y, & mettant pour y^3 ſa valeur 1 tirée de l'équation $y^3 - 1 = 0$, j'ai $by^2 + xy + a = 0$. Je multiplie, de même, celle-ci par y, & mettant encore pour y^3 ſa valeur 1, j'ai $xy^2 + ay + b = 0$.

* Le mot *coëfficient* eſt pris ici dans un ſens plus étendu que par le paſſé. Il ſignifie en général la totalité des quantités ſoit numériques, ſoit littérales, qui multiplient l'une quelconque des puiſſances de x Ainſi dans px^{m-2}, p eſt le coëfficient de x^{m-2}.

Ainſi,

Ainsi, j'ai les trois équations $ay^2 + by + x = 0$
$by^2 + xy + a = 0$
$xy^2 + ay + b = 0$

Par le moyen des deux premieres, je prends la valeur de y^2, & celle de y, selon la méthode des équations du premier degré à deux inconnues; j'ai $y^2 = \frac{xx - ab}{bb - ax}$ & $y = \frac{aa - bx}{bb - ax}$.

Je substitue ces valeurs dans la troisieme équation........ $xy^2 + ay + b = 0$; j'ai $\frac{x^3 - abx + a^3 - abx}{bb - ax} + b = 0$, ou, chassant le dénominateur & réduisant, $x^3 - 3abx + a^3 \atop + b^3$ $= 0$.

Comparant cette équation avec $x^3 + px + q = 0$, il faut * pour qu'elles soient les mêmes, que $-3ab = p$, & $a^3 + b^3 = q$: ce sont là les deux équations qui donneront a & b.

La premiere donne $b = -\frac{p}{3a}$; substituant dans la seconde, on a $a^3 - \frac{p^3}{27a^3} = q$, ou en multipliant par a^3, & transposant, $a^6 - qa^3 = \frac{p^3}{27}$, équation qu'on peut (173) résoudre comme une équation du second degré, & qui par conséquent deviendra $a^6 - qa^3 + \frac{1}{4}q^2 = \frac{1}{4}q^2 + \frac{1}{27}p^3$, puis $a^3 - \frac{1}{2}q = \pm\sqrt{\frac{1}{4}q^2 + \frac{1}{27}p^3}$; transposant, $a^3 = \frac{1}{2}q \pm \sqrt{\frac{1}{4}q^2 + \frac{1}{27}p^3}$, & enfin $a =$ ** $\sqrt[3]{\frac{1}{2}q + \sqrt{\frac{1}{4}q^2 + \frac{1}{27}p^3}}$.

Pour avoir b, je mets dans l'équation $a^3 + b^3 = q$, la valeur de a^3, que nous venons de trouver, & j'ai $\frac{1}{2}q + \sqrt{\frac{1}{4}q^2 + \frac{1}{27}p^3} + b^3 = q$, & par conséquent $b^3 = \frac{1}{2}q - \sqrt{\frac{1}{4}q^2 + \frac{1}{27}p^3}$;

* On pourroit peut-être demander s'il est nécessaire, pour que les deux équations deviennent les mêmes, de les égaler terme à terme; & s'il ne suffiroit pas d'écrire $x^3 + px + q = x^3 - 3abx + a^3 + b^3$? Voici la réponse.

Il est indispensable d'égaler terme à terme; parce que pour que les deux équations soient les mêmes il faut que les trois racines soient les mêmes dans chacune: or cette condition exige que la somme des racines soit la même; ce qui a lieu. 1°. Que la somme $-3ab$ des produits de ces racines deux à deux, dans l'une, soit la même que la somme p des mêmes produits dans l'autre. 2°. Que le produit $a^3 + b^3$ des trois racines de l'une, soit le même que le produit q des trois racines de l'autre.

** Je ne donne ici qu'un seul signe au second radical, parce que je n'ai besoin que d'une valeur de a; il importe peu laquelle: chacune satisfait également comme nous le verrons ci-après.

donc $b = \sqrt[3]{\frac{1}{2}q - \sqrt{\frac{1}{4}q^2 + \frac{1}{27}p^3}}$.

Or l'équation $ay^2 + by + x = 0$, donne $x = -ay^2 - by$, on a donc $x = -y^2\sqrt[3]{\frac{1}{2}q + \sqrt{\frac{1}{4}q^2 + \frac{1}{27}p^3}} - \ldots$ $y\sqrt[3]{\frac{1}{2}q - \sqrt{\frac{1}{4}q^2 + \frac{1}{27}p^3}}$, qui renferme les trois racines.

Il ne s'agit donc plus que de connoître les valeurs de y. Or l'équation $y^3 - 1 = 0$, donne $y^3 = 1$, & par conséquent, en tirant la racine cubique, $y = 1$. Pour avoir les deux autres racines, je divise (187) $y^3 - 1$ par $y - 1$, & j'ai $y^2 + y + 1$, qui étant égalé à zéro, donne l'équation qui renferme les deux autres racines. Cette équation $y^2 + y + 1 = 0$ étant résolue (100) donne $y = \frac{-1 \pm \sqrt{-3}}{2}$; les trois valeurs de y sont donc $y = 1$, $y = \frac{-1 + \sqrt{-3}}{2}$, $y = \frac{-1 - \sqrt{-3}}{2}$. Substituant successivement ces valeurs, dans $x = -y^2\sqrt[3]{\frac{1}{2}q + \sqrt{\frac{1}{4}q^2 + \frac{1}{27}p^3}}$, $-y\sqrt[3]{\frac{1}{2}q - \sqrt{\frac{1}{4}q^2 + \frac{1}{27}p^3}}$, & faisant attention que $\left(\frac{-1 + \sqrt{-3}}{2}\right)^2$ & $\left(\frac{-1 - \sqrt{-3}}{2}\right)^2$ se réduisent, le premier à $\frac{-1 - \sqrt{-3}}{2}$, & le second à $\frac{-1 + \sqrt{-3}}{2}$, on a ces trois valeurs de x...

$$x = -\sqrt[3]{\tfrac{1}{2}q + \sqrt{\tfrac{1}{4}q^2 + \tfrac{1}{27}p^3}} - \sqrt[3]{\tfrac{1}{2}q - \sqrt{\tfrac{1}{4}q^2 + \tfrac{1}{27}p^3}}.$$

$$x = \frac{1 + \sqrt{-3}}{2}\sqrt[3]{\tfrac{1}{2}q + \sqrt{\tfrac{1}{4}q^2 + \tfrac{1}{27}p^3}} + \frac{1 - \sqrt{-3}}{2}\sqrt[3]{\tfrac{1}{2}q - \sqrt{\tfrac{1}{4}q^2 + \tfrac{1}{27}p^3}}.$$

$$x = \frac{1 - \sqrt{-3}}{2}\sqrt[3]{\tfrac{1}{2}q + \sqrt{\tfrac{1}{4}q^2 + \tfrac{1}{27}p^3}} + \frac{1 + \sqrt{-3}}{2}\sqrt[3]{\tfrac{1}{2}q - \sqrt{\tfrac{1}{4}q^2 + \tfrac{1}{27}p^3}}.$$

Si l'on suppose, dans l'équation $x^3 + px + q = 0$, que $q = 0$; l'équation se réduit alors à $x^3 + px = 0$, ou $(x^2 + p) \times x = 0$; donc l'une des racines est $x = 0$, & les deux autres se trouvent en résolvant l'équation $x^2 + p = 0$, qui donne $x = +\sqrt{-p}$, & $x = -\sqrt{-p}$; c'est aussi ce que donne la formule générale des racines; car la première devient alors $x = -\sqrt[3]{\sqrt{\frac{1}{27}p^3}}$

$-\sqrt[3]{-\sqrt{\frac{1}{27}p^3}}$, c'est-à-dire, $x = -\sqrt[3]{\sqrt{\frac{1}{27}p^3}} + \sqrt[3]{\sqrt{\frac{1}{27}p^3}} = 0$; la 2e devient $x = \frac{1+\sqrt{-3}}{2}\sqrt[3]{\sqrt{\frac{1}{27}p^3}} + \frac{1-\sqrt{-3}}{2}\sqrt[3]{-\sqrt{\frac{1}{27}p^3}}$

$= \frac{1+\sqrt{-3}}{2}\sqrt[3]{\sqrt{\frac{1}{27}p^3}} + \frac{-1+\sqrt{-3}}{2}\sqrt[3]{\sqrt{\frac{1}{27}p^3}} \ldots\ldots$

$= \sqrt{-3}\sqrt[6]{\frac{1}{27}p^3} = \sqrt{-3}\sqrt{\frac{1}{3}p} = \sqrt{-p}$. On verra de même que la troisieme est $-\sqrt{-p}$.

196. Comme l'équation $a^6 - qa^3 = \frac{1}{27}p^3$, d'où nous avons déduit la valeur a, a six racines, on pourroit peut-être demander si chacune peut être également employée ; & si dans le cas où elles seroient toutes également admissibles, il n'en résulteroit par 18 valeurs différentes pour x, puisque chacune en donneroit trois.

Chacune des six valeurs de a est également bonne ; mais l'une quelconque, donne pour x les mêmes valeurs que toute autre. En voici la preuve : Faisons, pour simplifier le calcul, $\sqrt[3]{\frac{1}{2}q + \sqrt{\frac{1}{4}q^2 + \frac{1}{27}p^3}} = m$, & $\sqrt[3]{\frac{1}{2}q - \sqrt{\frac{1}{4}q^2 + \frac{1}{27}p^3}} = n$; alors l'équation $a^3 = \frac{1}{2}q \pm \sqrt{\frac{1}{4}q^2 + \frac{1}{27}p^3}$ trouvée ci-dessus, se changera en ces deux autres $a^3 = m^3$ & $a^3 = n^3$, la premiere donne $a = m$, & en divisant $a^3 - m^3$, par $a - m$, on aura $a^2 + ma + m^2$, qui étant égalé à zéro, donnera les deux autres valeurs de a, que l'on trouvera être $a = \frac{-m \pm m\sqrt{-3}}{2}$, ou $a = m\left(\frac{-1 \pm \sqrt{-3}}{2}\right)$; ainsi les trois valeurs de a sont m, $m \cdot \frac{-1+\sqrt{-3}}{2}$ & ...... $m \cdot \frac{-1-\sqrt{-3}}{2}$. On trouvera de même que l'équation $a^3 = n^3$ donne ces trois autres $a = n$, $a = n \cdot \frac{-1+\sqrt{-3}}{2}$ .... $a = n \cdot \frac{-1-\sqrt{-3}}{2}$. Or puisqu'on a $a^3 + b^3 = q$, on aura $m^3 + b^3 = q$ & $n^3 + b^3 = q$, & en mettant pour m^3 & n^3 leurs valeurs, $b^3 = \frac{1}{2}q - \sqrt{\frac{1}{2}q^2 + \frac{3}{27}p^3}$ & $b^3 = \frac{1}{2}q + \sqrt{\frac{1}{4}q^2 + \frac{2}{27}p^3}$, c'est-à-dire, $b^3 = n^3$ & $b^3 = m^3$; donc les valeurs de b sont telles que $ab = mn$, en sorte que les valeurs de a & b, qui doivent aller l'une avec l'autre, sont telles qu'il suit :

$a = m \ldots\ldots\ldots\ldots\ldots b = n$

$a = m\left(\frac{-1 \pm \sqrt{-3}}{2}\right),\ b = n\left(\frac{-1 \mp \sqrt{-3}}{2}\right)$

$a = n \ldots\ldots\ldots\ldots\ldots b = m$

$a = n\left(\frac{-1 \pm \sqrt{-3}}{2}\right),\ b = m\left(\frac{-1 \mp \sqrt{-3}}{2}\right)$

Substituez maintenant l'une quelconque de ces six combinaisons dans $x = -ay^2 - by$, en mettant successivement pour y ses trois valeurs, & vous aurez toujours ces trois racines $x = -m-n$
$x = \frac{1+\sqrt{-3}}{2}.m + \frac{1-\sqrt{-3}}{2}.n$, $x = \frac{1-\sqrt{-3}}{2}.m + \frac{1+\sqrt{-3}}{2}.n$

197. En considérant les trois valeurs de x que nous avons trouvées ci-dessus, on voit que tant que p sera positif, la quantité $\frac{1}{4}q^2 + \frac{1}{27}p^3$ sera toujours positive, parce que $\frac{1}{4}q^2$ qui est le quarré de $\frac{1}{2}q$ sera toujours positif, quand même q seroit négatif. Cette même quantité sera encore positive, tant que $\frac{1}{4}q^2$ sera plus grand que $\frac{1}{27}p^3$, p étant négatif. Dans ces deux cas, les deux dernieres valeurs de x sont imaginaires. Car les deux radicaux cubes étant alors des quantités réelles & inégales, leur produit par les quantités $\sqrt{-3}$ & $-\sqrt{-3}$ de signes contraires, ne se détruiront pas mutuellement ; ainsi il restera de l'imaginaire dans chacune de ces deux valeurs de x. Il n'y a donc alors que la premiere valeur de x, qui soit réelle.

198. Mais si p étant négatif, $\frac{1}{27}p^3$ se trouvoit plus grand que $\frac{1}{4}q^2$, alors $\frac{1}{4}q^2 - \frac{1}{27}p^3$ seroit une quantité négative, & la quantité $\sqrt{\frac{1}{4}q^2 - \frac{1}{27}p^3}$ seroit imaginaire : néanmoins les trois valeurs de x sont alors réelles.

Pour s'en convaincre, il faut d'abord observer que $\sqrt{\frac{1}{4}q^2 - \frac{1}{27}p^3}$ qu'on a alors au lieu de $\sqrt{\frac{1}{4}q^2 + \frac{1}{27}p^3}$, est la même chose que $\sqrt{(\frac{1}{27}p^3 - \frac{1}{4}q^2) \times -1}$, ou que $\sqrt{\frac{1}{27}p^3 - \frac{1}{4}q^2} \times \sqrt{-1}$; ainsi, pour abréger, je suppose $\frac{1}{2}q = m$ & $\sqrt{\frac{1}{27}p^3 - \frac{1}{4}q^2} = n$, la quantité $\sqrt[3]{\frac{1}{2}q + \sqrt{\frac{1}{4}q^2 - \frac{1}{27}p^3}}$ deviendra $\sqrt[3]{m + n\sqrt{-1}}$, & la quantité $\sqrt[3]{\frac{1}{2}q - \sqrt{\frac{1}{4}q^2 - \frac{1}{27}p^3}}$ deviendra $\sqrt[3]{m - n\sqrt{-1}}$; or ces quantités étant la même chose (133) que $\overline{m + n\sqrt{-1}}^{\frac{1}{3}}$ & $\overline{m - n\sqrt{-1}}^{\frac{1}{3}}$, si on les réduit en série, par la méthode donnée (151), on aura pour la premiere

$$m^{\frac{1}{3}}\left(1+\frac{1}{3}\frac{n}{m}\sqrt{-1}+\frac{1}{9}\frac{n^2}{m^2}-\frac{5}{81}\frac{n^3}{m^3}\sqrt{-1}-\frac{10}{243}\frac{n^4}{m^4}+\frac{110}{3645}\frac{n^5}{m^5}\sqrt{-1}\ \&c.\right)$$

& pour la seconde, ...

$$m^{\frac{1}{3}}\left(1-\frac{1}{3}\frac{n}{m}\sqrt{-1}+\frac{1}{9}\frac{n^2}{m^2}+\frac{5}{81}\frac{n^3}{m^3}\sqrt{-1}-\frac{10}{243}\frac{n^4}{m^4}-\frac{110}{3645}\frac{n^5}{m^5}\sqrt{-1}\ \&c.\right)$$

or les trois valeurs de x, se changent alors en ....

$$x=-\sqrt[3]{m+n\sqrt{-1}}\quad-\sqrt[3]{m-n\sqrt{-1}}$$

$$x=\frac{1+\sqrt{-3}}{2}\sqrt[3]{m+n\sqrt{-1}}+\frac{1-\sqrt{-3}}{2}\sqrt[3]{m-n\sqrt{-1}}$$

$$x=\frac{1-\sqrt{-3}}{2}\sqrt[3]{m+n\sqrt{-1}}+\frac{1+\sqrt{-3}}{2}\sqrt[3]{m-n\sqrt{-1}}$$

Substituant, au lieu des deux radicaux cubes, les séries qui en sont les valeurs, on aura, après avoir fait les multiplications par $\frac{1+\sqrt{-3}}{2}$ & $\frac{-\sqrt{-3}}{2}$, qui se rencontrent dans les deux dernieres valeurs de x, & après les réductions ordinaires, ayant d'ailleurs égard à ce que $\sqrt{-3}\times\sqrt{-1}$ donne $-\sqrt{3}$ *, & que tout est multiplié par $m^{\frac{1}{3}}$, on aura, dis-je...

$$x=-m^{\frac{1}{3}}\left(2+\frac{2}{9}\frac{n^2}{m^2}-\frac{20}{243}\frac{n^4}{m^4},\ \&c.\right.$$

$$x=m^{\frac{1}{3}}\left(1+\frac{1}{9}\frac{n^2}{m^2}-\frac{10}{243}\frac{n^4}{m^4},\&c\right)-m^{\frac{1}{3}}\sqrt{3}\left(\frac{1}{3}\frac{n}{m}-\frac{5}{81}\frac{n^3}{m^3}+\frac{110}{3645}\frac{n^5}{m^5},\&c.\right)$$

$$x=m^{\frac{1}{3}}\left(1+\frac{1}{9}\frac{n^2}{m^2}-\frac{10}{243}\frac{n^4}{m^4},\&c\right)+m^{\frac{1}{3}}\sqrt{3}\left(\frac{1}{3}\frac{n}{m}-\frac{5}{81}\frac{n^3}{m^3}\quad\frac{110}{3645}\frac{n^5}{m^5},\&c.\right)$$

Quantités dans lesquelles il n'y a plus d'imaginaires. On n'a pu trouver, jusqu'à présent, que cette maniere de donner, dans ce cas, une valeur algébrique réelle aux trois racines; ainsi on ne peut les avoir alors sous une forme réelle, que par approximation. Ce cas singulier a fort exercé les Algébristes, & on lui a donné le nom de *cas irréductible*.

Donnons maintenant quelques exemples.

Supposons qu'on demande les racines de l'équation .... $y^3+6y^2-3y+4=0$; je commence par faire disparoître (192) son second terme, en faisant $y=x-2$; cela réduit l'équation à $x^3-15x+26=0$; or nous avons représenté

* Voyez la note de la page 153.

toute équation du troisieme degré, sans second terme, par $x^3 + px + q = 0$; nous avons donc $p = -15$, $q = 26$, donc $\frac{1}{2}q = 13$, $\frac{1}{4}q^2 = 169$; $\frac{1}{3}p = -5$ & $\frac{1}{27}p^3 = -125$; donc $\sqrt{\frac{1}{4}q^2 + \frac{1}{27}p^3} = \sqrt{169 - 125} = \sqrt{44}$; les trois valeurs de x seront donc......

$$x = -\sqrt[3]{13 + \sqrt{44}} \quad -\sqrt[3]{13 - \sqrt{44}}$$

$$x = \frac{1 + \sqrt{-3}}{2}\sqrt[3]{13 + \sqrt{44}} + \frac{1 - \sqrt{-3}}{2}\sqrt[3]{13 - \sqrt{44}}$$

$$x = \frac{1 - \sqrt{-3}}{2}\sqrt[3]{13 + \sqrt{44}} + \frac{1 + \sqrt{-3}}{2}\sqrt[3]{13 - \sqrt{44}}.$$

C'est-à-dire, que la premiere est négative, & les deux autres imaginaires.

Prenons pour second exemple, (l'équation $x^3 - 9x - 10 = 0$. Dans ce cas, on a $p = -9$, $q = -10$; par conséquent $\frac{1}{3}p = -3$, $\frac{1}{27}p^3 = -27$, $\frac{1}{2}q = -5$ & $\frac{1}{4}q^2 = 25$; donc $\frac{1}{4}q^2 + \frac{1}{27}p^3 = 25 - 27 = -2$; cette équation est donc dans le cas irréductible. Ainsi, si l'on veut avoir les valeurs de x, il faut faire usage des séries ci-dessus. Pour cet effet, on remarquera qu'on a supposé $m = \frac{1}{2}q$, & $n = \sqrt{\frac{1}{27}p^3 - \frac{1}{4}q^2}$; donc $m = -5$ & $n = \sqrt{2}$. Pour faire les substitutions, on commencera par évaluer $\sqrt{2}$ qu'on trouvera être 1, 4142; donc $\frac{n}{m} = \frac{1,4142}{-5} = -0{,}2828$; on évaluera aussi $m^{\frac{1}{3}}$, qui n'est autre que $\sqrt[3]{m}$ ou $\sqrt[3]{-5}$ ou $-\sqrt[3]{5}$, & l'on aura $m^{\frac{1}{3}} = -1{,}7099$; alors il n'y a plus qu'à substituer : nous nous bornerons à substituer dans la premiere qui deviendra

$$x = +1{,}7099\,[2 + \tfrac{2}{9}(0{,}2828)^2 - \frac{20}{243}(0{,}2828)^4, \&c.]$$

quantité dans laquelle il ne s'agit plus que de faire les multiplications indiquées. Mais il est bon d'observer en finissant, que ces séries ne sont d'un usage utile, qu'autant que m est plus grand que n, s'il étoit plus petit, on en formeroit d'analogues pour ce cas, en observant ce qui a été dit (159). Au reste, lorsque m & n different peu, on est dans la nécessité de calculer un grand nombre de termes. Nous verrons par la suite comment on peut approcher autrement des valeurs de x.

199. Concluons de ce qui précede, que toute équation de cette forme $y^{3n} + py^{2n} + qy^n + r = 0$ est résoluble; puis-

qu'en faisant $y^n = x$, on a $x^3 + px^2 + qx + r = 0$, c'est-à-dire, une équation du troisieme degré.

Application au quatrieme degré.

200. Représentons toute équation du quatrieme degré sans second terme, par $x^4 + px^2 + qx + r = 0$.

Selon la regle donnée ci-dessus, je prends les deux équations $y^4 - 1 = 0$

Et $ay^3 + by^2 + cy + x = 0$.

Pour éliminer y, je multiplie celle-ci trois fois de suite par y & je substitue à mesure, au lieu de y^4, sa valeur 1 tirée de l'équation $y^4 - 1 = 0$; ce procédé me donne, (en comprenant la seconde équation), les quatre équations suivantes :

$$ay^3 + by^2 + cy + x = 0$$
$$by^3 + cy^2 + xy + a = 0$$
$$cy^3 + xy^2 + ay + b = 0$$
$$xy^3 + ay^2 + by + c = 0$$

Si, à l'aide des trois premieres, on tire les valeurs de y^3, y^2 & y, on aura $y^3 = \frac{-x^3 + b^2x - bc^2 + 2acx - a^2b}{ax^2 - 2bcx + ab^2 + c^3 - a^2c}$,

$y^2 = \frac{cx^2 - 2abx + a^3 - ac^2 + b^2c}{ax^2 - 2bcx + ab^2 + c^3 - a^2c}$ & $y = \frac{-a^2x + bx^2 - c^2x - b^3 + 2abc}{ax^2 - 2bcx + ab^2 + c^3 - a^2c}$;

substituant dans la derniere, on aura, après avoir chassé le dénominateur, fait les réductions ordinaires, & changé les signes,

$$\begin{array}{llll} x^4 & - 4acx^2 & + 4a^2bx & - a^4 = 0 \\ & - 2bbx^2 & + 4bc^2x & - c^4 \\ & & & + b^4 \\ & & & + 2a^2c^2 \\ & & & - 4ab^2c \end{array}$$

pour que cette équation soit la même que $x^4 + px^2 + qx + r = 0$, il faut donc que $-4ac - 2b^2 = p$, $4a^2b + 4bc^2 = q$, $-a^4 - c^4 + b^4 + 2a^2c^2 - 4ab^2c = r$; ce sont ces trois équations qui doivent faire connoître a, b & c.

Pour avoir l'équation qui donnera b, je prends dans la seconde, la valeur de $a^2 + c^2$, en divisant par $4b$; & j'ai $a^2 + c^2 = \frac{q}{4b}$; je quarre cette équation, ce qui me donne $a^4 + 2a^2c^2 + c^4 = \frac{qq}{16b^2}$; & par conséquent $a^4 + c^4 = \frac{qq}{16b^2} - 2a^2c^2$ je substitue cette valeur de $a^4 + c^4$ dans la troisieme équation, & j'ai $-\frac{qq}{16b^2}+4a^2c^2+b^4-4ab^2c=r$. De la premiere équation $-4ac-2b^2=p$, je tire la valeur de ac, qui est $ac=\frac{-p-2b^2}{4}$; substituant dans l'équation $-\frac{qq}{16b^2}+4a^2c^2$, &c. j'ai $-\frac{qq}{16b^2}+4.\left(\frac{-p-2b^2}{4}\right)^2+b^4-4b^2.\left(\frac{-p-2b^2}{4}\right)=r$;

ou $-\frac{qq}{16b^2}+\frac{4p^2+16pb^2+16b^4}{16}+b^4+\frac{4pb^2+8b^4}{4}=r$;

ou enfin, chassant les fractions, transposant, réduisant, & ordonnant par rapport à b

$$64b^6+32pb^4+4p^2b^2-qq=0$$
$$-16rb^2$$

Equation du sixieme degré, mais qui n'a que la difficulté de celles du troisieme, en regardant b^2 comme l'inconnue : on appelle cette équation *la réduite*, parce que c'est à sa résolution que se réduit celle de équations du quatrieme degré.

201. Si l'on fait attention que le dernier terme q^2 de cette équation a le signe —, on verra que b^2 doit avoir au moins une valeur positive ; car dans ce cas l'équation ne peut avoir été produite que par la multiplication de trois facteurs tels que $(b^2-l)(b^2-m)(b^2-n)$, ou de trois facteurs tels que $(b^2+l)(b^2+m)(b^2-n)$; il n'y a que ces deux combinaisons qui puissent donner le signe — au dernier terme ; il y aura donc au moins un facteur de cette forme b^2-n; donc (178) $b^2=n$, c'est-à-dire, que b^2 aura au moins une valeur positive. Donc puisque cette équation donne $b=\pm\sqrt{n}$, b aura donc au moins deux valeurs réelles.

202. Déterminons maintenant a & c. Les deux équations $-4ac-2b^2=p$, & $4a^2b+4bc^2=q$ trouvées ci-dessus, donnent $2ac=-\frac{1}{2}p-b^2$ & $a^2+c^2=\frac{q}{4b}$. Ajoutant la premiere à la seconde, & la retranchant aussi de la seconde, on aura les deux équations suivantes :

$$a^2+2ac+c^2=\frac{q}{4b}-\frac{1}{2}p-b^2$$

$$a^2-2ac+c^2=\frac{q}{4b}+\frac{1}{2}p+b^2$$

tirant la racine quarrée de chacune, on aura............

$$a+c=\pm\sqrt{\frac{q}{4b}-\tfrac{1}{2}p-b^2}$$

& $$a-c=\pm\sqrt{\frac{q}{4b}+\tfrac{1}{2}p+b^2}$$

Les deux ſignes de chaque équation pouvant être pris dans tel ordre que l'on voudra.

Delà il eſt aiſé de déduire a & c; mais nous allons voir qu'on n'a beſoin que de $a+c$ & de $a-c$. Développons auparavant les quatre valeurs de x.

L'équation $ay^3+by^2+cy+x=0$, donne $x=-ay^3-by^2-cy$; il s'agit donc d'avoir les quatre valeurs de y que peut donner l'équation $y^4-1=0$, ou $y^4=1$. Or en tirant la racine quatrieme, on a $y=\pm\sqrt[4]{1}=\pm 1$, c'eſt-à-dire, $y=1$ & $y=-1$. Ayant trouvé ces deux valeurs de y, il faut (187) pour avoir les deux autres, diviſer y^4-1 par le produit y^2-1 des deux facteurs $y-1$ & $y+1$, ce qui donne y^2+1 pour quotient; égalant ce quotient à zéro (187), on aura $y^2+1=0$, pour l'équation qui doit donner les deux autres racines, que l'on trouvera être $y=+\sqrt{-1}$ & $y=-\sqrt{-1}$.

Les quatre valeurs de x ſeront donc.....................

$x=-a-b-c$ ou $x=-b-(a+c)$
$x=a-b+c$ ou $x=-b+(a+c)$
$x=a\sqrt{-1}+b-c\sqrt{-1}$ ou $x=+b+(a-c)\sqrt{-1}$
$x=-a\sqrt{-1}+b+c\sqrt{-1}$ ou $x=+b-(a-c)\sqrt{-1}$

Subſtituant, au lieu de $a+c$ & $a-c$, leurs valeurs trouvées ci-deſſus, & faiſant attention que $\pm\sqrt{\left(\frac{q}{4b}+\tfrac{1}{2}p+b^2\right)}\times\sqrt{-1}$. $=\pm\sqrt{-\frac{q}{4q}-\tfrac{1}{2}p-b^2}$, on aura.................

$$x=-b\mp\sqrt{\frac{q}{4b}-\tfrac{1}{2}p-b^2},\quad x=-b\pm\sqrt{\frac{q}{4b}-\tfrac{1}{2}p-b^2}.$$

$$x=+b\pm\sqrt{-\frac{q}{4b}-\tfrac{1}{2}p-b^2},\quad x=+b\mp\sqrt{-\frac{q}{4b}-\tfrac{1}{2}p-b^2}.$$

Equations dans leſquelles il eſt facile de voir que des deux ſignes + & —, ſoit qu'on prenne le ſigne ſupérieur, ſoit qu'on prenne le ſigne inférieur, on aura toujours les quatre mêmes valeurs de x, l'une quelconque d'entr'elles ne faiſant alors que se changer en l'une des autres. Ainsi, pour une même valeur de b, on n'aura jamais que quatre valeurs de x; savoir :

$$x=-b-\sqrt{\frac{q}{4b}-\tfrac{1}{2}p-b^2},\quad x=-b+\sqrt{\frac{q}{4b}-\tfrac{1}{2}p-b^2}.$$

$$x=+b+\sqrt{-\frac{q}{4b}-\tfrac{1}{2}p-b^2},\quad x=+b-\sqrt{-\frac{q}{4b}-\tfrac{1}{2}p-b^2}.$$

203. Puisque l'équation du sixieme degré qui doit donner b, donne trois valeurs de b^2, on aura donc trois valeurs de b, qui auront le signe $+$, & trois qui auront le signe $-$; or il est facile de voir que soit qu'on mette $+b$, soit qu'on mette $-b$ dans les quatre dernieres valeurs de x, il en résulte toujours les quatre mêmes valeurs. Il ne s'agit donc plus que de faire voir, que chacune des trois valeurs de b qui auront le signe $+$, ne donnera jamais aussi que les mêmes quatre valeurs de x.

Pour le démontrer, reprenons les équations $-4ac-2b^2=p$, $4a^2b+4bc^2=q$, & $-a^4-c^4+b^4+2a^2c^2-4ab^2c=r$. Quarrons la 2e de ces équations; nous aurons $16b^2(a^2+c^2)^2=qq$; mettons, au lieu de b^2, sa valeur $\frac{-p-4ac}{2}$ tirée de la premiere; il viendra $-8(p+4ac)(a^2+c^2)^2=qq$. Substituons de même, au lieu de b^2, sa valeur dans la troisieme équation, & nous aurons, après les réductions faites, $-a^4-c^4+\frac{pp}{4}+4pac+14a^2c^2=r$.

Reprenons maintenant l'équation du sixieme degré......

$$64b^6+32pb^4+4ppb^2-qq=0.$$
$$-16rb^2$$

Et substituons-y pour qq & pour r leurs valeurs que nous venons de calculer. Nous aurons après les réductions faites, & après avoir divisé par 8, l'équation suivante.........

$$8b^6+4pb^4+2a^4b^2+(p+4ac)(a^2+c^2)=0.$$
$$+2c^4b^2$$
$$-8pacb^2$$
$$-28a^2c^2b^2$$

Or puisqu'on a trouvé $2b^2=-p-4ac$, il s'ensuit (187) que $2b^2+p+4ac$ doit diviser l'équation $8b^6+4pb^4$, &c; ce qui a lieu en effet. Si l'on fait la division, & qu'on égale ensuite à zero, le quotient, pour avoir les deux autres valeurs de b^2, on aura $\quad 4b^4-8acb^2+a^4+c^4+2a^2c^2=0.$

Cette équation étant résolue comme une équation du second

degré, donne $2b^2 = 2ac \pm (a+c)(a-c)\sqrt{-1}$, ou, en doublant, $4b^2 = 4ac \pm 2(a+c)(a-c)\sqrt{-1}$. Or le dernier membre est * le quarré de $(a+c) \pm (a-c)\sqrt{-1}$; donc $4b^2 = [(a+c) \pm (a-c)\sqrt{-1}]^2$, & par conséquent....... ** $2b = +[(a+c) \pm (a-c)\sqrt{-1}$; c'est-à-dire, $= (a+c) \pm (a-c)\sqrt{-1}$; ainsi, puisqu'on a trouvé ci-dessus, $b^2 = \frac{-p-4ac}{2}$, les trois valeurs positives de b, sont donc.....

$$b = +\sqrt{\frac{-p-4ac}{2}},\ b = \tfrac{1}{2}(a+c) + \tfrac{1}{2}(a-c)\sqrt{-1},$$

$b = \frac{1}{2}(a+c) - \frac{1}{2}(a-c)\sqrt{-1}$. Représentons la seconde de ces valeurs, par b', & la troisieme par b''; alors en ajoutant & retranchant, on aura $a+c = b'+b''$ & $(a-c)\sqrt{-1} = b'-b''$.

Si l'on substitue les valeurs de $a+c$ & $(a-c)\sqrt{-1}$ dans les quatre premieres valeurs de x trouvées ci-dessus, elles se réduiront à $x = -b-b'-b''$, $x = -b+b'+b''$, $x = +b+b-b'$, $x = +b-b'+b''$, qu'on peut encore mettre sous cette forme, $x = -b-b'-b''$, $x = +b+b'+b''-2b$, $x = +b+b'+b''-2b''$, $x = b+b'+b''-2b'$. Où l'on voit clairement qu'il ne peut y avoir que quatre valeurs de x; car si l'on change, par exemple, b en b'; il faut changer en même temps b' en b, puisqu'on voit que les trois racines b, b', b'' entrent toutes à la fois dans chacune de ces valeurs de x. Or ce changement donne les quatre mêmes valeurs pour x.

204. Revenons maintenant à la premiere expression des valeurs de x, c'est-à-dire, aux valeurs $x = -b-(a+c)$, $x = -b+(a+c)$, $x = +b+(a-c)\sqrt{-1}$, $x = +b-(a-c)\sqrt{-1}$. Elles nous offrent trois cas: ou $a+c$ & $(a-c)\sqrt{-1}$ sont toutes deux réelles, ou elles sont toutes deux imaginaires, ou enfin l'une des deux est réelle, & l'autre imaginaire. Or j'observe d'abord que lorsqu'elles sont imaginaires, elles peuvent toujours être réduites à des imaginaires de cette forme, $\sqrt{-m}$, ou $\sqrt{m}.\sqrt{-1}$, m étant une quantité réelle; car puisqu'on a

$$a+c = \sqrt{\frac{q}{4b} - \tfrac{1}{2}p - b^2}\ \&\ (a-c)\sqrt{-1} = \sqrt{-\frac{q}{4b} - \tfrac{1}{2}p - b^2}.$$

b ayant toujours (201) au moins une valeur réelle que l'on peut

* Il ne faut autre chose, pour s'en assurer, que quarrer la quantité $(a+c) \pm (a-c)\sqrt{-1}$. Mais si l'on demande comment on a trouvé cela, on le verra dans la suite.

** Nous ne prenons ici que le signe + pour la racine du second membre; parce que nous avons vu, ci-dessus, que la valeur négative de b, meneroit aux mêmes conclusions.

toujours employer, elles ne peuvent devenir imaginaires que lorſque la quantité qui eſt ſous le radical actuel, ſera négative *.

205. Cela poſé, ſi $a + c$ & $(a - c)\sqrt{-1}$ ſont toutes deux réelles, auquel cas, les quatre valeurs de x ſeront réelles, puiſque b a toujours une valeur réelle, il eſt évident que les deux autres valeurs de $4b^2$, ſavoir: $[(a+c) \pm (a-c)\sqrt{-1}]^2$ ſeront réelles & poſitives.

206. Si au contraire $a + c$ & $(a-c)\sqrt{-1}$ ſont toutes deux imaginaires, auquel cas les quatre valeurs de x ſeront imaginaires, alors ſi on repréſente $a+c$ par $k\sqrt{-1}$ & $(a-c)\sqrt{-1}$ par $l\sqrt{-1}$, k & l ſeront des quantités réelles, ſelon ce qui vient d'être dit (204); on aura donc $4b^2 = [(k \pm l)\sqrt{-1}]^2 = -(k \pm l)^2$; c'eſt-à-dire, que les deux autres valeurs de b^2 ſeront réelles, mais négatives.

207. Enfin, ſi des deux quantités $a + c$ & $(a-c)\sqrt{-1}$, l'une ſeulement eſt réelle, il eſt évident que, des quatre valeurs de x, deux ſeront réelles, & deux imaginaires; or dans ce cas on voit auſſi clairement, que les deux valeurs de $4b^2$ exprimées par $[(a+c) \pm (a-c)\sqrt{-1}]^2$ ſeront imaginaires.

208. Donc ſi la réduite, conſidérée comme équation du troiſieme degré, a ſes trois racines réelles & poſitives, l'équation du quattieme degré aura ſes racines réelles.

Si la réduite, ayant ſes trois racines réelles, n'en a qu'une poſitive, l'équation du quatrieme degré aura ſes quatre racines imaginaires.

Enfin, de ces quatre racines, deux ſeront réelles & deux ſeront imaginaires, ſi la réduite n'a qu'une racine réelle.

209. Puiſque la formule des racines d'une équation du troiſieme degré, ne donne ces racines ſous une forme réelle, que lorſqu'il n'y a qu'une racine réelle (197), il faut conclure, qu'on n'aura les racines du 4e degré ſous une forme réelle, que lorſqu'il n'y aura que deux de ces racines qui ſoient réelles.

210. Voyons quelques exemples. Suppoſons qu'on demande les racines de l'équation $x^4 + 3x^2 - 52x + 48 = 0$. Nous avons ici $p = 3$, $q = -52$, $r = 48$, & par conſéquent $qq = 2704$. La réduite ſera donc $64b^6 + 96b^4 - 732b^2 - 2704 = 0$,

* Il n'en ſeroit pas de même, ſi b n'avoit aucune valeur réelle. Car b étant une imaginaire de cette forme $\sqrt{-k}$, $a + c$ & $(a-c)\sqrt{-1}$ pourroient être des imaginaires de cette forme $\sqrt{-\frac{m}{\sqrt{-k}} - h}$.

ou (en faisant, pour simplifier, $4b^2 = u$), $u^3 + 6u^2 - 183u - 2704 = 0$. Pour faire disparoître le second terme, je fais $u = z - 2$, ce qui me donne $z^3 - 195z - 2322 = 0$.

Selon ce qui a été dit (197) sur les équations du troisieme degré, on trouvera que z n'a qu'une valeur réelle qui est $z = -\sqrt[3]{-1161 + \sqrt{1073296}} - \sqrt[3]{-1161 - \sqrt{1073296}}$; or $\sqrt{1073296}$ est 1036; on a donc $z = -\sqrt[3]{-1161 + 1036} - \sqrt[3]{-1161 - 1036}$; c'est-à-dire, $z = -\sqrt[3]{-125} - \sqrt[3]{2197}$, ou $z = \sqrt[3]{125} + \sqrt[3]{2197}$, ou $z = 5 + 13 = 18$. Donc puisque $u = z - 2$, on a $u = 18 - 2 = 16$; par conséquent $4b^2 = u = 16$; donc $b^2 = 4$ & $b = 2$. Substituant cette valeur de b, & celles de p, q & r, dans les valeurs de $a + c$ & de $(a - c)\sqrt{-1}$ trouvées ci-dessus, on aura $a + c = \sqrt{-\frac{52}{8} - \frac{3}{2} - 4} = \sqrt{-12}$; & $(a - c)\sqrt{-1} = \sqrt{\frac{52}{8} - \frac{3}{2} - 4} = \sqrt{1} = 1$. Donc les quatre valeurs de x seront $x = -2 - \sqrt{-12}$, $x = -2 + \sqrt{-12}$, $x = +2 + 1$ & $x = +2 - 1$. Ainsi les deux valeurs réelles sont $x = 3$, & $x = 1$.

Dans cet exemple, les nombres se sont trouvés tels, qu'il a été possible d'évaluer exactement chaque radical. Mais ces cas sont fort rares. Le plus souvent, lorsqu'on veut avoir la valeur numérique dégagée de radicaux, il faut évaluer chaque radical par approximation.

Prenons, pour second exemple, l'équation $y^4 + 4y^3 + 9y^2 + 12y + 3 = 0$. Je commence par faire disparoître le second terme, en faisant (192) $y = x - 1$: j'ai pour nouvelle équation $x^4 + 3x^2 + 2x - 3 = 0$. On a donc ici, $p = 3$, $q = 2$, $r = -3$; ainsi la réduite devient $64b^6 + 96b^4 + 84b^2 - 4 = 0$; ou, en faisant $4b^2 = u$, $u^3 + 6u^2 + 21u - 4 = 0$. Je fais disparoître le second terme, en posant $u = z - 2$, ce qui donne $z^3 + 9z - 30 = 0$, équation qui (197) n'a qu'une racine réelle, & qui annonce, par conséquent (208), que l'équation du quatrieme degré n'en aura que deux réelles. Appliquant donc les formules données (195), on trouvera $z = -\sqrt[3]{-15 + \sqrt{252}} - \sqrt[3]{-15 - \sqrt{252}}$, ou $z = \sqrt[3]{15 - \sqrt{252}} + \sqrt[3]{15 + \sqrt{252}}$; donc $u = z - 2 = -2 + \sqrt[3]{15 - \sqrt{252}} + \sqrt[3]{15 + \sqrt{252}}$; donc puisque $4b^2 = u$,

& par conséquent $b = \sqrt{\frac{u}{4}} = \frac{1}{2}\sqrt{u}$, on a..............

$$b = \tfrac{1}{2}\sqrt{-2 + \sqrt[3]{15 - \sqrt{252}} + \sqrt[3]{15 + \sqrt{252}}}.$$ Substituant cette valeur de b, celles de p & de q, dans les formules des quatre valeurs générales de x, on trouvera que les deux valeurs réelles sont comprises dans cette équation..........

$$x = -\tfrac{1}{2}\sqrt{-2 + \sqrt[3]{15 - \sqrt{252}} + \sqrt[3]{15 + \sqrt{252}}} \pm \sqrt{\frac{1}{\sqrt{-2 + \sqrt[3]{15 - \sqrt{252}} + \sqrt[3]{15 + \sqrt{252}}}} - 1 - \tfrac{1}{4}\sqrt[3]{15 - \sqrt{252}} - \tfrac{1}{4}\sqrt[3]{15 + \sqrt{252}}}$$

Réflexions sur la méthode précédente, & sur son application aux Equations des degrés supérieurs au quatrieme.

211. L'équation qui nous a donné la valeur de b pour le quatrieme degré, n'a monté qu'au sixieme degré; mais si nous avions cherché directement l'équation qui doit donner a, ou celle qui doit donner c, nous serions parvenus à une équation du 24e degré, ainsi qu'on peut s'en convaincre de la maniere suivante. Nous avons trouvé ci-dessus (203), en transformant la réduite, $-8(p + 4ac) \times (a^2 + c^2)^2 = qq$, & $-a^4 - c^4 + \frac{pp}{4} + 4pac + 14a^2c^2 = r$. Si l'on multiplie cette derniere équation, par $(p + 4ac)$, & que du produit on retranche la premiere, on aura, après les réductions faites,

$$\begin{aligned} 512a^3c^3 + 256pa^2c^2 + 40ppac &+ 2p^3 = 0 \\ - 32rac &- 8pr \\ &+ qq \end{aligned}$$

Equation qui étant combinée avec l'équation $-a^4 - c^4 +$ &c, $= r$, pour éliminer c, donnera (169) une équation du 24e degré.

Mais sans se donner la peine de faire ce calcul, on peut s'en assurer encore de cette autre maniere.

L'équation $-8(p+4ac)(a^2 + c^2)^2 = qq$ donne $(a^2+c^2)^2 = -\frac{qq}{8(p+4ac)}$, & par conséquent $a^4+c^4 = -\frac{qq}{8(p+4ac)}$

$-2a^2c^2$. Or si l'on résout l'équation $512\,a^3c^3 +$ &c, qui, en considérant ac comme l'inconnue, est du troisieme degré, on aura une valeur de ac, qui étant substituée dans le second membre de l'équation $a^4 + c^4 =$ &c, en fera une quantité toute connue que j'appelle A ; si l'on représente maintenant par B, cette valeur de ac, on aura $c = \frac{B}{a}$, donc l'équation $a^4 + c^4 = A$, deviendra $a^8 - Aa^4 = -B^4$, qui ayant huit racines, donnera huit valeurs de a. Or ac a trois valeurs ; on aura donc trois équations du huitieme degré, & par conséquent 24 valeurs pour a ; donc l'équation en a, sera du 24e degré.

212. Mais on voit en même temps que les exposants de toutes les puissances de a, que cette équation renfermera, seront des multiples de 4, puisque (183) elle sera le produit de trois quantités de la forme de $a^8 - Aa^4 + B^4$, devant renfermer les 24 racines que ces trois-ci fournissent. Donc si l'on y fait $a^4 = u$, on aura en u, une équation du sixieme degré. Or je dis que cette équation ne peut renfermer que des radicaux quarrés & des radicaux cubes, ce qui est évident en résolvant l'équation $a^8 - Aa^4 = -B^4$ comme une équation du second degré ; car alors on aura $a^4 = \frac{1}{2}A \pm \sqrt{\frac{1}{4}AA - B^4}$, quantité dans laquelle A & B ne peuvent être composés que de radicaux quarrés & de radicaux cubes, puisqu'ils ne dépendent que d'une équation du troisieme degré.

213. Si l'on se rappelle maintenant ce que nous avons vu sur le troisieme degré, où la réduite étoit $a^6 - qa^3 = \frac{1}{27}p^3$; il est clair que a^3 ne peut renfermer que des radicaux quarrés. Enfin il est évident que dans l'équation du second degré sans second terme, $x^2 + p = 0$, en faisant comme ci-dessus $y^2 - 1 = 0$ & $ay + x = 0$, la réduite sera $a^2 + p = 0$ qui ne donne qu'une valeur pour a^2 ; ainsi la réduite du second degré ne donne pour a^2 qu'un radical du premier degré, c'est-à-dire, une quantité sans radical.

Donc en remontant, on conclura par analogie, que si la réduite du cinquieme degré ne renferme d'autres puissances de a, que celle qui sont des multiples de 5, la valeur de a^5 ne renfermera que des radicaux quatriemes, des radicaux cubes & des radicaux quarrés ; donc si l'on démontre que par la méthode actuelle, cette réduite ne peut renfermer que des puissances de a, dont les exposants soient des multiples de 5, il s'ensuivra que cette même méthode réduit la difficulté des équations du cinquieme degré, à celle des degrés inférieurs. Or voici comment on peut s'assurer que la réduite n'aura pas d'autres puissances de a.

214. Supposant que $x^5 + px^3 + qx^2 + rx + s = 0$, représente généralement toute équation du cinquieme degré. Et prenant, selon la méthode, les deux équations $y^5 - 1 = 0$, & $ay^4 + by^3 + cy^2 + dy + x = 0$, on aura, après avoir chassé y de la même maniere qu'on l'a pratiqué dans le troisieme & le quatrieme degré, on aura, dis-je.................................

$$\begin{array}{llllll}
x^5 & -5adx^3 & +5bd^2x^2 & -5cd^3x & +a^5 & = 0 \\
 & -5bcx^3 & +5a^2cx^2 & -5a^3bx & +b^5 & \\
 & & +5c^2dx^2 & -5b^3dx & +c^5 & \\
 & & +5ab^2x^2 & -5ac^3x & +d^5 & \\
 & & & +5a^2d^2x & -5a^3cd & \\
 & & & +5b^2c^2x & -5ab^3c & \\
 & & & -5abcdx & -5abd^3 & \\
 & & & & -5bc^3d & \\
 & & & & +5a^2bc^2 & \\
 & & & & +5a^2b^2d & \\
 & & & & +5b^2cd^2 & \\
 & & & & +5ac^2d^2 &
\end{array}$$

Ayant donc égalé le coëfficient de x^3, à p; celui de x^2, à q; celui de x, à r; & enfin la totalité des termes sans x, à s; on aura quatre équations dans lesquelles si l'on fait $b = ga^2$, $c = ha^3$, $d = ka^4$, ce qui est très-permis, ces quatre équations se changeront en quatre autres qui renfermeront g, h, k & a; mais il n'y aura d'autres puissances de a que a^5, a^{10}, &c; donc si l'on conçoit qu'on ait éliminé g, h & k, l'équation finale ne renfermera pas d'autres puissances de a, que celles dont les exposants seront des multiples de 5.

215. On voit donc, d'après tout ce qui précéde, qu'à l'égard de a, c'est-à-dire, à l'égard du premier coëfficient dans l'équation $ay^{m-1} + by^{m-2} + .$ &c, $+ x = 0$, la réduite est du second degré ou du degré 1 . 2, pour le second degré. Dans le troisieme, elle est du sixieme degré, ou du degré 1 . 2 . 3. Dans le quatrieme, elle est du vingt-quatrieme, ou du degré 1 . 2 . 3 . 4. Il y a donc bien lieu de croire que, dans le cinquieme, elle sera du degré 1 . 2 . 3 . 4 . 5, c'est-à-dire, du 120e; & du 720e dans le sixieme degré; & ainsi de suite.

Et

Et quoique, dans le quatrieme degré, on trouve une réduite qui n'eſt que du ſixieme degré, c'eſt une ſimplification accidentelle, qui probablement, aura lieu d'une maniere analogue dans les équations dont l'expoſant eſt un nombre compoſé, mais non dans celles dont l'expoſant eſt un nombre premier. En effet, il eſt facile de voir pour le 4e degré, que cette ſimplification eſt due à ce que b, dans chacune des équations où il entre, a des relations ſemblables à l'égard de a & à l'égard de c; au lieu que a n'eſt pas diſpoſé de la même maniere à l'égard de b qu'à l'égard de c. Mais dans le cinquieme degré, il n'y a aucune des quantités a, b, c, d dont on puiſſe dire ce que nous venons de dire de b, dans le quatrieme; ce qui eſt facile à voir par les coëfficients de l'équation $x^5 - (ad + bc)x^3 + \&c, = 0$, rapportée ci-deſſus.

216. Quoi qu'il en ſoit, puiſque la réduite du cinquieme degré ne peut renfermer d'autres puiſſances de a que celles dont les expoſants ſont des multiples de 5, il paroît donc qu'en y faiſant $a^5 = u$, l'équation du 24e degré qu'on aura alors, ne peut plus renfermer que des $\sqrt[4]{\ }$, des $\sqrt[3]{\ }$ & des $\sqrt{\ }$, puiſque l'équation $a^5 = u$, donnant $a = \sqrt[5]{u}$, met en évidence les radicaux cinquiemes que doit renfermer l'équation propoſée.

On voit par-là ce qu'il y a à dire ſur les degrés plus élevés. Ceux qui deſireront plus de détails ſur cette matiere, peuvent conſulter *les Mém. de l'Acad. des Sciences ann.* 1762 & 1765, où l'on trouvera, en même temps, pluſieurs claſſes d'équations qui admettent une réſolution algébrique facile, ainſi qu'une autre méthode déduite de celle que nous venons d'expoſer, & qui ſimplifie le travail dans les équations dont l'expoſant n'eſt pas un nombre premier.

217. Notre méthode ſuppoſe, comme on le voit, qu'on puiſſe toujours avoir toutes les racines de l'équation à deux termes $y^n - 1 = 0$. Or c'eſt ce qui ne ſouffre aucune difficulté, puiſqu'en ayant toujours au moins une, par une ſimple extraction de la racine du degré n, c'eſt-à-dire, ayant toujours $y = 1$, lorſque n eſt impair, & $y = 1$, $y = -1$ lorſque n eſt pair, la difficulté d'avoir les autres, eſt tout au plus de réſoudre une équation du degré $n - 1$, ce qu'on eſt cenſé ſavoir déja, lorſqu'on paſſe à la réſolution d'une équation générale du degré n. Mais la difficulté n'eſt pas même de ce

degré ; elle n'eſt en général, que du degré $\frac{n-1}{2}$, lorſque n eſt impair, & du degré $\frac{n-2}{2}$ lorſque n eſt pair, parce qu'après avoir diviſé l'équation $y^n - 1$ par ſa racine $y-1$ lorſque n eſt impair, ou par $(y-1)\times(y+1)$, c'eſt-à-dire, par y^2-1 lorſque n eſt pair, le quotient, ou l'équation qui doit donner les autres racines, ſera toujours de cette forme $y^k + y^{k-1} + y^{k-2} + y^{k-3} +$ &c,..$+1=0$, k étant un nombre pair. Or cette équation eſt décompoſable en un nombre $\frac{k}{2}$ de facteurs du ſecond degré, tels que y^2+hy+1 ; & l'équation qui donnera h, ne montera jamais qu'au degré $\frac{k}{2}$. Je ne m'arrête pas à démontrer en détail cette derniere propoſition ; on s'en aſſurera en prenant, par exemple, pour $y^8+y^7+y^6+y^5+y^4+y^3+y^2+y+1$, une quantité telle que $y^6+ay^5+by^4+cy^3+dy^2+ey+1$, la multipliant par y^2+hy+1, & égalant le produit, terme à terme à y^8+y^7+ &c ; on aura des équations dont il ſera facile de tirer a, b, c, d, e ; & l'équation en h, ſera du quatrieme degré. Voyez, pour la démonſtration générale, *le tome VI des Mém. de Péterſbourg.*

Des Diviſeurs commenſurables des Equations.

218. On voit, par ce qui précede, que l'expreſſion générale des racines des équations étant un compoſé de radicaux de différents degrés & différemment mêlés entr'eux, il peut très-bien arriver que quoique la valeur d'une ou de pluſieurs racines ſoit un nombre commenſurable, néanmoins elle ſe préſente ſous une forme incommenſurable ; & c'eſt ce qui arrive en effet dans le troiſieme & le quatrieme degré, & qui arrivera, plus que probablement, dans les autres degrés. Il eſt donc utile d'avoir une méthode pour trouver ces diviſeurs commenſurables, lorſqu'il y en a.

Comme le dernier terme d'une équation eſt le produit de toutes les racines (180), aucun nombre ne peut donc être la valeur commenſurable de x dans une équation, qu'autant qu'il ſera diviſeur exact du dernier terme. On pourroit donc prendre ſucceſſivement tous les diviſeurs du dernier terme, & les ſubſtituer ſucceſſivement tant en $+$ qu'en $-$, (car x peut avoir aussi bien des valeurs négatives comme des positives), au lieu de x dans l'équation: alors le diviseur qui substitué ainsi, réduiroit toute l'équation à zéro, seroit la valeur de x. Bien entendu, que nous supposons ici, qu'on a fait passer tous les termes de l'équation dans un seul membre.

Mais cette opération seroit souvent très-longue; nous allons faire voir à quel caractere on distingue ceux qu'on doit admettre & ceux qu'on doit rejetter; mais auparavant, il faut exposer comment on trouve tous les diviseurs d'un nombre.

219. Pour trouver tous les diviseurs d'un nombre, il faut le diviser successivement par les nombres premiers par lesquels il pourra être divisé, en commençant par les plus simples, & continuer de diviser par le même nombre tant que cela se pourra. Alors on écrit à part & sur une même ligne tous ces nombres premiers, & chacun autant de fois qu'il a pu diviser. On les multiplie ensuite, deux à deux, trois à trois, quatre à quatre, &c; ces produits & les nombres premiers qu'on a trouvés, & l'unité, forment tous les diviseurs cherchés.

Par exemple, veut-on avoir tous les diviseurs de 60. Je divise 60 par 2, ce qui me donne 30; je divise 30 par 2, ce qui me donne 15; je divise 15 par trois, ce qui me donne 5; enfin je divise 5 par 5; ce qui me donne 1. Ainsi les diviseurs premiers sont 2, 2, 3, 5; je les multiplie deux à deux, ce qui me donne 4, 6, 10, 6, 10, 15.

Je les multiplie trois à trois, & j'ai, 12, 20, 30, 30; enfin les multipliant quatre à quatre, j'ai 60.

Rassemblant tous ces diviseurs, en rejettant cependant ceux qui se trouvent répétés, j'ai, en y comprenant l'unité qui est diviseur de tout nombre, ...

1, 2, 3, 4, 5, 6, 10, 12, 15, 20, 30, 60.

220. Supposons maintenant qu'on veut avoir les diviseurs commensurables d'une équation, lorsqu'elle en a. Par exemple, d'une équation du quatrieme degré, représentée généralement par $x^4+px^3+qx^2+rx+s=0$. Représentons ce diviseur par $x+a$; alors l'équation proposée peut donc (183) être considérée comme ayant été formée de la multiplication de $x+a$ par un facteur du 3e degré, tel que x^3+kx^2+mx+n; multiplions donc ces deux facteurs l'un par l'autre; nous aurons

$$\begin{aligned} x^4+kx^3+mx^2+nx+an&=0 \\ +ax^3+akx^2+amx& \end{aligned}$$

qui devant être la même chose que $x^4+px^3+qx^2+rx+s=0$,

donne les équations ſuivantes $k+a=p$, $m+ak=q$, $n+am=r$, $an=s$, ou $n=\frac{s}{a}$, $m=\frac{r-n}{a}$, $k=\frac{q-m}{a}$, $1=\frac{p-k}{a}$.

Suppoſons donc maintenant qu'ayant pris pour a un des diviſeurs du dernier terme, je veux ſavoir s'il peut être admis; les équations $n=\frac{s}{a}$, $m=\frac{r-n}{a}$ &c, me diſent; Diviſez le dernier terme de l'équation par ce diviſeur; retranchez le quotient du coëfficient de x, & diviſez le reſte par ce même diviſeur; retranchez ce ſecond quotient, du coëfficient de x^2, & diviſez le reſte, encore, par le même diviſeur; & continuez toujours de même juſqu'à ce que vous ſoyez arrivé au coëfficient du ſecond terme de l'équation, pour lequel vous devez trouver 1 pour quotient. Si le diviſeur que vous avez pris, ſatisfait à toutes ces diviſions, il peut sûrement être pris pour a; mais ſi l'une ſeulement de ces diviſions ne peut être faite exactement, le nombre que vous avez choiſi doit être rejetté.

Comme l'unité eſt toujours diviſeur de tout nombre, il eſt viſible qu'il faudra auſſi tenter l'unité, tant en + qu'en —; mais on aura plutôt fait pour celle-ci de l'examiner en ſubſtituant ſucceſſivement $+1$ & -1 au lieu de x dans l'équation; ſubſtitution qui eſt très-facile, puiſque toute puiſſance de $+1$ eſt $+1$, & que toute puiſſance paire de -1 eſt $+1$, & toute puiſſance impaire, -1. Si ni l'une ni l'autre de ces deux ſubſtitutions ne donne 0 pour réſultat, alors a ne peut être ni $+1$, ni -1.

Cela poſé, voici comment on procédera à l'examen de tous les diviſeurs du dernier terme, autres que l'unité.

Suppoſons qu'on demande ſi l'équation $x^4-9x^3+23x^2-20x+15=0$, a quelque diviſeur commenſurable: je cherche les diviſeurs du dernier terme 15, autres que l'unité; les ayant trouvés, je les écris par ordre de grandeur, (en les prenant tant en + qu'en —) comme on le voit ici à la premiere ligne des nombres.

$$x^4-9x^3+23x^2-20x+15=0$$

Diviſeurs de 15.....	$+15$,	$+5$,	$+3$,	-3,	-5,	-15
	$+1$,	$+3$,	$+5$,	-5,	-3,	-1
	-21,	-23,	-25,	-15,	-17,	-19
				$+5$		
				$+18$		
				-6		
				-3		
				$+1$		

Je divise le dernier terme $+ 15$ par chacun des nombres de la premiere ligne, & j'écris les quotients, pour seconde ligne.

Je retranche chaque terme de la seconde ligne, du coëfficient de x, c'est-à-dire, de $- 20$, & j'écris les restes pour la troisieme ligne.

Je divise chaque terme de celle-ci par le terme correspondant de la premiere ligne, & à mesure que je trouve un quotient exact, je l'écris. Ici je n'en trouve qu'un, savoir $+ 5$; ainsi je suis sûr qu'il ne peut y avoir qu'un diviseur commensurable. Mais soit qu'il n'y ait qu'un quotient exact, soit qu'il y en ait plusieurs, on continuera en cette maniere.

Je retranche chaque quotient, du coëfficient 23 de x^2, & j'écris les restes pour cinquieme ligne; c'est ici 18.

Je divise, de même que ci-devant, chacun de ces restes par le terme correspondant de la premiere ligne, & j'écris chaque quotient au-dessous; c'est ici $- 6$.

Je retranche chacun de ces nouveaux quotients, du coëfficient $- 9$ de x^3; j'écris les restes au-dessous; c'est ici $- 3$.

Enfin je divise ceux-ci, encore par le terme correspondant de la premiere suite. Je trouve pour quotient $+ 1$; d'où je conclus que le terme correspondant $- 3$, de la premiere ligne, est a; & que par conséquent le diviseur $x + a$, est $x - 3$; c'est-à-dire, que $x - 3$ divise l'équation : donc $x = 3$ est la valeur commensurable de x dans l'équation proposée.

Non-seulement, par cette méthode, on trouve le diviseur de l'équation; mais on trouve encore le quotient. Il n'y a qu'à prendre dans la colonne qui a satisfait, les nombres qui se trouvent sur les lignes de numéro pair à compter de la premiere; ces nombres formeront le dernier terme, & les coëfficients successifs de x, x^2, x^3, &c, dans le second facteur de l'équation. Ici, par exemple, on trouve $- 5$, $+ 5$, $- 6$ $+ 1$; j'en conclus que le second facteur est $1x^3 - 6x^2 + 5x - 5$, ou $x^3 - 6x^2 + 5x - 5$; en sorte que l'équation proposée, est le produit de $x - 3$ par $x^3 - 6x^2 + 5x - 5$.

Nous prendrons pour second exemple, l'équation suivante

$$x^3 + 2x^2 - 33x + 14 = 0$$

Diviseurs de 14....	$+14$,	$+7$,	$+2$,	-2,	-7,	-14
	$+1$,	$+2$,	$+7$,	-7,	-2,	-1
	-34,	-35,	-40,	-26,	-31,	-32
		-5,	-20,	$+13$,		
		$+7$,	$+22$,	-11,		
		$+1$,	$+11$,			

En opérant comme dans l'exemple précédent, on ne trouve

que les diviſeurs 7 & 2, qui ſoutiennent l'épreuve juſqu'à la derniere ligne; mais le ſecond, c'eſt-à-dire, 2, ne peut ſatisfaire, parce que le dernier quotient qu'il donne, eſt 11, au lieu qu'il doit être 1. Ainſi il n'y a qu'un diviſeur commenſurable, & c'eſt $x+7$.

221. Cette méthode s'applique également aux équations littérales; ſi elles ont le même nombre de dimenſions dans chaque terme, alors on n'écrira en premiere ligne, que ceux des diviſeurs du dernier terme de l'équation qui ne ſont que d'une dimenſion. Si le nombre des dimenſions de chaque terme n'eſt pas le même, on le rendra tel, en introduiſant une lettre dont les puiſſances completent ce nombre de dimenſions.

Quand le nombre des dimenſions eſt le même dans chaque terme d'une équation, on dit alors que l'équation eſt homogene.

222. Nous avons ſuppoſé que le premier terme n'avoit aucun coëfficient; s'il en avoit un, le diviſeur au lieu d'être ſimplement $x+a$, ſeroit en général $mx+a$; & m ſeroit quelqu'un des facteurs du coëfficient du premier terme. Alors ſi l'on vouloit faire uſage de la méthode précédente, il faudroit pour chaque facteur, au lieu de la ſeconde ligne, employer cette ſeconde ligne multipliée par m; au lieu de la quatrieme, employer cette quatrieme multipliée par m, & ainſi de ſuite: & n'admettre pour a, que les termes de la premiere, qui auroient pour correſpondants dans la derniere, le ſecond facteur du premier terme de l'équation propoſée; mais il ſuffira de prendre en $+$ les nombres que l'on eſſaiera pour m. Au reſte, on peut ramener ce cas au précédent, en faiſant évanouir ce coëfficient, par la méthode donnée (191).

223. Lorſqu'une équation n'a pas de diviſeur commenſurable du premier degré, elle peut néanmoins en avoir du ſecond. On peut trouver ceux-ci par une méthode analogue à celle que nous venons d'expoſer; mais les calculs deviennent très-longs. On aura auſſi-tôt fait en cette maniere. Repréſentez ce facteur par x^2+mx+n; multipliez-le par un autre facteur convenable pour produire une quantité du degré de l'équation propoſée, c'eſt-à-dire, par un facteur du troiſieme degré, tel que x^3+ax^2+bx+c, ſi l'équation propoſée eſt du cinquieme. Egalez le produit terme à terme avec l'équation, vous aurez autant d'équations particulieres que d'inconnues a, b, c, m, n, &c. De ces équations vous tirerez aiſément les valeurs de a, b, c, que vous ſubſtituerez dans les

équations restantes; alors vous aurez deux équations qui ne renfermeront plus d'inconnues que m & n. Chassez m, par les regles données (167), & cherchez les diviseurs commensurables de l'équation en n. Vous aurez la valeur de n, par le moyen de laquelle & de la valeur de m en n que vous aurez en éliminant, vous déterminerez m, & par conséquent le facteur $x^2 + mx + n$.

On voit par-là, comment on doit s'y prendre pour trouver les facteurs commensurables des 3e, 4e, &c, degrés.

De l'Extraction des racines des quantités en partie commensurables, & en partie incommensurables.

224. Les équations qui se résolvent à la maniere de celles du second degré (173) conduisent à des expressions de cette forme $\sqrt{7 + \sqrt{48}}$, ou $\sqrt[3]{26 + 15\sqrt{3}}$, ou &c. Ces quantités peuvent souvent être ramenées à ne renfermer que des quantités rationnelles & de simples radicaux quarrés; ou seulement des radicaux quarrés; ou encore, des radicaux quarrés, multipliés ou divisés par un radical simple de même degré que le radical supérieur. Voyons comment on doit s'y prendre pour les quantités de la forme $\sqrt{C + \sqrt{D}}$.

Je représente cette quantité par $\sqrt{m} + \sqrt{n}$, m & n étant deux inconnues. J'aurai donc $\sqrt{C + \sqrt{D}} = \sqrt{m} + \sqrt{n}$; en quarrant, il vient $C + \sqrt{D} = m + 2\sqrt{mn} + n$. Comme j'ai deux inconnues & une seule équation, je suis maître de déterminer l'une de ces inconnues par telle condition que je voudrai; je puis donc supposer $2\sqrt{mn} = \sqrt{D}$, & alors l'équation se réduit à $C = m + n$; je quarre la premiere de ces deux-ci, & la seconde; j'ai $4mn = D$ & $m^2 + 2mn + n^2 = C^2$; je retranche la premiere de ces deux équations-ci, de la seconde, & j'ai $m^2 - 2mn + n^2 = C^2 - D$; d'où l'on voit que pour que m & n soient commensurables, il faut que la valeur de $C^2 - D$ soit un quarré, puisque $m^2 - 2mn + n^2$ est un quarré. Tirant donc la racine quarrée, on aura $m - n = \sqrt{C^2 - D}$; or nous avions, ci-dessus, $m + n = C$; ajoutant & retranchant ces deux équations, & divisant par 2 on aura $m = \frac{1}{2}C + \frac{1}{2}\sqrt{C^2 - D}$, & $n = \frac{1}{2}C - \frac{1}{2}\sqrt{C^2 - D}$; donc $\sqrt{C + \sqrt{D}} = \ldots\ldots\ldots$

$\sqrt{\frac{1}{2}C+\frac{1}{2}\sqrt{C^2-D}}+\sqrt{\frac{1}{2}C-\frac{1}{2}\sqrt{C^2-D}}$; or quoique chacun des deux termes de ce second membre renferme deux radicaux, cependant chacun n'en aura véritablement qu'un seul, lorsque $\sqrt{C+\sqrt{D}}$ sera réductible, puisqu'alors C^2-D sera un quarré, ainsi que nous venons de le voir.

Prenons pour exemple la quantité $\sqrt{7+\sqrt{48}}$: ici, $C=7$, $\sqrt{D}=\sqrt{48}$, & par conséquent $D=48$, donc $C^2-D=49-48=1$, & $\sqrt{C^2-D}=\sqrt{1}=1$; on aura donc, en substituant dans la formule que nous venons de trouver, $\sqrt{7+\sqrt{48}}=\sqrt{\frac{7}{2}+\frac{1}{2}}+\sqrt{\frac{7}{2}-\frac{1}{2}}=\sqrt{4}+\sqrt{3}=2+\sqrt{3}$. Si l'on avoit $\sqrt{11+6\sqrt{2}}$; en faisant passer 6 sous le second radical (112), on auroit $\sqrt{11+\sqrt{72}}$, que l'on trouvera de même se réduire à $3+\sqrt{2}$.

Pour second exemple, nous prendrons ....
$\sqrt{4ac+2(a+c)(a-c)\sqrt{-1}}$ que nous avons dit ci-dessus (113), valoir $(a+c)+(a-c)\sqrt{-1}$. Si l'on fait passer $2(a+c)(a-c)$ sous le radical $\sqrt{-1}$, la quantité.......
$\sqrt{4ac+2(a+c)(a-c)\sqrt{-1}}$, devient...........
$\sqrt{4ac+\sqrt{-4.(a+c)^2(a-c)^2}}$; donc $C=4ac$, $\sqrt{D}=\sqrt{-4(a+c)^2(a-c)^2}$, ou $D=-4(a+c)^2(a-c)^2=-4a^4+8a^2c^2-4c^4$; donc $C^2-D=16a^2c^2+4a^4-8a^2c^2+4c^4=4a^4+8a^2c^2+4c^4$; donc $\sqrt{C^2-D}=2(a^2+c^2)$; donc la formule devient alors $\sqrt{2ac+a^2+c^2}+\sqrt{2ac-a^2-c^2}$, c'est-à-dire, $\sqrt{(a+c)^2}+\sqrt{(a-c)^2\times-1}$, qui se réduit à $(a+c)+(a-c)\sqrt{-1}$.

Si au lieu de $\sqrt{C+\sqrt{D}}$, on avoit $\sqrt{C-\sqrt{D}}$, au lieu de $\sqrt{\frac{1}{2}C+\frac{1}{2}\sqrt{C^2-D}}+\sqrt{\frac{1}{2}C-\frac{1}{2}\sqrt{C^2-D}}$, on auroit.....
$\sqrt{\frac{1}{2}C+\frac{1}{2}\sqrt{C^2-D}}-\sqrt{\frac{1}{2}C-\frac{1}{2}\sqrt{C^2-D}}$

225. Voyons maintenant les quantités de la forme........
$\sqrt[3]{C+\sqrt{D}}$. Si l'on peut tirer exactement la racine cubique de la quantité représentée par $C+\sqrt{D}$, cette racine ne peut être qu'une quantité de cette forme $m\sqrt[3]{k}+\sqrt[3]{k}.\sqrt{n}$; car si l'on supposoit qu'elle peut renfermer deux radicaux quarrés, le cube en renfermeroit deux aussi, ainsi qu'on peut le voir en cubant $\sqrt{g}+\sqrt{h}$. Mais on voit, par le même moyen,

qu'elle peut renfermer un radical cube, tel que $\sqrt[3]{k}$. Cela posé, faisons donc $\sqrt[3]{C+\sqrt{D}} = m\sqrt[3]{k} + \sqrt[3]{k}\sqrt{n}$; nous aurons, en cubant, $C+\sqrt{D} = m^3k + 3m^2k\sqrt{n} + 3mkn + kn\sqrt{n} = m^3k + 3mkn + (3m^2k + kn)\sqrt{n}$; égalant donc la partie irrationelle, à la partie irrationelle, nous aurons........ $\sqrt{D} = (3m^2k + kn)\sqrt{n}$, & $C = m^3k + 3mkn$; quarrant la premiere équation & la seconde, on aura............ $D = 9m^4k^2n + 6m^2k^2n^2 + k^2n^3$, & $C^2 = m^6k^2 + 6m^4k^2n + 9m^2k^2n^2$; retranchant la premiere de ces deux équations, de la seconde, on a $C^2 - D = m^6k^2 - 3m^4k^2n + 3m^2k^2n^2 - k^2n^3$, ou, multipliant tout par k, $C^2k - Dk = m^6k^3 - 3m^4k^3n + 3m^2k^3n^2 - k^3n^3$; tirant la racine cubique, il vient $m^2k - nk = \sqrt[3]{C^2k - Dk}$; & par conséquent $m^2 - n = \frac{\sqrt[3]{(C^2-D)k}}{k}$; donc pour que $m^2 - n$ soit rationel, & par conséquent, pour que $C + \sqrt{D}$ ait une racine cubique, il faut que $(C^2 - D)k$ soit un cube exact, ce que l'on peut toujours obtenir en prenant pour k un nombre convenable; car k est absolument arbitraire, en sorte que si $C - D$ est un cube parfait, on fera $k = 1$. Faisons donc pour abréger $\frac{\sqrt[3]{(C^2-D)k}}{k} = p$; nous aurons $m^2 - n = p$, & par conséquent $n = m^2 - p$; substituant cette valeur dans l'équation $C = m^3k + 3mkn$, il viendra, après les réductions faites, $4km^3 - 3pkm - C = 0$. Afin donc que m & n soient rationels, il faut que la valeur de m tirée de cette derniere équation, soit rationelle; il faudra donc chercher les diviseurs commensurables de cette équation (220), qui ne peut manquer d'en avoir, si m & n peuvent être rationels, c'est-à-dire, si la quantité proposée est susceptible d'une racine cubique de la forme $m\sqrt[3]{k} + \sqrt[3]{k}.\sqrt{n}$.

Prenons pour exemple, la quantité $\sqrt[3]{20 + 14\sqrt{2}}$; nous avons donc ici $C = 20$, $\sqrt{D} = 14\sqrt{2}$, & par conséquent $C^2 = 400$ & $D = 392$, donc $C^2 - D = 8$; c'est-à-dire, un cube: je puis donc faire $k = 1$. Cela posé, j'aurai donc $\frac{\sqrt[3]{(C^2-D)k}}{k} = \frac{\sqrt[3]{8 \times 1}}{1} = \sqrt[3]{8} = 2$, & par conséquent aussi $p = 2$. L'équation

$4km^3 - 3pkm - C = 0$, deviendra donc $4m^3 - 6m - 20 = 0$, ou en divisant par 2, $2m^3 - 3m - 10 = 0$; je fais maintenant, $m = \frac{y}{2}$ pour faire disparoître (191) le coëfficient du premier terme, & j'ai, toute réduction faite, $y^3 - 6y - 40 = 0$, qui (220) a pour diviseur commensurable $y - 4$; donc $y = 4$, & par conséquent $m = 2$; or l'équation $n = m^2 - p$, donne $n = 4 - 2 = 2$; donc $\sqrt[3]{20 + 14\sqrt{2}} = 2 + \sqrt{2}$.

Prenons pour second exemple, la quantité $\sqrt[3]{52 + 30\sqrt{3}}$. Ici nous avons $C = 52$, $\sqrt{D} = 30\sqrt{3}$; par conséquent $CC = 2704$, $D = 2700$; donc $CC - D = 4$; donc pour que $(CC - D)k$ devienne un cube, il faut supposer $k = 2$; & alors $\frac{\sqrt[3]{(CC - D)k}}{k}$ ou p, devient $\frac{\sqrt[3]{8}}{2} = \frac{2}{2} = 1$; l'équation $4km^3 - 3pkm - C = 0$, devient donc $8m^3 - 6m - 52 = 0$; faisant $2m = y$, on a $y^3 - 3y - 52 = 0$, qui a pour diviseur commensurable $y - 4$; donc $y = 4$, & par conséquent $m = 2$; d'ailleurs l'équation $n = m^2 - p$, donne $n = 4 - 1 = 3$. Ayant donc $m = 2$, $n = 3$, $k = 2$, on aura $\sqrt[3]{52 + 30\sqrt{3}} = 2\sqrt[3]{2} + \sqrt[3]{2} . \sqrt{3}$.

On voit à présent comment on doit se conduire pour les quantités plus élevées.

De la maniere d'approcher des racines des Equations composées.

226. La méthode que nous allons exposer pour approcher de la valeur de l'inconnue dans les équations, suppose qu'on ait déja une valeur de cette racine, approchée seulement jusqu'à sa dixieme partie près. Voyons donc comment on peut se procurer cette premiere valeur. Prenons pour exemple, l'équation $x^3 - 5x + 6 = 0$.

Je substitue dans cette équation, au lieu de x, plusieurs nombres tant positifs que négatifs, jusqu'à ce que deux substitutions consécutives me donnent deux résultats de signes contraires. Lorsque j'en ai rencontré deux de cette qualité, je conclus que la valeur de x est entre les deux nombres qui, ſubſtitués au lieu de x, ont donné ces deux réſultats, en ſorte que ſi ces deux nombres ne different l'un de l'autre que de la dixieme partie, ou moins de la dixieme partie de l'un d'entre eux, j'ai la valeur approchée que je cherche, en prenant l'un ou l'autre, ou un milieu entr'eux.

Mais s'ils different davantage, alors j'opere comme on va le voir.

Je ſubſtitue dans l'équation $x^3 - 5x + 6 = 0$ les nombres 0, 1, 2, 3, 4, &c; mais je m'apperçois bientôt qu'ils donnent tous des réſultats poſitifs, & que cela iroit toujours de même à l'infini. C'eſt pourquoi je ſubſtitue les nombres 0, — 1, — 2, — 3, &c, ce qui me donne les réſultats ſuivants;

Subſtitutions	*Réſultats.*
0	+ 6
—1	+ 10
—2	+ 8
—3	— 6

Je m'arrête donc à ces deux derniers, & je conclus que l'une des racines eſt entre — 2 & — 3. Mais comme ces nombres different de 1, qui eſt plus grand que la dixieme partie de chacun, je prends un milieu entre les deux nombres, c'eſt-à-dire, que je prends la moitié — 2, 5 de leur ſomme — 5. Je ſubſtitue — 2, 5 au lieu de x dans l'équation, & je trouve pour réſultat + 2, 875, c'eſt-à-dire, une quantité poſitive; je conclus donc que la racine eſt entre — 2, 5 & — 3.

Je prends un milieu entre — 2, 5 & — 3; c'eſt — 2, 7, en négligeant au-delà des dixiemes.

Je ſubſtitue — 2, 7 dans l'équation, au lieu de x; je trouve pour réſultat — 0, 183, c'eſt-à-dire, une quantité négative. Donc puiſque — 2, 5 a donné un réſultat poſitif, & que — 2, 7 en donne un négatif, la valeur de x, eſt entre — 2, 5 & — 2, 7; or ces deux nombres ne different que de 0, 2 qui eſt plus petit que le dixieme de chacun d'eux; donc la valeur de x eſt (en prenant un milieu entre deux) — 2, 6 à moins d'un dixieme près.

Ayant ainſi trouvé un nombre qui ne differe pas de x, d'un dixieme de la valeur de cette même quantité, je ſuppoſe x égal à ce nombre plus une nouvelle inconnue z; c'eſt-à-dire ici, je ſuppoſe $x = -2, 6 + z$; & je ſubſtitue cette quantité, au lieu de x, dans l'équation; mais comme z eſt tout au plus un dixieme de la quantité 2, 6; que par conséquent son quarré sera tout au plus la centieme partie du quarré de celui-ci; son cube tout au plus la millieme partie du cube de celui-ci, & ainsi de suite; je néglige dans cette substitution toutes les puissances de z au-dessus de la premiere; & afin de ne pas faire de calculs inutiles, je n'admets dans la formation du cube de $-2,6+z$ (& des autres puissances s'il y en avoit) que les deux premiers termes que doit donner la regle donnée (149).

Pour substituer avec ordre, j'écris comme on le voit ici:

$$x^3 = (-2,6+z)^3 = (-2,6)^3 + 3(-2,6)^2 \cdot z$$
$$-5x = -5(-2,6+z) = -5(-2,6) - 5z$$
$$+6 = +6$$

Réunissant donc, j'aurai pour le résultat de la substitution, $(-2,6)^3 + 3(-2,6)^2 \cdot z - 5 \cdot (-2,6) - 5z + 6 = 0$, ou, en faisant les opérations indiquées, & les réductions, $15,28z + 1,424 = 0$; d'où je tire $z = -\frac{1,424}{15,28}$, qui en réduisant en décimales, donne $z = -0,09$; quantité dans laquelle je ne pousse la division que jusqu'à un chiffre significatif seulement. En général, il ne faut la pousser, que jusqu'à autant de chiffres significatifs, (y compris le premier qu'on trouve), qu'il y a de places entre celui-ci, & le premier chiffre de la premiere valeur approchée de x: ici entre 9 (qui est le premier chiffre significatif du quotient 0,09) & 2 (qui est le premier chiffre de 2,6) premiere valeur approchée de x, il n'y a qu'une place; c'est pourquoi, je m'arrête au premier chiffre significatif 9.

La valeur de x, savoir $x = -2,6 + z$, devient donc $x = -2,6 - 0,09$, c'est-à-dire, $x = -2,69$.

Pour avoir cette valeur de x plus exactement, je suppose actuellement $x = -2,69 + t$;

J'aurai donc

$$x^3 = (-2,69)^3 + 3(-2,69)^2 \cdot t$$
$$-5x = -5(-2,69) - 5t$$
$$+6 = +6$$

Et par conséquent, après les opérations faites, $-0,015109 + 16,7083\,t = 0$, d'où je tire $t = \frac{0,015109}{16,7083}$, qui revient à $t = 0,000904$.

La valeur de x, savoir $x = -2,69 + t$, devient donc $x = -2,69 + 0,000904 = -2,689096$.

Si l'on veut pousser plus loin, on fera $x = -2,689096 + u$, & on se conduira de la même maniere.

Prenons, pour second exemple, l'équation ....
$x^4 - 4x^3 - 3x + 27 = 0$.

En s'y prenant comme ci-dessus, on trouvera que la valeur de x approchée à moins d'un dixieme près, est 2,3.

Je fais donc $x = 2,3 + z$. J'aurai, en substituant, & négligeant z^2, z^3, &c.

$$x^4 = (2,3)^4 + 4(2,3)^3 . z$$
$$-4x^3 = -4(2,3)^3 - 12(2,3)^2 z$$
$$-3x = -3(2,3) - 3z$$
$$+27 = +27$$

Donc, toute réduction faite, $-0,5839 - 17,812z = 0$, & par conséquent $z = -\frac{0,5839}{17,812} = -0,03$; je me borne aux centiemes, par la même raison que ci-dessus. La valeur de x est donc $x = 2,3 - 0,03 = 2,27$.

Pour approcher davantage, je fais $x = 2,27 + t$, & substituant, j'aurai.......................................

$$x^4 = (2,27)^4 + 4(2,27)^3 t$$
$$-4x^3 = -4(2,27)^3 - 12(2,27)^2 t$$
$$-3x = -3(2,27) - 3t$$
$$+27 = +27$$

Donc, toute réduction faite, $-0,04595359 - 18,046468\, t = 0$; d'où l'on tire $t = -\frac{0,04595359}{18,046468} = -0,0025$, & par conséquent $x = 2,2675$.

Réflexions sur la Méthode précédente.

227. La méthode que nous venons d'exposer, & qui est dûe à *Newton*, exige, comme on vient de le voir, que l'on trouve deux nombres qui substitués dans l'équation, donnent deux résultats dont l'un soit positif & l'autre négatif. Nous avons dit qu'il y auroit toujours une racine de l'équation qui seroit comprise entre les deux nombres qui ont donné ces deux résultats ; & cela est facile à voir. Car si l'on suppose que la plus petite valeur de x soit représentée par a, & que celle qui est immédiatement plus grande, soit b, en sorte que $x - a$ & $x - b$ soient deux facteurs de l'équation, il est visible que si au lieu de x on substitue un nombre positif plus petit que a, $x - a$ devient négatif. Et si l'on substitue un nombre positif plus grand que a,

mais plus petit que b, $x - a$ deviendra positif; & le produit des autres facteurs sera de même signe que dans le premier cas; donc puisqu'il n'y a que le facteur $x - a$ qui a changé de signe, alors, le produit total changera sûrement de signe. On démontreroit la même chose, si le plus petit facteur, au lieu d'être $x - a$, étoit $x + a$, mais en substituant des nombres négatifs.

Mais ne peut-il pas arriver qu'il n'y ait aucune valeur réelle, soit positive, soit négative, qui substituée pour x, donne deux résultats de signe contraire?

Cela peut arriver dans trois cas; 1°, lorsque les racines sont égales deux à deux, quatre à quatre, &c.

2°, Lorsque toutes les racines sont imaginaires.

3°, Lorsqu'elles sont en partie imaginaires & en partie égales deux à deux.

Par exemple, une équation qui seroit formée de ces quatre facteurs $x-a$, $x-a$, $x-b$, $x-b$, c'est-à-dire, l'équation $(x-a)^2 \times (x-b)^2 = 0$, ne change jamais de signe, quelque valeur qu'on mette pour x, soit positive, soit négative. En effet, soit que $x-a$ soit positif, soit qu'il soit négatif, son quarré est toujours positif. Il en est de même de $x - b$.

Quant au cas où toutes les racines sont imaginaires, il est évident qu'il n'y a aucuns nombres réels à substituer pour x qui puissent donner deux résultats de signe contraire; car si cela arrivoit, la valeur de x seroit donc entre ces deux nombres réels; elle seroit donc réelle; ce qui est contre la supposition.

Enfin le troisieme cas suit immédiatement des deux que nous venons d'examiner.

Que doit-on donc faire alors, pour avoir les racines? C'est ce que nous allons examiner.

De la maniere d'avoir les racines égales des Equations.

228. Pour avoir les racines égales qu'une équation peut renfermer, *multipliez chaque terme par l'exposant de* x *dans ce même terme, & diminuez cet exposant, d'une unité; vous aurez une nouvelle équation. Cherchez le plus grand commun diviseur entre cette derniere, & l'équation proposée, il sera composé des racines égales de celle-ci, mais élevées à une puissance moindre d'une unité.*

Par exemple, l'équation............................

$$\begin{array}{l} x^4 - 2ax^3 + a^2x^2 - 2a^2bx + a^2b^2 = 0 \\ \quad - 2bx^3 + 4abx^2 - 2ab^2x \\ \qquad\quad + b^2x^2 \end{array}$$

eſt le produit de $(x - a)^2$ par $(x - b)^2$.

Si vous multipliez chaque terme par l'expoſant de x, & ſi vous diminuez l'expoſant, d'une unité, vous aurez, en faiſant attention que l'expoſant de x dans le dernier terme, eſt zéro, ...

$$\begin{array}{l} 4x^3 - 6ax^2 + 2a^2x - 2a^2b = 0 \\ - 6bx^2 + 8abx - 2ab^2 \\ \qquad + 2b^2x \end{array}$$

équation dont le diviſeur commun avec l'équation propoſée, eſt $\begin{array}{l} x^2 - ax + ab \\ \quad\ - bx \end{array}$, qui n'eſt autre choſe que $(x - a)(x - b)$ dans lequel on voit les mêmes facteurs que dans $(x - a)^2 \times (x - b)^2$, avec cette différence ſeulement que dans ce commun diviſeur, ils y ſont à une puiſſance moindre d'une unité. Voici la démonſtration de cette regle.

Nous avons vu (149) que..........................

$$(x + b)^m = x^m + m \cdot x^{m-1} b + m \cdot \frac{m-1}{2} \cdot x^{m-2} b^2 + m \cdot \frac{m-1}{2} \cdot \frac{m-2}{3} x^{m-3} b^3$$

Concevons que dans le ſecond membre, on multiplie chaque terme par l'expoſant de x, & qu'on diminue cet expoſant d'une unité, on aura..

$$mx^{m-1} + m \cdot \overline{m-1}\, x^{m-2} b + m \cdot \frac{m-1}{2} \cdot \overline{m-2} \cdot x^{m-3} b^2 + m \cdot \frac{m-1}{2} \cdot \frac{m-2}{3} \cdot \overline{m-3} \cdot x^{m-4} b^3 \text{ \&c.}$$

Or cette quantité n'eſt autre choſe que.................

$$m\,(x^{m-1} + \overline{m-1}\, x^{m-2} b + \overline{m-1} \cdot \frac{m-2}{2} x^{m-3} b^2 + \overline{m-1} \cdot \frac{m-2}{2} \cdot \frac{m-3}{3} x^{m-4} b^3 \text{ \&c.}$$

c'eſt-à-dire (149), qu'elle eſt préciſément $m\,(x + b)^{m-1}$.

Concluons donc que lorſqu'on multiplie les termes qui compoſent la puiſſance m du binome $x + b$, chacun par l'expoſant de x, dans ce terme, ce produit eſt préciſément la puiſſance immédiatement inférieure, multipliée par l'expoſant de la puissance actuelle. La regle est donc démontrée pour le cas où toutes les racines sont égales.

Supposons actuellement que l'on ait $(x+b)^m \times (x+d)^n$, en développant de même $(x+b)^m$ & $(x+d)^n$, & multipliant les deux résultats l'un par l'autre; si vous multipliez ensuite chaque terme, par l'exposant de x, vous trouverez de même par le calcul, que le résultat n'est autre chose que $m(x+b)^{m-1} \times (x+d)^n + n(x+b)^m \times (x+d)^{n-1}$, dont le commun diviseur avec $(x+b)^m \times (x+d)^n$ est $(x+b)^{m-1} \times (x+d)^{n-1}$ & ainsi de suite, quelque soit le nombre des facteurs $x+b$; $x+d$, &c.

De la maniere d'avoir les Racines imaginaires des Equations.

229. Quoique les racines imaginaires des équations, soient susceptibles de bien des formes différentes selon le degré de l'équation, néanmoins on peut les ramener toutes à cette forme $x=a+b\sqrt{-1}$, a & b étant de quantités réelles positives ou négatives. La démonstration rigoureuse de cette proposition, nous meneroit trop loin : on la trouvera dans les *Mém. de l'Acad. de Berlin, ann.* 1746, où M. d'Alembert, Auteur de cette démonstration, fait voir qu'en même temps qu'une des valeurs de x peut être représentée par $a+b\sqrt{-1}$, il y en a une autre qui doit être exprimée par $a-b\sqrt{-1}$; d'où il suit 1°, qu'il n'y a que les équations de degrés pairs qui puissent avoir toutes leurs racines imaginaires.

2°, Qu'une équation qui a toutes ses racines imaginaires, est décomposable en facteurs du second degré de cette forme $(x-a-b\sqrt{-1}) \times (x-a+b\sqrt{-1}$, c'est-à-dire, en facteurs réels du second degré; puisqu'en faisant la multiplication, on a $x^2-2ax+aa+bb$; quantité où il n'y a plus d'imaginaires. Donc, lorsqu'une équation a toutes ses racines imaginaires, si l'on cherche à la décomposer en facteurs du second degré tels que x^2+gx+h, [ce que l'on fera de la maniere qui a été indiquée (223)], l'équation en h aura sûrement quelques racines réelles; donc on pourra toujours avoir ces racines, au moins par approximation. Donc dans quelque équation que ce soit, on peut toujours avoir les racines soit réelles, soit imaginaires, au moins par approximation.

SECONDE

SECONDE SECTION,

Dans laquelle on applique l'Algebre à l'Arithmétique & à la Géométrie.

230. DANS le petit nombre d'applications que nous avons données dans la Section précédente, on a dû remarquer que lorſqu'une fois une queſtion a été miſe en équation, ce qui reſte à faire pour parvenir à la réſolution, eſt uniforme pour toutes les queſtions du même degré. Tout ſe réduit à dégager l'inconnue ou les inconnues; & cela ſe fait par des regles qui ſont toujours les mêmes, quelque différentes que puiſſent être d'ailleurs les quantités que l'on a à conſidérer dans chaque queſtion, & quelque différentes que ſoient elles-mêmes ces queſtions, pourvu qu'elles ſoient du même degré.

Ces regles diſpenſent de beaucoup de raiſonnements qu'on auroit à faire ſi l'on vouloit ſe paſſer du ſecours des équations; raiſonnements qui, indépendamment de leur nombre, ſeroient encore ſouvent par leur nature, au-deſſus des efforts ordinaires de l'eſprit.

Nous avons fait pressentir aussi, par quelques exemples, combien il étoit avantageux de représenter par des signes généraux, chacune des quantités qui entrent dans une question, ainsi que les opérations que l'on a à faire sur elles ; mais indépendamment des avantages que nous avons vu devoir résulter de cette méthode, il en est encore un grand nombre d'autres que nous allons faire connoître en présentant les équations sous un point de vue plus étendu que nous ne l'avons fait jusqu'ici.

Lorsque l'on a représenté d'une maniere générale chacune des quantités, soit connues, soit inconnues qui entrent dans une question, & que l'on a exprimé, par des équations, toutes les conditions qu'elle renferme, on peut alors abandonner totalement de vue la question, pour s'occuper uniquement de ces équations & de l'application des regles qui leur conviennent. Alors si l'on a bien présent à l'esprit ce que l'on est convenu d'entendre, soit par les signes, soit par la disposition des lettres, chaque équation devient, comme un livre, où l'on peut lire, avec plus de facilité, les différents rapports qui lient les quantités les unes aux autres. On peut, par différentes applications des regles exposées dans la premiere Section, donner à ces équations de nouvelles formes qui rendent encore ces rapports plus faciles à saisir. En un mot, on peut les considérer comme le dépôt des propriétés de ces quantités, & des solutions générales d'un grand nombre de questions qu'on n'avoit point en vue, qu'on ne soupçonnoit pas même tenir de si près à la question principale.

En effet, puisque les regles qui servent à trouver les valeurs des inconnues, ont toutes pour objet de ramener chaque quantité inconnue à former seule le premier membre d'une équation dont le second seroit composé de toutes les autres quantités, & que ces regles sont évidemment applicables à chacune des quantités qui entrent dans ces équations, il est visible qu'on peut toujours, par ces mêmes regles, parvenir à avoir seule dans un membre, l'une quelconque des quantités qui entrent dans une équation, & n'avoir que les autres dans le second membre. Alors on est dans le même cas que si l'on avoit eu à résoudre la question où toutes ces dernieres seroient connues, & celle-là, seule, inconnue. On voit donc qu'une même équation résout autant de questions différentes qu'elle renferme de quantités différentes. Rendons cela sensible, par des exemples.

Propriétés générales des progressions arithmétiques.

231. Nous avons vu (*Arith.* 206); qu'un terme quelconque d'une progression arithmétique croissante étoit composé du premier, plus autant de fois la différence commune, qu'il y a de termes avant celui que l'on considere.

Si donc on représente par a la valeur numérique du premier terme; par u, celle du terme dont il s'agit; par d, la différence commune, ou la raison de la progression; & enfin par n, le nombre total des termes: alors le nombre des termes qui précedent le terme u, sera exprimé par $n - 1$; & la proposition que nous venons de citer pourra se traduire en langage algébrique, par cette équation; $u = a + (n - 1) d$, qui résout la question où connoissant la raison d d'une progression, le nombre n des termes, & la valeur a du premier, on demanderoit quelle doit être la valeur du dernier u.

Mais puisqu'il entre quatre quantités dans cette équation, je dis qu'elle résout quatre questions générales. En effet,

1°, Si l'on regarde a, comme l'inconnue & que l'on en cherche sa valeur, suivant les regles de la premiere Section, on aura

$a = u - (n - 1)d$, qui nous apprend que le premier terme d'une progreſſion arithmétique croiſſante ſe trouve en retranchant du dernier u, la différence d priſe $n - 1$ de fois, c'eſt-à-dire, la différence priſe autant de fois moins une qu'il y a de termes en tout.

2°, Si l'on regarde n comme l'inconnue, l'équation $u = a + (n - 1)d$, qui n'eſt autre choſe que $u = a + nd - d$, donne en tranſpoſant, $nd = u - a + d$, & en diviſant, $n = \frac{u-a+d}{d} = \frac{u-a}{d} + 1$, qui m'apprend que connoiſſant le premier terme a, le dernier u & la raiſon d, d'une progreſſion arithmétique, je ſçaurai combien il y a de termes, en retranchant le premier du dernier, diviſant le reſte par la raiſon d, & ajoutant une unité au quotient. Par exemple, ſi je ſçais que le premier terme d'une progreſſion eſt 5, le dernier 37, & la différence 2; de 37 je retranche 5, ce qui me donne 32 qui étant diviſé par la différence 2, donne 16 auquel ajoutant 1, j'ai 17 pour le nombre des termes de cette progreſſion.

3°, Enfin, ſi je regarde d comme l'inconnue dans l'équation $u = a + (n - 1)d$, j'aurai, en tranſpoſant, $(n - 1)d = u - a$, & en diviſant par $n - 1$, $d = \frac{u-a}{n-1}$, qui m'apprend que pour connoître la différence qui doit régner dans une progreſſion arithmétique, dont le premier terme, le dernier & le nombre des termes ſont connus, il faut retrancher le premier du dernier, & diviſer le reſte par le nombre des termes moins un. Cette regle revient à celle que nous avons donnée (*Arith.* 209) pour trouver un nombre déterminé de moyennes proportionnelles entre deux quantités données. Nous avons dit qu'il falloit retrancher la plus petite de la plus grande, & diviſer le reſte par le nombre des moyennes augmenté d'une unité, ce qui eſt évidemment la même choſe, puiſque le nombre des moyennes eſt moindre de deux unités que le nombre total des termes de la progreſſion.

La ſeule équation $u = a + (n - 1) d$, nous donne donc la réſolution de quatre queſtions générales; c'eſt-à-dire, nous met en état de réſoudre celle-ci qui les comprend toutes quatre: De ces quatre choſes, le premier terme, le dernier, le nombre des termes & la différence d'une progreſſion arithmétique, trois quelconques étant connues, trouver la quatrieme.

232. Toute autre propriété générale, énoncée auſſi d'une maniere générale, nous conduira par les mêmes moyens, à la réſolution d'autant de queſtions différentes qu'il

entrera de quantités dans l'énoncé de cette propriété.

Par exemple, c'eſt encore une propriété des progreſſions arithmétiques, que *pour avoir la ſomme de tous les termes de quelque progreſſion arithmétique que ce ſoit, il faut ajouter le premier terme avec le dernier, & multiplier le réſultat par la moitié du nombre des termes.*

Ainſi, pour avoir la ſomme des cent premiers termes de la progreſſion ÷ 1. 3. 5. 7. &c. dont le centieme eſt 199 : au dernier 199 j'ajouterois le premier terme 1, & je multiplierois le réſultat 200, par 50, qui eſt la moitié de 100, nombre des termes, ce qui me donne 10000, pour la ſomme des 100 premiers nombres impairs.

Nous allons démontrer cette propriété, dans un inſtant ; mais pour ne point perdre de vue notre objet, ſi en conſervant les mêmes dénominations que ci-devant ; nous nommons, de plus, s la ſomme de tous les termes ; nous aurons pour la traduction algébrique de cette propriété $s = (a + u) \times \frac{n}{2}$.

Cette équation nous met en état de réſoudre cette queſtion générale qui en comprend quatre. *De ces quatre choſes, le premier terme, le dernier, le nombre des termes, & la ſomme de tous les termes d'une progreſſion arith-*

métique, trois étant connues, trouver la 4me;

En effet, 1°, si l'on connoît a, u & n, l'équation donne immédiatement la valeur de s. 2°, Si l'on connoît a, u & s, pour avoir n, on chassera le diviseur 2, & l'on aura $2s = (a + u) \times n$ ou $(a + u) \times n = 2s$; & en divisant par $a + u$, $n = \frac{2s}{a+u}$ équation où n est connu, puisqu'on suppose que l'on connoît les quantités a, u & s qui entrent dans sa valeur. 3° & 4°, Si l'on connoît a, s & n, ou u, s & n, & que l'on veuille avoir u ou a, on reprendra l'équation $s = (a+u) \times \frac{n}{2}$; chassant la fraction, on a $2s = (a + u) \times n$; divisant par n, il vient $a + u = \frac{2s}{n}$; d'où l'on tire $u = \frac{2s}{n} - a$, qui satisfait à la premiere question, & $a = \frac{2s}{n} - u$, qui satisfait à la seconde.

Démontrons maintenant la propriété que nous venons de supposer.

Il est évident que si nous continuons de représenter le premier terme par a, & la différence par d, nous pouvons représenter toute progression arithmétique croissante par la suivante $\div a . a + d . a + 2d . a + 3d . a + 4d . a + 5d . a + 6d$, &c. Concevons que, sous cette progression arithmétique, on fasse répondre terme pour terme, la même progression, mais dans un ordre renversé, on aura . . . .

$\div a . a + d . a + 2d . a + 3d . a + 4d . a + 5d . a + 6d.$

$\div a + 6d . a + 5d . a + 4d . a + 3d . a + 2d . a + d . a.$

Comme ces deux progressions sont égales, il est évident que la somme des termes de l'une des deux, est la moitié des deux réunies; or si l'on y fait attention, on voit que les deux termes correspondants font & doivent toujours faire une même somme, & que cette somme est celle du premier & du dernier terme de la premiere progression, réunis; donc la totalité des deux progressions se trouvera en ajoutant le premier & le dernier terme de l'une, & prenant ce résultat autant de fois qu'il y a de termes; donc pour l'une seulement de ces deux progressions, il faudra ajouter le premier & le dernier, prendre ce résultat, seulement moitié autant de fois qu'il y a de termes, c'est-à-dire, le multiplier par la moitié du nombre des termes.

233. Les huit questions générales que nous venons de résoudre, tiennent donc à deux principes seulement, savoir, celui que nous avons énoncé (231) & celui que nous avons énoncé (232). Et puisque leur résolution se tire immédiatement des deux équations qui sont la traduction algébrique de ces deux énoncés, on voit comment à l'aide de l'Algebre, on peut faire découler

d'une même ſource toutes les vérités qui en dépendent.

Quoique ces propriétés ne ſoient pas toutes également utiles, cependant comme elles ſont ſimples, elles en ſont d'autant plus propres à faire bien ſentir l'uſage des équations. C'eſt pourquoi nous continuerons d'expoſer cet uſage, en les prenant encore pour exemple.

Dans ce que nous venons d'expoſer, nous n'avons conſidéré qu'une ſeule équation à la fois. Mais ſi deux ou un plus grand nombre d'équations qui expriment des propriétés différentes de quelques quantités, ſe trouvent avoir quelques-unes de ces quantités qui leur ſoient communes, alors on peut encore en dériver un très-grand nombre d'autres propriétés, & cela avec une très-grande facilité. Par exemple, les deux équations fondamentales des progreſſions arithmétiques, ſavoir $u = a + (n - 1) d$ & $s = (a + u) \times \frac{n}{2}$, ont trois quantités communes entr'elles, ſçavoir a, u & n. Si l'on prend ſucceſſivement dans chacune de ces deux équations la valeur de l'une quelconque de ces trois quantités, & ſi l'on égale enſuite ces deux valeurs, on aura une nouvelle équation dans laquelle cette quantité ne ſera plus, & qui exprimera le rapport que les quatre autres ont entr'elles, indépendamment de celle-là. Par exemple, si je prends dans chaque équation la valeur de a, j'aurai ces deux valeurs $a = u - (n - 1) d$, & $a = \frac{2s}{n} - u$; donc en égalant, j'aurai $u - (n - 1) d = \frac{2s}{n} - u$, équation de laquelle, en considérant successivement u, n, d & s comme inconnues, je tirerai comme ci-dessus, quatre nouvelles propriétés générales des progressions arithmétiques. Par exemple, en regardant s comme inconnue, je tirerai $s = \frac{2nu - n.(n-1) d}{2}$ qui me donne le moyen de connoître la somme d'une progression arithmétique, par le moyen du dernier terme, de la différence, & du nombre des termes, puisqu'il n'entre que ces trois quantités & des nombres connus, dans le second membre.

Si au lieu de chasser ou d'éliminer a, nous eussions éliminé u, ou n, nous aurions eu, de même, pour chaque élimination, une nouvelle équation qui auroit renfermé quatre des cinq quantités a, u, n, d, s : & en considérant successivement chacune de ces quatre quantités, comme inconnues, on tireroit de chaque nouvelle équation quatre nouvelles formules, qui sont autant d'expreſſions différentes des quantités a, u, n, d, s; expreſſions dont chacune a ſon utilité particuliere, ſelon que dans la queſtion qu'on propoſera relativement aux progreſſions arithmétiques, on connoîtra telles ou telles de ces quantités. Par exemple, ſi l'on me demandoit la ſomme de tous les termes d'une progreſſion arithmétique, dont on me feroit connoître, le premier, la différence, & le nombre des termes; alors comme le dernier terme m'eſt inconnu, j'éliminerois u, & j'aurois une équation qui ne renfermant plus que a, n, d & s, me feroit aiſément connoître s.

Concluons de-là que les deux équations $u = a + (n - 1)d$ & $s = (a + u) \times \frac{n}{2}$ donnent la réſolution de toutes les queſtions qu'on peut propoſer ſur les progreſſions arithmétiques, lorſqu'on y connoît, immédiatement, trois des cinq quantités a, u, n, d, s.

Donnons ici quelques applications des progreſſions arithmétiques.

234. Suppoſons qu'on demande combien la baſe d'une pile triangulaire de boulets, dont le côté ſeroit de 6, contiendroit de ces boulets.

Il eſt facile de voir que le nombre des boulets de chaque bande parallele au côté 6 (*Fig.* 2), va en diminuant continuellement de 1 & ſe réduit enfin à 1. 2°, Que le nombre des bandes eſt 6. Donc il s'agit de trouver la ſomme des termes d'une progreſſion arithmétique dont le premier eſt 1, le dernier 6, & le nombre des termes 6. J'ajoute donc le premier 1 avec le dernier 6, & je multiplie le réſultat 7, par 3 moitié du nombre des termes, ce qui me donne 21 pour le nombre des boulets de la baſe de la pile.

235. Nous avons vu, en Géométrie, que pour avoir la ſurface d'un trapeze, il falloit ajouter les deux côtés paralleles, & multiplier la moitié de leur ſomme, par la hauteur de ce trapeze. On peut démontrer cette même propoſition par le principe que nous venons de donner pour ſommer une progreſſion arithmétique. En effet, on peut ſe repréſenter le trapeze *ABDC* (*Fig.* 3) comme composé d'un nombre infini de trapezes infiniment petits, tels que *bcih*, *cdki*. Or il eſt facile de voir qu'en ſuppoſant tous ces petits trapezes de même hauteur, chacun differe de ſon voiſin toujours d'une même quantité, ſavoir, du petit parallélogramme *cefg*, en tirant *ce* & *bf* paralleles à *hk*; car *gfki* eſt égal à *bgih*, & *cde* eſt égal à *bcg*, en ſorte que le trapeze *cdki*, a de plus que le trapeze *bchi*, le petit parallélogramme *cefg*, qui ſera toujours de même grandeur, tant qu'on ſuppoſera ces trapezes de même

hauteur. Cela étant, tous ces trapezes forment donc une progreſſion arithmétique dont le premier terme eſt le trapeze contigu à *AB*, & le dernier eſt le trapeze contigu à *CD*; donc pour avoir la totalité de ces trapezes, ou la ſurface du trapeze *ABDC*, il faut prendre les deux petits trapezes extrêmes & les multiplier par la moitié du nombre de tous les trapezes; mais comme on les ſuppoſe infiniment petits, on peut prendre à la place des deux trapezes extrêmes, les deux lignes *AB* & *BD*; & pour le nombre des trapezes, on peut prendre la hauteur *IH*; il faut donc multiplier la ſomme des deux lignes *AB* & *CD*, par la moitié de la hauteur *IH*, ou la moitié de la ſomme des deux lignes *AB* & *CD*, par la hauteur *IH*. D'où l'on voit que ſi *AB* eſt zéro, auquel cas le trapeze dégénere en triangle, il faudra multiplier la baſe de ce triangle, par la moitié de ſa hauteur, ce qui s'accorde parfaitement avec ce que nous avons démontré en Géométrie.

De la ſommation des puiſſances des termes d'une progreſſion Arithmétique quelconque.

236. On vient de voir que le principe de la ſommation des termes d'une progreſ-

ſion arithmétique peut avoir quelques applications en Géométrie. Il en a encore dans pluſieurs autres rencontres. Il eſt, par exemple, la baſe de la ſommation des quarrés, des cubes, &c, des termes d'une progreſſion arithmétique; & la ſommation de ces puiſſances a auſſi ſon utilité. Nous allons nous en occuper un moment. Mais auparavant, il eſt à propos de faire obſerver que quand on ſe propoſe de ſommer une ſuite de quantités qui croiſſent ou qui décroiſſent ſuivant une loi connue, l'objet eſt de déterminer la ſomme de ces quantités par la connoiſſance de quelques-unes d'entr'elles, de leur nombre, & de la quantité qui marque la loi de leur augmentation ou de leur diminution.

Pour réſoudre cette queſtion, on peut toujours, comme pour toute autre, faire uſage du principe que nous avons donné (67). Mais comme ce principe ſuppoſe que ſi l'on connoiſſoit la quantité cherchée, on ſeroit en état de la vérifier, ce qui ne peut ſe faire ſans connoître au moins quelques-unes de ſes propriétés, eſſayons donc de trouver les propriétés des ſuites des quarrés, des cubes, &c, des nombres en progreſſion arithmétique.

Soient donc a, b, c, d, &c, pluſieurs nombres en progreſſion arithmétique dont la différence soit r. On aura 1°, $b = a + r$, $c = b + r$, $d = c + r$, $e = d + r$.

2°, En quarrant, on aura $b^2 = a^2 + 2ar + r^2$, $c^2 = b^2 + 2br + r^2$, $d^2 = c^2 + 2cr + r^2$, $e^2 = d^2 + 2dr + r^2$.

3°, En cubant, on aura, $b^3 = a^3 + 3a^2r + 3ar^2 + r^3$, $c^3 = b^3 + 3b^2r + 3br^2 + r^3$, $d^3 = c^3 + 3c^2r + 3cr^2 + r^3$, $e^3 = d^3 + 3d^2r = 3dr^2 + r^3$.

Si l'on ajoute maintenant les équations des quarrés, entr'elles ; & celles des cubes aussi entr'elles, on aura, après avoir effacé les termes égaux & semblables qui se trouveront dans différents membres, 1°, $e^2 = a^2 + 2ar + 2br + 2cr + 2dr + 4r^2$ ou $e^2 = a^2 + 2r(a + b + c + d) + 4r^2$; & l'on voit qu'en général si le nombre des quantités a, b, c, d, &c, étoit marqué par n, que la derniere fût marqué par u, & la somme de toutes ces mêmes quantités, par s', on auroit $u^2 = a^2 + 2r(s' - u) + (n - 1)r^2$, car $2r$ est multiplié par toutes les quantités a, b, c, &c, excepté la derniere, & r^2 est ajouté à lui-même autant de fois qu'il y a d'équations, c'est-à-dire, autant de fois moins une qu'il y a de quantités a, b, c, &c. Or cette équation renfermant s', il est aisé d'en tirer la valeur de cette quantité, & par conséquent l'expression de la somme de tous les termes d'une progression arithmétique. Cette valeur de de s' eſt $s' = \frac{u^2 - a^2 - (n-1)r^2}{2r} + u$.

2°. Si l'on ajoute de même les équations des cubes, on aura, après avoir effacé les quantités ſemblables & égales qui ſe trouveront dans différents membres $e^3 = a^3 + 3a^2r + 3b^2r + 3c^2r + 3d^2r + 3ar^2 + 3br^2 + 3cr^2 + 3dr^2 + 4r^3$.

C'eſt-à-dire, $e^3 = a^3 + 3r(a^2 + b^2 + c^2 + d^2) + 3r^2(a + b + c + d) + 4r^3$, où l'on voit que la quantité qui multiplie $3r$, eſt la ſomme de tous les quarrés excepté le dernier ; que la quantité qui multiplie $3r^2$, eſt la ſomme de toutes les quantités excepté la derniere, & qu'enfin le cube r^3 a été ajouté à lui-même autant de fois qu'il y avoit d'équations, c'eſt-à-dire, autant de fois moins une qu'il y a de quantités ; par conſéquent, en général, & en nommant s'', la ſomme des quarrés, u le dernier terme, on aura $u^3 = a^3 + 3r(s'' - u^2) + 3r^2(s' - u) + (n-1)r^3$.

Donc, connoiſſant le premier terme, le dernier, la différence r & le nombre des termes, on pourra avoir, par le moyen de cette équation, la valeur de s'', c'eſt-à-dire, de la ſomme des quarrés ; car la quantité s' a été déterminée ci-deſſus. Si donc on ſubſtitue pour s', ſa valeur, on aura $u^3 = a^3 + 3r(s'' - u^2) + 3r)\left(\frac{u^2 - a^2 - \overline{n-1} \cdot r^2}{2}\right) + \overline{n-1} \cdot r^3$, ou $2u^3 = 2a^3 + 6rs'' - 6ru^2 + 3ru^2 - 3ra^2 - 3 . \overline{n - 1} . r^3 + 2 . \overline{n - 1} . r^3$, qui après les opérations ordinaires, donne . . . . . .

$$s'' = \frac{2u^3 - 2a^3 + 3ru^2 + 3ra^2 + \overline{n-1} . r^3}{6r}$$

Si l'on prend de même les quatriemes puissances des équations $b = a + r$, $c = b + r$ &c, qu'on les ajoute & qu'on les traite de la même maniere, on trouvera de-même la somme des cubes. On s'y prendra de même pour trouver la somme des puissances plus élevées.

237. Donnons maintenant quelques applications de la somme des quarrés.

Si l'on suppose que la progression arithmétique dont il s'agit, soit la suite naturelle des nombres, à commencer par l'unité, c'est-à-dire, soit 1, 2, 3, &c.

Alors on aura $a = 1$, $r = 1$ & $u = n$; car, en général, u est $= a + \overline{n - 1} . r$, qui devient ici, $u = 1 + n - 1 = n$. La valeur de s'' deviendra donc $s'' = \frac{2n^3 - 2 + 3n^2 + 3 + n - 1}{6}$, c'est-à-dire, $s'' = \frac{2n^3 + 3n^2 + n}{6} = n \frac{(2n^2 + 3n + 1)}{6} = n . \frac{\overline{n+1} . \overline{2n+1}}{6}$.

Supposons maintenant qu'on veut savoir, combien il y a de boulets dans une pile quarrée dont on connoît le nombre des boulets d'un des côtés de la base. Il est évident que cette pile est composée de rangs paralleles à la base qui sont tous des quarrés dont le côté va continuellement en diminuant de 1 à compter de la base, ou en augmentant de 1 à compter du sommet. La totalité est donc la somme des quarrés de la suite naturelle des nombres, prise jusqu'au nombre n qui marque le nombre des boulets d'un des côtés de la base; cette totalité est donc exprimée par $\frac{n.\overline{n+1}.\overline{2n+1}}{6}$; c'est-à-dire, que pour l'avoir, il faut suivre cette regle . . . . *Au nombre des boulets d'un des côtés de la base & à son double ajoutez un; multipliez les deux résultats l'un par l'autre, & leur produit par le nombre même des boulets; & prenez le sixieme de ce dernier produit.* Par exemple, si la pile quadrangulaire a 6 boulets de côté; à 6 & à son double 12, j'ajoute 1, ce qui me donne 7 & 13, qui multipliés l'un par l'autre font 91; je multiplie celui-ci par 6, ce qui fait 546, dont le sixieme 91 est le nombre des boulets de la pile.

Lorsque la pile n'a point pour base un quarré, mais un parallélogramme, il faut la concevoir partagée en deux parties (*Fig.* 4) dont l'une est la pile quadrangulaire dont nous venons de parler, & dont l'autre est un prisme dont on évaluera la totalité des boulets en multipliant le nombre des boulets contenus dans le triangle *FBG* par le nombre des boulets de l'arrête *BC*. Quant au nombre de boulets contenus dans le triangle *BGF*, on l'aura en multipliant la moitié du nombre des boulets du côté *FG* par ce nombre augmenté de 1.

238. Nous avons vu en Géométrie, que pour avoir la ſolidité d'une pyramide ou d'un cône quelconque, il falloit multiplier la ſurface de la baſe, par le tiers de la hauteur. On peut le démontrer auſſi par la formule de la ſomme des quarrés. Mais auparavant, il faut remarquer que ſi dans la formule . . . . . . $s'' = \frac{n . \overline{n + 1} . \overline{2n + 1}}{6}$, on ſuppoſe que le nombre n des termes eſt infini, cette formule ſe réduit à $s'' = \frac{n^3}{3}$ ou à cauſe que $u = n$, ainſi que nous l'avons vu ci-deſſus, $s'' = \frac{u^2 n}{3} = u^2 . \frac{n}{3}$. En effet, ſuppoſer que n eſt infini, c'eſt ſuppoſer qu'il ne peut plus être augmenté par aucune quantité finie : ainſi pour que le calcul exprime la ſuppoſition que l'on fait, que n eſt infini, il faut néceſſairement regarder $n + 1$ & n, comme étant la même choſe, & $2n + 1$ & $2n$, comme étant auſſi égaux entr'eux : alors la formule . . . . . . $s'' = \frac{n . \overline{n + 1} . \overline{2n + 1}}{6}$ ſe change en $s'' = \frac{n . n . 2n}{6}$.

$= \frac{2n^3}{6} = \frac{n^3}{3} = n^2 \times \frac{n}{3}$, ou $s'' = u^2 . \frac{n}{3}$, en mettant pour n sa valeur u, dans n^2.

Cela posé, nous avons démontré (*Géom.* 202), qu'en concevant une pyramide comme composée de tranches paralleles à la base, ces tranches étoient entr'elles, comme les quarrés de leurs distances St au sommet (*Fig.* 5); donc en concevant la hauteur partagée en une infinité de parties égales, les distances suivront la progression naturelle des nombres, & les tranches suivront celle de leurs quarrés; donc la somme des tranches se trouvera de la même maniere que celle des quarrés; or la formule $s'' = u^2 . \frac{n}{3}$, fait voir qu'il faut multiplier le dernier des quarrés, par le tiers de leur nombre; il faut donc, pour avoir la somme des tranches, multiplier la derniere, c'est-à-dire, la base, par le tiers du nombre des tranches, c'est-à-dire, par le tiers de la hauteur.

239. Si l'on veut avoir la formule générale pour la sommation des puissances des termes d'une progression arithmétique quelconque, il faut remarquer qu'en général on aura . . . .

$$e^m = d^m + md^{m-1}r + m.\frac{m-1}{2}d^{m-2}r^2 + m.\frac{m-1}{2}.\frac{m-2}{3}d^{m-3}r^3 + \&c.$$

$$d^m = c^m + mc^{m-1}r + m.\frac{m-1}{2}c^{m-2}r^2 + m.\frac{m-1}{2}.\frac{m-2}{3}c^{m-3}r^3 + \&c.$$

$$c^m = b^m + m.b^{m-1}r + m.\frac{m-1}{2}b^{m-2}r^2 + m.\frac{m-1}{2}.\frac{m-2}{3}b^{m-3}r^3 + \&c.$$

$$b^m = a^m + m.a^{m-1}r + m.\frac{m-1}{2}a^{m-2}r^2 + m.\frac{m-1}{2}.\frac{m-2}{3}a^{m-3}r^3 + \&c.$$

& par conséquent, en ajoutant, réduisant & représentant par $\int t^{m-1}$, $\int t^{m-2}$, $\int t^{m-3}$, &c, la somme des puissances $m-1$, $m-2$, $m-3$, &c, de tous les termes, & par u le dernier terme, on aura en général . . . .

$$u^m = a^m + mr(\int t^{m-1} - u^{m-1}) + m.\frac{m-1}{2}r^2(\int t^{m-2} - u^{m-2}) + \&c.$$

d'où l'on voit qu'en supposant successivement, $m=1$, $m=2$, $m=3$, $m=4$, &c, on aura les formules de la sommation de toutes les puissances. Car en supposant $m=1$, on a $u = a + r(\int t^0 - u^0)$; or $\int t^0 = \int 1$, c'est-à-dire, la somme d'autant d'unités qu'il y a de termes, & $u^0 = 1$. En sorte qu'au lieu de $\int t^0 - u^0$, on peut prendre $n-1$. En supposant $m=2$, on a $u^2 = a^2 + 2r(\int t - u) + r^2(\int t^0 - u^0)$, qui donne $\int t$ puisqu'on connoît la valeur de $\int t^0$. Supposons $m=3$, on aura $u^3 = a^3 + 3r(\int t^2 - u^2) + 3r^2(\int t - u) + r^3(\int t^0 - u^0)$, qui donnera $\int t^2$, puisqu'on connoît $\int t$ & $\int t^0$. Enfin si l'on suppose $m=4$, on aura $u^4 = a^4 + 4r(\int t^3 - u^3) + 6r^2(\int t^2 - u^2) + 4r^3(\int t - u) + r^4(\int t^0 - u^0)$ qui donnera $\int t^3$, puisqu'on connoît $\int t^2$, $\int t$ & $\int t^0$, & ainsi de suite à l'infini.

240. Lorsqu'une fois on sait trouver la somme des puissances de plusieurs nombres en progression arithmétique, il est fort aisé de trouver celle d'une infinité d'autres especes de progressions. Par exemple, si ayant une progression arithmétique, telle que ÷ 3 . 7 . 11 . 15 . 19, &c. on conçoit qu'on ajoute successivement les termes, on formera la suite 3, 10, 21, 36, 55, &c, que l'on peut sommer. Et si l'on ajoute de même les termes de celle-ci, on aura la suite 3, 13, 34, 70, 125, &c, qu'on peut pareillement sommer; il en sera de même des termes de celle-ci, ajoutés de la même maniere, & ainsi à l'infini.

En effet, la somme des termes de la progression arithmétique, est $s = (a+u) \times \frac{n}{2}$, ou, en mettant pour u sa valeur $u = a + r.\overline{n-1}$, $s = (2a + r.\overline{n-1}) \times \frac{n}{2}$. Cette valeur de s exprime donc un terme quelconque de la seconde suite. Donc pour avoir la somme des termes de la seconde suite, il faut sommer la suite des quantités que donneroit $(2a + r.n-1).\frac{n}{2}$ en mettant successivement pour n tous les nombres de la progression naturelle 1, 2, 3, &c. Or cette quantité revient à

$an + \frac{r}{2} n^2 - \frac{r}{2} n$, dans laquelle a & r reſtant toujours les mêmes, quelque valeur qu'on donne à n, il eſt clair que pour ſommer toutes les quantités repréſentées par an, il ſuffit de ſommer les quantités repréſentées par n; & multiplier cette ſomme par a; or la ſomme des quantités repréſentées par n, eſt la ſomme de la progreſſion arithmétique des nombres naturels. Le raiſonnement eſt le même pour $\frac{r}{2} n$. A l'égard de $\frac{r}{2} n^2$, puiſque r reſte le même, quelque nombre que l'on ſubſtitue pour n, on ſommera donc toutes les quantités repréſentées par n^2, c'eſt-à-dire, qu'on prendra la ſomme des quarrés des nombres naturels, & on la multipliera par $\frac{r}{2}$. Ainſi pour la ſomme des quantités an, on aura $a . (n + 1) . \frac{n}{2}$; pour celles des quantités $\frac{r}{2} n$, on aura $\frac{r}{2} . \overline{n+1} . \frac{n}{2}$; & pour celle des quantités $\frac{r}{2} n^2$, on aura $\frac{r}{2} . \frac{2n^3 + 3n^2 + n}{6}$; en ſorte que la ſomme des quantités $an + \frac{r}{2} n^2 - \frac{r}{2} n$, ou la ſomme des termes de la ſeconde ſuite, ſera $a . \overline{n+1} . \frac{n}{2} + \frac{r}{2} . \frac{2n^3 + 3n^2 + n}{6} - \frac{r}{2} . \overline{n+1} . \frac{n}{2}$, qui ſe réduit à $a . \overline{n+1} . \frac{n}{2} + r . \frac{\overline{n-1} . n . \overline{n+1}}{6}$; & puiſque chaque terme de la troiſieme ſuite, eſt la ſomme des termes de la ſeconde, on ſommera cette troiſieme en ſommant les différentes parties de ce dernier réſultat, qui n'exigera encore que des ſommations des puiſſances de la ſuite naturelle des nombres, & ainſi à l'infini. Si l'on ſuppoſe $a = 1$, & $r = 1$, c'eſt-à-dire, ſi la progreſſion primitive eſt la ſuite des nombres naturels, les progreſſions dont il s'agit actuellement, deviennent alors ce qu'on appelle les *nombres figurés*. C'eſt par cette derniere formule qu'on peut trouver le nombre des boulets d'une pile triangulaire : comme on a, dans ce cas, $a = 1$, & $r = 1$, elle ſe réduit à $n . \frac{n+1}{2} . \frac{n+2}{4}$.

On peut de même ſommer les ſuites que l'on formeroit en ajoutant la ſuite des quarrés, ou la ſuite des cubes, &c, de cette même maniere. En un mot, on peut ſommer par ces mêmes moyens toute ſuite de quantités, dont un terme quelconque ſera exprimé par tant de puiſſances parfaites que l'on voudra d'un même nombre n, ces puiſſances étant d'ailleurs multipliées par tels nombres connus qu'on voudra.

Propriétés & uſages des progreſſions géométriques.

241. On peut auſſi trouver la ſomme des termes d'une progreſſion géométrique, par une méthode analogue à celle que nous avons employée pour ſommer les puiſſances des termes d'une progreſſion arithmétique.

Suppoſons que a, b, c, d, e, &c, ſoient les termes conſécutifs d'une progreſſion géométrique croiſſante, dont la raiſon ſoit q. Puiſque chaque terme contient q de fois celui qui le précede, on aura les équations ſuivantes $b = aq$, $c = bq$, $d = cq$, $e = dq$, &c; donc ajoutant ces équations, on aura $b + c + d + e = (a + b + c + d)\,q$, où l'on voit qu'en général, le premier membre ſera toujours la ſomme de tous les termes excepté le premier; & le ſecond, ſera toujours la raiſon q multipliée par la ſomme de tous les termes excepté le dernier. Donc ſi l'on appelle s la ſomme de tous les termes, & u le dernier, cette équation ſe changera en $s - a = (s - u)\,q$ ou $s - a = qs - qu$, d'où l'on tire $qu - a =$

$qs - s = (q-1)s$; & par conſéquent $s = \frac{qu-a}{q-1}$, formule par laquelle, connoiſſant le premier terme a, le dernier u, & la raiſon q, on aura la ſomme s de tous les termes.

Cette même formule peut ſervir auſſi pour les progreſſions décroiſſantes, puiſque la progreſſion décroiſſante priſe dans un ordre renverſé, eſt une progreſſion croiſſante; il n'y aura de changement à faire que celui de dire *dernier terme*, au lieu de *premier*, & *premier* au lieu de *dernier*.

Si la progreſſion décroiſſante s'étendoit à l'infini, la ſomme s ſe réduiroit alors à $s = \frac{qu}{q-1}$, u marquant le premier terme. En effet, pour exprimer que la progreſſion s'étend à l'infini, il faut introduire dans le calcul ce que cette propoſition renferme, ſavoir que le dernier terme eſt infiniment petit; or le moyen d'exprimer cette derniere condition, c'eſt de le ſuppoſer nul à l'égard du terme qu; car ſi on le laiſſoit ſubſiſter, ce ſeroit ſuppoſer qu'il peut encore diminuer qu, ce qui eſt contre la premiere ſuppoſition.

On voit donc que *pour avoir la ſomme de tous les termes d'une progreſſion géométrique, il faut multiplier le plus grand terme, par la raiſon* *

* Par *la raiſon*, nous entendons en général le nombre de fois qu'un terme de la progreſſion contient celui qui eſt immédiatement plus petit, en ſorte que cet énoncé convient à la progreſſion décroiſſante comme à la progreſſion croiſſante.

de la progreſſion, & ayant retranché du produit le plus petit terme de cette même progreſſion, diviſer le reſte par la raiſon diminuée d'une unité; en ſorte que, lorſque la progreſſion eſt décroiſſante à l'infini, cela ſe réduit à multiplier le plus grand terme par la raiſon, & diviſer enſuite par la raiſon diminuée d'une unité. Ainſi la ſomme des termes de cette progreſſion continuée à l'infini $\div \frac{1}{2} : \frac{1}{4} : \frac{1}{8} : \frac{1}{16} : \frac{1}{32}$, &c, eſt $\frac{\frac{1}{2} \times 2}{2-1}$ ou 1; il en eſt de même de la ſomme des termes de celle-ci $\div \frac{2}{3} : \frac{2}{9} : \frac{2}{27} : \frac{2}{81}$, &c. dont la raiſon, en conſidérant cette progreſſion comme croiſſante, eſt 3, puiſque $\frac{2}{3}$ diviſé par $\frac{2}{9}$ donne 3. En effet, la ſomme des termes de cette progreſſion eſt $\frac{\frac{2}{3} \times 3}{3-1}$, qui ſe réduit à 1. En général toute progreſſion géométrique décroiſſante à l'infini, dont chaque terme a pour numérateur conſtant, un nombre moindre d'une unité que le dénominateur du premier terme vaut 1. Car cette progreſſion eſt en général $\div \frac{n}{n+1} : \frac{n}{(n+1)^2} : \frac{n}{(n+1)^3} : \frac{n}{(n+1)^4}$, &c, dont la ſomme eſt $\frac{\frac{n}{n+1} \times n+1}{n+1-1}$, ou $\frac{n}{n}$, c'eſt-à-dire, 1.

Si cette concluſion paroît ſurprenante à

quelques lecteurs, ils doivent faire attention que si après avoir pris, par exemple, les $\frac{2}{3}$ de la ligne AB (*Fig.* 6) que je suppose de 1 pied, on prend ensuite Cd, c'est-à-dire, les deux tiers de la partie restante CB, puis les deux tiers de la partie restante dB, puis les deux tiers de la partie restante eB, & ainsi à l'infini, on n'aura jamais absorbé plus que la ligne AB. La même chose aura lieu si l'on prend d'abord les trois quarts de AB, puis les $\frac{3}{4}$ de ce qui reste, & ainsi à l'infini. Or c'est ce qu'exprime la progression $\frac{2}{3}$, $\frac{2}{9}$, $\frac{2}{27}$, puisque $\frac{2}{9}$ est les $\frac{2}{3}$ de $\frac{1}{3}$, $\frac{2}{27}$ est les $\frac{2}{3}$ de $\frac{1}{9}$, & ainsi de suite.

242. Nous avons vu (*Arith.* 212) qu'un terme quelconque d'une progression géométrique étoit composé du premier multiplié par la raison élevée à une puissance d'un degré égal au nombre des termes qui précedent celui dont il s'agit. Donc si l'on nomme a le premier terme, u un terme quelconque, q la raison, & n le nombre des termes, on aura $u = aq^{n-1}$: & comme il entre quatre quantités dans cette équation, on peut en tirer quatre formules, qui serviront à résoudre cette question générale. Trois de ces quatre choses étant données, le premier terme, le dernier, la raison, & le nombre des termes d'une progression géométrique, trouver la quatrieme. Car, 1°, l'équation donne immé-

diatement la valeur de u. 2°, On trouvera facilement que celle de a eſt $a = \frac{u}{q^{n-1}}$: à l'égard de celle de q, on trouvera, par ce qui a été dit (171), $q = \sqrt[n-1]{\frac{u}{a}}$. Sur quoi nous remarquerons que cette derniere équation renferme la regle que nous avons donnée en Arithmétique pour inſérer pluſieurs moyens proportionnels entre deux quantités données. Ces quantités ſont ici a & u ; mais pour avoir la raiſon q qui doit régner dans la progreſſion, on voit ici qu'il faut diviſer la plus grande u, par la plus petite a, & tirer la racine du degré $n - 1$, du quotient $\frac{u}{a}$; or n étant le nombre total des termes, $n - 1$ eſt plus grand d'une unité que le nombre des moyens ; ce qui s'accorde avec la regle citée.

Quant à la maniere d'avoir n, dans l'équation $u = aq^{n-1}$, l'Algebre ne fournit pas de moyens directs ; mais on peut la réſoudre facilement, quoiqu'indirectement, en employant les logarithmes. Nous avons vu (*Arith.* 239) que pour élever à une puiſſance par le moyen des logarithmes, il falloit multiplier le logarithme de la quantité, par l'expoſant de cette puiſſance. Ainſi en repréſentant par L, les mots *Logarithme de*, on pourra, au lieu de La^2, prendre $2La$; au lieu de La^3, prendre $3La$; au lieu de La^n, prendre nLa. Donc, en se rappellant que pour multiplier par le moyen des logarithmes, il faut ajouter les logarithmes, & qu'au contraire pour diviser il faut retrancher le logarithme du diviseur, du log. du dividende, on aura dans l'équation $u = aq^{n-1}$, $Lu = La + Lq^{n-1}$, ou $Lu = La + (n-1)Lq$; donc en transposant, $(n-1)Lq = Lu - La$, & par conséquent, en divisant par Lq, $n - 1 = \frac{Lu - La}{Lq}$, & enfin $n = \frac{Lu - La}{Lq} + 1$.

Pour donner quelque application de ceci, supposons qu'on ait placé au denier 20 une somme de 60000 livres, à condition que les intérêts que cette somme produira chaque année, soient traités comme un nouveau fonds qui produira également intérêt, & ainsi d'année en année, jusqu'à ce que le fonds soit monté à 1000000 de liv. On demande combien on doit attendre pour toucher cette derniere somme.

Puisque l'intérêt est ici $\frac{1}{20}$ du fonds de l'année précédente, au bout d'une année quelconque le fonds sera égal au fonds de l'année précédente plus la vingtieme partie de ce même dernier fonds; ainsi si l'on représente par a, b, c, d, e les fonds successifs d'année en année, on aura $b = a + \frac{1}{20}a$, $c = b + \frac{1}{20}b$,

$d = c + \frac{1}{20}c$, $e = d + \frac{1}{20}d$, c'eſt-à-dire ; $b = a \times (1 + \frac{1}{20})$, $c = b \times (1 + \frac{1}{20})$, $d = c (1 + \frac{1}{20})$, $e = d (1 + \frac{1}{20})$; on voit donc que chaque fonds contient toujours celui qui le précede, le même nombre de fois marqué par $1 + \frac{1}{20}$ ou $\frac{21}{20}$. La ſuite de ces fonds forme donc une progreſſion géométrique dont le premier terme a eſt 60000 livres ; le dernier u, eſt 1000000 livres ; la raiſon q eſt $\frac{21}{20}$, & le nombre des termes eſt inconnu. On le trouvera donc en ſubſtituant dans la formule $n = \frac{Lu - La}{Lq} + 1$, au lieu de a, u & q, leurs valeurs, ce qui donnera $n = \frac{L1000000 - L60000}{L\frac{21}{20}} + 1$, ou (parce que $L\frac{21}{20} = L21 - L20$) . . . . $n = \frac{L1000000 - L60000}{L21 - L20} + 1$; or, par les tables, on trouve $L1000000 = 6{,}0000000$; . . . . $L60000 = 4{,}7781512$; $L21 = 1{,}3222193$, $L20 = 1{,}3010300$; donc . . . . $n = \frac{6{,}0000000 - 4{,}7781513}{1{,}3222193 - 1{,}3010300} + 1 = \frac{1{,}2218487}{0{,}0211893} + 1 = 57{,}7 + 1$ à peu près ; c'eſt-à-dire ; que le fonds de 60000 ſera monté à 1000000 liv. au bout de 57 ans 8 mois $\frac{1}{2}$, à peu près.

Puiſque (*Arith.* 230) pour extraire, par le moyen des logarithmes, une racine d'un degré propoſé, il faut diviſer le logarithme de la quantité, par l'expoſant ; on peut, par le moyen des logarithmes ; réſoudre facilement en nombres l'équation $q = \sqrt[n-1]{\frac{u}{a}}$; car on aura $Lq = \frac{L\frac{u}{a}}{n-1} = \frac{Lu - La}{n-1}$. Si l'on veut appliquer ceci à un exemple, il n'y a qu'à chercher quel devroit être dans le précédent, l'intérêt, pour qu'en 57 ans & $\frac{7}{10}$, le fonds de 60000 livres montât à 1000000 liv. On a ici $a = 60000$, $u = 1000000$, $n - 1 = 57,7$: en employant les logarithmes des tables, on trouvera $Lq = \frac{6,0000000 - 4,7781513}{57,7} = \frac{1,2218487}{57,7}$ qui donne $Lq = 0,0211757$; ce logarithme répond dans les tables, à 1,0500 à très-peu près; & ce dernier nombre réduit en vingtiemes, donne 21, d'où l'on conclura que l'intérêt est à très-peu près $\frac{1}{20}$.

On voit aussi par-là comment on peut facilement insérer par le moyen des logarithmes, plusieurs moyens proportionnels géométriques, entre deux nombres donnés.

243. L'équation $s = \frac{qu - a}{q - 1}$, donnera aussi quatre équations qui serviront à résoudre ce problême général, Trois de ces quatre choses, la somme, la raison, le premier, & le dernier terme d'une progression géométrique, étant données, trouver la quatrieme. Cela est trop facile, à présent, pour nous y arrêter.

Enfin si de l'une des deux équations . . .

$s = \frac{qu - a}{q - 1}$ & $u = aq^{n-1}$, on tire la valeur d'une même quantité a, ou q ou u, &c, & qu'on la ſubſtitue dans l'autre, on aura les autres équations qui peuvent ſervir à réſoudre la queſtion ſuivante, encore plus générale ; de ces cinq choſes, le premier terme, le dernier, la raiſon, la ſomme, & le nombre des termes d'une progreſſion géométrique, trois étant données, trouver chacune des deux autres.

De la Sommation des ſuites récurrentes.

244. On appelle ſuites *récurrentes*, celles dont un terme quelconque ſe forme de l'addition d'un certain nombre de termes précédents, multipliés ou diviſés par des nombres déterminés, poſitifs ou négatifs. Par exemple, la ſuite 2, 3, 19, 101, 543, &c, eſt une ſuite récurrente, parce que chaque terme eſt formé des deux précédents, en multipliant le premier par 2, le ſecond par 5, & ajoutant les deux produits ; 543 eſt $19 \times 2 + 101 \times 5$; de même, 101 eſt $3 \times 2 + 19 \times 5$.

On peut ſommer ces ſuites d'une maniere analogue à celle que nous avons employée ci-deſſus ; il ſuffira d'en donner un exemple, ſur les ſuites récurrentes dont la loi ne dépend que de deux quantités, comme celle que nous venons d'apporter pour exemple.

Soient donc a, b, c, d, e, f, &c ; pluſieurs termes formés par cette loi, que chacun ſoit compoſé des deux précédents dont le premier eſt multiplié par un nombre connu m, & le ſecond par un nombre connu p ; on aura donc cette ſuite d'équations. . . . $c = ma + pb$, $d = mb + pc$, $e = mc + pd$, $f = md + pe$, &c. Donc en ajoutant cette ſuite d'équations, on aura $c + d + e + f +$, &c. $= m(a + b + c + d) + p(b + c + d + e)$; or le premier membre eſt la ſomme de tous les termes, excepté les deux premiers : le multiplicateur de m, dans le ſecond membre, eſt la ſomme de tous les termes, excepté les deux derniers ; & enfin le multiplicateur de de p, eſt la ſomme de tous les termes, excepté le premier & le dernier; donc en appellant s, cette ſomme, on aura $s-a-b=m(s-e-f)+p(s-a-f)$, d'où l'on tire . . . $s=\frac{me+mf+pa+pf-a-b}{m+p-1}$, qui donnera la ſomme, lorſqu'on connoîtra les deux premiers & les deux derniers, & de plus les quantités m & p.

On peut y faire entrer le nombre des termes; il faut pour cela, chercher l'expreſſion générale d'un terme quelconque, par le moyen des quantités a, b, m, p & du nombre n des termes; mais cette recherche, pour toutes les eſpeces de ſéries récurrentes, nous meneroit trop loin.

De la Conſtruction Géométrique des Quantités Algébriques.

245. Les lignes, les ſurfaces & les ſolides étant des quantités, on peut faire ſur chacune de ces trois eſpeces d'étendue, les mêmes opérations qu'on fait ſur les nombres & ſur les quantités algébriques. Mais les réſultats de ces opérations peuvent être évalués de deux manieres principales, ou en nombres, ou en lignes. La premiere maniere ſuppoſant que chacune des quantités données eſt exprimée en nombres, ne peut avoir à préſent aucune difficulté : il ne s'agit que de ſubſtituer à la place des lettres, les quantités numériques qu'elles repréſentent, & faire les opérations que la diſpoſition des ſignes & des lettres indique.

Quant à la maniere d'évaluer en lignes les réſultats des ſolutions que l'Algebre a fournies, elle eſt fondée ſur la connoiſſance de ce que ſignifient certaines expreſſions fondamentales, auxquelles on rapporte enſuite toutes les autres. Nous allons faire connoître les premieres, & nous ferons voir enſuite comment on y rapporte les autres : c'eſt-là ce qu'on appelle *conſtruire* les quantités algébriques, ou les problêmes qui ont conduit à ces quantités.

246. Si l'on avoit à conſtruire une quantité telle que $\frac{ab}{c}$, dans laquelle a, b, c marquent des lignes connues : on tireroit (*Fig.* 7) deux lignes indéfinies AZ, AX faiſant entr'elles un angle quelconque. Sur l'une AX de ces lignes, on prendroit une partie AB égale à la ligne qu'on a repréſentée par c, puis une partie AD, égale à l'une ou à l'autre des deux lignes a & b, à a, par exemple ; enſuite ſur la ſeconde AZ, on prendroit une partie AC égale à la ligne b. Ayant joint les extrémités B & C de la premiere & de la troiſieme, par la ligne BC, on meneroit par l'extrémité D de la ſeconde, la ligne DE parallele à BC ; elle détermineroit ſur AZ la partie AE pour la valeur de $\frac{ab}{c}$; car (*Géom.* 102) les paralleles DE & BC, donnent cette proportion $AB : AD :: AC : AE$, c'eſt-à-dire, $c : a :: b : AE$; donc (*Arith.* 179)

$AE = \frac{ab}{c}$. C'eſt-à-dire, qu'il faut trouver une quatrieme proportionnelle, aux trois lignes données c, a, b. Et puiſque (*Géom.* 120) nous avons donné deux manieres de trouver cette quatrieme proportionnelle, on peut employer indifféremment l'une ou l'autre pour conſtruire $\frac{ab}{c}$.

On voit donc que ſi l'on avoit à conſtruire $\frac{aa}{c}$, ce cas rentreroit dans le précédent, puiſqu'alors la ligne b eſt égale à a.

Si l'on avoit à conſtruire $\frac{ab + bd}{c + d}$, on remarqueroit que cette quantité eſt la même que $\frac{(a+d)\times b}{c+d}$; regardant donc $a + d$ comme une ſeule ligne, repréſentée par m, & $c + d$ auſſi comme une ſeule ligne n, on auroit $\frac{mb}{n}$ à conſtruire, ce qui ſe rapporte au cas précédent.

Que l'on ait $\frac{aa - bb}{c}$, on ſe rappellera que $aa - bb$ eſt (25) la même choſe que $(a+b) \times (a - b)$; ainſi on ſe repréſentera $\frac{aa - bb}{c}$, ſous cette forme $\frac{(a+b)(a-b)}{c}$, & l'on cherchera une quatrieme proportionnelle à c, $a + b$, & $a - b$.

Si la quantité à conſtruire eſt $\frac{abc}{de}$, on mettra cette quantité ſous cette forme $\frac{ab}{d} \times \frac{c}{e}$; & ayant conſtruit $\frac{ab}{d}$, comme on vient de l'enſeigner, on nommera m la ligne qu'aura donnée cette conſtruction; alors $\frac{ab}{d} \times \frac{c}{e}$, devient $\frac{mc}{e}$, qui ſe conſtruit comme ci-deſſus.

On voit donc que pour conſtruire $\frac{a^2 b}{c^2}$, on ſe le repréſenteroit comme $\frac{a^2}{c} \times \frac{b}{c}$; on conſtruiroit $\frac{a^2}{c}$, & en ayant repréſenté la valeur par m, on conſtruiroit $\frac{mb}{c}$.

Ainſi tout l'art conſiſte à décompoſer la quantité en portions, dont chacune revienne à la forme $\frac{ab}{c}$ ou $\frac{a^2}{c}$; & quoique cela puiſſe paroître difficile en quelques occaſions, on en vient cependant facilement à bout, en employant des transformations.

Par exemple, ſi j'avois à conſtruire $\frac{a^3 + b^3}{a^2 + c^2}$, je ſuppoſerois arbitrairement, $b^3 = a^2 m$, & $c^2 = an$; alors $\frac{a^3 + b^3}{a^2 + c^2}$ ſe changeroit en $\frac{a^3 + a^2 m}{a^2 + an}$ qui ſe réduit à $\frac{a^2 + am}{a + n}$, ou $\frac{(a+m) \times a}{a+n}$, quantité facile à conſtruire (après ce qui a été dit ci-deſſus), dès qu'on connoîtra m & n. Or pour connoître m & n, les équations $b^3 = a^2 m$, & $c^2 = an$, donnent $m = \frac{b^3}{a^2}$ & $n = \frac{c^2}{a}$ qui ſe conſtruiſent par ce qui précede.

Ainsi tant que la quantité sera rationnelle, c'est-à-dire sans radicaux; si le nombre des dimensions du numérateur ne surpasse que d'une unité celui des dimensions du dénominateur, on ramenera toujours sa construction à chercher une quatrieme proportionnelle à trois lignes données.

Il arrive quelquefois que les quantités se présentent sous une forme qui semble rendre inutile le secours des transformations : c'est lorsque la quantité n'est pas *homogene ;* c'est-à-dire, lorsque chacun des termes du numérateur ou du dénominateur n'est pas composé du même nombre de facteurs ; par exemple, lorsque la quantité est telle que $\frac{a^3+b}{c^2+d}$. Mais il faut observer que l'on n'arrive jamais à un pareil résultat, que lorsque dans le cours d'un calcul on a supposé, (dans la vue de simplifier le calcul) quelqu'une des quantités égale à l'unité. Par exemple, si dans $\frac{a^3+b^2c}{a^2+c^2}$, je suppose b égal à 1, alors j'aurai $\frac{a^3+c}{a^2+c^2}$. Mais comme on ne peut jamais entreprendre de construire, sans connoître les éléments qu'on emploie pour cette construction, on sait toujours dans chaque cas quelle est cette quantité qu'on a supposée égale à l'unité ; on pourra donc toujours la restituer ; & il ne peut y avoir d'embarras là-dessus, parce que le nombre des dimensions devant toujours être le même dans chaque terme du numérateur & du dénominateur, (quoiqu'il puisse être différent des termes de l'un aux termes de l'autre) on restituera dans chaque terme une puissance de la ligne qu'on a prise pour unité, suffisamment élevée pour compléter le nombre des dimensions ; ainsi, si j'avois à construire $\frac{a^3+b+c^2}{a+b^2}$; supposant que d soit la ligne qui a été prise pour unité, j'écrirois $\frac{a^3+bd^2+c^2d}{ad+b^2}$, que je construirois en faisant $b^2=dm$, $c^2=dn$ & $a^3=d^2p$, ce qui la changeroit en $\frac{d^2p+bd^2+d^2n}{ad+dm}$, ou $\frac{dp+bd+nd}{a+m}$, ou $\frac{(p+b+n)d}{a+m}$, quantité facile à construire dès qu'on aura construit les valeurs de m, n & p, savoir $m=\frac{b^2}{d}$, $n=\frac{c^2}{d}$, $p=\frac{a^3}{d^2}$, qui sont elles-mêmes faciles à construire d'après ce qui a été dit ci-dessus.

Dans tout ce que nous venons de dire, nous avons supposé que le nombre des facteurs, ou le nombre des dimensions de chaque terme du numérateur, ne surpassoit que d'une unité, celui des dimensions du dénominateur. Il peut le surpasser de deux, & même de trois, mais jamais de plus, à moins que quelque ligne n'ait été supposée égale à l'unité, ou que quelques-uns des facteurs ne représentent des nombres.

247. Lorsque le nombre des dimensions du numérateur de la quantité proposée surpasse celui des dimensions du dénominateur, de deux unités; alors la quantité exprime une surface dont on peut toujours ramener la construction à celle d'un parallélogramme, & même d'un quarré. Par exemple, si j'avois à construire la quantité $\frac{a^3+a^2b}{a+c}$, je la considérerois comme $a \times \frac{a^2+ab}{a+c}$; or $\frac{a^2+ab}{a+c}$, se construit aisément par ce qui a été dit ci-dessus, en le considérant comme $a \times \frac{a+b}{a+c}$: supposons donc que m soit la valeur de la ligne qu'aura donnée cette construction; alors $a \times \frac{a^2+ab}{a+b}$, deviendra $a \times m$; or si l'on fait de a, la hauteur, & de m, la base d'un parallélogramme, on aura $a \times m$ pour la surface de ce parallélogramme; donc réciproquement cette surface représentera $a \times m$ ou $\frac{a^3+a^2b}{a+c}$.

On raménera de même à une pareille construction, la quantitité $\frac{a^3+bc^2+d^3}{a+c}$, en faisant $bc = am$ & $d^2 = an$; car alors elle deviendra $\frac{a^3+amc+and}{a+c}$, qui est la même chose que $a\left(\frac{a^2+mc+nd}{a+c}\right)$. Or le facteur $\frac{a^2+mc+nd}{a+c}$ se rapporte aux constructions précédentes, ainsi que les valeurs de m & de n. Ayant trouvé la valeur de ce facteur, si je la représente par p, il ne s'agira plus que de construire $a \times p$, c'est-à-dire, faire un parallélogramme dont la hauteur soit a, & la base p.

248. Enfin si le nombre des dimensions du numérateur surpasse de 3 celui des dimensions du dénominateur, alors la quantité exprime un solide dont on peut toujours ramener la construction à celle d'un parallélipipede. Par exemple, si j'avois à construire $\frac{a^3b+a^2b^2}{a+c}$, je considérerois cette quantité comme étant la même que $ab \times \frac{a^2+ab}{a+c}$; & ayant construit $\frac{a^2+ab}{a+c}$, selon ce qui a été dit ci-dessus, si je représente par m la ligne qu'aura donnée cette construction, la question sera réduite à construire $ab \times m$; or ab représente, ainsi que nous venons de le voir, un parallélogramme; si donc on conçoit un parallélipipede qui ait pour base ce parallélogramme, & qui ait pour hauteur la ligne m, la solidité de ce parallélipipede représentera $ab \times m$, c'est-à-dire $\frac{a^3b+a^2b^2}{a+c}$.

249. Ce que nous venons de dire, suf-

fit pour construire toute quantité rationnelle. Voyons maintenant les quantités radicales du second degré.

Pour construire $\sqrt{ab}$, il faut (*Fig.* 8) tirer une ligne indéfinie *AB*, sur laquelle on prendra de suite la partie *CA* égale à la ligne *a*, & la partie *BC* égale à la ligne *b* : sur la totalité *AB* comme diametre, on décrira un demi-cercle qui coupe en *D* la perpendiculaire *CD* élevée sur *AB* au point *C*; alors *CD* sera la valeur de $\sqrt{ab}$, c'est-à-dire (*Géom.* 126), que pour avoir la valeur de $\sqrt{ab}$, il faut prendre une moyenne proportionnelle entre les deux quantités représentées par *a* & *b*; en effet, on sait (*Géom.* 125) que $AC : CD :: CD : CB$, ou $a : CD :: CD, b$; donc, en multipliant les extrêmes & les moyens, on a $\overline{CD}^2 = ab$, & par conséquent $CD = \sqrt{ab}$.

On voit par-là, comment on doit s'y prendre pour transformer en un quarré, une surface quelconque : s'il s'agit d'un parallélogramme dont *a* soit la hauteur & *b* la base, en nommant *x* le côté du quarré cherché, on aura $x^2 = ab$, & par conséquent $x = \sqrt{ab}$, on prendra donc une moyenne proportionnelle entre la base & la hauteur. S'il s'agit d'un triangle que l'on sait (*Géom.* 140) être la moitié d'un parallélogramme de même base & de même hauteur, on prendra une moyenne proportionnelle entre la base & la moitié de la hauteur, ou entre la hauteur & la moitié de la base.

S'il s'agit d'un cercle, on prendra une moyenne proportionnelle entre le rayon & la demi-circonférence; & s'il s'agit d'une figure rectiligne quelconque, comme on sait (*Géom.* 143) qu'elle est réductible à un triangle, on la réduira aisément en un quarré, en prenant une moyenne proportionnelle entre la base & la moitié de la hauteur de ce triangle.

Mais si la figure n'étoit point construite, & que l'on eût seulement l'expression algébrique de sa surface, par le moyen de quelques-unes de ses dimensions, alors on construiroit comme pour les quantités que nous allons parcourir.

Si l'on avoit $\sqrt{3ab+b^2}$, on considéreroit cette quantité comme étant la même que $\sqrt{(3a+b)\times b}$; on prendroit donc une moyenne proportionnelle entre $3a+b$ & b.

Pareillement, si l'on a $\sqrt{aa-bb}$, on considérera cette quantité comme étant la même que $\sqrt{(a+b)\times(a-b)}$, (25); ainsi l'on prendra une moyenne proportionnelle entre $a+b$ & $a-b$. Si l'on a $\sqrt{a^2+bc}$, on fera

$bc = am$, & alors on aura $\sqrt{a^2 + am}$ ou $\sqrt{(a+m) \times a}$; on prendra donc une moyenne proportionnelle entre $a + m$ & a, après avoir construit la valeur de $m = \frac{bc}{a}$ en suivant les regles données ci-dessus.

Pour construire $\sqrt{a^2 + b^2}$, on pourroit aussi faire $b^2 = am$ & construire $\sqrt{a^2 + am}$ selon ce qui vient d'être dit. Mais la propriété du triangle rectangle (*Géom.* 164) nous en fournit une construction plus simple ; la voici : Tirez une ligne *A B* (*Fig.* 9) égale à la ligne *a* ; à son extrêmité *A*, élevez une perpendiculaire *A C* égale à la ligne *b* ; alors si vous tirez *B C*, cette ligne sera la valeur de $\sqrt{a^2 + b^2}$: en effet, puisque le triangle *C A B* est rectangle, on a (*Géom.* 164) $\overline{BC}^2 = \overline{AB}^2 + \overline{AC}^2 = a^2 + b^2$; donc $BC = \sqrt{a^2 + b^2}$.

On peut aussi, par le moyen du triangle rectangle, construire $\sqrt{a^2 - b^2}$ autrement que nous ne l'avons fait ci-dessus. Pour cet effet, on tirera (*Fig.* 11) une ligne *A B* égale à *a*, & ayant décrit sur *AB* comme diametre, le demi-cercle *ACB*, on tirera du point *A*, une corde $AC = b$; alors si l'on tire *B C*, cette ligne sera la valeur de $\sqrt{a^2 - b^2}$; car le triangle *ABC* étant rectangle (*Geom.* 165) on a

$\overline{AB}^2 = \overline{AC}^2 + \overline{BC}^2$; donc $\overline{BC}^2 = \overline{AB}^2 - \overline{AC}^2 = a^2 - b^2$; donc $BC = \sqrt{a^2 - b^2}$.

On peut donc conſtruire auſſi $\sqrt{a^2 + bc}$ autrement que nous ne l'avons fait ci-deſſus en s'y prenant de cette maniere. Faire $bc = m^2$, & conſtruire $\sqrt{a^2 + m^2}$ comme il vient d'être dit; & pour cet effet, on commencera par déterminer m en prenant une moyenne proportionnelle entre b & c, ainſi que l'indique l'équation $bc = m^2$, qui donne $m = \sqrt{bc}$.

S'il y avoit plus de deux termes ſous le radical, on rameneroit toujours la conſtruction à quelques-unes des méthodes précédentes, par le moyen de transformations. Par exemple, ſi j'avois $\sqrt{a^2 + bc + ef}$, je ferois $bc = am$, $ef = an$, & j'aurois $\sqrt{a^2 + am + an}$ ou $\sqrt{(a+m+n) \times a}$, que je conſtruirois en prenant une moyenne proportionnelle entre a & $a + m + n$, après avoir conſtruit les valeurs de m & de n, ſavoir $m = \frac{bc}{a}$, $n = \frac{ef}{a}$. Je pourrois encore faire $bc = m^2$, $ef = n^2$, & alors j'aurois à conſtruire $\sqrt{a^2 + m^2 + n^2}$. Or lorſque le radical renferme ainſi une ſuite de quarrés poſitifs, par exemple . . . . . . $\sqrt{a^2 + m^2 + n^2 + p^2 + \&c}$, on fera $\sqrt{a^2 + m^2} = h$, $\sqrt{h^2 + n^2} = i$, $\sqrt{i^2 + p^2} = k$, & ainſi de suite; & comme chacune de ces quantités se trouve déterminée par la précédente, la derniere donnera la valeur de .... $\sqrt{a^2+m^2+n^2+p}+$ &c. Pour construire ces quantités de la maniere la plus simple, on regardera successivement chaque hypothénuse comme un côté; par exemple, (*Fig.* 10) ayant pris $AB=a$, élevé la perpendiculaire $AC=c$, & tiré BC qui sera h, on élévera au point C, sur BC, la perpendiculaire $CD=n$; & ayant tiré BD qui sera i, à son extrêmité D, on élévera sur BD la perpendiculaire $DE=p$, & BE sera k ou $\sqrt{a^2+m^2+n^2+p^2}$.

Si quelques-uns de ces quarrés sont négatifs, alors on réunira à ce que nous venons de dire, ce qui a été dit pour construire $\sqrt{a^2-b^2}$.

Enfin si l'on avoit à construire une quantité de cette forme $\frac{a\sqrt{b+c}}{\sqrt{d+e}}$, on la changeroit en $\frac{a\sqrt{(b+c)(d+e)}}{d+e}$, en multipliant haut & bas par $\sqrt{d+e}$; alors cherchant une moyenne proportionnelle entre $b+c$ & $d+e$, & la nommant m, on auroit à construire $\frac{am}{d+e}$, ce qui est facile.

Au reste, il s'agit ici de regles générales; on peut souvent construire d'une maniere beaucoup plus ſimple, en partant toujours des mêmes principes; mais ces ſimplifications ſe tirent de quelques conſidérations particulieres & propres à chaque queſtion, & ne peuvent, par conſéquent, être expoſées qu'à meſure que les queſtions en amenent l'occaſion. Nous remarquerons ſeulement, en terminant cette matiere, que quoique la conſtruction des quantités radicales, dont il vient d'être queſtion, ſe réduiſe à prendre des quatriemes proportionnelles, des moyennes proportionnelles, & à conſtruire des triangles rectangles, cependant on peut quelquefois avoir des conſtructions plus ou moins ſimples ou élégantes, ſelon la méthode qu'on emploie pour trouver ces moyennes proportionnelles; c'eſt pourquoi nous enſeignerons ici deux autres manieres de trouver une moyenne proportionnelle entre deux lignes données.

La premiere conſiſte à décrire ſur la plus grande AB des deux lignes données (*Fig.* 11) un demi-cercle ACB; & ayant pris une partie AD égale à la ſeconde, élever la perpendiculaire DC, & tirer la corde AC qui ſera moyenne proportionnelle entre AB & AD; car en tirant CB, le triangle ACB (*Géom.* 65) eſt rectangle, & par conſéquent (*Géom.* 112) AC eſt moyenne proportionnelle entre l'hypothénuse *AB* & le segment *AD*.

La seconde maniere consiste (*Fig.* 12) à tirer une ligne *AB* égale à la plus grande ligne donnée, & ayant pris sur elle une partie *AC* égale à la plus petite, décrire sur le reste *BC*, un demi-cercle *CDB*, auquel on mene la tangente *AD*, qui (*Géom.* 129) est moyenne proportionnelle entre *AB* & *AC*.

On voit donc que les quantités rationnelles peuvent toujours être construites par le moyen des lignes droites, & que les quantités radicales du second degré peuvent être construites par le cercle & la ligne droite réunis.

Quant aux quantités radicales de degrés supérieurs, leur construction dépend de la combinaison de différentes lignes courbes : nous en parlerons par la suite.

Nous allons nous occuper, pour le présent, des questions dont la solution dépend de quantités ou rationnelles, ou radicales du second degré.

Diverses Questions de Géométrie, & réflexions tant sur la maniere de les mettre en équations, que sur les diverses solutions que donnent ces équations.

250. Le principe que nous avons donné (67) pour mettre les questions en équation, s'applique également aux questions de Géométrie. Il faut de même représenter ce que l'on cherche, par un signe particulier, & raisonner ensuite à l'aide de ce signe & de ceux qui représentent les autres quantités, comme si tout étoit connu, & que l'on voulût vérifier. Cette méthode ou maniere de procéder, est ce qu'on appelle l'*Analyse*. Pour être en état de faire les raisonnements qu'exige cette vérification, il faut connoître au moins quelques propriétés de la quantité que l'on cherche. Il est donc clair que pour être en état de mettre les questions de Géométrie en équation, il faut avoir présentes à l'esprit les connoissances que nous avons données dans la seconde partie de ce Cours. Dans la plupart des questions numériques, ou de la nature de celles que nous avons parcourues dans la premiere Section, il suffit le plus souvent, pour appliquer le principe,

cipe, de traduire en langage algébrique l'énoncé de la question; mais dans l'application de l'Algebre à la Géométrie, il faut souvent employer encore d'autres moyens: nous tâcherons de les faire connoître à mesure que nous avancerons; mais ce que nous pouvons dire en général, pour le présent, c'est qu'il n'est pas toujours nécessaire, pour vérifier une quantité, d'examiner si elle satisfait immédiatement aux conditions de la question: cette vérification se fait souvent avec plus de facilité, en examinant si cette quantité a certaines propriétés qui sont essentiellement liées avec les conditions de la question. Après cette réflexion dont nous aurons occasion de faire usage, nous passons aux exemples, qui dans cette matiere sont toujours plus faciles à saisir que les préceptes généraux.

251. Proposons-nous donc pour premiere question, de *décrire un quarré* ABCD (Fig. 13) *dans un triangle donné* EHI.

Par ces mots, *un triangle donné*, nous entendons un triangle dans lequel tout est connu, les côtés, les angles, la hauteur, &c.

Avec un peu d'attention, on voit que cette question se réduit à trouver sur la hauteur EF un point G par lequel menant AB parallele à HI, cette ligne AB soit égale à

GF; ainsi l'équation se présente tout naturellement ; il n'y a qu'à déterminer l'expression algébrique de *AB*, & celle de *GF*, & ensuite les égaler.

Nommons donc a la hauteur connue *EF*; b, la base connue *HI*, & x la ligne inconnue *GF*; alors *EG* vaudra $a - x$.

Or puisque *AB* est parallele à *HI*, on doit (*Géom.* 115) avoir $EF : EG :: FI : GB :: HI : AB$; c'est-à-dire, $EF : EG :: HI : AB$, ou $a : a - x :: b : AB$; donc (*Arith.* 179) $AB = \frac{ab - bx}{a}$; puis donc que *AB* doit être égal à *GF*, on aura $\frac{ab - ab}{a} = x$; d'où, par les regles de la premiere Section, on tire $x = \frac{ab}{a + b}$.

Pour construire cette quantité, il faut, conformément à ce que nous avons dit (246), trouver une quatrieme proportionnelle à $a + b$, b & a, ce que l'on exécutera en cette maniere. On portera de *F* en *O* une ligne *FO* égale à $a + b$, c'est-à-dire, égale à $EF + HI$, & l'on tirera *EO*; puis ayant pris *FM* égale à $HI = b$, on menera parallélement à *EO*, la ligne *MG*, qui par sa rencontre avec *EF*, déterminera *GF* pour la valeur de x; car les triangles semblables *EFO*, *GFM* donnent $FO : FM :: FE : FG$, ou $a + b : b :: a : FG$; *FG* vaudra donc $\frac{ab}{a + b}$.

252. Proposons-nous pour seconde question, celle-ci. . . . *Connoissant la longueur de la ligne* BC (Fig. 14) *& les angles* B *&* C *que forment avec elles les deux lignes* BA *&* CA, *déterminer la hauteur* AD *à laquelle ces deux dernieres lignes se rencontrent.*

On fait entrer les angles dans le calcul algébrique à l'aide des mêmes lignes qu'on emploie dans la Trigonométrie, c'est-à-dire, à l'aide des sinus, tangentes, &c. Ainsi quand on dit qu'on donne un angle, l'angle C, par exemple, on entend que l'on donne la valeur de son sinus ou de sa tangente; cela posé, nommons $BC = a$, $AD = y$. Dans le triangle rectangle ADC, nous aurons (*Géom.* 296.) $CD : DA ::$ comme le rayon est à la tangente de l'angle ACD : ou $CD : y :: r : m$, en appellant r le rayon & m la tangente de l'angle ACD; donc (*Arith.* 179) $CD = \frac{ry}{m}$. Par un raisonnement semblable, on trouvera, en nommant n la tangente de ABD, $BD : y :: r : n$, donc $BD = \frac{ry}{n}$; or $BD + DC = BC = a$; donc $\frac{ry}{m} + \frac{ry}{n} = a$. D'où l'on tire $y = \frac{amn}{rn + rm}$.

On peut rendre cette expression plus simple, en introduisant au lieu des tangentes m & n des deux angles C & B, leurs cotangentes que nous nommerons p & q. Pour cet effet, il faut se rappeller (*Géom.* 280) que *tang.* : r : : r : *cot.*; en vertu de cette proposition, on aura $m : r :: r : p$ & $n : r :: r : q$; d'où l'on tire $m = \frac{r^2}{p}$ & $n = \frac{r^2}{q}$; substituant, au lieu de m & n, ces valeurs, dans celle de y, on aura $y = \frac{\frac{ar^4}{pq}}{\frac{r^3}{q}+\frac{r^3}{p}} = \frac{\frac{ar^4}{pq}}{\frac{pr^3+qr^3}{pq}} = \frac{ar^4}{pq} \times \frac{pq}{pr^3+qr^3} = \frac{ar}{p+q}$.

253. On voit par-là, que lorsque parmi les quantités qu'on peut regarder comme données, celles qu'on a employées, ne conduisent pas à un résultat aussi simple qu'on le desire, il n'est pas nécessaire de recommencer un nouveau calcul pour s'assurer, si, en employant les autres données, on ne pourroit pas arriver à un résultat plus simple. Il suffit d'exprimer par des équations les rapports des données qu'on a employées d'abord, avec celles qu'on veut introduire, c'est ainsi que nous venons d'exprimer m & n par les équations $m = \frac{r^2}{p}$, $n = \frac{r^2}{q}$; alors par de simples substitutions, nous avons eu une solution dépendante de p & de q.

254. Nous choisirons pour troisieme exemple une question qui nous donne lieu

tout à la fois de faire voir la maniere de mettre en équation les questions de Géométrie, & comment par différentes préparations de ces équations, on peut découvrir de nouvelles propositions.

Connoissant les trois côtés d'un triangle ABC (Fig. 15), *trouver les segments* AD & DC *formés par la perpendiculaire* BD, & *la perpendiculaire* BD *elle-même.*

Si je connoissois chacune de ces lignes, voici comment je les vérifierois. J'ajouterois le quarré de *BD*, avec le quarré de *CD*, & je verrois si la somme est égale au quarré de *BC*: ce qui doit être, puisque le triangle *BDC* est rectangle (*Géom.* 164). J'ajouterois de même le quarré de *AD* au quarré de *BD*, & je verrois si la somme est égale au quarré de *AB*.

Imitons donc ce procédé, & pour cet effet nommons BD, y; CD, x; $BC, = a$; $AB = b$; $AC = c$; alors AD qui est $= AC - CD$, sera $= c - x$. Nous aurons donc $xx + yy = aa$, & $cc - 2cx + xx + yy = bb$.

Comme xx & yy n'ont, dans chaque équation, d'autre coëfficient que l'unité, je retranche la seconde équation de la premiere, ce qui me donne, tout de suite, $2cx - cc = aa - bb$; d'où l'on tire $x = \frac{aa - bb + cc}{2c} =$

$\frac{aa-bb}{2c}+\frac{1}{2}c$, qu'on peut écrire ainsi ;
$x=\frac{1}{2}\frac{(a+b)(a-b)}{c}+\frac{1}{2}c$ (25).

Or, sous cette forme ; on voit d'après ce qui a été dit (246), que pour avoir x il faut chercher une quatrieme proportionnelle à c, $a+b$, & $a-b$; & l'ayant trouvée, en prendre la moitié que l'on ajoutera avec $\frac{1}{2}c$, c'est-à-dire, avec la moitié du côté AC ; ce qui est absolument conforme à ce que nous avons dit (*Géom.* 303).

Mais on peut tirer plusieurs autres conclusions de ces mêmes équations ; nous allons en exposer quelques-unes pour accoutumer les commençants à lire dans une équation ce qu'elle renferme.

255. 1°. L'équation $2cx-cc=aa-bb$, est la même chose que $c.(2x-c)=(a+b)(a-b)$. Or puisque le produit des deux premiers facteurs est égal au produit des deux derniers, on peut * considérer les deux premiers, comme les extrêmes, & les deux derniers comme les moyens d'une proportion, & l'on aura par conséquent $c:a+b::a-b:2x-c$; or $2x-c$ est x moins $c-x$,

* Dorénavant lorsque nous aurons ainsi partagé chaque membre d'une équation en deux facteurs, nous conclurons tout de suite la proportion. Il suffit d'être averti, une fois pour toutes, que dès que deux produits sont égaux, les facteurs de l'un peuvent être considérés comme les extrêmes d'une proportion dont les facteurs de l'autre seroient les moyens (*arith.* 180).

donc en remettant à la place de ces lettres les lignes qu'elles repréſentent, on aura $AC : BC + AB :: BC - AB : CD - AD$, ce qui eſt préciſément ce que nous avons démontré (*Géom.* 302).

256. 2°. Si du point C comme centre, & d'un rayon égal à BC on décrit l'arc BO, & ſi l'on tire la corde BO, on aura $\overline{BD}^2 + \overline{DO}^2 = \overline{BO}^2$; or $DO = CO - CD = BC - CD = a - x$; donc $\overline{BO}^2 = yy + aa - 2ax + xx$; mais nous avons trouvé ci-deſſus $yy + xx = aa$; donc $\overline{BO}^2 = 2aa - 2ax = 2a(a - x)$. Mettant donc pour x, ſa valeur $\frac{aa - bb + cc}{2c}$, on aura $\overline{BO}^2 = 2a \left(a + \frac{bb - aa - cc}{2c}\right) = 2a \left(\frac{2ac - aa - cc + bb}{2c}\right) = \frac{a}{c} \times (bb - \overline{c - a}^2)$; parce que $2ac - aa - cc = -(aa - 2ac + cc) = -(c - a)^2$; or (25) en conſidérant $c - a$ comme une ſeule quantité, on a $bb - \overline{c - a}^2 = (b + c - a)(b - c + a)$; donc $\overline{BO}^2 = \frac{a}{c}(b + c - a)(b - c + a)$ qu'on peut mettre ſous cette autre forme $\overline{BO}^2 = \frac{a}{c}(a + b + c - 2a)(a + b + c - 2c)$; donc ſi on nomme $2s$ la ſomme des trois côtés, on aura $\overline{BO}^2 = \frac{a}{c}(2s - 2a)(2s - 2c) = 4\frac{a}{c}$

$(s-a)(s-c)$; or ſi du point C, on abaiſſe ſur OB la perpendiculaire CI, on aura (*Géom.* 295) dans le triangle rectangle CIO, cette proportion $CO : OI :: R : \mathit{ſin}.\, OCI$, c'eſt-à-dire, $a : \frac{1}{2} BO :: R :: \mathit{ſin}\, OCI$; donc $\frac{1}{2} BO = \frac{a\,\mathit{ſin}\, OCI}{R}$, ou $BO = \frac{2a\,\mathit{ſin}\, OCI}{R}$; & par conſéquent $\overline{BO}^2 = \frac{4a^2 (\mathit{ſin}\, OCI)^2}{R^2}$ égalant ces deux valeurs de BO^2, on aura $\frac{4a^2}{R^2} (\mathit{ſin}\, OCI)^2 = \frac{4a}{c}(s-a)(s-c)$, ou en diviſant par $4a$, & chaſſant les dénominateurs, $ac\,(\mathit{ſin}\, OCI)^2 = R^2 (s-a)(s-c)$, d'où l'on tire cette proportion $ac : (s-a)(s-c) :: R^2 : (\mathit{ſin}\, OCI)^2$; qui eſt la regle que nous avons donnée (*Géom.* 304) pour trouver les angles d'un triangle par le moyen des trois côtés, mais dont nous avons renvoyé la démonſtration à cette troiſieme Partie. En effet, ac eſt le produit des deux côtés qui comprennent l'angle BCA; $s-a$ & $s-c$ ſont les deux reſtes que l'on a en retranchant ces deux mêmes côtés ſucceſſivement de la demi-ſomme, R eſt le rayon, & OCI eſt la moitié de l'angle BCA, puiſque CI eſt une perpendiculaire menée du centre C ſur la corde BO.

257. 3°. L'équation $yy + xx = aa$, donne $yy = aa - xx = (a+x)(a-x)$; donc en mettant pour x, ſa valeur, on aura

$$yy = \left(a + \frac{aa - bb + cc}{2c}\right)\left(a + \frac{bb - aa - cc}{2c}\right) =$$
$$\left(\frac{2ac + aa + cc - bb}{2c}\right) \times \left(\frac{2ac - aa - cc + bb}{2c}\right) = \left(\frac{\overline{a+c}^2 - bb}{2c}\right) \times$$
$$\left(\frac{bb - \overline{c-a}^2}{2c}\right) = \left(\frac{(a+c+b)(a+c-b)}{2c}\right) \times \left(\frac{(b+c-a) \times (b-c+a)}{2c}\right);$$

donc $4ccyy = (a+c+b)(a+c-b)(b+c-a)(b-c+a)$, ou $4ccyy = (a+b+c)(a+b+c-2b)(a+b+c-2a)(a+b+c-2c)$; donc en nommant $2s$ la ſomme $a+b+c$ des trois côtés, on aura $4ccyy = 2s.(2s-2b)(2s-2a)(2s-2c)$, ou $4ccyy = 16s.(s-a)(s-b)(s-c)$, ou diviſant par 16, réduiſant, & tirant la racine quarrée, ... $\frac{cy}{2} = \sqrt{s.(s-a)(s-b)(s-c)}$. Mais $\frac{cy}{2}$ ou $\frac{AC \times BD}{2}$ eſt la ſurface du triangle ABC; donc pour avoir la ſurface d'un triangle, par le moyen des trois côtés, il faut de la demi-ſomme retrancher ſucceſſivement chacun des trois côtés; multiplier les trois reſtes entr'eux & par la demi-ſomme, & enfin tirer la racine quarrée de ce produit.

258. 4°, L'équation $2cx - cc = aa - bb$, donne $bb = aa + cc - 2cx$; mais ſi la perpendiculaire tomboit hors du triangle, on auroit, en conſervant les mêmes dénominations (*Fig.* 16), $yy + xx = aa$, & $yy + cc + 2cx + xx = bb$, parce que AD qui étoit $c - x$, eſt ici $c + x$. Donc retran-

chant la premiere équation de la seconde. On auroit $cc + 2cx = bb - aa$, ou $c(c + 2x) = (b+a) \times (b-a)$, qui donne $c : b+a :: b-a : c + 2x$; or $c + 2x$ étant $x + c + x$ est $CD + AD$; dont $AC : AB + BC :: AB - BC$, $CD + AD$, ce qui est la seconde partie de la proposition que nous avons démontrée (*Géom.* 302).

259. 5°, La même équation $cc + 2cx = bb - aa$, donne $bb = aa + cc + 2cx$; comparant donc à l'équation $bb = aa + cc - 2cx$ qui convient à la figure 15, on voit que le quarré bb du côté AB opposé à l'angle aigu C, vaut moins que la somme $aa + cc$ des quarrés des deux autres côtés, puisqu'il vaut cette somme diminuée de $2cx$. Au contraire, le quarré bb du côté AB, opposé à l'angle obtus (*Fig.* 16) vaut $aa + cc + 2cx$, c'est-à-dire, plus que la somme des quarrés des deux autres côtés. On peut donc, par ces deux remarques, lorsqu'on a à calculer les angles d'un triangle par le moyen des côtés, reconnoître si l'angle que l'on cherche, doit être aigu ou obtus.

260. 6°, Les deux équations $bb = aa + cc - 2cx$, & $bb = aa + cc + 2cx$, confirment ce que nous avons dit sur les quantités négatives. Car on voit que selon que la perpendiculaire BD (*Fig.* 15 & 16)

tombe dans le triangle ou au-dehors, le ſegment CD eſt de différents côtés. Or dans ces équations le terme $2cx$ a en effet des ſignes contraires. Donc réciproquement, quels que ſoient les calculs que l'on aura faits pour l'un de ces triangles, on aura ceux qui conviennent pour les cas analogues du ſecond, en donnant des ſignes contraires aux parties qui ſeront ſituées de différents côtés, ſur une même ligne : or dans ce que nous avons dit ci-deſſus, tant ſur le calcul de l'un des angles, que ſur celui de la ſurface, le ſegment CD n'y entre plus ; donc ces deux propoſitions appartiennent indifféremment à toute eſpece de triangle rectiligne.

On pourroit tirer encore de ces mêmes équations pluſieurs autres propoſitions ; mais nous avons d'autres objets à enviſager.

261. Quoiqu'en général on ait d'autant plus de reſſources & de facilité pour mettre les queſtions de Géométrie en équation, que l'on connoît un plus grand nombre de propriétés des lignes ; cependant, comme l'Algebre elle-même fournit les moyens de trouver ces propriétés, le nombre des propoſitions vraiment néceſſaires, eſt aſſez limité. Ces deux propoſitions, que *les triangles ſemblables ont leurs côtés homologues proportionnels*, & que *dans un triangle rectangle, la ſomme des*

quarrés des deux côtés de l'angle droit eſt égale au quarré de l'hypoténuſe, ces deux propoſitions, dis-je, ſont la baſe de l'application de l'Algebre à la Géométrie. Mais ſelon la nature des queſtions, il peut y avoir bien des manieres de faire uſage de ces deux propoſitions. Cet uſage n'étoit point difficile à appercevoir dans la queſtion que nous venons de traiter. Mais dans les conſéquences que nous avons tirées de ſa réſolution pour le calcul de l'angle, par le moyen des trois côtés, l'idée de décrire l'arc *BO* (*Fig.* 15) pour calculer la corde *BO*, & par ſa moitié *OI*, calculer le ſinus de l'angle *OCI*, cette idée ne ſe préſente pas d'abord. Il en eſt de même dans beaucoup d'autres queſtions. Tantôt ce ſont des lignes qu'il faut prolonger juſqu'à ce qu'elles en rencontrent d'autres; tantôt des lignes qu'il faut mener paralleles à quelqu'autre, ou faiſant un angle donné avec quelqu'autre. En un mot, l'application de l'Algebre à la Géométrie, ainſi qu'à toute autre matiere, exige, de la part de l'*Analyſte*, un certain diſcernement dans le choix & l'emploi des moyens. Mais comme ce diſcernement s'acquiert en grande partie par l'uſage, nous allons appliquer ces obſervations à divers exemples.

262. Propoſons-nous d'abord cette queſtion : *D'un point* A (*Fig.* 17) *dont la ſituation*

est connue à l'égard de deux lignes HD *&* DI *qui font entr'elles un angle connu* HDI, *tirer une ligne droite* AEG *de maniere que le triangle intercepté* EDG, *ait une surface donnée, c'est-à-dire, une surface égale à celle d'un quarré connu* cc.

Du point *A* menons la ligne *AB* parallele à *DA*, & la ligne *AC* perpendiculaire sur *DG* prolongée : du point *E* où la ligne *AEG* doit couper *DH*, concevons la perpendiculaire *EF*. Si nous connoissions *EF* & *DG*, en les multipliant l'une par l'autre, & prenant la moitié du produit, nous aurions la surface du triangle *EDG*, laquelle devroit être égale à *cc*.

Supposons donc $DG = x$; à l'égard de *EF*, voyons si nous ne pouvons pas en déterminer la valeur, tant par le moyen de *x*, que de ce qu'il y a de connu dans la question.

Puisqu'on suppose que la situation du point *A* est connue, on doit regarder comme connue la distance *BD* à laquelle passe la parallele *AB*, & la distance *AC* du point *A* à la ligne *DG* prolongée. Nommons donc *BD*, *a* & *AC*, *b* ; alors les triangles semblables *ABG* & *EDG*, nous donnent $BG : DG :: AG : EG$; & les triangles semblables $ACG : EFG$, nous donnent $AG : EG :: AC : EF$; donc $BG : DG :: AC : EF$; c'est-à-dire, $a + x$:

$x::b:EF$; donc (*Arith.* 179) $EF = \frac{bx}{a+x}$ *; puis donc que la surface du triangle EDG doit être égale au quarré cc, il faut que $EF \times \frac{DG}{2}$ ou $\frac{bx}{a+x} \times \frac{x}{2} = cc$, c'est-à-dire, que $\frac{bxx}{2a+2x} = cc$, ou chassant le dénominateur, $bxx = 2acc + 2ccx$.

Cette équation résolue suivant les regles des équations du second degré (99 & 100), donne ces deux valeurs, $x = \frac{cc}{b} \pm \sqrt{\frac{c^4}{bb} + \frac{2acc}{b}}$; dont celle qui a le signe $-$ est inutile à la question présente.

Pour construire la premiere, je la mets sous la forme suivante, ...

$x = \frac{cc}{b} + \sqrt{\left(\frac{cc}{b} + 2a\right)\frac{cc}{b}}$: cela posé, ayant tiré une ligne indéfinie PQ (*Fig.* 18), sur un point quelconque C de cette ligne, j'éleve la perpendiculaire $AC = b$, & je prends sur CA & CP les lignes CO, CM égales chacune au côté c du quarré donné; ayant tiré AM, je lui mene par le point O la parallele ON qui me détermine CN pour la

* A l'avenir, toutes les fois que nous aurons à exprimer un terme d'une proportion, dont trois seront exprimés algébriquement, nous prendrons, sans en avertir davantage, le produit des deux moyens divisé par l'extrême, ou des deux extrêmes divisé par le moyen, selon que le terme cherché sera un extrême ou un moyen.

valeur de $\frac{cc}{b}$, puisque les triangles semblables ACM, OCN donnent $AC : OC :: CM : CN$, c'est-à-dire, $b : c :: c : CN$; donc $CN = \frac{cc}{b}$; cela étant, la valeur de x devient donc $x = CN + \sqrt{(CN + 2a) \times CN}$; or $\sqrt{(CN + 2a) \times CN}$ exprime (249) une moyenne proportionnelle entre CN & $CN + 2a$; il ne s'agit donc plus que de déterminer cette moyenne proportionnelle, & de l'ajouter à CN. Pour cet effet, sur NC prolongée, je prends $CQ = 2a$; & sur la totalité NQ, je décris le demi-cercle NVQ rencontré en V par CA: je porte la corde NV de N en P, & j'ai CP pour la valeur de x; car NV (*Géom.* 112) est moyenne proportionnelle entre NC & NQ, c'est-à-dire, entre CN & $CN + 2a$; donc NV ou $PN = \sqrt{(CN + 2a) \times CN}$; donc $CP = CN + PN = CN + \sqrt{(CN + 2a) \times CN} = x$; on portera donc CP de D en G (*Fig.* 17) & l'on aura le point G par lequel & par le point A tirant AG, on aura le triangle EDG égal au quarré cc.

263. Si l'on veut savoir ce que signifie la seconde valeur de x, savoir, ...
$x = \frac{cc}{b} - \sqrt{\left(\frac{cc}{b} + 2a\right)\frac{cc}{b}}$, on remarquera que rien, dans la question, ne déterminant

s'il s'agit plutôt de l'angle EDG (*Fig.* 17) que de son égal $E'DG'$ formé par le prolongement des lignes GD, ED, & les quantités données étant les mêmes pour celui-ci que pour l'autre, cette seconde solution doit être celle de la question où il s'agiroit de faire dans l'angle $E'DG'$ la même chose que nous avons faite dans l'angle EDG. En effet, en nommant DG', x, & conservant les autres dénominations, les triangles ABG', $E'DG'$, semblables à cause des paralleles AB & DE' donnent $BG' : DG' :: AG' : G'E'$, & en abaissant la perpendiculaire $E'F'$, les triangles semblables ACG', $E'F'G'$ donnent $AG' : G'E' :: AC : F'E'$; donc $BG' : DG' :: AC : F'E'$, c'est-à-dire, $a - x : x :: b : F'E'$; donc $F'E' = \frac{bx}{a-x}$; puis donc que la surface du triangle $G'E'D$ doit être égale au quarré cc, il faut que $\frac{bx}{a-x} \times \frac{x}{2} = cc$; ce qui donne $bxx = 2acc - 2ccx$, & par conséquent, $x = \frac{-cc}{b} \pm \sqrt{\frac{c^4}{bb} + \frac{2acc}{b}}$, valeurs de x qui sont précisément les mêmes que celles du cas précédent, avec cette différence qu'elles ont des signes contraires, ainsi que cela doit être, puisqu'ici la quantité x est prise du côté opposé à celui où on la prenoit d'abord. Nouvelle confirmation de ce que nous avons déja

déja dit plus d'une fois, que les valeurs négatives devoient être prises dans un sens opposé à celui où l'on a pris les positives.

La construction que nous avons donnée pour le cas précédent, sert aussi pour celui-ci, avec ce seul changement, de porter (*Fig.* 18) NV de N en K vers Q; alors la valeur de x, qui, dans le cas précédent, étoit CP, sera CK dans celui-ci. En effet, la valeur de x, qui convient au cas présent, est $x = -\frac{cc}{b} + \sqrt{\frac{c^4}{bb} + \frac{2acc}{b}}$ ou $x = -\frac{cc}{b} + \sqrt{\left(\frac{cc}{b} + 2a\right) \times \frac{cc}{b}}$, c'est-à-dire, $x = -CN + \sqrt{(CN + 2a) \times CN}$; puis donc que $NV = \sqrt{(CN + 2a) \times CN}$, on a $x = -CN + NV = -CN + NK = CK$; ainsi on portera CK de D en G' (*Fig.* 17), & l'on aura le point G' par lequel & par le point A tirant $AG'E'$, on aura le triangle $G'DE'$ égal au quarré cc; c'est-à-dire, la seconde solution de la question.

264. Nous avons supposé que le point A (*Fig.* 17) étoit au-dessus de la ligne BG; s'il étoit au-dessous, (*Fig.* 19) la quantité b, ou la ligne AC seroit négative, & les deux premieres valeurs de x seroient par conséquent $x = -\frac{cc}{b} \pm \sqrt{\frac{c^4}{bb} - \frac{2acc}{b}}$ ou $x = -\frac{cc}{b} \pm$

$\sqrt{\left(\frac{cc}{b}-2a\right)\times\frac{cc}{b}}$; où l'on voit que le problême n'est possible alors, que lorsque $2a$ est plus petit que $\frac{cc}{b}$ puisque lorsqu'il est plus grand la quantité qui est sous le radical, est négative, & par conséquent (98) les valeurs de x sont imaginaires ou absurdes. Lorsque $2a$ est plus petit que $\frac{cc}{b}$, les deux valeurs de x sont négatives, c'est-à-dire, qu'alors le problême est impossible à l'égard de l'angle HDI; mais il a deux solutions à l'égard de son égal $E'DG'$. Pour avoir ces deux solutions, il faut construire les deux valeurs $x=-\frac{cc}{b}\pm\sqrt{\left(\frac{cc}{b}-2a\right)\times\frac{cc}{b}}$, ce que l'on fera de la maniere suivante. Ayant déterminé, comme ci-dessus, la valeur CN de $\frac{cc}{b}$ (*Fig.* 20), on prendra $NQ=2a$, & ayant décrit sur NQ comme diametre, le demi-cercle NVQ, on lui ménera la tangente CV; on portera ensuite CV de C en P vers N & de C en K à l'opposite; alors NP & NK seront les deux valeurs de x; on les portera (*Fig.* 19) de D en G & de D en G', & tirant par le point A & par les points G & G' les deux droites EG, $E'G'$, chacun des deux triangles EDG, $E'DG'$ sera égal au quarré cc. Quant à ce que nous disons que NP & NK (*Fig.* 20) feront les deux valeurs de x, cela se tire de ce que (*Géom.* 129) CV étant moyenne proportionnelle entre CN & CQ, est $= \sqrt{CQ \times CN}$, ou, (en mettant pour ces lignes leurs valeurs),

$$CV \text{ ou } CP \text{ ou } CK = \sqrt{\left(\frac{cc}{b} - 2a\right) \times \frac{cc}{b}};$$

donc $NP = CN - CP = \frac{cc}{b} - \sqrt{\left(\frac{cc}{b} - 2a\right)\frac{cc}{b}}$;

& $NK = CN + CK = \frac{cc}{b} + \sqrt{\left(\frac{cc}{b} - 2a\right) \times \frac{cc}{b}}$;

or ces deux quantités font les mêmes que les valeurs de x, en changeant les signes, donc ces mêmes quantités portées de D vers G (*Fig.* 19) feront les valeurs de x.

265. Si le point A (*Fig.* 21) étoit dans l'angle même HDI, alors BD tombant du côté opposé à celui où il tomboit d'abord, a feroit négatif & les deux valeurs primitives de x, deviendroient $x = \frac{cc}{b} \pm \sqrt{\frac{c^4}{bb} - \frac{2acc}{b}}$ qui font les mêmes (en changeant les signes) que celles que nous venons de construire. On voit donc qu'alors on doit construire, comme on l'a fait (*Fig.* 20); mais porter les valeurs NP & NK de x, les porter, dis-je, (*Fig.* 21) de D vers I; & l'on aura les deux triangles DEG, $DE'G'$ qui satisferont tous deux à la question.

266. Enfin le point A (*Fig.* 22) pourroit

être situé au-dessous de BD, mais dans l'angle BDE'. Alors a & b seroient tous deux négatifs, ce qui donneroit $x = -\frac{cc}{b} \pm \sqrt{\frac{c^4}{bb} + \frac{2acc}{b}}$ qui sont précisément de signes contraires aux premieres valeurs que nous avons trouvées pour x. On construira donc, comme on l'a fait (*Fig.* 18). Alors CK sera la valeur positive de x, & CP sa valeur négative ; on portera la premiere, (*Fig.* 22) de D en G vers B, & l'autre à l'opposite, c'est-à-dire, de D en G'

Nous avons insisté sur les différents cas de cette solution, pour faire voir comment une seule équation les comprend tous ; comment on les en déduit par le seul changement des signes ; comment les positions contraires des lignes, sont désignées par la contrariété des signes, & réciproquement. Il nous reste encore à indiquer quelques usages de cette même solution.

267. Si l'on proposoit cette question : *D'un point donné* A (Fig. 23) *hors d'un triangle ou dans un triangle donné* DHI, *mener une ligne* AF *qui divise ce triangle en deux parties* DEF, EFIH *qui soient entr'elles dans un rapport connu & marqué par le rapport de* m : n, cette question trouveroit sa solution dans la précédente. Car puisque le triangle DHI

est donné, & que l'on sait quelle partie le triangle *DEF* doit être du triangle *DHI*; si l'on cherche le quatrieme terme de cette proportion $m + n : m ::$ la surface du triangle *DHI*, est à un quatrieme terme; ce quatrieme terme sera la surface que doit avoir le triangle *DEF*. Or on peut toujours trouver un quarré *cc* égal à cette surface (249); la question est donc réduite à mener par le point *A*, une ligne *AEF*, qui comprenne avec les deux côtés *DH*, *DI*, un triangle *DEF* égal au quarré *cc*, c'est-à-dire, est réduite à la question précédente.

268. On voit encore qu'on rameneroit à la même question, celle de partager une figure rectiligne quelconque (*Fig.* 24) par une ligne tirée d'un point quelconque *A*, en deux parties *BCFE*, *EFDHK*, qui fussent entr'elles dans un rapport donné. En effet, la figure *BCDHK* étant supposée connue, on connoît tous ses angles & tous ses côtés; on connoîtra donc facilement le triangle *BLG* formé par les deux côtés *KB* & *DC* prolongés, puisqu'on connoît dans ce triangle, le côté *BC* & les deux angles *LBC*, *LCB* supplements des angles connus *CBK* & *BCF*; ainsi on doit regarder la surface du triangle *LBC* comme connue; & puisque celle de *EBCF* doit

être une portion déterminée de la ſurface totale, elle eſt donc connue auſſi ; la queſtion eſt donc réduite à mener une ligne AEF qui forme dans l'angle KLD, un triangle égal à un quarré connu. Enfin, on voit par-là, comment on partageroit cette figure, en un plus grand nombre de parties dont les rapports ſeroient donnés.

269. Une remarque qu'il eſt encore à propos de faire, & que nous allons confirmer par d'autres exemples ; c'eſt que, ſi quelques-unes des quantités données qui entrent dans l'équation qui ſert à réſoudre une queſtion, ſont telles qu'en changeant leurs ſignes en ſignes contraires, l'équation ne change point ; ou ſi un changement de poſition dans la ligne ou les lignes cherchées de la figure, n'entraîne aucun changement de poſition ni de grandeur dans les lignes données, alors parmi les différentes valeurs de x, lorſqu'il y en a pluſieurs dans l'équation, on en trouvera toujours une qui ſera la ſolution propre pour le cas qu'indique ce changement. Par exemple, dans la queſtion que nous venons de traiter, on a vu que l'une des valeurs de x donnoit directement la ſolution pour le cas où la ligne AEG (*Fig* 17) devoit traverſer l'angle HDI, ainſi qu'on l'a ſuppoſé en faiſant le calcul ;

mais on a vu en même-temps que la seconde valeur de x donnoit la solution pour le cas où il s'agiroit, non pas de l'angle *HDI*, mais de son opposé au sommet. La raison en est qu'ayant dans chaque cas, les mêmes quantités données à employer, & les mêmes raisonnements à faire, on ne peut être conduit qu'à la même équation; donc la même équation doit donner les deux solutions. Nous allons en voir encore des exemples, en parcourant d'autres questions.

270. Proposons-nous cette question. *D'un point donné* A *hors d'un cercle* BDC (Fig. 25) *tirer une ligne droite* AE, *de maniere que sa partie* DE *interceptée dans le cercle soit égale à une ligne donnée.*

Puisque le cercle *BDEC* est donné, son diametre est censé connu : & puisque le point *A* est donné, si l'on tire par le centre *O* la droite *AOC*, on est censé connoître la ligne *AB*, & par conséquent la ligne *AC*. Pour savoir comment on doit tirer la ligne *AE*, il ne s'agit que de savoir de quelle grandeur doit être *AD*, pour que son prolongement *DE* soit égal à la ligne donnée. Je nomme donc *AD*, x; la ligne connue *AB*, a; la ligne connue *AC*, b; enfin je nomme c, la ligne donnée à laquelle *DE* doit être égale. Cela posé,

Puisque la figure $BDEC$ est un cercle, les sécantes AC, AE doivent (*Geom.* 127) être réciproquement proportionnelles à leurs parties extérieures; on doit donc avoir $AC : AE :: AD : AB$, c'est à-dire, en vertu des dénominations précédentes, $b : x + c :: x : a$; donc en multipliant les extrêmes & les moyens, on aura $xx + cx = ab$, équation du second degré qui étant résolue donne $x = -\frac{1}{2}c \pm \sqrt{\frac{1}{4}cc + ab}$; dont la premiere valeur, $x = -\frac{1}{2}c + \sqrt{\frac{1}{4}cc + ab}$, satisfait seule à la question actuelle.

Pour achever la solution, il faut construire cette quantité, ce qu'on peut faire sans employer les transformations enseignées (246). Pour cet effet, on tirera du point A la tangente AT, qui (*Géom.* 129) étant moyenne proportionnelle entre AB & AC, donnera $\overline{AT}^2 = ab$; la valeur de x deviendra donc $x = -\frac{1}{2}c + \sqrt{\frac{1}{4}cc + \overline{AT}^2}$; tirons le rayon TO, il sera perpendiculaire à AT (*Géom.* 48); si donc on prend $TI = \frac{1}{2}c$, alors en tirant AI on aura $AI = \sqrt{\frac{1}{4}cc + \overline{AT}^2}$; donc pour avoir x, il ne s'agit plus que de porter TI de I en R & de décrire du point A comme centre & du rayon AR, l'arc RD qui déterminera le point cherché D; car AD ou AR sera égal à $AI - IR = AI - TI = \sqrt{\frac{1}{4}c^2 + \overline{AT}^2} - \frac{1}{2}c = x$.

Pour connoître maintenant ce que ſignifie la ſeconde valeur, $x = -\frac{1}{2}c - \sqrt{\frac{1}{4}cc + ab}$, il faut remarquer que puiſqu'elle eſt toute négative, elle ne peut tomber que du côté opposé à celui vers lequel tend AD. Voyons donc s'il y a quelque queſtion dépendante des mêmes quantités & des mêmes raiſonnements, & qui ait rapport à ce côté. Or je remarque que ſi l'on ſuppoſe a & b négatifs, l'équation $xx + cx = ab$ ne change en aucune maniere; donc puiſqu'alors le cercle $BDEC$ deviendroit $B'D'E'C'$ ſitué vers la gauche de la même maniere que le premier l'eſt vers la droite, il s'enſuit que cette même équation renferme auſſi la ſolution qui appartiendroit à ce cas; la ſeconde valeur de x, ſavoir $x = -\frac{1}{2}c - \sqrt{\frac{1}{4}cc + ab}$ appartient donc à ce même cas, & ſatisfait à la même condition; c'eſt pourquoi ſi dans la conſtruction précédente on porte IT, de I en R', ſur AI prolongé, & qu'enſuite du point A comme centre & d'un rayon égal à AR', on décrive un arc qui coupe, en E', la circonférence $B'D'E'C'$, le point E' ſera tel que la partie interceptée $E'D'$ ſera égale à c; en effet, AE' étant égal à $AR' = AI + IR'$, vaudra $\sqrt{\frac{1}{4}c^2 + \overline{AI}^2} + \frac{1}{2}c$, c'eſt-à-dire, ſera égal à la ſeconde valeur de x en y changeant les ſignes; or puiſqu'on porte cette quantité du côté opposé à celui vers lequel on a supposé que tendoit x, il s'ensuit que AE' est véritablement la seconde valeur de x.

Au reste, comme les deux cercles sont égaux & situés de la même maniere ; les deux solutions peuvent appartenir toutes deux au même cercle, en sorte que si l'on décrit du point A comme centre & du rayon AR', l'arc RE, la ligne AE résoudra aussi la question ; en effet, il est aisé de voir que le point E déterminé de cette maniere est sur le prolongement de la ligne AD déterminée par la premiere construction. Mais des deux solutions distinctes que fournit l'Algebre, la premiere tombe à la droite du point A, & appartient au point D de la circonférence convexe ; la seconde tombe à la gauche, & appartient au point E' de la circonférence concave.

On voit par-là se confirmer de plus en plus, que les quantités négatives, doivent être portées de côtés opposés, & réciproquement.

271. Supposons maintenant qu'il s'agit de *trouver sur la direction de la ligne donnée* AB (Fig. 26) *un point* C *tel que sa distance au point* A, *soit moyenne proportionnelle entre sa distance au point* B *& la ligne entiere* AB.

Je nommerai a la ligne donnée AB ; &

x, la diſtance cherchée AC; alors BC ſera $a - x$; & puiſqu'on veut que $AB : AC :: AC : CB$, ou que $a : x :: x : a - x$, il faut, en multipliant les extrêmes & les moyens, que $xx = aa - ax$, ou $xx + ax = aa$, équation du ſecond degré, qui, étant réſolue, donne $x = -\frac{1}{2}a \pm \sqrt{\frac{1}{4}aa + aa}$.

Pour conſtruire la premiere valeur $x = -\frac{1}{2}a + \sqrt{\frac{1}{4}aa + aa}$, il faut ſelon ce qui a été enſeigné (*259) élever au point B la perpendiculaire $BD = \frac{1}{2}a$, & ayant tiré AD, on aura $AD = \sqrt{\overline{BD}^2 + \overline{AB}^2} = \ldots \sqrt{\frac{1}{4}aa + aa}$; il ne s'agit donc plus que de retrancher de cette ligne, la quantité $\frac{1}{2}a$, ce qui ſe fera en portant DB de D en O; alors AO vaudra $\sqrt{\frac{1}{4}aa + aa} - \frac{1}{2}a$, c'eſt-à-dire, ſera égale à x; on portera donc AO de A en C vers B, & le point C où elle aboutira ſera le point cherché.

Quant à la ſeconde valeur de x, ſavoir $-\frac{1}{2}a - \sqrt{\frac{1}{4}aa + aa}$; ſi l'on porte BD de D en O' ſur le prolongement de AD, alors AO' vaudra $\frac{1}{2}a + \sqrt{\frac{1}{4}aa + aa}$; puis donc que la valeur de x eſt cette même quantité, priſe négativement, on portera AO' de A en C' ſur AB prolongée du côté oppoſé à celui vers lequel on a ſuppoſé, dans la ſolution, que x tendoit, & l'on aura un ſecond point C', qui ſera, auſſi, tel que ſa diſtance au point A, ſera moyenne proportionnelle entre ſa diſtance au point B & la ligne entiere AB.

Remarquons en paſſant que cette queſtion renferme celle de *couper une ligne donnée* AB *en moyenne & extrême raiſon*; auſſi la conſtruction que nous venons d'en donner eſt-elle la même que celle que nous avons donnée (*Géom.* 130). Mais on voit que l'Algebre nous conduit à trouver cette conſtruction; au lieu qu'en Géométrie nous ſuppoſions la conſtruction déja trouvée, & nous en démontrions ſeulement la légitimité.

272. Si l'on fait un peu d'attention ſur la marche que nous avons obſervée dans les queſtions précédentes, on verra que nous avons toujours pris, pour l'inconnue, une ligne qui, étant une fois connue, ſerviroit à déterminer toutes les autres, en obſervant les conditions de la queſtion. C'eſt ce qu'on doit toujours obſerver; mais il y a encore un choix à faire pour ſe déterminer ſur cette ligne: il y en a ſouvent pluſieurs dont chacune auroit également la propriété de déterminer toutes les autres ſi une fois elle étoit connue; or parmi celles-là il en eſt qui conduiroient à des équations plus compoſées les unes que les autres. Pour aider à ſe déter-

miner dans ces cas, nous placerons ici la regle ſuivante.

273. *Si parmi les lignes ou les quantités qui étant priſes chacune pour l'inconnue, pourroient ſervir à déterminer toutes les autres quantités, il s'en trouve deux qui y ſervent de la même maniere, enſorte qu'on prévoie que l'une ou l'autre conduiroit à la même équation (aux ſignes + ou — près); alors on fera bien de n'employer ni l'une ni l'autre, mais de prendre pour inconnue une autre quantité qui dépende également de l'une & de l'autre de ces deux-là;* par exemple, de prendre pour inconnue leur demi-ſomme, ou leur demi-différence, ou un moyen proportionnel entr'elles, ou &c. On arrivera toujours à une équation plus ſimple qu'en cherchant l'une ou l'autre.

La queſtion que nous avons réſolue (270) peut nous en fournir un exemple. Rien dans cette queſtion ne déterminoit à prendre AD (*Fig.* 25) pour inconnue plutôt que AE; en prenant AD pour l'inconnue x, on avoit $x + c$ pour AE; & en prenant AE pour l'inconnue x, on auroit eu $x - c$ pour AD, & du reſte le calcul eſt le même dans chaque cas, enſorte que l'équation ne différera que par les ſignes. C'eſt pourquoi, ſi au lieu de prendre aucune des deux pour inconnue, je prends leur demi-ſomme, & que je la nomme x; comme leur différence DE eſt donnée par les conditions de la queſtion, & eſt $= c$, on aura (*Géom.* 301) $AE = x + \frac{1}{2}c$, & $AD = x - \frac{1}{2}c$; & en employant le même principe que nous avons employé dans cette premiere réſolution, nous aurons l'équation $(x + \frac{1}{2}c)(x - \frac{1}{2}c) = ab$, ou $xx - \frac{1}{4}cc = ab$, équation plus ſimple & qui donne $x = \sqrt{\frac{1}{4}cc + ab}$. D'où il eſt aiſé de conclure que AE qui eſt $x + \frac{1}{2}c$, ſera $= \frac{1}{2}c + \sqrt{\frac{1}{4}cc + ab}$, & $AD = -\frac{1}{2}c + \sqrt{\frac{1}{4}cc + ab}$, comme ci-deſſus (270).

La queſtion ſuivante nous fournira pluſieurs exemples de l'application du même principe.

274. *D'un point* D (Fig. 27) *ſitué dans l'angle droit* IAE, *& également éloigné des deux côtés* IA *&* AE, *mener une ligne droite* DB, *de maniere que la partie* CB *compriſe dans l'angle droit* EAB, *ſoit égale à une ligne donnée.*

Ayant abaiſſé les perpendiculaires DE, DI, je puis indifféremment prendre pour inconnue CE ou AB, AC ou IB, CD ou DB. Si je prends par exemple CE pour l'inconnue, alors nommant CE, x; & déſignant par a, chacune des deux lignes égales DE, DI, qui ſont cenſées connues; nommant de plus, c, la ligne donnée à laquelle

BC doit être égale, j'aurai $AC = AE - CE = a - x$; & les triangles ſemblables *DEC*, *CAB*, me donneront *AB* par cette proportion, $CE : DE :: AC : AB$, c'eſt-à-dire, $x : a :: a - x : AB$; d'où l'on tire $AB = \frac{aa - ax}{x}$. Or par la propriété du triangle rectangle (*Géom.* 164) on a $\overline{AC}^2 + \overline{AB}^2 = \overline{BC}^2$: ſubſtituant, au lieu de ces lignes, leurs valeurs algébriques, on aura $(a - x)^2 + \left(\frac{aa - ax}{x}\right)^2 = cc$, ou $aa - 2ax + xx + \frac{a^4 - 2a^3x + a^2x^2}{xx} = cc$, ou, en chaſſant le dénominateur, tranſpoſant & réduiſant $x^4 - 2ax^3 + 2aaxx - ccxx - 2a^3x + a^4 = 0$; équation du quatrieme degré, mais qui n'eſt pas, à beaucoup près, la plus ſimple qu'on puiſſe employer pour réſoudre cette queſtion.

Si, au lieu de prendre *CE* pour inconnue, nous prenions *IB*; alors nommant *IB*, x, & imitant la ſolution précédente, on auroit une équation qui ne différeroit de celle qu'on vient de trouver, qu'en ce qu'au lieu de $a - x$, on auroit $x - a$; c'eſt-à-dire, qui ſeroit abſolument la même, puiſque ces quantités y ſont au quarré. Celle où l'on prendroit *AB* pour inconnue, ne différeroit que par les ſignes de celle où l'on prendroit *AC* pour inconnue. De même, à l'égard de *DB* & de *DC*, l'équation où l'une ſera priſe pour inconnue, ne différera que par les ſignes, de celle où l'on prendroit l'autre pour inconnue : il ne faut donc prendre aucune de ces lignes.

Mais ſi nous prenons pour inconnue, la ſomme des deux lignes DB & DC, & ſi nous repréſentons cette ſomme par $2x$, alors (*Geom.* 301) nous aurons $DB = x + \frac{1}{2}c$, & $DC = x - \frac{1}{2}c$; or les paralleles DI & CA, nous donnent, pour trouver AB & AC, les deux proportions ſuivantes, $DC : CB :: IA$ ou $DE : AB$, & $DB : CB :: DI : AC$; c'eſt-à-dire, $x - \frac{1}{2}c : c :: a : AB$, & $x + \frac{1}{2}c : c :: a : AC$; donc $AB = \frac{ac}{x - \frac{1}{2}c}$ & $AC = \frac{ac}{x + \frac{1}{2}c}$; donc puiſque le triangle rectangle CAB, donne $\overline{AB}^2 + \overline{AC}^2 = \overline{BC}^2$, on aura $\frac{a^2c^2}{(x - \frac{1}{2}c)^2} + \frac{a^2c^2}{(x + \frac{1}{2}c)^2} = cc$; ou bien, chaſſant les fractions; & diviſant par cc, $a^2(x + \frac{1}{2}c)^2 + a^2(x - \frac{1}{2}c)^2 = (x + \frac{1}{2})^2 (x - \frac{1}{2}c)^2$; faiſant les opérations indiquées, tranſpoſant & réduiſant, on a $x^4 - (\frac{1}{2}cc + 2aa)x^2 = \frac{1}{2}aacc - \frac{1}{16}c^4$, équation du quatrieme degré, à la vérité, mais plus facile à réſoudre que la précédente, puiſque (173) elle ſe réſout à la maniere de celles du ſecond degré.

On parviendra encore à des équations aſſez ſimples, ſi on emploie deux inconnues, dont l'une l'une soit la somme des deux lignes AB & AC, & l'autre leur différence, c'est-à-dire, si l'on fait $AB + AC = 2x$, & $AB - AC = 2y$, ce qui donnera $AB = x + y$, & $AC = x - y$; le triangle rectangle ABC donnera $\overline{AB}^2 + \overline{AC}^2 = \overline{BC}^2$, & les triangles semblables ABC, IBD donneront (*Géom.* 109) $AB : AC :: IB : ID$; ce qui donnera les deux équations nécessaires pour déterminer x & y; de l'une on tirera la valeur de xx, qui étant substituée dans l'autre, donnera pour y, une équation du second degré. Mais nous laissons aux commençants à achever le calcul pour s'exercer, & nous revenons à notre équation.

Conformément à ce qui a été enseigné (173), on aura $x^4 - (\frac{1}{2}cc + 2aa)x^2 + (\frac{1}{4}cc + aa)^2 = (\frac{1}{4}cc + aa)^2 + \frac{1}{4}aacc - \frac{1}{16}c^4 = aacc + a^4$; tirant la racine quarrée, $x^2 - (\frac{1}{4}cc + aa) = \pm\sqrt{aacc + a^4}$, & par conséquent $x^2 = \frac{1}{4}cc + aa \pm \sqrt{aacc + a^4}$: tirant de nouveau la racine quarrée, nous aurons enfin . . . .

$$x = \pm\sqrt{\tfrac{1}{4}cc + aa \pm \sqrt{aacc + a^4}}, \text{ ou}$$
$$x = \pm\sqrt{\tfrac{1}{4}cc + aa \pm a\sqrt{cc + aa}}.$$

Des quatre valeurs de x que donne la double combinaison des deux signes $\pm$, il n'y en a qu'une qui appartienne à la question telle qu'elle a été proposée, & cette valeur est $x = + \sqrt{\frac{1}{4}cc + aa + a\sqrt{cc + aa}}$. La valeur $x = + \sqrt{\frac{1}{4}cc + aa - a\sqrt{cc + aa}}$ résout la question pour le cas où l'on demanderoit que la ligne CB fût dans le même angle que le point D, *voyez* (*Fig.* 28) ; & alors x représente, non pas la demi-somme, mais la demi-différence des deux lignes BD & DC, c'est ce dont il est facile de se convaincre en nommant $2x$ cette différence, & résolvant le problême de la même maniere que ci-dessus ; car on aura $DB = \frac{1}{2}c + x$, $CD = \frac{1}{2}c - x$, & les paralleles DI & CA donneront $DB : CB :: DI : CA$, & $DC : CB :: AI : AB$, ou $\frac{1}{2}c + x : c :: a : CA$, & $\frac{1}{2}c - x : c :: a : AB$; donc $CA = \frac{ac}{\frac{1}{2}c + x}$ & $AB = \frac{ac}{\frac{1}{2}c - x}$ donc à cause du triangle rectangle CAB, on aura $\frac{a^2c^2}{(\frac{1}{2}c + x)^2} + \frac{a^2c^2}{(\frac{1}{2}c - x)^2} = c^2$, ou après les mêmes opérations que ci-dessus, $x^4 - (\frac{1}{2}cc + 2aa)x^2 = \frac{1}{2}aacc - \frac{1}{16}c^4$, équation qui est absolument la même que celle que nous venons de trouver pour la somme des deux lignes BD & CD (*Fig.* 27). Donc la même équation satisfaisant aux deux cas, l'une des racines doit donner la somme, & une autre doit donner la différence ; or il est facile de voir que les deux que l'on doit prendre, sont celles que nous venons d'indiquer, puiſque les deux autres racines, étant toutes négatives, ne peuvent appartenir qu'à des cas tout oppoſés à ceux qu'on a conſidérés dans chaque réſolution.

Quant à ces deux autres racines, pour trouver à quels cas elles appartiennent, il faut obſerver que rien ne détermine dans la queſtion préſente, ou, du moins, dans l'équation, ſi le point *D* (*Fig.* 27) eſt (comme on l'a ſuppoſé d'abord) au-deſſous de *AI* & à gauche de *AE*, ou s'il eſt, au contraire, au-deſſus de la premiere & à droite de la ſeconde, comme on le voit ici à l'égard de *A'I'* & de *A'E'*; or dans ce cas, la quantité a tombant de côtés oppoſés à ceux où elle tomboit d'abord, eſt négative; donc on aura la ſolution qui convient à ce cas, ſi l'on met $-a$, au lieu de $+a$ dans l'équation $x^4 - (\frac{1}{2}cc + 2aa)x^2$ &c, trouvée ci-deſſus; mais comme cette équation ne change pas alors, il s'enſuit que cette même équation doit auſſi réſoudre ces deux nouveaux cas, donc les deux autres valeurs de x ſont l'une, la ſomme des deux lignes *DB'* & *DC'* (*Fig.* 27), & l'autre, leur différence (*Fig.* 28). Et l'on voit en effet que dans cette nouvelle poſition, les points *B* & *C* tombent de côtés oppoſés à ceux où ils tomboient d'abord, & que par conſéquent la ſomme, ainſi que la différence des deux lignes DB' & DC' doit être négative, comme l'équation les donne en effet.

Pour construire la solution qu'on vient de trouver, on prendra sur EA prolongée (*Fig.* 27 & 28), la partie $AN = c$, & ayant tiré IN, on portera cette derniere sur DI prolongée de I en K : sur DK comme diametre, on décrira le demi-cercle KLD rencontré en L par AI prolongée. Du milieu H de AN on tirera IH que l'on portera de I en M (*Fig.* 27), & on aura LM pour la premiere valeur de x; mais dans la figure 28, on décrira du point L comme centre, & d'un rayon égal à IH, un petit arc qui coupe IK en M, & IM sera la seconde valeur de x; & puisqu'on a $BD = x + \frac{1}{2}c$, on aura $BD = LM + AH$ (*Fig.* 27), & $BD = IM + AH$ (*Fig.* 28); ainsi il n'y aura plus qu'à décrire du point D comme centre, & du rayon BD qu'on vient de déterminer, un arc qui coupe IA prolongée en quelque point B, la droite DB sera telle qu'on la demande. En effet, le triangle rectangle IAN (*Fig.* 27 & 28) donne IN ou $IK = \sqrt{IA^2 + AN^2} = \sqrt{aa + cc}$, & puisque LI est moyenne proportionnelle entre DI & IK, on a $IL^2 = DI \times IK = a\sqrt{aa + cc}$; or le triangle rectangle IAH donne IH ou $MI = \sqrt{IA^2 + AH^2} = \ldots$

$\sqrt{aa + \frac{1}{4}cc}$, & le triangle rectangle LIM donne (*Fig.* 27) $LM = \sqrt{MI^2 + IL^2} = \sqrt{aa + \frac{1}{4}cc + a\sqrt{aa + cc}} = x$; & (*Fig.* 28) $IM = \sqrt{LM^2 - IL^2} = \ldots\ldots\ldots$

$\sqrt{aa + \frac{1}{4}cc - a\sqrt{aa + cc}} = x.$

Il faut remarquer au ſujet de cette derniere valeur, que la conſtruction que nous venons d'en donner, ſuppoſe que IH (*Fig.* 28) eſt plus grand que LI, ou tout au plus égal. S'il étoit plus petit, la queſtion ſeroit impoſſible pour ce dernier cas; c'eſt ce que fait voir auſſi l'Algebre; car dans la valeur $x = \sqrt{aa + \frac{1}{4}cc - a\sqrt{aa + cc}}$, ſi $aa + \frac{1}{4}cc$ qui eſt $\overline{IH}^2$, eſt plus petit que $a\sqrt{aa + cc}$ qui eſt $\overline{IL}^2$, la quantité que couvre le radical ſupérieur, ſera négative, & par conſéquent la valeur de x ſera imaginaire.

En prenant pour inconnue la ſomme des deux lignes DB & DC (*Fig.* 27) ou leur différence (*Fig.* 28) nous ſommes arrivés à une équation plus ſimple qu'en prenant CE, ou AC, ou AB, ou IB, parce que la relation des lignes DB & DC aux lignes IB & AB, eſt ſemblable à celle que les mêmes lignes BD & DC ont avec les lignes AC & CE, c'eſt-à-dire, qu'elles peuvent être déterminées par des opérations ſemblables en employant IB & AB, ou AC & CE. En général ; comme l'équation doit renfermer tous les différents rapports que la quantité cherchée peut avoir avec celles dont elle dépend, cette équation sera toujours d'autant plus simple, que la quantité qu'on choisira pour inconnue, aura moins de rapports différents avec les autres ; en voici un exemple bien sensible dans cette autre solution de la même question.

275. Puisque l'angle *CAB* (*Fig.* 29) est droit, si l'on conçoit que sur *CB* comme diametre on décrive un cercle, il passera par le point *A* : tirons la ligne *DA* qui prolongée rencontre la circonférence en *M*; alors il est aisé de voir que puisque les lignes *DI* & *DE* sont égales, l'angle *DAI*, ou son égal *BAM*, sera de 45 degrés ; & puisque ce dernier a pour mesure la moitié de l'arc *MB* (*Géom.* 63), cet arc *MB* sera donc de 90° ; donc si l'on tire le rayon *LM*, le triangle *DLM* sera rectangle, & par conséquent en abaissant sur *DM* la perpendiculaire *LN*, le côté *LM* (*Géom.* 112) sera moyen proportionnel entre *DM* & *MN*, ou entre *DM* & *AN*, puisque la perpendiculaire *LN* rend *AN* = *NM* (*Géom.* 52). De-là il est aisé d'avoir une solution très-simple, en prenant *AN* pour inconnue.

Représentons par *x* cette ligne *AN*, &

nommons d la ligne DA qui eſt cenſée connue ; alors DM ſera $d + 2x$, & puiſqu'on a (ſelon ce qui vient d'être remarqué) $DM : LM :: LM : MN$, on aura $d + 2x : \frac{1}{2}c :: \frac{1}{2}c : x$, & par conſéquent $dx + 2xx = \frac{1}{4}cc$, ou $xx + \frac{1}{2}dx = \frac{1}{8}cc$; & en réſolvant cette équation, $x = -\frac{1}{4}d \pm \sqrt{\frac{1}{16}dd + \frac{1}{8}cc}$.

Pour conſtruire cette quantité, je l'écris ainſi $x = -\frac{1}{4}d \pm \sqrt{\frac{1}{16}dd + \frac{1}{16}cc + \frac{1}{16}cc}$. Je prends ſur les côtés Ao, AI de l'angle droit IAo, les parties Am, An égales chacune à $\frac{1}{4}c$, & achevant le quarré $Ampn$, je tire la diagonale Ap qui ſera perpendiculaire à DA ; & égale à $\sqrt{\frac{1}{16}cc + \frac{1}{16}cc}$: je prends ſur AD, la partie Ar égale à $\frac{1}{4}d$ ou $\frac{1}{4}AD$, & tirant pr, j'ai $pr = \sqrt{\overline{Ar}^2 + \overline{Ap}^2} = \ldots\ldots$ $\sqrt{\frac{1}{16}dd + \frac{1}{16}cc + \frac{1}{16}cc}$; il ne s'agit donc plus, pour avoir la premiere valeur de x, que de retrancher de pr la quantité $\frac{1}{4}d$, ce qui ſe fera en décrivant du point r comme centre, & du rayon rp un arc qui coupe DM en N, ce qui donne AN pour la premiere valeur de x ; en ſorte qu'élevant au point N la perpendiculaire NL que l'on coupera en L par un arc décrit du point A comme centre, & du rayon $\frac{1}{2}c$, on aura le point L, par lequel & par le point D, tirant DCB, on aura la ſolution.

Quant à la feconde valeur de x, favoir $x = -\frac{1}{4}d - \sqrt{\frac{1}{16}dd + \frac{1}{16}c^2 + \frac{1}{16}c^2}$, on l'aura en portant rp de r en N', car alors AN' étant égale à $Ar + rN'$ vaudra $\frac{1}{4}d + \ldots$ $\sqrt{\frac{1}{16}dd + \frac{1}{16}c^2 + \frac{1}{16}c^2}$, c'eft-à-dire, fera égale à la feconde valeur de x en changeant les fignes ; & comme elle tombe du côté oppofé à la premiere, elle fera, eu égard à tout, la véritable valeur de x dans ce fecond cas. On élevera donc auffi au point N' la perpendiculaire $N'L'$ que l'on coupera en L' par un arc décrit pareillement du point A comme centre & d'un rayon égal à $\frac{1}{2}c$; alors tirant par le point L' & par le point D la droite $B'L'D$, on aura la feconde folution dont la queftion peut être fufceptible : c'eft ce dont il eft aifé de fe convaincre en jettant les yeux fur la Figure 30, & y appliquant mot à mot ce que nous avons dit de la Figure 29 au commencement de cette folution : on verra qu'en nommant AN ou MN, x & confervant les autres dénominations les mêmes, on aura $DM : ML :: ML : MN$; c'eft-à-dire, $2x - d : \frac{1}{2}c :: \frac{1}{2}c : x$, & par conféquent, $2xx - dx = \frac{1}{4}cc$; d'où l'on tire $x = \frac{1}{4}d \pm \ldots$ $\sqrt{\frac{1}{16}dd + \frac{1}{16}cc + \frac{1}{16}cc}$ dont une des valeurs eft précifément la même que celle dont il s'agit; les fignes feulement font différents, ainfi que cela doit être.

Mais il ſe préſente ici une remarque importante à faire. Il peut arriver que l'arc que l'on voudra décrire du point A (*Fig.* 29) comme centre, & du rayon $\frac{1}{2}c$, ne rencontre pas la perpendiculaire $N'L'$, parce que la quantité $\frac{1}{2}c$ peut être plus petite que AN'. Or nous avons dit que lorſque les queſtions du ſecond degré étoient impoſſibles, l'Algebre le faiſoit connoître : cependant, dans l'équation $x = -\frac{1}{4}d - \sqrt{\frac{1}{16}dd + \frac{1}{16}c^2 + \frac{1}{16}c^2}$, rien ne manifeſte dans quels cas cette impoſſibilité a lieu ; car tout eſt néceſſairement poſitif ſous le radical.

Voici la ſolution de cette difficulté. Il eſt inconteſtable que lorſqu'une queſtion exprimée algébriquement, ſera impoſſible, l'Algebre manifeſtera cette impoſſibilité; mais il faut bien faire attention que ce ſera lorſqu'on aura exprimé par cette même Algebre, tout ce que la queſtion ſuppoſe, ſoit explicitement, ſoit implicitement; or c'eſt préciſément ce qui n'a pas lieu ici. En effet, la queſtion ſuppoſe tacitement que les trois points D, A, L, ne ſont pas ſur une même ligne droite, & c'eſt ce que nous n'avons point exprimé algébriquement; nous avons exprimé que LM étoit moyenne proportionnelle entre DM & NM, propriété qui appartient à la vérité au triangle rectangle, mais qui peut avoir lieu auſſi lorſque les trois points *D*, *A*, *L*, ſont ſuppoſés en ligne droite. En effet, il eſt évident qu'on peut ſe propoſer cette queſtion : *Trouver ſur la direction* DL (Fig. 31) *quel intervalle il faudroit laiſſer entre les deux droites* DA *&* ML *de grandeurs connues, pour que* ML *ſoit moyenne proportionnelle entre* DM *&* MN, *le point* N *étant le milieu de* AM. Or cette queſtion conduit (comme il eſt facile de s'en aſſurer) préciſément à la même équation que ci-deſſus, & cette équation donne deux ſolutions, l'une pour le cas où les deux points *A* & *M* ſont entre *D* & *L*; l'autre, pour le cas contraire. Il n'eſt donc pas étonnant que lorſque la premiere queſtion devient impoſſible (du moins dans un de ſes cas) l'Algebre n'en diſe rien; puiſqu'elle doit donner la ſolution de cette ſeconde queſtion qui eſt toujours poſſible.

276. Cette réflexion nous porte donc à diſtinguer deux ſortes de queſtions, ſavoir, les queſtions *concretes* & les queſtions *abſtraites*. Par les premieres, on doit entendre les queſtions de la nature de l'avant-derniere, où ce que l'on cherche eſt ſpécifié ou particulariſé par quelque condition, quelque propriété, ou quelque conſtruction particuliere, que l'équation n'exprime point. Les queſtions abſtraites, au contraire, ſeront celles où les

quantités ſont conſidérées uniquement comme quantités, & où l'équation exprime tout ce que la queſtion renferme, comme dans la derniere queſtion. Celles-ci peuvent toujours avoir autant de ſolutions, ſoit poſitives ſoit négatives, que l'équation a de ſolutions réelles; au lieu que le nombre des ſolutions d'une queſtion concrete eſt ſouvent moindre que le nombre des ſolutions, mêmes poſitives, de l'équation; la queſtion ſuivante qui eſt de cette derniere eſpece, nous en fournira un exemple.

277. Suppoſons que *ABED* (*Fig.* 32) repréſente une ſphere engendrée par la rotation du demi-cercle *ABE* autour du diametre *AE*. Le ſecteur *ABC*, dans ce mouvement, engendre un ſecteur ſphérique qui eſt composé d'un ſegment ſphérique engendré par la rotation du demi-ſegment *ABP*, & d'un cône engendré par le triangle rectangle *BPC*. Suppoſons qu'on demande en quel endroit le ſegment ſphérique & le cône ſeront égaux entr'eux.

Pour réſoudre cette queſtion, il faut ſe rappeller (*Géom.* 247) que le ſecteur ſphérique eſt égal au produit de la ſurface de la calotte *BAD* par le tiers du rayon *AC*. Or la ſurface de la calotte (*Géom.* 225) ſe trouve en multipliant la circonférence *ABED* par la hauteur AP de cette calotte. Donc si on représente par le rapport de $r : c$, le rapport du rayon d'un cercle à sa circonférence, & si l'on nomme AC, a; AP, x; on aura la circonférence $ABDE$ par cette proportion $r : c :: a : ABDE$ qui sera donc $\frac{ca}{r}$; donc la surface de la calotte sera $\frac{cax}{r}$, & par conséquent, la solidité du secteur sera $\frac{cax}{r} \times \frac{1}{3} a$ ou $\frac{caax}{3r}$.

Pour avoir la solidité du cône, il faut multiplier la surface du cercle qui lui sert de base, c'est-à-dire, la surface du cercle qui a pour rayon BP, par le tiers de la hauteur CP : or puisque $CP = CA - AP = a - x$, & que $CB = a$, on aura dans le triangle rectangle BPC, $BP = \sqrt{CB^2 - PC^2} = \sqrt{aa - aa + 2ax - xx} = \sqrt{2ax - xx}$; mais pour avoir la surface du cercle qui a pour rayon BP, il faut multiplier sa circonférence par la moitié du rayon, & pour avoir cette circonférence, il faut calculer le quatrieme terme de cette proportion $r : c :: \sqrt{2ax - xx}$ est à un quatrieme terme qui sera $\frac{c\sqrt{2ax - xx}}{r}$; multipliant donc par la moitié du rayon $\sqrt{2ax - xx}$, on aura $\frac{c \cdot \overline{2ax - xx}}{2r}$ pour la surface de la base du cône; multipliant cette surface par le tiers de la hauteur CP, c'eſt-à-dire, par $\frac{a-x}{3}$, on aura $\frac{c.\overline{2ax-xx}}{2r} \times \frac{a-x}{3}$ pour la ſolidité du cône; or pour que le cône ſoit égal au ſegment, il faut que le ſecteur qui eſt la ſomme des deux, ſoit double de l'un ou de l'autre, il faut donc que $\frac{caax}{3r} = 2c \times \frac{2ax-xx}{2r} \times \frac{a-x}{3}$ ou $\frac{caax}{3r} = \frac{c.\overline{2ax-xx}.\overline{a-x}}{3r}$, en ſupprimant 2, facteur commun du numérateur & du dénominateur; telle eſt l'équation qui réſoudra la queſtion. On peut ſimplifier cette équation en ſupprimant $3r$, qui eſt diviſeur commun, & cx qui eſt le multiplicateur commun des deux membres; alors on aura $aa = \overline{2a-x}.\overline{a-x}$, ou $xx - 3ax = -aa$; d'où l'on tire, ſelon les regles de la premiere ſection, $x = \frac{3}{2}a \pm \sqrt{\frac{5}{4}aa}$; or de ces deux ſolutions, il n'y a que $x = \frac{3}{2}a - \sqrt{\frac{5}{4}aa}$ qui puiſſe ſatisfaire, puiſqu'il eſt évident que $x = \frac{3}{2}a + \sqrt{\frac{5}{4}aa}$ valant plus que $2a$, c'eſt-à-dire, plus que le diametre, la ſolution qu'elle indique ne peut convenir à la ſphere.

Si l'on veut conſtruire la ſolution $x = \frac{3}{2}a - \sqrt{\frac{5}{4}aa}$, on lui donnera cette forme $x = \frac{3}{2}a - \sqrt{\frac{9}{4}aa - aa}$; & ayant pris $AM = \frac{3}{2}a$, on décrira ſur AM comme diametre le demi-cercle AOM, & ayant inſcrit la corde AO égale à a, on tirera OM que l'on portera de M en P vers A; le point P où elle aboutira, déterminera la hauteur AP ou x. En effet, à cause du triangle rectangle AOM, on a OM ou $PM = \sqrt{AM^2 - AO^2} = \sqrt{\frac{9}{4}aa - aa}$; donc $AP = AM - PM = \frac{3}{2}a - \sqrt{\frac{9}{4}aa - aa} = x$.

Quant à la seconde solution $x = \frac{3}{2}a + \sqrt{\frac{5}{4}aa}$, elle n'appartient point, ainsi que nous venons de le dire à la question présente; mais elle appartient, ainsi que la premiere, à cette autre question abstraite que la lecture de l'équation $xx - 3ax = - aa$, ou $3ax - xx = aa$, fournit : *La ligne connue* AN (Fig. 33) *étant partagée en trois parties égales aux points* B & D, *trouver sur la direction de cette ligne un point* P, *tel que la partie* AD *soit moyenne proportionnelle entre les distances du point* P *aux extrémités* A & N. En effet, si l'on nomme a le tiers AD de la ligne connue AN, & AP, x, on aura $PN = 3a - x$; & les conditions de la question donnent cette proportion $x : a :: a : 3a - x$, d'où l'on tire cette équation $3ax - xx = aa$, dont les deux racines sont $x = \frac{3}{2}a \pm \sqrt{\frac{5}{4}aa}$ comme ci-dessus; on les aura toutes deux aussi par la même construction, excepté que pour la seconde, c'est-à-dire, pour $x = \frac{3}{2}a + \sqrt{\frac{5}{4}aa}$, on portera MO de M en P' vers N, & alors AP & AP' seront les deux valeurs de x.

Autres applications de l'Algebre, à divers objets.

278. Pour résoudre la derniere question; nous avons été obligés de calculer l'expression algébrique d'un secteur sphérique & du cône qui en fait partie. Les corps que nous avons considérés en Géométrie, reviennent souvent dans plusieurs questions, & principalement dans les questions Physico-mathématiques, parce qu'ils sont les éléments de tous les autres. Il est donc à propos de se familiariser avec les expressions algébriques, soit de leur totalité, soit de leurs parties. Outre que cela sera utile dans la quatrieme Partie de ce Cours, cela nous fournira encore l'occasion de faire voir l'utilité de l'Algebre pour la comparaison de ces corps, & pour la mesure de ceux qu'on peut y rapporter.

Si l'on représente en général par $r:c$ le rapport du rayon à la circonférence d'un cercle [rapport que l'on connoît avec une exactitude plus que suffisante (*Géom.* 152) pour la pratique]; alors la circonférence de tout autre cercle dont le rayon seroit a, sera $\frac{ca}{r}$, & sa surface $\frac{ca}{r} \times \frac{1}{2} a$, ou $\frac{ca^2}{2r}$.

On voit par-là que les surfaces des cercles croissent comme les quarrés de leurs rayons;

car $\frac{c}{2r}$ étant toujours de même valeur, la quantité $\frac{ca^2}{2r}$ ne croît qu'à proportion de ce que croît a^2.

Si h est la hauteur d'un cylindre dont le rayon de la base est a, on aura (*Géom.* 237) $\frac{ca^2}{2r} \times h$ pour la solidité; par la même raison, on aura $\frac{ca'^2}{2r} \times h'$, pour la solidité d'un autre cylindre dont la hauteur seroit h', & dont le rayon de la base seroit a'; en sorte que les solidités de ces deux cylindres seront entre elles $:: \frac{ca^2}{2r} \times h : \frac{ca'^2}{2r} \times h'$, ou $:: a^2 h : a'^2 h'$, en supprimant le facteur commun $\frac{c}{2r}$; c'est-à-dire, que les solides des cylindres sont comme les produits de leurs hauteurs par les quarrés des rayons de leurs bases. Si les hauteurs sont proportionnelles aux rayons des bases, alors on a $h : h' :: a : a'$, & par conséquent $h' = \frac{ha'}{a}$; & le rapport $a^2 h : a'^2 h'$ devient $a^2 h : \frac{a'^3 h}{a}$, ou, (en supprimant le facteur commun h, multipliant par a, & supprimant le dénominateur a) devient $a^3 : a'^3$; c'est-à-dire, qu'alors les solidités sont comme les cubes des rayons des bases.

En général les surfaces, comme nous l'avons vu en Géométrie, dépendent du produit

duit de deux dimenſions, & les ſolides du produit de trois dimenſions; ainſi ſi chaque dimenſion de l'un de deux ſolides ou de deux ſurfaces que l'on compare, eſt à chaque dimenſion de l'autre, dans le même rapport, ces deux ſurfaces ſeront entr'elles comme les quarrés, & ces deux ſolides ſeront comme les cubes de deux dimenſions homologues; & plus généralement encore, ſi deux quantités quelconques de même nature ſont exprimées par le produit de tant de facteurs qu'on voudra, & ſi chaque facteur de l'une eſt à chaque facteur de l'autre, dans un même rapport, ces deux quantités ſeront entre elles comme un facteur homologue de chacune, élevé à une puiſſance d'un degré égal au nombre de ces facteurs. Par exemple, ſi une quantité eſt exprimée par $abcd$ & une autre par $a'b'c'd'$; auquel cas ces deux quantités ſont l'une à l'autre : : $abcd : a'b'c'd'$, alors ſi l'on a $a : a' :: b : b' :: c : c' :: d : d'$, on tirera des proportions que donnent ces rapports, $b' = \frac{a'b}{a}$, $c' = \frac{a'c}{a}$, $d' = \frac{a'd}{a}$, & par conſéquent le rapport $abcd : a'b'c'd'$ deviendra $abcd : \frac{a'^4bcd}{a^3}$, ou $a : \frac{a'^4}{a^3}$ ou $a^4 : a'^4$. La même choſe auroit lieu, quand même ces quantités ne ſeroient pas exprimées par des monomes; ſi par exemple, elles étoient exprimées, l'une par $ab + cd$, &

l'autre par $a'b' + c'd'$, dans le cas où les dimenſions de la premiere ſeront proportionnelles aux dimenſions de la ſeconde, ces quantités ſeront l'une à l'autre : : $a^2 : a'^2$; en effet, puiſqu'on ſuppoſe que $a : a' :: b : b' :: c : c' :: d : d'$, on aura $b' = \frac{a'b}{a}$, $c' = \frac{a'c}{a}$, $d' = \frac{a'd}{a}$, & par conſéquent le rapport $ab + cd : a'b' + c'd'$ deviendra $ab + cd : \frac{a'^2 b}{a} + \frac{a'^2 cd}{a^2}$, ou $ab + cd : \frac{a'^2 ab + a'^2 cd}{a^2}$, ou $a^2 (ab + cd) : a'^2 (ab + cd)$, ou enfin $a^2 : a'^2$.

Cette derniere obſervation démontre d'une maniere générale, que les ſurfaces des figures ſemblables ſont comme les quarrés de deux de leurs dimenſions homologues, & les ſolidités des ſolides ſemblables comme les cubes ; car quelles que ſoient ces figures ou ces ſolides, les premieres peuvent toujours être conſidérées comme compoſées de triangles ſemblables dont les hauteurs & les baſes ſont proportionnelles dans chaque figure ; & les derniers peuvent être conſidérés comme compoſés de pyramides ſemblables dont les trois dimenſions ſont auſſi proportionnelles.

On voit par-là comment on peut comparer facilement les quantités, lorſqu'on en a l'expreſſion algébrique, & cela, ſoit que ces quantités ſoient de même eſpece ou d'eſpece différente comme un cône & une ſphere, un prisme & un cylindre, pourvu seulement qu'elles soient de même nature, c'est-à-dire, ou toutes deux des solides, ou toutes deux des surfaces, ou toutes deux, &c.

279. Nous avons dit (*Géom.* 243) comment on devoit s'y prendre pour avoir la solidité d'une pyramide tronquée ou d'un cône tronqué. Si donc on nomme h la hauteur de la pyramide entiere, & h' la hauteur de la pyramide retranchée; s la surface de la base inférieure, & s' celle de la base supérieure, on aura (*Géom.* 202) $s : s' :: h^2 : h'^2$; & par conséquent $h'^2 = \frac{h^2 s'}{s}$ ou $h' = h\sqrt{\frac{s'}{s}}$; mais si on nomme k la hauteur du tronc, on aura $k = h - h'$, & par conséquent $k = h - h\sqrt{\frac{s'}{s}}$ ou $k = \frac{h\sqrt{s} - h\sqrt{s'}}{\sqrt{s}}$; d'où l'on tire $h = \frac{k\sqrt{s}}{\sqrt{s} - \sqrt{s'}}$. Or la solidité de la pyramide totale est $s \times \frac{h}{3}$, & celle de la pyramide retranchée est $s' \times \frac{h'}{3}$, ou, (en mettant pour h' la valeur qu'on vient de trouver) $s' \times \frac{h}{3}\sqrt{\frac{s'}{s}}$; donc la solidité du tronc sera $\frac{hs}{3} - \frac{hs'\sqrt{s'}}{3\sqrt{s}}$ ou $\frac{h}{3} \cdot \left(s - \frac{s'\sqrt{s'}}{\sqrt{s}}\right)$, ou enfin $\frac{h}{3} \cdot \left(\frac{s\sqrt{s} - s'\sqrt{s'}}{\sqrt{s}}\right)$; mettons donc pour h la valeur que nous venons de trouver, & nous aurons $\frac{k\sqrt{s}}{3(\sqrt{s} - \sqrt{s'})} \times \frac{(s\sqrt{s} - s'\sqrt{s'})}{\sqrt{s}}$,

qui se réduit à $\frac{k}{3}\left(\frac{s\sqrt{s}-s'\sqrt{s'}}{\sqrt{s}-\sqrt{s'}}\right)$, ou, en faisant la division par $\sqrt{s}-\sqrt{s'}$, se réduit à $\frac{k}{3}\times(s+\sqrt{ss'}+s')$, qui nous apprend que toute pyramide ou tout cône tronqué est composé de trois pyramides de même hauteur, dont l'une a pour base la base inférieure s du tronc, l'autre la base supérieure s', & la troisieme, une moyenne proportionnelle $\sqrt{ss'}$, entre la base supérieure s' & la base inférieure s; car pour avoir la solidité de ces trois pyramides, il suffiroit, puisqu'elles sont de même hauteur, de réunir les trois bases, ce qui donneroit $s+\sqrt{ss'}+s'$, & de multiplier la totalité par le tiers $\frac{k}{3}$ de la hauteur commune, ce qui donne la même quantité qu'on vient de trouver.

280. Si a représente le rayon d'une sphere, $\frac{ca^2}{2r}$ sera la surface de son grand cercle; $\frac{4ca^2}{2r}$ ou $\frac{2ca^2}{r}$ sera la surface de cette même sphere, & par conséquent $\frac{ca^2}{3r}\times\frac{4}{3}a$, ou $\frac{c}{2r}\times\frac{4a^3}{3}$ sera la solidité (*Géom.* 222 & 244).

Si l'on nomme x la hauteur d'un segment quelconque, on aura, comme nous l'avons vu dans la solution de la derniere question,

$\frac{caax}{3r}$ pour la ſolidité du ſecteur; & $\frac{c}{2r} \times \overline{2ax - xx} \times \frac{a-x}{3}$ pour celle du cône, qui en fait partie; donc celle du ſegment (*Géom.* 248) ſera $\frac{caax}{3r} - \frac{c}{2r} \cdot \overline{2ax - xx} \cdot \frac{a-x}{3} = \ldots$ $\frac{c}{3r}\left(aax - \frac{2ax - xx}{2} \times \overline{a-x}\right) = \frac{c}{3r} \cdot \frac{2aax - 2aax + axx + 2axx - x^3}{2}$ $= \frac{c}{3r} \cdot \frac{3axx - x^3}{2} = \frac{cx^2}{2r} \times (a - \frac{1}{3}x)$ qui fait voir que la ſolidité du ſegment eſt égale au cercle qui auroit pour rayon la hauteur de ce ſegment, multiplié par le rayon moins le tiers de cette hauteur.

Quand on a les expreſſions algébriques des quantités, il eſt facile de réſoudre pluſieurs queſtions qu'on peut faire ſur ces mêmes quantités. Par exemple, ſi l'on demandoit quelle doit être la hauteur d'un cône qui ſeroit égal en ſolidité à une ſphere donnée, & qui auroit pour rayon de ſa baſe le rayon de la ſphere: en nommant h cette hauteur & a le rayon de la baſe, on aura $\frac{c}{2r} \times \frac{a^2 h}{3}$ pour la ſolidité de ce cône; & puiſqu'il doit être égal à la ſphere qui a auſſi pour rayon a, on aura $\frac{c}{2r} \times \frac{a^2 h}{3} = \frac{c}{2r} \times \frac{4a^3}{3}$, d'où l'on tire $h = 4a$, en effaçant, dans chaque membre, le facteur commun $\frac{c}{2r} \times \frac{a^2}{3}$.

Cette valeur de h nous fait connoître que

la hauteur doit être double du diametre de la ſphere, ce qui doit être en effet; car la ſphere étant (*Géom.* 256) les $\frac{2}{3}$ du cylindre circonſcrit, doit être le double d'un cône de même baſe & de même hauteur que ce cylindre, c'eſt-à-dire, égale à un cône de même baſe & d'une hauteur double.

281. Pour donner encore un exemple, propoſons-nous cette queſtion : *Connoiſſant le poids d'une ſphere dans l'air, & ſon poids dans l'eau, connoître le rayon de cette ſphere.*

Pour réſoudre cette queſtion, nous ſuppoſerons un principe d'hydroſtatique que nous démontrerons dans la quatrieme Partie de ce Cours. Ce principe eſt que ce qu'un corps perd de ſon poids dans l'eau ou dans tout autre liquide, eſt égal au poids du volume de liquide qu'il déplace. Cela poſé, ſuppoſons que p eſt le poids d'un pouce-cube d'eau, & x le rayon inconnu de la ſphere dont il s'agit : c'eſt-à-dire, le nombre de pouces de ce rayon. La ſolidité de cette ſphere ſera donc $\frac{2cx^3}{3r}$; & pour avoir le poids d'un pareil volume d'eau, il faudra multiplier cette quantité par p, puiſqu'un pouce-cube d'eau peſant p, un nombre de pouces-cubes d'eau exprimé par $\frac{2cx^3}{3r}$ doit peſer p de fois autant; c'eſt-à-dire, qu'il doit peſer $\frac{2pcx^3}{3r}$; ſuppoſons donc que P eſt le poids qu'a, dans l'air, la ſphere en queſtion; alors ſelon le principe que nous venons de poſer, elle ne doit peſer dans l'eau que $P - \frac{2cpx^3}{3r}$; puis donc qu'on ſuppoſe connoître ce qu'elle peſe dans l'eau, ſi l'on repréſente ce poids par P', on aura $P - \frac{2cpx^3}{3r} = P'$; & par conſéquent $\frac{2cpx^3}{3r} = P - P'$ ou $x^3 = \frac{(P-P') \times 3r}{2cp}$; tirant la racine cubique $x = \sqrt[3]{\frac{(P-P') \times 3r}{2cp}}$.

Suppoſons, pour en donner une application, que la ſphere dont il s'agit peſe 5 onces dans l'air & 2 onces dans l'eau; & qu'un pied-cube d'eau peſe 72 livres, ce qui donne (en diviſant par 1728 qui eſt le nombre des pouces contenus dans un pied-cube) $\frac{72}{1728}$ ou $\frac{1}{24}$ de livre, c'eſt-à-dire, $\frac{16}{24}$ ou $\frac{2}{3}$ d'once pour un pouce-cube : prenons d'ailleurs le rapport de 113 à 355 pour celui du diametre à la circonférence, & par conſéquent, celui de $\frac{113}{2}$ à 355 pour celui de r à c; nous aurons donc $p = \frac{2}{3}$, $P = 5$, $P' = 2$, $r = \frac{113}{2}$, $c = 355$, & par conſéquent . . . .

$$x = \sqrt[3]{\frac{(5-2)\,3 \cdot \frac{113}{2}}{2 \cdot 355 \cdot \frac{2}{3}}} = \sqrt[3]{\frac{\frac{1017}{2}}{\frac{1420}{3}}} = \sqrt[3]{\frac{3051}{2840}}$$

ou (en prenant les logarithmes, pour plus de facilité) $L\,x = \frac{1}{3} L \frac{3051}{2840} = \frac{1}{3}(L\,3051 - L\,2840)$; or $L\,3051 = 3,4844422$ & $L\,2840 = 3,4533183$; retranchant & prenant le tiers du reste, on a $L\,x = 0,0103746$ qui répond à 1,0242 à très-peu près: ce globe a donc un pouce & 0,0242, ou 1 pouce & 242 dix-milliemes de pouce, pour rayon.

Nous avons supposé tacitement que le globe entroit entiérement dans l'eau, par son poids; si au contraire il falloit lui ajouter un certain poids pour le faire plonger entiérement, alors ce seroit cette quantité qu'il faudroit prendre pour P', mais en même-temps, il faudroit traiter P' comme négatif; c'est-à-dire, qu'alors on auroit ...... $x = \sqrt[3]{\frac{(P+P')\times 3r}{2cp}}$. En effet, $\frac{2cpx^3}{3r}$ étant (ainsi que nous l'avons vu dans la solution précédente) le poids d'un volume d'eau égal à ce globe, & P le poids de ce globe dans l'air, $\frac{2cpx^3}{3r} - P$ sera la quantité dont il pese moins qu'un pareil volume d'eau, & par conséquent, ce qu'il faut ajouter pour le faire plonger entiérement; on aura donc $\frac{2cpx^3}{3r} - P = P'$, qui donne la valeur de x que nous venons d'assigner pour ce cas.

Des Lignes courbes en général ; &, en particulier, des Sections coniques.

282. La considération des lignes courbes n'est point un objet de pure spéculation. Tant que les questions qu'on a à résoudre ne passent pas le second degré, on n'a pas besoin du secours de ces lignes ; mais au-delà elles deviennent nécessaires. Nous allons donc donner une idée générale des lignes courbes, & des usages qu'elles peuvent avoir pour la construction des équations auxquelles on arrive dans la résolution des questions.

Parmi les lignes courbes que l'on considere en Géométrie, les unes sont telles que chacun de leurs points peut être déterminé par une même loi ; c'est-à-dire, par des calculs & des opérations semblables : dans d'autres, chaque point se détermine par une loi différente, c'est-à-dire, par des calculs ou des opérations différentes ; mais cette différence elle-même est assujettie à une loi.

Quant aux lignes tracées au hazard, telles que seroient par exemple, les traits qu'imprime sur le papier, la plume d'un écrivain, ils ne peuvent être l'objet d'une Géométrie rigoureuse. Néanmoins les recherches dont celle-ci s'occupe conduisent même à imiter, par des pocédés directs & certains ; des contours qui ne semblent assujettis à aucune loi : & l'art de lier ainsi, par des rapports approchés, des quantités dont la loi véritable seroit ou inconnue ou trop composée, n'est pas une des applications les moins utiles de la Géométrie & de l'Algebre; nous aurons quelques occasions de le voir par la suite.

Pour pouvoir tracer les lignes courbes qui font l'objet de la Géométrie, il faut donc connoître la loi à laquelle sont assujettis les différents points de leur contour. Or cette loi peut être donnée de plusieurs manieres : Ou en indiquant un procédé par lequel ces courbes peuvent être décrites d'un mouvement continu : tel est le cercle qui se décrit en faisant tourner dans un plan, une ligne donnée, & autour d'un point donné. Ou bien en faisant connoître quelque propriété qui appartienne constamment à chacun des points de cette courbe : c'est ainsi que sachant, que tout angle qui a son sommet à la circonférence du cercle, & qui s'appuie sur un diametre, est droit, je puis trouver successivement chacun des points d'un cercle dont je connois le diametre, en tirant d'une des extrémités *A* de ce diametre (*Fig.* 34) une infinité de lignes droites *AC*, *AD*,

AE, AF, & menant de l'autre extrémité *B*, les perpendiculaires *BC*, *BD*, *BE*, *BF*; les différents points *C*, *D*, *E*, *F*, &c. déterminés de cette maniere appartiendront tous à la circonférence qui a *AB* pour diametre.

Enfin cette loi peut être donnée par une équation, & on peut toujours ſuppoſer qu'elle eſt donnée par ce dernier moyen, parce que les deux autres dont nous venons de faire mention ſervent à trouver l'équation qui exprime cette loi. C'eſt ſous ce dernier point de vue que nous allons principalement conſidérer les courbes. C'eſt tout à la fois le plus ſimple & le plus fécond pour en connoître les propriétés, les ſingularités, & les uſages. Voyons donc comment une équation peut exprimer la nature d'une courbe; & puiſque juſqu'ici nous ne connoiſſons encore que la circonférence du cercle, commençons par celle-ci.

283. Suppoſons donc que *AMB* (*Fig.* 35) eſt une courbe à laquelle nous ne connoîtrions encore d'autre propriété que celle-ci; que la perpendiculaire *PM* abaiſſée d'un point quelconque *M* de cette courbe, ſur la ligne *AB*, eſt moyenne proportionnelle entre les deux parties *AP* & *PB*. Voyons comment l'Algebre peut nous aider à trouver chacun des points de cette courbe, & ſes différentes propriétés.

Si je nomme a la ligne AB; la partie AP, x; & la perpendiculaire PM, y; alors PB sera $a - x$; & puiſque nous ſuppoſons PM moyenne proportionnelle entre AP & PB, nous aurons $x : y :: y : a - x$; & par conſéquent, $yy = ax - xx$.

Concevons maintenant que AB ſoit partagé en un certain nombre de parties égales, en 10 par exemple; & que par chaque point de diviſion on éleve des perpendiculaires pm, pm, pm, &c; il eſt viſible que ſi, dans l'équation qu'on vient de trouver, l'on ſuppoſe x ſucceſſivement égal à chacune des lignes Ap, Ap, &c, y deviendra égal à chaque ligne correſpondante pm, pm, &c, puiſque l'équation $yy = ax - xx$ exprime que y eſt toujours moyenne proportionnelle entre x & $a - x$, quel que ſoit d'ailleurs x, ce qui eſt la propriété que nous ſuppoſons à chaque perpendiculaire pm. Donc on peut trouver ſucceſſivement chacun des points de cette courbe, en donnant ſucceſſivement à x pluſieurs valeurs, & calculant les valeurs correſpondantes de y : en voici un exemple. Dans la ſuppoſition que nous venons de faire, que a eſt diviſé en 10 parties, ou qu'il eſt compoſé de 10 parties, nous aurons $a = 10$, & par conſéquent l'équation devient $yy = 10x - xx$. Si donc nous ſuppoſons ſucceſſivement $x=1$, $x=2$, $x=3$, $x=4$, $x=5$, $x=6$, $x=7$, $x=8$, $x=9$, $x=10$; on trouvera ſucceſſivement $y=\sqrt{9}$, $y=\sqrt{16}$, $y=\sqrt{21}$, $y=\sqrt{24}$, $y=\sqrt{25}$, $y=\sqrt{24}$, $y=\sqrt{21}$, $y=\sqrt{16}$, $y=\sqrt{9}$, $y=\sqrt{0}$; ou bien $y=3$; $y=4$; $y=4, 5$: $y=4, 9$; $y=5$; $y=4, 9$; $y=4, 5$; $y=4$; $y=3$; $y=0$. Ainſi, ſi l'on porte ces valeurs de y ſucceſſivement ſur les perpendiculaires correſpondantes aux valeurs 1, 2, 3, &c, de x, les points m, m, déterminés de cette maniere appartiendront tous à une courbe qui aura cette propriété que chaque perpendiculaire pm ſera moyenne proportionnelle entre les deux parties Ap & pB de la droite AB, courbe que nous allons voir, dans un moment, être la circonférence même du cercle.

Nous avons vu que toute racine paire avoit deux valeurs, l'une poſitive, l'autre négative. Ainſi outre les valeurs de y que nous venons de trouver, on a encore ces autres-ci, $y=-3$; $y=-4$; $y=-4, 5$; $y=-4, 9$; $y=-5$; $y=-4, 9$, $y=-4, 5$; $y=-4$; $y=-3$; $y=0$.

Pour avoir les points de la courbe qu'annoncent ces nouvelles valeurs de y, il faut, conformément à ce que nous avons déja dit pluſieurs fois ſur les quantités négatives, prolonger les perpendiculaires pm, pm, &c ; & porter à l'oppoſite, c'eſt-à-dire, de p en m', les quantités pm', pm', &c, égales chacune à ſa correſpondante pm. Si l'on veut avoir un plus grand nombre de points de la courbe, il n'y a autre choſe à faire qu'à ſuppoſer AB diviſé en un plus grand nombre de parties, par exemple en 100 ; c'eſt-à-dire, ſuppoſer $a=100$; ou bien en conſervant à a la même valeur 10, que ci-deſſus, ſuppoſer à x des valeurs intermédiaires entre celles qu'on lui a données ci-deſſus ; on trouvera de même les valeurs intermédiaires de y, & par conſéquent de nouveaux points de la courbe.

La valeur $y=0$, qu'on a trouvée ci-deſſus, fait voir que la courbe rencontre la ligne AB au point B, où $x=a=10$; puiſque la perpendiculaire pm ayant alors pour valeur zéro, la diſtance du point m à la droite AB eſt nulle. On peut voir, auſſi avec facilité, qu'elle doit rencontrer la ligne AB au point A : en effet puiſqu'aux endroits où la courbe rencontre cette ligne, la valeur de y doit être 0 ; pour ſavoir quels ſont ces endroits, il n'y a qu'à ſuppoſer que y eſt zéro, dans l'équation $yy=ax-xx$, ce qui la réduit à $0=ax-xx$; or $ax-xx$ étant $=x(x-x)$, ce produit eſt zéro, dans deux cas, lorſque $x=0$, & lorſque $x=a$. Donc réciproquement y fera auffi zéro dans ces deux cas; or x eft évidemment $= 0$ au point A, & il eft $= a$, au point B; donc la courbe rencontre en effet la ligne AB, aux points A & B.

D'après cet exemple, on peut commencer à appercevoir comment une équation fert à déterminer les différents points d'une courbe. Nous en verrons d'autres exemples ; mais auparavant expliquons-nous fur certains mots dont nous ferons ufage par la fuite.

284. Lorfqu'on veut exprimer, par une équation, la nature d'une ligne courbe, on rapporte, ou l'on conçoit qu'on rapporte chacun des points m, m, &c. à deux lignes fixes AB & OAO, qui font entr'elles un angle déterminé (aigu, droit ou obtus); & en imaginant que de chaque point m on mene les lignes mp & mp' paralleles aux lignes OAO & AB, il eft évident qu'on connoîtra la fituation de ce point, fi l'on connoît les valeurs des lignes mp' ou Ap & pm, ou (ce qui revient au même, fi l'on connoît l'une de ces lignes, & fon rapport avec l'autre. Or ce que l'on entend, lorfqu'on dit qu'une équation exprime la nature d'une ligne courbe, c'eft que cette équation donne le rapport qu'il y a, pour chaque point m, entre la ligne Ap & la ligne pm, enforte que l'une

étant connue, l'équation fait connoître l'autre ; & selon que ce rapport est plus ou moins composé, la courbe est elle-même d'un genre plus ou moins élevé.

Les lignes *Ap*, ou *mp'*, qui mesurent la distance de chaque point *m* à l'une *OAO* des deux lignes de comparaison, s'appellent les *abscisses* ; & les lignes *mp* ou *p'A* qui mesurent la distance à l'autre ligne *AB* de comparaison, s'appellent les *ordonnées* ; la ligne *AB*, s'appelle *l'axe des abscisses*, & la ligne *OAO*, s'appelle *l'axe des ordonnées*. Le point *A* d'où l'on commence à compter les abscisses, s'appelle *l'origine des abscisses*; on appelle de même *origine des ordonnées*, celui d'où l'on commence à compter les ordonnées *Ap'* ou *pm* : dans la Figure 35, ces deux points sont un seul & même point, savoir le point *A* ; rien n'assujettit à compter les abscisses depuis le même point d'où l'on compte les ordonnées ; mais quand aucune circonstance ne détermine à faire autrement, il est toujours plus simple de les compter du même point.

Les lignes *Ap*, *pm*, se nomment d'un nom commun, *les coordonnées de la courbe*; & considérées comme appartenant indifféremment à un point quelconque de la courbe, on les appelle *des indéterminées ;* on donne le même nom aux lettres ou signes algébriques

x & *y*

x & y par lesquelles on représente ces lignes Ap & pm.

285. Revenons maintenant à notre équation, & voyons comment on peut en tirer les propriétés de la courbe.

1°, Du milieu C de AB, tirons, à un point quelconque M de la courbe, la droite CM; en quelque endroit que ce soit, le triangle MPC sera toujours rectangle, & l'on aura par conséquent, $\overline{MP}^2 + \overline{PC}^2 = \overline{MC}^2$, c'est-à-dire (puisque $PC = AC - AP = \frac{1}{2}a - x$), $yy + \frac{1}{4}aa - ax + xx = \overline{CM}^2$; or puisque la droite MP, ou y, est par-tout moyenne proportionnelle entre AP & PB, on a, par-tout, $yy = ax - xx$; on aura donc aussi, par-tout, $ax - xx + \frac{1}{4}aa - ax + xx = \overline{MC}^2$; c'est-à-dire, $\frac{1}{4}aa = \overline{MC}^2$, qui donne $MC = \frac{1}{2}a$; chaque point M ou m, est donc également éloigné du point C; la courbe est donc une circonférence de cercle.

2°, D'un point quelconque M ou m de la courbe, menons aux deux extrémités A & B, les droites MA & MB; les triangles rectangles MPA, MPB nous donneront $\overline{AP}^2 + \overline{PM}^2 = \overline{AM}^2$ & $\overline{PM}^2 + \overline{PB}^2 = \overline{MB}^2$; ou en mettant les valeurs algébriques, $xx + yy = \overline{AM}^2$, & $aa - 2ax + xx + yy = \overline{MB}^2$;

donc en ajoutant ces deux équations, & mettant pour yy sa valeur $ax-xx$, on aura $aa-2ax+2xx+2ax-2xx=\overline{AM}^2+\overline{MB}^2$; c'est-à-dire, $\overline{AM}^2+\overline{MB}^2=aa=\overline{AB}^2$; propriété du triangle rectangle, & qui par conséquent nous fait connoître que l'angle AMB est toujours droit en quelque endroit que soit le point M sur la courbe; voyez (*Géom.* 65).

3°, Si dans l'équation $xx+yy=\overline{AM}^2$; on met, pour yy sa valeur $ax-xx$, on aura $\overline{AM}^2=ax$, qui donne cette proportion $a:AM::AM:x$, ou $AB:AM::AM:AP$; c'est-à-dire, que la corde AM est moyenne proportionnelle, entre le diametre AB, & le segment ou l'abscisse AP; voyez (*Géom.* 112).

On trouveroit de même toutes les autres propriétés du cercle que nous avons démontrées en Géométrie, & cela en partant toujours de cette supposition, que l'ordonnée PM ou pm est moyenne proportionnelle entre AP & PB, ou Ap & pB.

Nous avons compté les abscisses, depuis le point A origine du diametre, & nous avons eu l'équation $yy=ax-xx$. Si nous voulions compter les abscisses depuis le centre, c'est-à-dire, prendre pour abscisses les lignes CP, Cp, &c; alors représentant chacune de ces lignes, par z, nous aurions $CP = AC - AP$, c'est-à-dire, $z = \frac{1}{2}a - x$, & par conséquent $x = \frac{1}{2}a - z$. Mettant donc pour x, cette valeur dans l'équation $yy = ax - xx$, on aura $yy = a\ (\frac{1}{2}a - z) - (\frac{1}{2}a - z)^2$, qui se réduit à $yy = aa - zz$, c'est-là l'équation du cercle en supposant les coordonnées perpendiculaires, & leur origine au centre.

Au reste, toute propriété qui appartiendra essentiellement à chaque point de la courbe, donnera toujours, en la traduisant algébriquement, la même équation pour la courbe; du moins, tant qu'on prendra les mêmes abscisses & les mêmes ordonnées; mais quand on changera l'origine, ou la direction des coordonnées, ou toutes les deux, on pourra avoir une équation différente; néanmoins elle sera toujours du même degré. Nous venons de voir la vérité de la derniere partie de cette proposition, dans le changement que nous venons de faire pour les abscisses; au lieu de l'équation $yy = ax - xx$, nous avons eu $yy = \frac{1}{4}aa - zz$, qui étant déduite de la premiere, a pour base la même propriété; mais si nous partions de cette autre propriété, que chaque distance MC est toujours la même, & $= \frac{1}{2}a$; alors nommant

CP, z; & *PM*, y; nous aurions, à cause du triangle rectangle *MPC*, $yy + zz = \frac{1}{4}aa$, qui donne $yy = \frac{1}{4}aa - zz$, équation qui est la même que tout à l'heure, quoique déduite d'une propriété différente.

De l'Ellipse.

286. Proposons-nous maintenant d'examiner quelle seroit la courbe qui auroit cette autre propriété, que la somme des deux distances $MF + Mf$ (*Fig.* 36) de chacun de ses points à deux points fixes F & f, seroit toujours égale à une ligne donnée a.

Pour trouver les propriétés de cette courbe qu'on appelle une *Ellipse*, il faut chercher une équation qui exprime quelle relation il y a, en vertu de cette propriété connue, entre les perpendiculaires *PM* menées de chaque point *M* sur une ligne déterminée telle que *Ff*, par exemple, & leurs distances *FP* ou *AP* à quelque point *F* ou *A* pris arbitrairement.

Dans cette vue, je prends pour origine des abscisses le point *A*, déterminé en prenant depuis le milieu *C* de *Ff*, la ligne $CA = \frac{1}{2}a$; & ayant fait $CB = CA$, je nomme *AP*, x; *PM*, y; la ligne *AF* qui est censée connue, c; & la ligne *FM*, z; alors $FP = AP -$

$AF = {}^{*} x - c$; $Mf = FMf - FM = a - z$, & $fP = PB - Bf = AB - AP - Bf = a - x - c$.

Cela posé, les triangles rectangles FPM, fPM, donnent $\overline{FM}^2 = \overline{PM}^2 + \overline{FP}^2$, & $\overline{Mf}^2 = \overline{MP}^2 + \overline{fP}^2$, ou $zz = yy + xx - 2cx + cc$, & $aa - 2az + zz = yy + aa - 2ax + xx - 2ac + 2cx + cc$. Retranchant la seconde de ces deux dernieres équations, de la premiere, & effaçant aa qui se trouvera de part & d'autre, j'ai $2az = 2ax + 2ac - 4cx$, & par conséquent $z = \frac{ax + ac - 2cx}{a}$; mettant donc pour z, cette valeur dans l'équation $zz = yy + xx - 2cx + cc$, j'aurai $\frac{aaxx + 2aacx + aacc - 4acx^2 - 4ac^2x + 4ccxx}{aa} = yy + xx - 2cx + cc$, ou chassant le dénominateur, transposant & réduisant, $aayy = 4aacx - 4accx - 4acx^2 + 4ccx^2$, ou $aayy = (4ac - 4cc)\,ax + (4cc - 4ac)\,x^2$, ou (parce que $4cc - 4ac$ est la même chose que $-(4ac - 4cc)$) $aayy = (4ac - 4cc)\,ax - (4ac - 4cc)\,x^2$, ou enfin $aayy = (4ac - 4cc)\,(ax - xx)$, d'où l'on

* Si le point M avoit été pris de maniere que la perpendiculaire MP tombât entre A & F, alors FP seroit $c - x$; mais cela n'apporteroit aucun changement à l'équation finale, parce que, dans la formation de cette équation, on n'emploie que le quarré de FP, qui est toujours $xx - 2cx + cc$, soit qu'il vienne de $x - c$, soit qu'il vienne de $c - x$.

tire $yy = \frac{4ac - 4cc}{aa} . (ax - xx)$.

Telle eſt l'équation de la courbe dont chaque point a la propriété que nous avons ſuppoſée.

287. Cette équation peut ſervir à décrire la courbe par points, en donnant ſucceſſivement à x pluſieurs valeurs comme nous l'avons fait ci-deſſus à l'occaſion du cercle, & calculant en même temps les valeurs de y. Comme le procédé eſt abſolument le même, nous n'en ferons point le calcul.

288. On peut encore décrire l'ellipſe par points, en cette maniere; après avoir fait $CB = CA = \frac{1}{2} a$, on prend un intervalle quelconque Br, & l'on décrit au-deſſus & au-deſſous de AB, du point f comme centre & du rayon Br, un arc que l'on coupe en M & M' par un arc décrit du point F comme centre & du rayon Ar. Tous les points M & M' trouvés de cette maniere ſont à l'ellipſe.

289. La propriété fondamentale d'après laquelle nous venons de trouver l'équation, donne elle-même un moyen fort ſimple de décrire cette courbe par un mouvement continu. En effet, ayant choiſi les deux points F & f tels qu'on les veut, on placera deux pointes ou piquets, aux deux points F &

f, & y ayant fixé les deux extrêmités d'un fil plus grand que la distance *Ff*, si l'on tend ce fil par le moyen d'un style *M* que l'on fera marcher en tenant toujours ce fil tendu, ce style *M* tracera la courbe en question, puisque la somme des deux distances du style aux deux points *F* & *f* sera toujours égale à la longueur totale du fil.

290. De-là il est aisé de voir que si la longueur du fil a été prise égale à *AB*, la courbe passera par les deux points *A* & *B*. Car puisque $Cf = CF$, on aura $AF = Bf$, & par conséquent $AF + Af = Af + Bf = a$, & $BF + Bf = BF + AF = a$. C'est ce que l'équation fait voir aussi ; car pour savoir où la coube rencontre la droite *Ff* prolongée, il faut faire $y = o$; or cette supposition donne $\frac{4ac - 4cc}{aa} \cdot (ax - xx) = o$, & comme $\frac{4ac - 4cc}{aa}$ ne peut être zéro, il faut pour que cette équation ait lieu, que $ax - xx$ ou $x \times (a - x) = o$, ce qui a lieu dans deux cas ; savoir, lorsque $x = o$, c'est-à-dire, au point *A*, & lorsque $x = a$, c'est-à-dire, au point *B*.

291. L'équation fait voir aussi que la courbe s'étend au-dessous comme au-dessus de la ligne *AB*, & qu'elle est absolument la même de part & d'autre de l'axe *AB*. En effet, cette équation donne. . . . . . .

$y = \pm \sqrt{\frac{4ac - 4cc}{aa} \cdot (ax - xx)}$, qui fait voir que pour chaque valeur de x ou de AP, il y a deux valeurs de y ou de PM parfaitement égales, mais qui étant de ſignes contraires, doivent être portées de côtés opposés.

Il eſt encore évident que ſi ſur le milieu C de AB on éleve la perpendiculaire DD', la courbe ſera partagée en deux parties parfaitement égales & ſemblables : c'eſt une ſuite immédiate de la deſcription ; c'eſt auſſi une ſuite de l'équation ; mais on l'en conclura plus aiſément quand nous aurons fait ſur cette équation les autres remarques qui nous reſtent à faire.

292. La ligne AB s'appelle le *grand axe* de l'ellipſe, & la ligne DD' le *petit axe*. Les deux points F & f s'appellent les *foyers*. Les points A, B, D, D', ſont les *ſommets* des axes ; & le point C le *centre*.

293. Si l'on veut avoir la valeur de l'ordonnée Fm'' qui paſſe par le foyer, il faut ſuppoſer AP ou $x = AF = c$; alors on aura $yy = \frac{4ac - 4cc}{aa} \times (ac - cc) = \frac{4 \cdot (ac - cc)^2}{aa}$; donc tirant la racine quarrée, $y = \pm \frac{2 \cdot (ac - cc)}{a}$; donc $m''m''' = \frac{4 \cdot (ac - cc)}{a}$; cette ligne $m''m'''$ en ce qu'on appelle le *parametre* de l'ellipſe. Le

paramètre est donc moindre que le quadruple de la distance c *du sommet au foyer*, puisque sa valeur $\frac{4.(ac-cc)}{a}$ qui est la même chose que $4c - \frac{4cc}{a}$ est évidemment moindre que $4c$.

Si l'on nomme p cette valeur du paramètre, on aura $p = \frac{4ac - 4cc}{a}$, & par conséquent, $\frac{p}{a} = \frac{4ac-4cc}{a^2}$; on pourra donc changer l'équation à l'ellipse, en cette autre, $yy = \frac{p}{a}$. $(ax - xx)$ qui est plus simple.

294. Si l'on veut savoir quelle est la valeur de la ligne CD, il n'y a qu'à supposer dans l'équation $yy = \frac{4ac-4cc}{aa}.(ax - xx)$, que AP ou x, est AC ou $\frac{1}{2}a$; on aura $yy = \frac{4ac-4cc}{aa}(\frac{1}{2}aa - \frac{1}{4}aa)$, qui se réduit à $yy = ac - cc$; c'est-à-dire, que $\overline{CD}^2 = ac - cc = c.(a-c) = AF \times BF$; d'où l'on tire $AF : CD :: CD : BF$. On voit donc que *CD ou le demi-petit axe, est une moyenne proportionnelle entre les deux distances d'un même foyer aux deux sommets* A & B.

Comme la ligne DD' est une des lignes les plus remarquables de l'ellipse, on l'introduit dans l'équation de préférence à la ligne AF ou c. Pour nous conformer à cet usage, nous nommerons b cette ligne DD'; nous aurons donc $CD = \frac{b}{2}$, & puiſque nous venons de trouver $\overline{CD}^2 = ac - cc$, nous aurons $\frac{bb}{4} = ac - cc$, ou $bb = 4ac - 4cc$; l'équation à l'ellipſe pourra donc être changée en $yy = \frac{bb}{aa} \cdot (ax - xx)$.

Puiſque nous avons $p = \frac{4ac - 4cc}{a}$, ou $pa = 4ac - 4cc$, & $bb = 4ac - 4cc$; de ces deux équations nous conclurons $pa = bb$, & par conſéquent, en réduiſant cette équation en proportion $a : b :: b : p$; *le parametre eſt* donc *une troiſieme proportionnelle au grand axe & au petit axe.*

295. Si dans l'équation $yy = \frac{bb}{aa} \cdot (ax - xx)$, on chaſſe le dénominateur, on aura $aayy = bb(ax - xx)$, & par conſéquent $yy : ax - xx :: bb : aa$; faiſant donc attention que $ax - xx$ eſt la même choſe que $x \times (a - x)$, & mettant, au lieu des quantités algébriques, les lignes de la figure qu'elles repréſentent, on aura $\overline{PM}^2 : AP \times PB :: \overline{DD'}^2 : \overline{AB}^2$; c'eſt-à-dire, que *le quarré d'une ordonnée quelconque au grand axe de l'ellipſe, eſt au produit des deux abſciſſes* AP & PB, *comme le quarré du petit axe eſt au quarré du grand.* Et puiſque cette propriété a lieu pour tous les points de l'ellipſe, il s'enſuit que *les quarrés des ordon-*

nées sont entr'eux comme les produits des abscisses correspondantes.

296. L'équation $yy = \frac{bb}{aa}.(ax - xx)$ ne differe (283) de celle du cercle qui seroit décrit sur AB comme diametre (*Fig.* 37) qu'en ce que la quantité $ax - xx$, y est multipliée par $\frac{bb}{aa}$, c'est-à-dire, par le rapport du quarré du petit axe au quarré du grand ; en sorte que si l'on nomme z une ordonnée quelconque PN du cercle, on aura $zz = ax - xx$; mettant donc pour $ax - xx$, cette valeur zz dans l'équation à l'ellipse, on aura $yy = \frac{bb}{aa}zz$, & tirant la racine quarrée, $y = \frac{b}{a}z$ ou $ay = bz$ qui donne $y : z :: b : a$, ou $PM : PN :: DD' : AB$, ou :: $CD : AC$ ou CE ; on voit donc que *les ordonnées à l'ellipse ne sont autre chose que les ordonnées du cercle décrit sur le grand axe, diminuées proportionnellement, c'est-à-dire, dans le rapport du grand axe au petit axe.*

De-là il est aisé de décrire une ellipse par le moyen du cercle. On voit en même-temps que le cercle est une ellipse dont les deux axes a & b sont égaux, ou dont la distance du sommet au foyer est égale au demi-grand axe, ou encore dont le parametre est égal au diametre. Car en supposant dans les équations ci-dessus, $b = a$, ou $c = \frac{1}{2} a$, ou $p = a$; on a $yy = ax - xx$, équation au cercle.

297. Par les équations que nous avons trouvées jusqu'ici, il paroît donc qu'il n'en est pas de l'ellipse comme du cercle : une seule ligne détermine celui-ci, c'est son diametre ; au lieu que le grand axe AB (*Fig.* 36) ne suffit pas pour déterminer l'ellipse ; il faut encore connoître ou le petit axe b ou son parametre p ou la distance c du sommet au foyer. Quand on connoît le grand axe & la distance c, l'ellipse est facile à décrire, comme on l'a vu ci-dessus. Mais si l'on donnoit le grand axe & le petit axe, il faudroit, pour décrire l'ellipse par un mouvement continu, déterminer les foyers ; c'est une chose facile, en prenant le demi-grand axe pour rayon, & traçant de l'extrémité D (*Fig.* 36) du petit axe, comme centre, deux petits arcs qui coupent le grand axe aux deux points F & f qui seront les foyers : car la somme des deux distances $FD + Df$ devant être égale à a, il faut, lorsque ces deux lignes sont égales, que chacune soit égale à $\frac{1}{2} a$.

Si l'on donnoit le grand axe & le parametre, on détermineroit le petit axe en prenant une moyenne proportionnelle entre ces deux lignes ; c'est ce qu'enseigne la proportion $a : b :: b : p$, trouvée ci-dessus (294.) Le petit axe étant trouvé, on acheveroit, comme il vient d'être dit.

298. *Si, pour quelque point* M *que ce soit de l'ellipse* (Fig. 36) *on prolonge la ligne* fM *tirée d'un des foyers, jusqu'à ce que son prolongement* MG *soit égal à l'autre distance* MF; *& qu'ayant tiré* GF, *on lui mene du point* M *la perpendiculaire* MOT, *cette derniere sera tangente à l'ellipse, c'est-à-dire, ne la rencontrera qu'au seul point* M.

En effet, à cause des lignes égales *MF* & *MG*, la ligne *MT* est perpendiculaire sur le milieu de *GF*. Donc si de tel autre point *N* que ce soit, de cette ligne, on mene les deux droites *NG* & *NF*, elles seront égales. Supposons donc que *MT* pût rencontrer l'ellipse en quelqu'autre point *N*; alors en tirant *Nf*, il faudroit que $FN + Nf$ pût être égal à $MF + Mf$, ou à $GM + Mf$, c'est-à-dire, à *Gf*; mais *Gf* est plus petit que $GN + Nf$, & par conséquent plus petit que $FN + Nf$; donc le point *N* est hors de l'ellipse.

299. Les angles *FMO*, *OMG* sont égaux, d'après la construction qu'on vient de donner; or *OMG* est égal à son opposé *fMN*, donc *FMO* est égal à *fMN*. Donc *les deux lignes qui vont d'un même point de l'ellipse aux deux foyers, font des angles égaux avec la tangente.*

L'expérience apprend qu'un rayon de lumiere qui tombe ſur une ſurface, ſe réfléchit en faiſant l'angle de réflexion égal à l'angle d'incidence; donc ſi F eſt un point lumineux, tous les rayons qui partis du point F, tomberont ſur la concavité MAM', iront ſe raſſembler en f, & récipoquement.

Si du point M, on éleve ſur MT le perpendiculaire MI (qui ſera en même temps perpendiculaire à la courbe), cette ligne diviſera l'angle FMf en deux parties égales; car ſi des angles droits IMT, IMN on retranche les angles égaux FMT & fMN, les angles reſtants FMI & IMf ſeront égaux.

300. De-là, on peut calculer la valeur de la diſtance PI depuis l'ordonnée juſqu'à l'endroit où la perpendiculaire MI rencontre l'axe. Cette ligne PI s'appelle *Soûnormale*, & la ligne MI, *Normale*.

Pour calculer PI, nous allons d'abord calculer FI. Puiſque l'angle FMf eſt diviſé en deux parties égales, on a $Mf : MF :: fI : FI$ (*Géom.* 104); & par conſéquent (*Géom.* 98) $fM + MF : Mf - MF :: fI + FI : fI - FI$. Or $Mf + MF = a$; & en nommant MF, z, comme ci-deſſus (286), $Mf = a - z$, par conſéquent $Mf - MF = a - 2z$; d'ailleurs $fI + FI = Ff = AB - 2AF = a - 2c$, & $fI - FI = If - 2FI = a - 2c -$

$2FI$; donc $a : a - 2z :: a - 2c : a - 2c - 2FI$; donc $aa - 2ac - 2a \times FI = aa - 2ac - 2az + 4cz$, d'où l'on tire $FI = \frac{az - 2cz}{a}$, ou en mettant pour z, sa valeur $\frac{ax + ac - 2cx}{a}$ trouvée (286), on a $FI = \frac{aac - 2acc + aax - 4acx + 4ccx}{aa}$; mais $FI = FP + PI = AP - AF + PI = x - c + PI$; donc $PI = FI - x + c = \frac{aac - 2acc + aax - 4acx + 4ccx}{aa} - x + c = \frac{2aac - 2acc - 4acx + 4ccx}{aa} = \frac{2a.(ac - cc) - 4x.(ac - cc)}{aa} = \frac{2a - 4x}{aa} \times (ac - cc)$, ou en mettant pour $ac - cc$ sa valeur $\frac{bb}{4}$ (294), on a enfin $PI = bb \frac{(a - 2x)}{2aa}$ ou $PI = \frac{bb}{aa} (\frac{1}{2} a - x)$.

301. De-là, il est aisé d'avoir la valeur de la distance PT depuis l'ordonnée jusqu'à la rencontre de la tangente, ce qu'on appelle la *soutangente*. Car le triangle IMT étant rectangle, & PM une perpendiculaire abaissée de l'angle droit, on a (*Géom.* 112) $PI : PM :: PM : PT$, c'est-à-dire, $\frac{bb}{aa} \times (\frac{1}{2} a - x) : y :: y : PT$; donc $PT = \frac{aayy}{bb(\frac{1}{2}a - x)}$ ou (en mettant pour yy, sa valeur $\frac{bb}{aa}(ax - xx)$, $PT = \frac{(ax - xx)}{\frac{1}{2}a - x}$.

Les expressions algébriques des deux lignes PI & PT peuvent servir à mener une perpendiculaire & une tangente à l'ellipse, en quelque point *M* que ce ſoit. Car lorſque le point *M* eſt donné, en abaiſſant la perpendiculaire *MP*, on a la valeur de *AP*, x. Et comme on eſt ſuppoſé connoître a & b, on connoît donc tout ce qui entre dans la valeur de *PI* & dans celle de *PT*.

302. De l'expreſſion de *PT*, on peut conclure que ſi l'on mene une tangente au cercle décrit ſur le grand axe *AB* (*Fig.* 37), au point *N* où ce cercle eſt rencontré par l'ordonnée *PM* à l'ellipſe, les tangentes *NT* & *MT* aboutiront au même point *T* ſur l'axe. Car puiſque le ſecond axe b n'entre point dans l'expreſſion de *PT*, cette ligne *PT* ſera donc toujours la même tant que a ſera le même & x le même. Ainſi toutes les tangentes aux points correſpondants de toutes les ellipſes décrites ſur *AB* comme grand axe, ſe rencontrent au même point *T*.

Si à *PT* (*Fig.* 36), on ajoute *CP* qui eſt $\frac{1}{2}a - x$, on aura $CT = \frac{(ax-xx)}{\frac{1}{2}a - x} + \frac{1}{2}a - x$ qui, en réduiſant tout en fraction, ſe réduit à $\frac{\frac{1}{4}aa}{\frac{1}{2}a-x}$; c'eſt-à-dire, que $CT = \frac{\overline{AC}^2}{CP}$; d'où l'on tire une proportion $CP : AC :: AC : CT$.

303. Si l'on veut avoir l'expreſſion de *TM*, cela ſera facile par le moyen du triangle rectangle *TPM* qui donne $\overline{TM}^2 = \overline{TP}^2 + \overline{PM}^2$

$$\overline{PM}^2 = \frac{(ax - xx)^2}{(\frac{1}{2}a - x)^2} + \frac{bb}{aa} . (ax - xx) = . . (ax - xx + \frac{bb}{aa} \overline{\tfrac{1}{2}a - x}^2) \times \frac{ax - xx}{(\frac{1}{2}a - x)^2}.$$

304. Si de quelque point M que ce ſoit de l'ellipſe, on mene ſur le petit axe DD' la perpendiculaire ou l'ordonnée MP', & qu'on nomme DP', x'; MP', y'; on aura $DP' = CD - CP' = CD - PM$, c'eſt-à-dire, $x' = \frac{1}{2}b - y$, & par conſéquent $y = \frac{1}{2}b - x'$. On aura de même $MP' = CP = CA - AP$; c'eſt à-dire, $y' = \frac{1}{2}a - x$, & par conſéquent $x = \frac{1}{2}a - y'$. Si l'on ſubſtitue ces valeurs de x & de y, dans l'équation $yy = \frac{bb}{aa}(ax - xx)$, ou $aayy = bb\,(ax - xx)$, on aura $\frac{1}{4}aabb - aabx' + aax'x' = \frac{1}{2}aabb - abby' - \frac{1}{4}aabb + abby' - bby'y'$, qui ſe réduit à $bby'y' = aabx' - aax'x'$, d'où l'on tire $y'y' = \frac{aa}{bb}(bx' - x'x')$, équation ſemblable à celle qu'on a eue pour le grand axe, & dont on tirera par conſéquent des concluſions ſemblables, ſavoir que *le quarré d'une ordonnée* P'M *au petit axe, eſt au produit des deux abſciſſes* $DP' \times P'D'$, *comme le quarré du grand axe, eſt au quarré du petit*; en effet, on tire de cette équation, $y'y' : bx' - x'x' :: aa : bb$; or $bx' - x'x'$ eſt $x'(b - x')$ ou $DP' \times P'D'$. On en conclura auſſi que *les quarrés des ordonnées au petit axe, ſont*

entr'eux comme les produits des abſciſſes correſpondantes ; & que l'*ellipſe peut être décrite par le moyen du cercle conſtruit ſur ſon petit axe, en allongeant les ordonnées de ce cercle dans le rapport du petit axe au grand.* Voyez (*Fig.* 37).

305. On peut voir facilement, par-là, que la courbure de la ſurface extérieure des mâts eſt celle d'une portion d'ellipſoïde, c'eſt-à-dire, d'un ſolide engendré par la révolution d'une demi-ellipſe *DRO* (*Fig.* 39) tournant autour de ſon grand axe.

En effet pour déterminer les diametres moyens entre le plus grand & le plus petit, on tire une ligne *CD* pour repréſenter le plus grand diametre ; & décrivant des extrémités *C* & *D* comme centres, & du rayon *CD* les deux arcs *DA* & *CA* qui ſe coupent en *A*, on abaiſſe la perpendiculaire *AB*, & ayant mené parallélement à *CD* une ligne *EF* égale au plus petit diametre du mât, on regarde la partie interceptée *BL* comme repréſentant la hauteur du mât depuis le premier pont (où ſe trouve le plus grand diametre) juſqu'au chouquet. On diviſe *BL* en un certain nombre de parties égales ; & menant par les points de diviſion des paralleles *IgN* à la ligne *CD*, on prend ces paralleles pour les diametres moyens que doit avoir le mât à des hauteurs repréſentées par la ligne correſpondante *Bg*; or ſi l'on conçoit que *BM* ſoit la hauteur réelle qui a été repréſentée par *BL*; & ſi l'on prend *BT* telle que l'on ait *BT* : *BM* : : *Bg* : *BL*, alors *BT* ſera la hauteur à laquelle on doit placer le demi-diametre *gN*; tirant donc *TR* parallele & égale à *gN*, le point *R* ſera un point de la ſurface du mât; mais ſi par le point *R* & par le point *N*, on mene *RN* qui rencontre *BD* en *V*, cette ligne ſera parallele à *BM*, & puiſqu'on a *BT* : *BM* : : *Bg* : *BL*, ou *BT* : *Bg* : : *BM* : *BL*, on aura (à cauſe que $BT = RV$ & $Bg = VN$) *RV* : *VN* : : *BM* : *BL*; c'eſt-à-dire, que les ordonnées *RV* de la courbe du mât ſont aux ordonnées *VN* du cercle *AND*, toujours dans un même rapport; donc cette courbe eſt une ellipſe. Si l'on vouloit la décrire par un mouvement continu, il faudroit en déterminer les axes, ce qui eſt facile en menant *CO* parallele à *BM*, & telle que *CO* : *CD* : : *BM* : *BL*; *CO* & *CD* ſeront les deux demi-axes, avec leſquels il ſera facile de déterminer les foyers, & par conſéquent de décrire la courbe, par quelqu'une des méthodes que nous avons données (287, 88 & 89). Mais tout ceci ſuppoſe qu'on ſçait déterminer le point *L*, tel que menant *ELF* parallele à *CD*, *ELF*

ſoit égal au plus petit diametre du mât; c'eſt ce que l'on fera facilement en cette maniere; on prolongera CD vers H d'une. quantité CH égale à la moitié du petit diametre : du point H comme centre & d'un rayon égal à CD, on tracera un petit arc qui coupera AB au point cherché L. Car ſi l'on imagine EF prolongée juſqu'à ce qu'elle rencontre CO en T, & que l'on tire le rayon CF, le triangle rectangle CTF donnera $CT =$
$$\sqrt{\overline{CF}^2 - \overline{TF}^2} = \sqrt{\overline{HL}^2 - \overline{BH}^2} = BL,$$
puiſqu'on preſcrit de faire $HL = CD = CF$, & $HC =$ à la valeur de LF, ce qui rend $BH = TF$.

306. Par ce qui précede, on voit donc que les propriétés à l'égard du ſecond axe ſont ſemblables à celles qu'on a trouvées à l'égard du premier, du moins, en ce qui ne dépend point des foyers. Si l'on veut avoir ſur le ſecond axe les lignes analogues à celles que nous venons de calculer ſur le premier axe, c'eſt-à-dire, $P'I'$, $P'T'$, CT', & MT'. (*Fig.* 36) on les trouvera aiſément par le moyen de leurs correſpondantes qu'on vient d'avoir, & des triangles ſemblables qu'il eſt aiſé de reconnoître dans la figure. Si on exprime ces lignes par le moyen des abſciſſes DP' ou x', on trouvera leurs expreſſions toutes ſemblables

à celles qu'on a eues, en x, pour les lignes analogues ſur le premier axe.

On donne auſſi un *parametre* au ſecond axe; mais ce qu'on entend alors par cette ligne, ce n'eſt pas une ligne qui paſſe par le foyer de ce ſecond axe, (car il n'a point de foyer), mais une troiſieme proportionnelle à ce ſecond axe & au premier.

307. Juſqu'ici nous n'avons compté les abſciſſes que de puis le ſommet; ſi nous voulions les compter depuis le centre C, alors nommant l'abſciſſe CP, z, nous aurions AP ou $x = \frac{1}{2}a - z$; ſubſtituant cette valeur de x, dans l'équation $yy = \frac{bb}{aa}(ax - xx)$ & dans les valeurs de PI, PT, CI, & $\overline{TM}^2$, on aura $yy = \frac{bb}{aa}(\frac{1}{4}aa - zz)$; $PI = \frac{bbz}{aa}$; $PT = \frac{\frac{1}{4}aa - zz}{z}$; $CT = \frac{\frac{1}{4}aa}{z}$; $TM^2 = \ldots\ldots$ $\left(\frac{1}{4}aa - zz + \frac{bbzz}{aa}\right)\frac{\frac{1}{4}aa - zz}{zz}$.

L'équation $yy = \frac{bb}{aa} \cdot (\frac{1}{4}aa - zz)$ donne $y = \pm \frac{b}{a}\sqrt{\frac{1}{4}aa - zz}$, qui fait voir que pour une même valeur de CP ou z; on a deux ordonnées PM & PM'. Comme les valeurs de z commencent en C, & finiſſent en A, il ſemble d'abord que cette équation ne donne que la moitié DAD' de l'ellipſe; mais rien ne détermine à donner à z, des valeurs poſitives, plutôt que des valeurs négatives; en donnant à z de ces dernieres valeurs, on aura les ordonnées pm qui déterminent la seconde moitié; & comme en mettant $-z$, au lieu de $+z$ dans $\pm \frac{b}{a}\sqrt{\frac{1}{4}aa - zz}$, cette quantité ne change point, il s'ensuit que la moitié DBD' est parfaitement égale & semblable à la moitié DAD'.

308. Si d'un point quelconque M de l'ellipse (*Fig.* 38), on mene au milieu C de l'axe AB, c'est-à-dire, au centre, une droite MCM' terminée de l'autre part à l'ellipse, on appelle cette droite un *diametre*. Et si par le sommet M, on mene la tangente MT, & par le centre C le diametre NN' parallele à MT, celui-ci s'appellera *diametre conjugué* du premier. Une ligne mO menée d'un point m de l'ellipse parallélement à MT, & terminée au diametre MM', s'appelle une *ordonnée* à ce diametre; & MO s'appelle l'abscisse. Le parametre du diametre MM est une troisieme proportionnelle à MM' & NN'.

309. Nous allons faire voir maintenant, que les ordonnées mO, à un diametre quelconque, ont des propriétés semblables à celles des ordonnées aux axes.

Pour cet effet, j'abaisse des points m & O, les perpendiculaires mp, OQ, sur l'axe AB;

& je mene la ligne mS parallele au même axe. Je nomme AB, a; PM, y; CP, z; Qp, g; CQ, k, j'aurai $AP = \frac{1}{2}a - z$, $PB = \frac{1}{2}a + z$; $Ap = CA - CP = CA - CQ - Qp = \frac{1}{2}a - k - g$; $pB = CB + Cp = \frac{1}{2}a + k + g$.

Les triangles semblables TPM, mSO, donnent $TP : PM :: mS$ ou $pQ : SO$; c'est-à-dire, $\frac{\frac{1}{4}aa - zz}{z} : y :: g : SO = \frac{gzy}{\frac{1}{4}aa - zz}$. Les triangles semblables CMP, COQ, donnent $CP : PM :: CQ : QO$; c'est-à-dire, $z : y :: k : QO = \frac{ky}{z}$; donc $pm = QS = QO - SO = \frac{ky}{z} - \frac{gzy}{\frac{1}{4}aa - zz}$. Or puisque le point m est un point de l'ellipse, il faut (265) que $\overline{pm}^2 : \overline{PM}^2 :: Ap \times pB : AP \times PB$, c'est-à-dire, $\left(\frac{ky}{z} - \frac{gzy}{\frac{1}{4}aa - zz}\right)^2 : yy :: (\frac{1}{2}a - k - g) \times (\frac{1}{2}a + k + g) : (\frac{1}{2}a - z)(\frac{1}{2}a + z)$, ou $\frac{kkyy}{zz} - \frac{2gkzyy}{z(\frac{1}{4}aa - zz)} + \frac{ggzzyy}{(\frac{1}{4}aa - zz)^2} : yy :: \frac{1}{4}aa - kk - 2kg - gg : \frac{1}{4}aa - zz$, ou, en multipliant les extrêmes & les moyens, & faisant attention aux quantités qui se trouveront multipliées & divisées en même-temps par $\frac{1}{4}aa - zz$, & à celles qui le feront aussi par z, on aura $\frac{kkyy}{zz}(\frac{1}{4}aa - zz) - 2gkyy + \frac{ggzzyy}{\frac{1}{4}aa - zz} = \frac{1}{4}aayy - kkyy - 2gkyy - ggyy$, ou, en développant le terme $\frac{kkyy}{zz}$ $(\frac{1}{4}aa - zz)$ & supprimant $-kkyy$ & $-2gkyy$ qu'on aura alors de part & d'autre, divisant de plus par yy on aura $\frac{\frac{1}{4}aakk}{zz} + \frac{ggzz}{\frac{1}{4}aa - zz} = \frac{1}{4}aa - gg$, équation qui nous est nécessaire pour notre objet; mais, avant de l'y employer, tirons-en une connoissance dont nous avons besoin.

Si l'on suppose que le point O, qu'ici nous avons supposé quelconque, soit le point C, c'est-à-dire, que la ligne mO passe par le centre, ou devienne CN, alors CQ ou k devient zéro, & la ligne Qp ou g, devient CR. Or si dans l'équation qu'on vient de trouver, on fait $k = 0$, on aura, après avoir chassé le dénominateur, transposé, réduit, & divisé par $\frac{1}{4}aa$, $gg = \frac{1}{4}aa - zz$; c'est-à-dire, $\overline{CR}^2 = \frac{1}{4}aa - zz = (\frac{1}{2}a - z)(\frac{1}{2}a + z) = AP \times PB$.

Après cette remarque, revenons à notre objet, & nommons CM, $\frac{1}{2}a'$; CN, $\frac{1}{2}b'$; mO, y'; CO, z'. Les triangles semblables CPM, CQO, donnent $CM : CO :: CP : CQ$, ou $\frac{1}{2}a' : z' :: z : k = \frac{zz'}{\frac{1}{2}a'}$. Les triangles CNR, mSO, semblables à cause des côtés parallèles, donnent $mO : mS :: CN : CR$, ou $y' : g :: \frac{1}{2}b' : CR = \frac{\frac{1}{2}gb'}{y'}$; donc $\overline{CR}^2 =$

$\frac{\frac{1}{4}ggb'b'}{y'y'}$; mais on vient de voir que $\overline{CR}^2 = \frac{1}{4}aa - zz$; donc $\frac{\frac{1}{4}ggb'b'}{y'y'} = \frac{1}{4}aa - zz$; d'où l'on tire $gg = \frac{y'y'(\frac{1}{4}aa - zz)}{\frac{1}{4}b'b'}$. Reprenons maintenant l'équation $\frac{\frac{1}{4}aakk}{zz} + \frac{ggzz}{\frac{1}{4}aa - zz} = \frac{1}{4}aa - gg$, & substituons-y pour gg & kk les valeurs que nous venons de trouver; nous aurons $\frac{1}{4}aa \cdot \frac{zzz'z'}{\frac{1}{4}a'a'zz} + \frac{y'y'zz(\frac{1}{4}aa - zz)}{\frac{1}{4}b'b'(\frac{1}{4}aa - zz)} = \frac{1}{4}aa - \frac{\frac{1}{4}aay'y'}{\frac{1}{4}b'b'} + \frac{y'y'zz}{\frac{1}{4}b'b'}$, ou en réduisant & divisant ensuite par $\frac{1}{4}aa$, $\frac{z'z'}{\frac{1}{4}a'a'} = 1 - \frac{y'y'}{\frac{1}{4}b'b'}$; ou, chassant les dénominateurs $\frac{1}{4}a'a'$ & $\frac{1}{4}b'b'$, on a $\frac{1}{4}b'b'z'z' = \frac{1}{16}a'a'b'b' - \frac{1}{4}a'a'y'y'$, & enfin $y'y' = \frac{b'b'}{a'a'}(\frac{1}{4}a'a' - z'z'$ (d'où l'on tire $y'y' : \frac{1}{4}a'a' - z'z' :: b'b' : a'a'$; c'est-à-dire, $\overline{mO}^2 : MO \times OM' :: \overline{NN'}^2 : \overline{MM'}^2$. Ainsi l'équation par rapport à deux diametres conjugués quelconques, est semblable à celle qu'on a eue à l'égard des deux axes.

310. Si l'on fait $y' = 0$, on trouve $\frac{1}{4}a'a' - z'z' = 0$, & par conséquent $z' = \pm \frac{1}{2}a'$. La courbe rencontre donc la ligne MM' en deux points M & M' également éloignés du centre C; ainsi *tous les diametres de l'ellipse se coupent en deux parties égales au centre.*

311. L'équation $y'y' = \frac{b'b'}{a'a'}(\frac{1}{4}a'a' - z'z')$

donnant $y' = \pm \frac{b'}{a'}\sqrt{\frac{1}{4}a'a' - z'z'}$, fait voir que si l'on prolonge mO de maniere que $Om' = Om$, le point m' appartiendra à la courbe; donc *chaque diametre de l'ellipse coupe en deux parties égales les paralleles à la tangente qui passe par son origine* M.

312. De-là on peut conclure 1°, que la tangente à l'extrémité N du diametre NN', est parallele au diametre MM'. 2°; De ce que $y = \pm \frac{b'}{a'}\sqrt{\frac{1}{4}a'a' - z'z'}$, on peut conclure que les ordonnées Om au diametre MM', sont celles du cercle qui auroit MM' pour diametre, mais diminuées ou augmentées dans le rapport de a' à b', & inclinées sous un angle égal à celui des diametres coujugués. Si $a' = b'$, ces ordonnées sont précisément égales à celles de ce même cercle. Enfin si l'on veut savoir à quel endroit de l'ellipse les deux diametres conjugués peuvent être égaux, il n'y a qu'à chercher à quel endroit on a $CP = CR$, ou $\overline{CP}^2 = \overline{CR}^2$; c'est-à-dire, $zz = \frac{1}{4}aa - zz$; or cette équation donne $z = \sqrt{\frac{1}{8}aa} = \frac{1}{2}a\sqrt{\frac{1}{2}}$, que l'on construira ainsi : ayant décrit sur le grand axe AB comme diametre (*Fig.* 37) le demi-cercle $ANEB$ coupé en E par le petit axe CD, on divisera l'arc AE en deux parties

égales en N'' & ayant baissé $N''P$ qui coupe l'ellipse en M^q & M', CM^q & CM' seront les deux demi-diametres conjugués, égaux. Car si l'on nomme CP, z, comme le triangle CPN'' est rectangle & isocele, à cause de l'angle ACN'' de 45°, on aura $zz + zz = \overline{CN''}^2 = \frac{1}{4}aa$; donc $zz = \frac{1}{8}aa$, & $z = \sqrt{\frac{1}{8}aa} = \frac{1}{2}a\sqrt{\frac{1}{2}}$

313. Si du centre C (*Fig.* 38) on mene la perpendiculaire CF sur la tangente TM, les triangles semblables TPM, TCF donneront $TM : PM :: CT : CF$; d'où $CF = \frac{PM \times CT}{TM}$. Pareillement les triangles TPM & CNR, semblables à cause des côtés paralleles, donneront $TM : PT :: CN : CR$, donc $CN = \frac{TM \times CR}{PT}$; & par conséquent, on aura $CN \times CF = \frac{PM \times CT \times TM \times CR}{TM \times TP} = \frac{PM \times CT \times CR}{PT}$ ou en quarrant, $\overline{CN}^2 \times \overline{CF}^2 = \frac{\overline{PM}^2 \times \overline{CT}^2 \times \overline{CR}^2}{PT^2}$; or nous avous vu ci-dessus que yy ou $\overline{PM}^2 = \frac{bb}{aa}.(\frac{1}{4}aa - zz)$; $\overline{CT}^2 = \frac{\frac{1}{16}a^4}{zz}$, $\overline{PT}^2 = \frac{(\frac{1}{4}aa - zz)^2}{zz}$; & $\overline{CR}^2 = \frac{1}{4}aa - zz$ (309) : substituant ces quantités; on aura, après les réductions faites, $\overline{CN}^2 \times \overline{CF}^2 = \frac{1}{16}aabb$, & par conséquent $CN \times CF$

$= \frac{1}{4} ab$; or en menant la tangente NT^n qui rencontre TM en I, $CN \times CF$ exprime la ſurface du parallélogramme $CMIN$, & $\frac{1}{4}ab$ ou $\frac{1}{2} a \times \frac{1}{2} b$ exprime celle du rectangle formé ſur les deux demi-axes ; donc *les parallélogrammes formés par les tangentes aux extrémités des diametres conjugués, ſont égaux entr'eux, & au rectangle formé ſur les deux axes.*

314. Les mêmes triangles ſemblables TPM & CRN donnent, $PT : PM :: CR, RN$; donc $RN = \frac{CR \times PM}{PT}$, ou $\overline{RN}^2 =$

$$\frac{\overline{CR}^2 \times \overline{PM}^2}{PT^2} = \frac{(\frac{1}{4}aa - zz)\frac{bb}{aa}(\frac{1}{4}aa - zz) \times zz}{(\frac{1}{4}aa - zz)^2} = \frac{bbzz}{aa};$$

mais les triangles rectangles CRN & CPM donnent $\overline{CR}^2 + \overline{RN}^2 = \overline{CN}^2$ & $\overline{CP}^2 + \overline{PM}^2 = \overline{CM}^2$; donc $\overline{CR}^2 + \overline{RN}^2 + \overline{CP}^2 + \overline{PM}^2 = \overline{CN}^2 + \overline{CM}^2$ ſubſtituant dans le premier membre, au lieu des lignes qui y entrent, leurs valeurs algébriques, on aura, toute réduction faite, $\frac{1}{4} aa + \frac{1}{4} bb = \overline{CN}^2 + \overline{CM}^2$; donc *la ſomme des quarrés de deux demi-diametres conjugués quelconques de l'ellipſe, eſt égale à la ſomme des quarrés des deux demi-axes.*

315. Si dans $\overline{CN}^2 = \overline{CR}^2 + \overline{RN}^2$ on ſubſtitue pour CR & RN leurs valeurs, on

aura $\overline{CN}^2 = \frac{1}{4}aa - zz + \frac{bbzz}{aa}$; or nous avons trouvé ci-dessus $\overline{TM}^2 = \left(\frac{1}{4}aa - zz + \frac{bbzz}{aa}\right) \times \frac{\frac{1}{4}aa - zz}{zz}$; par conséquent $\overline{MT}^2 = \overline{CN}^2 \times \frac{\frac{1}{4}aa - zz}{zz}$, mais les triangles semblables TPM, $MP'T'$ donnent (en quarrant) $\overline{PT}^2 : \overline{TM}^2 :: \overline{P'M}^2 : \overline{MT'}^2$ ou $\frac{(\frac{1}{4}aa - zz)^2}{zz} : \overline{CN}^2 \times \frac{\frac{1}{4}aa - zz}{zz} :: zz : \overline{MT'}^2$: donc $\overline{MT'}^2 = \frac{\overline{CN}^2 \times zz}{\frac{1}{4}aa - zz}$, donc $\overline{TM}^2 \times \overline{MT'}^2 = \overline{CN}^4$ ou $TM \times MT' = \overline{CN}^2$; mais si l'on nomme p' le parametre du diametre MM', on aura $2CM : 2CN :: 2CN : p'$ (308); & par conséquent $2p' \times CM = 4\overline{CN}^2$ ou $\overline{CN}^2 = \frac{1}{2}p' \times CM$; donc $TM \times MT' = \frac{1}{2}p' \times CM$; & par conséquent $CM : TM :: MT' : \frac{1}{2}p'$.

Si, sur TT' comme diametre (*Fig.* 40), on décrit un demi-cercle; il passera par le point C, puisque l'angle TCT' est droit; or si l'on prolonge CM jusqu'à ce qu'il rencontre la circonférence en V, on aura, par la nature du cercle (*Géom.* 127) $CM : TM :: MT' : MV$; donc $MV = \frac{1}{2}p'$.

316. De-là on peut tirer une méthode simple pour avoir les axes d'une ellipse, & par conséquent pour la décrire, lorsqu'on ne connoît que deux diametres conjugués

MM' & NN', & l'angle qu'ils font entre eux.

On prolongera CM d'une quantité MV égale à ſon demi-parametre ; & du milieu X de CV on élevera une perpendiculaire XZ, qui rencontre en Z la ligne indéfinie TT' menée par le point M, parallélement à NN', du point Z comme centre, & de la diſtance ZC comme rayon, on décrira un cercle qui rencontrera TT' en deux points T & T', par leſquels & le point C tirant TC & $T'C$, ce ſeront les directions des deux axes. On déterminera enſuite la grandeur de ces axes, en abaiſſant les perpendiculaires MP & MP', & prenant CA égal à la moyenne proportionnelle entre CT & CP ; & CD égal à la moyenne proportionnelle entre CT' & CP' ; car on a vu ci-deſſus (302) que $CP : CA :: CA : CT$; il eſt aiſé de prouver (par le moyen des triangles ſemblables TPM & TCT', & des valeurs connues de TP, PM & CT), que $CT' = \frac{\overline{CD}^2}{CP'}$, c'eſt-à-dire, que $CP' : CD :: CD : CT'$.

317. Remarquons, en finiſſant ce qui regarde l'ellipſe, qu'on emploie ſouvent cette courbe dans l'Achitecture navale. On s'en ſert pour déterminer les diametres moyens des *vergues*, comme nous avons vu

ci-dessus, qu'on s'en servoit pour les diametres moyens des *mâts*. On l'emploie encore pour déterminer les projections des *lisses* &c. Dans tous ces cas on part, pour décrire l'ellipse, de la propriété qu'a cette courbe, savoir que ses ordonnées sont proportionnelles à celles du cercle décrit sur l'un de ses axes. C'est encore sur ce principe qu'est fondée la regle suivante que l'on donne pour construire le *maître couple* d'un navire auquel on veut donner beaucoup de capacité.

Supposons (*Fig.* 41) que *AE* est égale à ligne du *creux*; *EM* perpendiculaire à *AE*, la demi-largeur du vaisseau; *MF* le demi-plat de la varangue; *FB* = *EI* l'acculement; on décrit à part un quarré *opqr* dont on fait le côté *op* = *EF*. Ayant divisé *op* en un certain nombre de parties égales, & *AI* en un pareil nombre de parties, on mene par les points de division, des perpendiculaires à *op* & *AI*; puis décrivant du point *r* comme centre, & du rayon *ro*, le quart de cercle *onq*, on porte la partie *mn* de chaque parallele à *pq*, en *m'n'* sur la parallele à *IB*, correspondante à pareille division; la courbe *An'B* qui passe par tous les points *n'* ainsi déterminés, forme une partie du maître couple qu'on acheve ensuite, pour la partie inférieure, en menant du point B au point C bord de la quille, la ligne BC, élevant sur son milieu l, la perpendiculaire lk qui coupe en k la ligne Bk parallele à AE; alors du point k comme centre & du rayon kB, on décrit l'arc de cercle BC qui touche la courbe $An'B$ au point B, parce que son centre k est sur la perpendiculaire à la courbe $An'B$, au point B. L'autre moitié se construit de même.

Il est facile de voir maintenant que la courbe dont il s'agit, est une ellipse dont le demi-grand axe est $BT = AI$; & le demi-petit axe, est $AT = pq = DF$; en effet si par le point * n' & par le point n on mene $n'n$; cette ligne sera parallele à AE; & puisque les points m & m' sont deux points de division correspondants, on aura, $om : Am' :: op : AI$; c'est-à-dire, (en supposant que nn' rencontre or en s & AT en u) $sn : un' :: or$ ou $AT : TB$; donc les ordonnées un' de la courbe $An'B$ sont aux ordonnées Sn du quart de cercle, toujours dans le rapport de BT à AT; donc cette courbe est une ellipse : d'ailleurs il est facile de voir que BT & AT sont les demi-axes. Or comme l'ellipse rencontre perpendiculairement ses

* Nous supposons ici, pour faciliter la démonstration, qu'on a placé le côté op sur le prolongement de IA.

axes,

axes, il est visible que pour joindre le point B & le point C par un arc qui touche la courbe en B, il faut que le centre k de cet arc soit sur la ligne TB prolongée.

De l'Hyperbole.

318. Considérons maintenant la courbe (*Fig.* 42) qui auroit, en chacun de ses points M, cette propriété, que la différence $Mf - MF$ des distances Mf & MF à deux points fixes F & f, fût toujours la même, & égale à une ligne donnée a.

Nous allons chercher, comme nous l'avons fait par l'ellipse, une équation qui exprime la relation entre les perpendiculaires PM menées sur la ligne Ff, & leurs distances FP ou AP à quelque point fixe F ou A, pris arbitrairement sur la lige Ff.

Je prends donc, pour origine des abscisses, le point A déterminé en prenant depuis le milieu C de Ff, la ligne $CA = \frac{1}{2}a$, & je fais $CB = CA$. Cela posé, je nomme AP, x; PM, y; la ligne AF qui est censée connue, c; & la ligne FM, z; alors $FP = AF - AP = c - x$*; $fP = fA + AP = fB + AB + AP = c + a + x$; & puisqu'on a $Mf - MF = a$, on aura $Mf = a + MF = a + z$.

* Si le point P étoit au-delà de F par rapport à A, FP seroit $x - c$; mais cela ne changeroit rien à l'équation finale.

Les triangles rectangles FPM, fPM, donnent $\overline{FP}^2 + \overline{PM}^2 = \overline{FM}^2$; & $\overline{fP}^2 + \overline{PM}^2 = \overline{fM}^2$; c'est-à-dire, $cc - 2cx + xx + yy = zz$ & $cc + 2ac + aa + 2cx + 2ax + xx + yy = aa + 2az + zz$. Retranchant la premiere de ces deux équations, de la seconde, on a, en effaçant aa qui se trouvera de part & d'autre, $4cx + 2ac + 2ax = 2az$, d'où l'on tire $z = \frac{2cx + ac + ax}{a}$; mettant donc pour z, cette valeur dans la premiere équation, nous aurons $cc - 2cx + xx + yy = \frac{4ccxx + 4accx + aacc + 4acxx + 2aacx + aaxx}{aa}$, ou, chassant le dénominateur, transposant, & réduisant, $aayy = 4aacx + 4accx + 4acxx + 4ccxx$, ou $aayy = (4ac + 4cc)(ax + xx)$; d'où l'on tire $yy = \frac{4ac + 4cc}{aa}(ax + xx)$.

319. Cette équation peut servir à décrire la courbe, par des points trouvés successivement, en donnant à x plusieurs valeurs.

On peut encore décrire la courbe, par points, en prenant arbitrairement une partie Br plus grande que BF, & décrivant du point f comme centre, & du rayon Br, un arc que l'on coupera en quelque point M par un autre arc décrit du point F comme centre, & du rayon Ar.

Enfin on peut décrire cette même courbe, par un mouvement continu, de la maniere suivante.

On fixera au point f, une regle indéfinie qui puisse tourner autour de ce point. Au point F & à l'un des points Q de cette regle, on attachera les extrémités d'un fil FMQ, moins long que fQ, & dont la différence avec fQ, soit égale à AB; alors par le moyen d'une pointe, ou stile M, on appliquera une partie MQ du fil, contre la regle : faisant mouvoir le stile, de M vers A, en tenant toujours le fil tendu, la regle s'abaissera, la partie FM diminuera, & le stile M décrira la courbe MA dont il s'agit, & qu'on appelle une *hyperbole*. En effet, il est évident que la totalité fQ ou $fM + MQ$ étant toujours de même grandeur, & $FM + MQ$ étant aussi toujours de même grandeur, leur différence $fM + MQ - FM - MQ$, ou $fM - FM$, sera aussi toujours de même grandeur,

320. L'équation $yy = \frac{4ac + acc}{aa}(ax + xx)$ donnant $y = \pm\sqrt{\frac{4ac + 4cc}{aa}(ax + xx)}$, fait voir que pour une même abscisse AP, ou x, on a toujours deux ordonnées égales PM, PM', qui tombent de part & d'autre du prolongement de AB, qu'on appelle le

premier axe : ainſi la courbe a une ſeconde branche AM' parfaitement égale à la premiere ; & l'une & l'autre s'étendent à l'infini, puiſqu'il eſt évident que plus on augmentera x, plus les deux valeurs $\pm$ . . . . . . $\sqrt{\frac{4ac+4cc}{aa}(ax+xx)}$ augmenteront.

321. Si dans cette même quantité on fait x négatif, c'eſt-à-dire, ſi l'on ſuppoſe que le point P tombe au-deſſus de A, elle deviendra $\pm\sqrt{\frac{4ac+4cc}{aa}(x^2-ax)}$; or $xx-ax$, ou $x(x-a)$ étant négatif tant que x eſt plus petit que a, la quantité $\pm$ . . . $\sqrt{\frac{4ac+4cc}{aa}(xx-ax)}$ eſt alors imaginaire, & par conſéquent, y n'a aucune valeur réelle depuis A juſqu'à B ; mais ſi-tôt que x ſurpaſſe a, $xx-ax$ redevenant poſitif, les valeurs de y redeviennent réelles ; il part donc du point B une nouvelle portion de courbe mBm' qui, comme la premiere, s'étend à l'infini de chaque côté du prolongement de AB, & qui eſt parfaitement égale à celle-là ; parce que ſi l'on prend $Bp=AP$, alors $xx-ax$ ou $Ap\times pB$ devient égal à $AP\times PB$; donc auſſi pm eſt égale à PM.

322. Si dans l'équation $yy=\frac{4ac+4cc}{aa}\times(ax+xx)$, on fait $y=0$, on trouvera que

$ax+xx$ ou $x.\overline{a+x}=0$; qui donne $x=0$, & $x+a=0$ ou $x=-a$; donc la courbe rencontre l'axe AB aux deux points A & B.

323. Si l'on ſuppoſe $AP=AF$, c'eſt-à-dire, $x=c$, pour avoir la valeur de l'ordonnée Fm'' qui paſſe par le point F (qu'on appelle le *foyer*, ainſi que le point f) on aura $y=\pm\sqrt{\frac{4ac+4cc}{aa}(ac+cc)}=\pm\ldots\sqrt{\frac{4(ac+cc)^2}{aa}}=\pm\frac{2(ac+cc)}{a}$; donc la double ordonnée $m''m'''=\frac{4(ac+cc)}{a}$: cette ligne eſt ce qu'on appelle le *parametre* de l'hyperbole : ainſi en repréſentant cette ligne par p, on aura $p=\frac{4(ac+cc)}{a}$; & par conſéquent $\frac{p}{a}=\frac{4(ac+cc)}{aa}$, ſubſtituant dans l'équation de la courbe, on la changera en cette autre plus ſimple, $yy=\frac{p}{a}(ax+xx)$.

De la valeur de p, on peut conclure que *le parametre du premier axe de l'hyperbole eſt plus que le quadruple de la diſtance du ſommet* A *au foyer* F ; car cette valeur $p=\frac{4ac+4cc}{a}$, ſe réduit à $p=4c+\frac{4cc}{a}$, qui eſt évidemment plus grande que $4c$.

324. Si ſur le milieu C de AB, on éleve

une perpendiculaire DD', dont la moitié CD ſoit moyenne proportionnelle entre c & $a + c$, c'eſt-à-dire, entre AF & fA, cette perpendiculaire eſt ce qu'on appelle le *ſecond axe* de l'hyperbole; ainſi en la nommant b, on aura $\frac{bb}{4} = c \cdot \overline{a + c}$, ou $bb = 4ac + 4cc$; & en introduiſant cette valeur de bb dans l'équation $yy = \frac{4ac + 4cc}{aa}(ax + xx)$, celle ci ſe changera en $yy = \frac{bb}{aa}(ax + xx)$. On voit donc que ces trois équations de l'hyperbole, ne different des trois équations correſpondantes de l'ellipſe, que par le ſigne du quarré cc & du quarré xx.

Cette même équation $yy = \frac{bb}{aa}(ax + xx)$ nous fournit auſſi une propriété analogue à celle que nous avons remarquée dans l'ellipſe: en effet, ſi l'on chaſſe le dénominateur aa, on aura $aa\,yy = bb\,(ax + xx)$, qui donne cette proportion, $yy : ax + xx :: bb : aa$, ou $\overline{PM}^2 : AP \times PB :: \overline{DD'}^2 : \overline{AB}^2$ ou $:: \overline{CD}^2 : \overline{AC}^2$; *le quarré d'une ordonnée au premier axe de l'hyperbole, eſt* donc *au produit* AP × BP *des deux abſciſſes, comme le quarré du ſecond axe, eſt au quarré du premier;* & par conſéquent, *les quarrés des ordonnées ſont entr'eux comme les produits des abſciſſes correſpondantes.*

Lorſque les deux axes a & b ſont égaux, l'équation eſt $yy = ax + xx$ qui ne differe de celle du cercle que par le ſigne du quarré xx. L'hyperbole s'appelle alors *hyperbole équilatere*.

De l'équation $p = \frac{4ac + 4cc}{a}$, on tire $4ac + 4cc = ap$, & puiſqu'on a auſſi $4ac + 4cc = bb$, on a donc $ap = bb$, qui donne $a : b :: b : p$; donc le parametre du premier axe eſt une 3me proportionnelle à ce premier axe & au ſecond.

325. Si du point D au point A on tire la droite DA, le triangle-rectangle DCA donnera $DA = \sqrt{\overline{CD}^2 + \overline{AC}^2} = \ldots\ldots$ $\sqrt{\frac{1}{4}bb + \frac{1}{4}aa}$, ou, en mettant pour bb ſa valeur $4ac + 4cc$, $DA = \sqrt{cc + ac + \frac{1}{4}aa} = c + \frac{1}{2}a = AF + CA = CF$; donc pour avoir les foyers quand on a les axes, il faut porter DA de C en F; & au contraire pour avoir le ſecond axe quand on a le premier & les foyers, il faut décrire du point A comme centre & du rayon CF, un arc qui coupe la perpendiculaire DD', en quelque point D.

326. On voit auſſi que la deſcription de l'hyperbole dépend de deux quantités, ſavoir, le grand axe & le petit axe; ou le grand axe & les foyers; ou le grand axe & le parametre. D'après ce que nous venons de dire, on ramenera toujours aiſément la deſcription de l'hyperbole à l'une des méthodes que

nous venons d'indiquer. Car si l'on donnoit, par exemple, le grand axe & le parametre, alors prenant une moyenne proportionnelle entre ces deux lignes, on auroit le second axe qui serviroit à trouver les foyers.

327. Si l'on prend sur Mf, la partie $MG = MF$, & qu'ayant tiré FG on lui mene du point M la perpendiculaire MOT, cette ligne sera tangente à l'hyperbole, c'est-à-dire, ne rencontrera la courbe qu'au seul point M.

En effet, d'un autre point quelconque N pris sur TM, menons aux deux foyers les droites Nf & NF, & au point G la droite NG; il est évident, par la construction, que NF & NG seront égales; or Nf est plus petit que $NG + Gf$, & par conséquent, plus petit que $NF + Gf$; donc $Nf - NF$ est plus petit que Gf, c'est-à-dire, que $Mf - MF$; donc le point N est hors de l'hyperbole: on démontrera la même chose de tout point de TM, autre que le point M.

Les angles FMO & OMG sont égaux, d'après la construction précédente; or OMG est égal à son opposé NMQ; donc FMO est égal à NMQ; donc la ligne MF, qui va au foyer F, fait avec la tangente, le même angle que fait, avec cette même tangente, le prolongement MQ de la ligne fM qui va à l'autre foyer. Donc si le point F est un point lumineux, tous les rayons qui, partis du point F, tomberont sur la concavité MAM', se réfléchiront comme s'ils partoient du point f.

328. Déterminons maintenant la soutangente PT.

Puisque l'angle FMf est divisé en deux parties égales par la tangente MT, on aura (*Géom.* 104) $fM : MF :: fT : FT$; or en nommant, comme ci-dessus, MF, z, on a $fM = z + a$: d'ailleurs Ff ou $Bf + AB + AF$ valant $a + 2c$, la ligne fT ou $Ff - FT$, vaudra $a + 2c - FT$; on aura donc $z + a : z :: a + 2c - FT : FT$; donc en multipliant les extrêmes & les moyennes, on aura $z \times FT + a \times FT = az + 2cz - z \times FT$; d'où, après les opérations ordinaires, on tire $FT = \frac{2cz + az}{2z + a} = \frac{(2c + a)z}{2z + a}$; or nous avons trouvé (318) $z = \frac{2cx + ac + ax}{a}$, donc $2z + a = \frac{4cx + 2ac + 2ax + aa}{a} = \frac{(2c + a) \cdot 2x + (2c + a)a}{a} = \frac{(2c + a)(2x + a)}{a}$; substituant ces valeurs dans celle de FT, on aura $FT = \ldots\ldots$

$$\frac{(2c + a) \times \frac{2cx + ac + ax}{a}}{(2c + a) \times \frac{2x + a}{a}},$$ ou en supprimant

le facteur commun $\frac{2c+a}{a}$, $FT = \frac{2cx+ac+ax}{2x+a}$. Ayant ainsi trouvé FT, il est aisé d'avoir la soutangente PT; car $PT = FT - FP = FT - AF + AP = FT - c + x = \frac{2cx+ac+ax}{2x+a} - c + x = \frac{2ax+2xx}{2x+a} = \frac{ax+xx}{x+\frac{1}{2}a}$; donc $PT = \frac{ax+xx}{x+\frac{1}{2}a}$; d'où l'on voit que l'expression de la soutangente, pour l'hyperbole, ne differe que par les signes, de celle qu'on a eue pour l'ellipse.

329. Si de PT on retranche AP, on aura AT ou la distance du sommet jusqu'à l'endroit où la tangente rencontre l'axe. Cette distance sera donc exprimée par $\frac{ax+xx}{\frac{1}{2}a+a} - x$, qui se réduit à $AT = \frac{\frac{1}{2}ax}{\frac{1}{2}a+x}$.

330. Cette expression de AT nous donne lieu de faire quelques remarques sur la courbure de l'hyperbole. Nous avons vu ci-dessus que chacune des deux branches AM, AM' s'étendoit à l'infini. Cependant leur courbure est telle que toutes les tangentes que l'on peut mener à chacun des points de ces branches infinies, ne rencontrent jamais l'axe que dans l'intervalle compris entre A & C. En effet, si dans la valeur de AT on substitue pour x, toutes les quantités imaginables depuis o jusqu'à l'infini, la valeur de AT ne croît que depuis o jusqu'à

$\frac{1}{2}a$; car quand x eſt infini, le dénominateur $\frac{1}{2}a + x$ doit eſſentiellement être regardé comme la même choſe que x, puiſque ſi l'on conſervoit alors $\frac{1}{2}a$, ce ſeroit ſuppoſer qu'il peut augmenter x, & détruire, par conſéquent, la ſuppoſition qu'on fait que x eſt infini : or dans ce cas la quantité AT ſe réduit à $\frac{\frac{1}{2}ax}{x}$; c'eſt-à-dire, à $\frac{1}{2}a$; donc la tangente à l'extrémité infinie de chaque branche AM & AM', paſſe par le centre C. Et puiſque les branches oppoſées Bm & Bm' ſont parfaitement égales à celles-là, & que les points A & B ſont également éloignés de C, il s'enſuit que ces mêmes tangentes ſont auſſi tangentes aux extrémités infinies des branches Bm & Bm'. On les voit (*Fig.* 43) repréſentées par les lignes CX, CY.

331. Ces tangentes s'appellent les *Aſymptotes* de l'hyperbole : ce ſont, comme on le voit, des lignes qui partant du centre, s'approchent ſans ceſſe de l'hyperbole, ſans pouvoir l'atteindre qu'à une diſtance infinie.

Si par le ſommet A (*Fig.* 42), on mene la droite At parallele à PM, les triangles ſemblables TAt, TPM donnent $TP : PM :: TA : At$; c'eſt-à-dire, $\frac{ax+xx}{\frac{1}{2}a+x} : y :: \frac{\frac{1}{2}ax}{\frac{1}{2}a+x} : At = \frac{\frac{1}{2}axy}{\frac{1}{2}a+x} \times \frac{\frac{1}{2}a+x}{ax+xx} = \frac{\frac{1}{2}ay}{a+x}$, ou, en mettant pour y sa valeur $\frac{b}{a}\sqrt{ax+xx}$, $At = \frac{\frac{1}{2}b\sqrt{ax+xx}}{a+x}$, qui, lorsque x est infini, devient $\frac{1}{2}b$ ou CD, parce que ax doit être supprimé vis-à-vis de xx, & a vis-à-vis de x. Voici donc comment on déterminera les asymptotes. On élévera au point A (*Fig.* 43) une perpendiculaire AL, que l'on prolongera de part & d'autre du point A d'une quantité égale à CD; alors tirant par le centre C & par les deux extrémités L & L' deux lignes droites, elles feront les asymptotes.

332. Pour avoir l'expression de CT (*Fig.* 42) il faut de CA retrancher AT, & l'on aura $CT = \frac{1}{2}a - \frac{\frac{1}{2}ax}{\frac{1}{2}a+a} = \frac{\frac{1}{4}aa}{\frac{1}{2}a+x} = \frac{\overline{CA}^2}{CP}$, qui donne cette proportion $CP : CA :: CA : CT$.

333. Si l'on veut avoir l'expression de TM, le triangle rectangle TPM donne $\overline{TM}^2 = \overline{PM}^2 + \overline{PT}^2 = \frac{bb}{aa}.(ax+xx) + \frac{(ax+xx)^2}{(\frac{1}{2}a+x)^2} = \left(\frac{bb}{aa}.\overline{\frac{1}{2}a+x}^2 + ax+xx\right)\frac{(ax+xx)}{(\frac{1}{2}a+x)^2}$.

334. Pour avoir l'expression de PI ou de la sous-normale, les triangles TPM, MPI (semblables à cause que l'angle TMI est droit, & que PM est une perpendiculaire abaissée de l'angle droit), donneront TP :

$PM::PM:PI$, ou $\frac{ax+xx}{\frac{1}{2}a+x}:y::y:PI=\frac{y^2(\frac{1}{2}a+x)}{ax+xx}$, ou (à cauſe que $y^2=\frac{bb}{aa}.(ax+xx)$ $PI=\frac{bb}{aa}.(\frac{1}{2}a+x)$.

335. Cherchons maintenant l'équation par rapport au ſecond axe DD'; & pour cet effet, menons la perpendiculaire MP' ſur ce ſecond axe, & nommant MP', y'; DP', x'; on aura $CP'=PM=y=\frac{1}{2}b-x'$; $P'M=CP=\frac{1}{2}a+x=y'$; & par conſéquent $x=y'-\frac{1}{2}a$; ſubſtituant donc pour x & y, ces valeurs, dans l'équation $yy=\frac{aa}{bb}(ax+xx)$ ou $aayy=bb(ax+xx)$, on aura, après les réductions faites, $y'y'=\frac{aa}{bb}(\frac{1}{2}bb-bx'+x'x')$; d'où l'on voit qu'il n'en eſt pas de l'hyperbole comme de l'ellipſe; l'équation à l'égard du ſecond axe, n'eſt pas ſemblable à celle qu'on a à l'égard du premier.

336. Enfin ſi l'on veut l'équation par rapport à l'axe AB, en prenant les abſciſſes depuis le centre C; on nommera CP, z; & l'on aura $z=CA+AP=\frac{1}{2}a+x$; & par conſéquent, $x=z-\frac{1}{2}a$: ſubſtituant dans l'équation $yy=\frac{bb}{aa}(ax+xx)$, on aura $yy=\frac{bb}{aa}(zz-\frac{1}{4}aa)$ pour l'équation par rapport au premier axe, les abſciſſes étant priſes du centre.

Et à l'égard du 2d axe DD', si l'on nomme CP', z', on aura $z' = CD - DP' = \frac{1}{2}b - x'$; & par conséquent $x' = \frac{1}{2}b - z'$; substituant dans l'équation $y'y' = \frac{aa}{bb}(\frac{1}{2}bb - bx' + x'x')$ que nous avons trouvée (335) pour le second axe, on aura $y'y' = \frac{aa}{bb}(z'z' + \frac{1}{4}bb)$.

337. Si l'on veut rapporter au centre C, les expressions de PT, CT, PI & TM, trouvées ci-dessus, il n'y a qu'à substituer, dans ces expressions, $z - \frac{1}{2}a$ au lieu de x, & l'on trouvera $PT = \frac{zz - \frac{1}{4}aa}{z}$, $CT = \frac{\frac{1}{4}aa}{z}$, $PI = \frac{bbz}{aa}$, $\overline{TM}^2 = \left(\frac{bbzz}{aa} + zz - \frac{1}{4}aa\right)\frac{zz - \frac{1}{4}aa}{zz}$.

Et si l'on prolonge MT jusqu'à ce qu'elle rencontre le second axe en T', les triangles semblables TPM, TCT' donneront $TP : PM :: CT : CT'$, ou $\frac{zz - \frac{1}{4}aa}{z} : y :: \frac{\frac{1}{4}aa}{z} : CT' = \frac{\frac{1}{4}aay}{zz - \frac{1}{4}aa}$; mais $zz - \frac{1}{4}aa = \frac{aayy}{bb}$; donc $CT' = \frac{\frac{1}{4}bb}{y} = \frac{\overline{CD}^2}{MP} = \frac{\overline{CD}^2}{CP'}$; donc $CP' : CD :: CD : CT'$.

338. Si par le centre C de l'hyperbole (*Fig.* 43) on mene une droite quelconque MCM' terminée de part & d'autre à l'hyperbole, cette droite s'appelle un *diametre*. Toute droite mO menée d'un point m de la courbe, parallélement à la tangente en M, &

terminée au diametre MM' prolongé, s'appelle une *ordonnée* à ce diametre. MO & OM' en ſont les *abſciſſes*. Nous allons démontrer que les propriétés des ordonnées mO, à l'égard des diametres terminés à la courbe, ſont les mêmes que celles des ordonnées MP à l'égard du premier axe.

Menons des points m & O, les perpendiculaires mp & OQ ſur l'axe AB; & du point m menons mS parallele à AP; nommons PM, y; CP, z; Qp, g; CQ, k; nous aurons $AP = CP - CA = z - \frac{1}{2}a$; $BP = CP + BC = z + \frac{1}{2}a$; $Ap = Cp - CA = CQ - Qp - CA = k - g - \frac{1}{2}a$; $Bp = Cp + BC = k - g + \frac{1}{2}a$.

Les triangles ſemblables CPM, CQO, donnent $CP : PM :: CQ : QO$, c'eſt-à-dire, $z : y :: k : QO = \frac{ky}{z}$. Les triangles ſemblables TPM, mSO, donnent $PT : PM :: mS$ ou $QP : SO$; c'eſt-à-dire, (337) $\frac{zz - \frac{1}{4}aa}{z} : y :: g : SO = \frac{gzy}{zz - \frac{1}{4}aa}$, donc $mp = SQ = QO - SO = \frac{ky}{z} - \frac{gzy}{zz - \frac{1}{4}aa}$; or puiſque le point m appartient à l'hyperbole, il faut (324) que $\overline{pm}^2 : \overline{PM}^2 :: Ap \times pB : AP \times PB$; c'eſt-à-dire $\left(\frac{ky}{z} - \frac{gzy}{zz - \frac{1}{4}aa}\right)^2 : yy :: (k - g - \frac{1}{2}a) \times (k - g + \frac{1}{2}a) : (z - \frac{1}{2}a)(z + \frac{1}{2}a)$, ou $\frac{kkyy}{zz} -$

$\frac{2gkzyy}{z(zz-\frac{1}{4}aa)} + \frac{ggzzyy}{(zz-\frac{1}{4}aa)^2} : yy :: kk - 2kg + gg - \frac{1}{4}aa : zz - \frac{1}{4}aa$; donc, en multipliant les extrêmes & les moyens, & faiſant attention aux quantités qui ſe trouvent multipliées & diviſées, en même-temps, par $zz - \frac{1}{4}aa$, & à celles qui le feront auſſi par z, on aura $\frac{kkyy}{zz}(zz - \frac{1}{4}aa) - 2gkyy + \frac{ggzzyy}{zz-\frac{1}{4}aa} = kkyy - 2gkyy + ggyy - \frac{1}{4}aayy$, ou, en développant le terme $\frac{kkyy}{zz}(zz - \frac{1}{4}aa)$, & ſupprimant $kkyy$ & $-2gkyy$ que l'on aura alors dans chaque membre, diviſant de plus par yy, on aura $-\frac{1}{4}\frac{aakk}{zz} + \frac{ggzz}{zz-\frac{1}{4}aa} = gg - \frac{1}{4}aa$, équation qui va nous ſervir à démontrer la propriété dont il s'agit. Mais auparavant nous ferons obſerver que ſi de part ou d'autre du centre C, on prend ſur l'axe AB la partie CR qui ſoit moyenne proportionnelle entre BP & AP, c'eſt-à-dire, telle que $\overline{CR}^2 = AP \times PB = zz - \frac{1}{4}aa$; & ſi ayant élevé la perpendiculaire RN' terminée en N', par la ligne NN' menée par le centre C parallélement à TM, on fait $CN = CN'$, alors NN' eſt ce qu'on appelle *un diametre conjugué* au diametre MM'; & l'on appelle *parametre* du diametre MM', une troiſieme proportionnelle à MM' & NN'.

Revenons

Revenons maintenant à notre objet ; nommons CM, $\frac{1}{2}a'$; CN ou CN', $\frac{1}{2}b'$; CO, z'; & Om, y'. Les triangles semblables CPM, CQO, donnent $CM : CP :: CO : CQ$; c'est-à-dire, $\frac{1}{2}a' : z :: z' : k$; donc $k = \frac{zz'}{\frac{1}{4}a'}$.

Les triangles mSO & $CN'R$, semblables à cause des côtés paralleles, donnent CN': $CR :: mO : mS$, ou $\frac{1}{2}b' : CR :: y' : g$; donc $g = \frac{CR \times y'}{\frac{1}{2}b'}$, & par conséquent $gg = \frac{CR^2 \times y'y'}{\frac{1}{4}b'b'}$, ou (puisqu'on a fait $\overline{CR}^2 = zz - \frac{1}{4}aa$) $gg = \frac{y'y'(zz - \frac{1}{4}aa)}{\frac{1}{4}b'b'}$.

Substituons pour gg & kk, les valeurs que nous venons de trouver, substituons-les, dis-je, dans l'équation $-\frac{\frac{1}{4}aakk}{zz} + \frac{ggzz}{zz - \frac{1}{4}aa} = gg - \frac{1}{4}aa$, trouvée ci-dessus, & nous aurons $-\frac{1}{4}aa \cdot \frac{zzz'z'}{\frac{1}{4}a'a'zz} + \frac{y'y'zz(zz - \frac{1}{4}aa)}{\frac{1}{4}b'b'(zz - \frac{1}{4}aa)} = \frac{y'y'zz}{\frac{1}{4}b'b'} - \frac{\frac{1}{4}aay'y'}{\frac{1}{4}b'b'} - \frac{1}{4}aa$, ou (en réduisant & divisant ensuite par $\frac{1}{4}aa$) $\frac{-z'z'}{\frac{1}{4}a'a'} = -\frac{y'y'}{\frac{1}{4}b'b'} - 1$, ou, après les opérations ordinaires $y'y' = \frac{b'b'}{a'a'}(z'z' - \frac{1}{4}a'a')$ équation semblable à celle qu'on a eue pour le premier axe.

339. Si l'on fait $y' = 0$, on trouve $z'z' - \frac{1}{4}a'a' = 0$, qui donne $z' = \pm \frac{1}{2}a'$; la courbe rencontre donc la ligne MM' en deux points

opposés M & M', éloignés du centre, chacun de la quantité $\frac{1}{2}a'$, ou CM; ainsi tous les diametres sont coupés en deux parties égales au centre.

340. L'équation $y'y' = \frac{b'b'}{a'a'}(z'z' - \frac{1}{4}a'a')$ donnant $y' = \pm\frac{b'}{a'}\sqrt{z'z' - \frac{1}{4}a'a'}$; c'est-à-dire, deux valeurs égales & de signe contraire, pour y', fait voir que si l'on prolonge mO, de maniere que $Om' = Om$ le point m' appartiendra à la courbe; chaque diametre MM' coupe donc en deux parties égales les paralleles à la tangente qui passe par son origine M.

341. La même équation donne $a'a'y'y' = b'b'(z'z' - \frac{1}{4}a'a')$, d'où l'on tire $y'y' : z'z' - \frac{1}{4}a'a' :: b'b' : a'a'$, ou $\overline{mO}^2 : MO \times OM' :: \overline{NN'}^2 : \overline{MM'}^2$; c'est-à-dire, *le quarré d'une ordonnée quelconque* mO *à un diametre terminé à la courbe, est au produit* MO × OM' *de ses deux abscisses, comme le quarré du diametre conjugué, est au quarré de ce premier diametre.*

342. Si du centre C on abaisse sur TM la perpendiculaire CF, les triangles semblables CFT, TPM, donneront $TM : PM :: CT : CF$, & par conséquent $CF = \frac{PM \times CT}{TM}$ Les triangles semblables CRN', TPM

donneront $PT : TM :: CR : CN'$ ou CN; donc $CN = \frac{TM \times CR}{PT}$; donc $CF \times CN = \frac{PM \times CT \times TM \times CR}{TM \times PT} = \frac{PM \times CT \times CR}{PT}$, ou en quarrant, $CP^2 \times CN^2 = \frac{\overline{PM}^2 \times \overline{CT}^2 \times \overline{CR}^2}{\overline{PT}^2}$; or on a $\overline{PM}^2 = yy = \frac{bb}{aa} \cdot (zz - \frac{1}{4} aa)$; $\overline{CR}^2 = zz - \frac{1}{4} aa$ (338); & (337) $\overline{CT}^2 = \frac{\frac{1}{16} a^4}{zz}$, $\overline{PT}^2 = \frac{(zz - \frac{1}{4} aa)^2}{zz}$; substituant ces valeurs, on a, après les réductions faites, $\overline{CF}^2 \times \overline{CN}^2 = \frac{1}{16} aabb$, ou $CF \times CN = \frac{1}{4} ab$; or si l'on prolonge MT jusqu'à l'asymptote, en I, MI sera égal à CN, comme nous le verrons ci-dessous, & $CIMN$ sera par conséquent un parallélogramme dont la surface sera $= CF \times MI = CF \times CN$; donc quelque part où soit le point M, le parallélogramme $CIMN$ sera toujours égal en surface au rectangle des deux demi-axes, c'est-à-dire, à $\frac{1}{2} a \times \frac{1}{2} b$ ou $\frac{1}{4} ab$.

343. Les triangles semblables TPM & CRN' donnent $TP : PM :: CR : RN'$; donc $RN' = \frac{PM \times CR}{TP}$, & $RN^2 = \frac{\overline{PM}^2 \times \overline{CR}^2}{PT^2} = \frac{bbzz}{aa}$ en substituant les valeurs algébriques & réduisant; or les triangles rectangles CPM & CRN' donnent $\overline{CM}^2 = \overline{CP}^2 + \overline{PM}^2$, & $\overline{CN'}^2$ ou

$\overline{CN}^2 = \overline{CR}^2 + \overline{RN'}^2$; donc $\overline{CM}^2 - \overline{CN}^2 = \overline{CP}^2 + \overline{PM}^2 - \overline{CR}^2 - \overline{RN'}^2$; ſubſtituant dans le ſecond membre, au lieu des lignes qui y entrent, leurs valeurs algébriques trouvées ci-deſſus, on aura, après les réductions faites, $\overline{CM}^2 - \overline{CN}^2 = \frac{1}{4}aa - \frac{1}{4}bb$; c'eſt-à-dire, que *la différence des quarrés de deux demi-diametres conjugués quelconques, eſt toujours la même, & égale à la différence des quarrés des deux demi-axes.*

Il ſuit de-là que dans l'hyperbole équilatere, chaque diametre eſt égal à ſon conjugué; car ſi $a = b$, on a $\overline{CM}^2 - \overline{CN}^2 = 0$, & par conſéquent, $CM = CN$.

344. Si dans $\overline{CN}^2 = \overline{BR}^2 + \overline{RN'}^2$, on ſubſtitue pour CR & RN' leurs valeurs algébriques, on aura $\overline{CN}^2 = zz - \frac{1}{4}aa + \frac{bbzz}{aa}$; or nous avons trouvé, ci-deſſus (337) $\overline{TM}^2 = \left(\frac{bbzz}{aa} + zz - \frac{1}{4}aa\right)\frac{zz - \frac{1}{4}aa}{zz}$; donc $\overline{TM}^2 = \frac{zz - \frac{1}{4}aa}{zz} \times \overline{CN}^2$; mais les triangles ſemblables MPT & $MP'T'$ donnent, en quarrant, $\overline{PT}^2 : \overline{TM}^2 :: \overline{P'M}^2 : \overline{T'M}^2$, ou $\frac{(zz - \frac{1}{4}aa)^2}{zz} : \frac{\overline{CN}^2 \times (zz - \frac{1}{4}aa)}{zz} :: zz : \overline{T'M}^2$; donc $\overline{T'M}^4 = \frac{\overline{CN} \times zz}{zz - \frac{1}{4}aa}$; donc $\overline{TM}^2 \times \overline{T'M}^2 = \overline{CN}^4$, ou

$TM \times T'M = \overline{CN}^2$; mais si l'on nomme p' le parametre du diametre MM', on aura $2CM : 2CN : 2CN : p'$, & par conséquent, $2p' \times CM = 4\overline{CN}^2$, ou $\overline{CN}^2 = \frac{1}{2}p' \times CM$; donc $TM \times T'M = \frac{1}{2}p' \times CM$, d'où l'on tire $CM : TM :: TM : \frac{1}{2}p'$.

345. De-là on peut conclure la méthode suivante pour avoir les axes de l'hyperbole; & par conséquent pour décrire cette courbe, lorsqu'on ne connoît que deux diametres conjugués, & l'angle qu'ils font entr'eux.

On prendra sur MC (*Fig.* 44) une ligne $MH = \frac{1}{2}p'$, & sur le milieu I de CH on élevera une perpendiculaire IK, qui coupera en quelque point K la ligne MT' menée par le point M parallélement au conjugué NN'. De ce point K, comme centre & d'un rayon égal à la distance de K à C, on décrira un cercle qui rencontrera MT' aux deux points T & T', par lesquels & par le centre C tirant TC & CT', ce seront les directions des axes; car il est clair, 1°, que l'angle TCT' sera droit, puisque la circonférence passe par le point C, & qu'elle a TT' pour diametre; 2°, par la nature du cercle, on a (*Géom.* 127) $CM : TM :: T'M : MH$; donc puisqu'on a fait $MH = \frac{1}{2}p'$, on a $CM : TM :: T'M : \frac{1}{2}p'$.

Ayant ainsi déterminé les directions des

axes, on en déterminera la grandeur en abaissant du point *M* les perpendiculaires *MP*, *MP'*, & prenant *CA* moyenne proportionnelle entre *CP* & *CT*, & *CD'* moyenne proportionnelle entre *CP'* & *CT'*; c'est une suite des expressions que nous avons trouvées (337) pour *CT* & *CT'*.

Quand les deux diamétres conjugués que l'on connoît sont égaux, alors le parametre leur est égal aussi, ce qui rend *MH* = *MC*. Les deux points de section *H* & *C* se confondant alors, *MC* est une tangente au cercle; ainsi, il faut tout simplement, pour avoir le centre *K*, élever sur *CM* une perpendiculaire au point *C*.

De l'Hyperbole entre ses asymptotes.

346. L'hyperbole considérée, par rapport à ses asymptotes, a quelques propriétés dont la connoissance peut être utile; nous allons les exposer. Il faut se rappeller ici comment on détermine les asymptotes; voyez (331).

Nous allons rapporter chaque point *E* de l'hyperbole (*Fig.* 45), aux deux asymptotes *CLO*, *CL'o*, en menant la ligne *EQ* parallele à l'une d'entr'elles; & nous chercherons la relation qu'ont entr'elles les lignes *EQ* & *CQ*.

Pour trouver cette relation, nous menerons par le point quelconque E, la ligne OEo parallele au ſecond axe DD', & la ligne ES parallele à CLO ; par le ſommet A nous tirerons AG parallele à $CL'o$. Et nous nommerons CA, $\frac{1}{2}a$; CD ou AL ou AL', $\frac{1}{2}b$; CP, z ; PE, y ; AG, m ; GL, n ; CQ, t ; QE, u.

Les triangles ſemblables CPO, CAL, nous donnent $CA, AL :: CP : PO$, ou $\frac{1}{2}a : \frac{1}{2}b$, ou $a : b :: z : PO = Po = \frac{bz}{a}$; donc $EO = \frac{bz}{a} - y$, & $Eo = \frac{bz}{a} + y$; par conſéquent $EO \times EO = \frac{bbzz}{aa} - yy = \frac{1}{4}bb$ (en mettant pour yy ſa valeur $\frac{bb}{aa} \cdot (zz - \frac{1}{4}aa)$ & réduiſant), c'eſt-à-dire, que $EO \times Eo = \overline{CD}^2 = \overline{AL}^2$, propriété qui appartient à tout point de l'hyperbole, puiſque le point E a été pris arbitrairement.

347. Les triangles QEO, ESo, & AGL ſemblables entr'eux, donnent $AL : AG :: EO : EQ$, & $AL : GL :: Eo : ES$: donc multipliant ces deux proportions par ordre (afin d'y introduire $EO \times Eo$, dont on a la valeur) on aura $\overline{AL}^2 : AG \times GL :: EO \times Eo : EQ \times ES$, c'eſt-à-dire, $\frac{1}{4}bb : mn :: \frac{1}{4}bb : ut$; donc $ut = mn$; équation à l'hyperbole entre ſes aſymptotes. Ainſi en quel-

que point E que ce ſoit de l'hyperbole, on a toujours $EQ \times ES$, ou plutôt $EQ \times CQ = AG \times GL$.

Or ſi l'on ſuppoſe que le point E tombe en A, CQ devient CG, & QE devient AG; on a donc $CG \times AG = AG \times GL$; donc $CG = GL$. Mais le point G ſe trouvant, par-là, être le milieu de CL, on doit avoir $CG = AG = GL$; car le cercle décrit ſur CL comme diametre (& qui auroit par conſéquent, CG pour rayon) paſſeroit par le point A, à cauſe de l'angle droit A; on a donc $m = n$, & par conſéquent $ut = m^2 = \overline{CG}^2$.

Ce quarré conſtant m^2 ou $\overline{CG}^2$, auquel le produit ut ou $CQ \times QE$ eſt toujours égal, s'appelle la *puiſſance* de l'hyperbole.

348. De la propriété que nous venons de démontrer, on peut déduire cette autre : *De quelque point* E *que ce ſoit l'hyperbole, ſi l'on tire, de quelque maniere que ce ſoit, une droite* REr *terminée aux aſymptotes, les parties* RE, mr, *interceptées entre la courbe & les aſymptotes, ſeront égales.*

Car ſi par le point m on mene hmH parallele à OEo, les triangles ſemblables REO, & RmH donnent $ER : Rm :: EO : Hm$; & les triangles ſemblables rhm & roE, donnent $Er : mr :: Eo : mh$; multipliant ces deux proportions par ordre, on aura $ER \times Er : Rm \times mr :: EO \times Eo : Hm \times mh$; or les deux produits $EO \times Eo$ & $Hm \times mh$ ſont égaux chacun à $\overline{CD}^2$ (347); donc $ER \times Er = Rm \times mr$, ou $ER \times (Em + mr) = (ER + Em) \times mr$; faiſant les multiplications indiquées, & ſupprimant, de part & d'autre; $ER \times mr$, on aura $ER \times Em = Em \times mr$; donc $ER = mr$.

349. De-là on conclura que toute tangente Tt à l'hyperbole, terminée aux aſymptotes, eſt diviſée en deux parties égales au point de contact M.

350. Si, par le point M, on tire IM parallele à DD'; & ſi, par un point quelconque E, on tire REr parallèle à la tangente Tt, les triangles ſemblables TMI & REO donneront $TM : MI :: RE : EO$; & les triangles ſemblables Mit, Eor donneront Mt ou $TM : Mi :: Er : Eo$; multipliant ces deux proportions par ordre, on aura $\overline{TM}^2 : MI \times Mi :: RE \times Er : EO \times Eo$; or les deux produits $MI \times Mi$ & $EO \times Eo$ ſont chacun égal à $\overline{CD}^2$; donc $\overline{TM}^2 = RE \times Er$.

351. Si, du centre C, on mene le diametre CMV, il diviſera en deux parties égales la ligne Rr parallele à Tt, puiſque (349) il paſſe par le milieu M de Tt; nommant

donc CM, $\frac{1}{2}a'$; TM, $\frac{1}{2}q$; CV, z'; l'ordonnée VE, y'; les triangles semblables CMT, CVR donneront $CM : MT :: CV : VR$, c'est-à-dire, $\frac{1}{2}a' : \frac{1}{2}q$, ou $a' : q :: z' : VR = Vr = \frac{qz'}{a'}$; donc $RE = \frac{qz'}{a'} - y'$, & $Er = \frac{qz'}{a'} + y'$; donc puisque $RE \times Er = \overline{TM}^2 = \frac{1}{4}qq$, on aura $\frac{qqz'z'}{a'a'} - y'y' = \frac{1}{4}qq$; or (338) $y'y' = \frac{b'b'}{a'a'}(z'z' - \frac{1}{4}a'a')$; donc, en substituant, on aura $\frac{qqz'z'}{a'a'} - \frac{b'b'z'z'}{a'a'} + \frac{1}{4}b'b' = \frac{1}{4}qq$, ou $(qq - b'b')\frac{z'z'}{a'a'} = \frac{1}{4}(qq - b'b')$, ou $(qq - b'b')\frac{z'z'}{a'a'} - \frac{1}{4}(qq - b'b') = 0$, ou $(qq - b'b')(\frac{z'z'}{a'a'} - \frac{1}{4}) = 0$; & divisant par $\frac{z'z'}{a'a'} - \frac{1}{4}$, on aura $qq - b'b' = 0$, qui donne $q = b'$, ou $\frac{1}{2}q = \frac{1}{2}b'$, c'est-à-dire, $MT = CN$, CN étant le demi-diametre conjugué de CM; c'est ce que nous avons promis (342) de démontrer. On a donc (*Fig.* 43) $MI = CN$.

352. On a donc aussi pour toute droite REr parallele au conjugué CN (*Fig.* 45) $RE \times Er = \overline{CN}^2$.

353. On voit donc que, connoissant deux demi-diametres conjugués CM, CN, (*Fig.* 46) & l'angle qu'ils font entr'eux, il est très-facile de décrire l'hyperbole par des points trouvés successivement. En effet ce qui

a été dit (349 & 351) fait voir qu'en menant par l'origine M du demi-diametre CM la ligne TMt parallele à CN, & prenant de part & d'autre du point M les parties MT, Mt égales chacune à CN, si par le centre C on tire les lignes CT & Ct, elles seront les asymptotes. Et ce qui a été démontré (348) fait voir que si par le point M, on tire arbitrairement tant de droites PMQ, PMQ qu'on voudra, & qu'on fasse sur chacune $PO = MQ$, les points O trouvés de cette maniere, appartiendront tous à l'hyperbole cherchée. On peut ensuite faire servir chaque point O, à en trouver d'autres tels que N, V, &c. en tirant les droites ROS, ROS, &c. & faisant $SV = RO$.

354. On voit aussi par-là comment, entre deux lignes données pour asymptotes, on peut décrire une hyperbole qui passe par un point donné entre ces lignes.

355. Enfin en divisant l'angle des asymptotes & son supplément, chacun en deux parties égales, on aura les directions des deux axes, dont on déterminera la grandeur comme il a été dit (345); ce qui donne un second moyen de résoudre la question dont il s'agissoit au même endroit.

De la Parabole.

356. Il s'agit maintenant de trouver les propriétés de la courbe dont chaque point feroit aussi éloigné d'un point fixe F (*Fig.* 47), que d'une droite XZ dont la position est connue, c'est-à-dire, d'une courbe telle que, pour chaque point M, abaissant la perpendiculaire MH, on auroit toujours $MF = MH$.

Du point F menons FV perpendiculaire sur XZ, & partageons FV en deux parties égales en A, A sera un point de la courbe, puisque $AV = AF$; ce point est le *sommet*.

Pour trouver les propriétés de cette courbe qu'on appelle une *parabole*, nous allons chercher une équation qui exprime la relation entre les perpendiculaires MP abaissées sur FV, & leurs distances AP au point A. Nous nommerons donc AV ou AF, c; AP, x; PM, y; alors nous aurons $VP = AV + AP = c + x = MH$; & puisque $MF = MH$, nous aurons aussi $MF = c + x$: d'ailleurs $FP = AP - AF = x - c$; or le triangle-rectangle FPM donne $\overline{FP}^2 + \overline{PM}^2 = \overline{FM}^2$; donc $xx - 2cx + cc + yy = cc + 2cx + xx$, donc transposant, & réduisant, $yy = 4cx$; c'est-là l'équation de la courbe, & voici ce qu'elle nous apprend.

1°. Cette équation donne $y = \pm \sqrt{4cx}$; donc, pour une même valeur de x ou AP, on a deux valeurs égales de y ou PM; mais comme l'une est positive, & l'autre négative, elles tombent de côtés opposés de la ligne indéfinie API qu'on appelle *l'axe*, c'est-à-dire, qu'elles sont PM & PM': la courbe a donc deux branches AM, AM' parfaitement égales & qui s'étendent à l'infini, puisqu'il est clair que plus x augmentera, plus $\sqrt{4cx}$, & par conséquent y, augmentera.

2°. Si l'on fait x négatif, on aura $y = \pm \sqrt{-4cx}$, c'est-à-dire, imaginaire; la courbe ne s'étend donc point au-dessus du point A.

2°. Si l'on fait $x = c$ pour avoir l'ordonnée qui passe par le point F qu'on appelle *le foyer*, on a $y = \pm \sqrt{4cc} = \pm 2c$, c'est-à-dire, que $Fm'' = 2c$; donc $m''m''' = 4c$. Cette ligne $m''m'''$ qui passe par le foyer, est ce qu'on appelle le *parametre* de l'axe de la parabole. Ainsi le *parametre de l'axe de la parabole, est quadruple de la distance* AF *du sommet au foyer.*

4°. Donc si l'on nomme p ce parametre, on aura $4c = p$, & l'équation de la parabole deviendra par conséquent $yy = px$.

357. Ayant l'équation d'une parabole, il est aisé de décrire cette courbe par des points trouvés successivement, en donnant

ſucceſſivement à x pluſieurs valeurs, & calculant les valeurs correſpondantes de y.

358. On peut encore la décrire par points, de cette autre maniere : ayant choiſi le point A que l'on veut prendre pour ſommet, & la ligne indéfinie TVI qui doit être la direction de l'axe ; on prendra les parties AV, AF égales chacune à $\frac{1}{4}p$, le point F ſera le foyer ; alors on élevera ſur chaque point de l'axe des perpendiculaires indéfinies MM', & traçant du point F comme centre, & de la diſtance VP comme rayon, deux petits arcs qui coupent chaque perpendiculaire en deux points M & M', ces points ſeront à la parabole ; puiſque FM, qu'on fait par-là égal à VP ſera égal à MH, en imaginant la droite VH perpendiculaire à l'axe. Cette droite XVH s'appelle la *directrice*.

359. Enfin on peut décrire la parabole par un mouvement continu en employant une *équerre* VHf : on attache ſur un point quelconque f d'une des branches de cette équerre, l'extrémité d'un fil de longueur égale à fH ; & ayant attaché l'autre extrémité au point F, on applique par le moyen d'un ſtile M, une partie du fil contre fH, & tenant toujours le fil tendu, on fait gliſſer l'autre côté de l'équerre, le long de ZX ; le ſtile M dans ce mouvement, trace la parabole MA.

360. L'équation $yy = px$, nous apprend que pour chaque point M, *le quarré de l'ordonnée* MP *est égal au produit de l'abscisse correspondante par le parametre.*

On voit dans cette même équation, que *les quarrés* yy *des ordonnées, sont entr'eux comme les abscisses* x, c'est-à-dire, que $\overline{PM}^2 : \overline{pm}^2 :: AP : Ap$; car $\overline{PM}^2 = p \times AP$ & $\overline{pm}^2 = p \times Ap$; donc $\overline{PM}^2 : \overline{pm}^2 :: p \times AP : p \times Ap :: AP : Ap$, en divisant par p.

L'équation à l'ellipse trouvée, (286), est $yy = \frac{4ac-4cc}{aa}(ax-xx)$; si l'on y suppose que le grand axe a est infini, alors xx doit être supprimé comme incapable de diminuer ax; il en est de même de $4cc$ à l'égard de $4ac$; l'équation se réduit donc à $yy = \frac{4ac \times ax}{aa} = \frac{4aacx}{aa}$; c'est-à-dire, $yy = 4cx$, qui est l'équation à la parabole; *la parabole n'est donc qu'une ellipse dont le grand axe est infini.*

361. Si après avoir joint les points F & H par la ligne FH, on mene du point M, sur cette ligne, la perpendiculaire MOT; cette derniere sera tangente à la parabole, c'est-à-dire, ne la rencontrera qu'au seul point M.

En effet, d'un autre point quelconque N de cette ligne, menons NF, NH; & la ligne NZ perpendiculaire sur XZ; si quelque autre point tel que N de cette ligne pouvoit appartenir à la parabole, il faudroit que $NF = NZ$; or NZ est plus petit que NH, qui, en vertu de la construction est égal à NF.

362. L'angle FMO, étant, par cette construction, égal à OMH, lequel est égal à son opposé fMN, il s'ensuit que FMO est égal à fMN; donc les rayons de lumiere partis du point F & tombant sur la concavité $M'AM$ se réfléchissent tous parallélement à l'axe; & réciproquement les rayons qui arrivent parallélement à l'axe, vont tous se rassembler au foyer F.

363. La ligne MH étant parallele à VP, les triangles HMO, TOF sont semblables, & de plus égaux, puisque HO est égal à OF; donc $FT = MH = PV = x + c$; par conséquent, $PT = FT + FP = x + c + x - c = 2x$; donc la *soutangente* P T *de la parabole est double de l'abscisse* A P.

364. Si du point M, on mene la perpendiculaire MI sur la tangente TM, les triangles semblables TPM, PMI donneront $TP : PM :: PM : PI$, c'est-à-dire, $2x : y :: y : PI = \frac{y^2}{2x}$, ou (à cause que $y^2 = px$), $PI = \frac{px}{2x} = \frac{1}{2}p$. *La sous-normale de la parabole*,

bole, est donc la même pour chaque point, & égale à la moitié du parametre.

365. On emploie la parabole pour tracer le *maître-couple* des vaisseaux auxquels on veut donner beaucoup de façons. On décrit un rectangle *A B C D* (*Fig.* 48) dont la longueur *AB* est celle du *Bau*, & la hauteur est le *creux* du navire : de part & d'autre du milieu *E* de *DC*, on prend *EG*, *EH* égales chacune au demi-plat de la varangue, & ayant mené *G M* & *H L* perpendiculaires à *D C* & égales chacune à l'acculement, on décrit deux paraboles égales *AM*, *BL* qui aient leurs sommets en *A* & en *B*, pour axe commun la ligne *AB*, & dont la premiere passe par *M* & la seconde par *L*.

Pour pouvoir tracer ces paraboles, il faut connoître leur parametre ; or si l'on prolonge *GM* jusqu'à ce qu'elle rencontre *AB* en *P*, alors *MP* sera une ordonnée, & *AP* l'abscisse correspondante ; mais l'équation $yy = px$, faisant voir que l'ordonnée est moyenne proportionnelle entre l'abscisse & le parametre, nous indique que pour trouver le parametre, on peut tirer *A M* & à son extrémité *M*, élever une perpendiculaire *M K* qui rencontrera *A B* au point *K*, & déterminera *K P* pour ce parametre ; car à cause de l'angle droit *A M K*, la perpendiculaire *P M* est moyenne proportionnelle entre *A P* & *P K*. Ayant déterminé ainſi le parametre, il ſera facile d'avoir tant de points de la parabole que l'on voudra par la méthode donnée (358).

Lorſque ces paraboles ſont tracées, on acheve le plat de la varangue, en employant deux arcs de cercle dont l'un *MO* tourne ſa convexité en bas, & l'autre *O S* la tourne en haut; mais il faut, non-ſeulement, que les deux arcs *M O* & *O S* ſe touchent; (ce qui eſt aiſé d'après ce qui a été dit en Géométrie 49); il faut encore que *MO* touche la parabole en *M*; c'eſt ce qui aura lieu ſi le centre de l'arc *MO* eſt en quelque point *R* de la perpendiculaire *MI* à la parabole; or nous venons de voir (364) que pour déterminer cette perpendiculaire, il falloit prendre la ſous-normale *PI* égale à la moitié du parametre; il n'y aura donc qu'à tirer du point *M*, au milieu *I* de *P K* la ligne *M I*, & prendre le centre de l'arc *M O* ſur cette droite *M I*. On prend ordinairement ce centre de maniere que le point *O* où l'arc *MO* rencontre la ligne *MS* tirée au bord *S* de la quille, ſoit le milieu de *MS*; c'eſt pourquoi ayant pris *M F* & *F O* égales chacune au quart de *MS*, on élevera du point *F* ſur *MS* la perpendiculaire *FR* qui déterminera le centre *R* de l'arc *MO*, puis par le point R & le point O, on tirera RO, que l'on prolongera de la quantité OT égale à RO; & le point T sera le centre de l'arc OS; en sorte que les deux arcs MO & OS se toucheront en O, & le premier touchera la parabole en M. L'autre moitié s'acheve de même.

366. Toute ligne MX (*Fig.* 49) tirée d'un point M de la parabole, parallélement à l'axe AQ, s'appelle un *diametre*; chaque diametre a son *parametre*, qui est en général le quadruple de la distance MF de l'origine de ce diametre, au foyer. Toute droite mO menée d'un point m de la parabole, parallélement à la tangente TM qui passe par l'origine ou le sommet M de ce diametre, s'appelle une *ordonnée* à ce diametre. Nous allons voir que les ordonnées à un diametre quelconque, ont la même propriété que les ordonnées à l'axe.

Menons l'ordonnée MP à l'axe, & des points m & O, menons-lui les paralleles mp, OQ; enfin du point m, menons mS parallele à l'axe. Nommons AP, x; PM, y; Qp, g; AQ, k. Nous aurons $Ap = k - g$. Les triangles semblables TPM, mSO, donnent $TP : PM :: mS : SO$; c'est-à-dire, $2x : y :: g : SO = \frac{gy}{2x}$; donc $pm = QS = QO -$

$SO = PM - SO = y - \frac{gy}{2x}$; or puisque le point m appartient à la parabole, il faut (360) que $\overline{pm}^2 : \overline{PM}^2 :: Ap : AP$; c'est-à-dire, $(y - \frac{gy}{2x})^2 : yy :: k - g : x$, ou $yy - \frac{2gyy}{2x} + \frac{ggyy}{4xx} : yy :: k - g : x$; donc, en multipliant les extrêmes & les moyens, on a $xyy - gyy + \frac{ggyy}{4x} = kyy - gyy$, qui se réduit (en divisant par yy, & supprimant les termes qui sont les mêmes de part & d'autre) à $x + \frac{gg}{4x} = k$ ou $\frac{gg}{4x} = k - x$.

Nommons maintenant l'abscisse MO, x'; & l'ordonnée mO, y'. Nous aurons $MO = PQ = AQ - AP = k - x$; donc $x' = k - x$; & par conséquent $\frac{gg}{4x} = x'$, ou $gg = 4xx'$; mais le triangle rectangle mSO, donne $mS^2 + SO^2 = mO^2$; c'est-à-dire, $gg + \frac{ggyy}{4xx} = y'y'$. Mettant donc pour gg sa valeur $4xx'$, & pour yy sa valeur px, on aura, après les réductions faites, $4xx' + px' = y'y'$, ou $(4x + p)x' = y'y'$. Mais si on appelle p' le parametre du diametre MX, on aura $p' = 4PM = 4x + 4c = 4x + p$; donc enfin $p'x' = y'y'$. L'équation à l'égard d'un diametre quelconque, est donc la même qu'à l'égard de l'axe. *Le quarré de l'ordonnée* mO *à un diametre quelconque* MX, *est donc égal au produit de l'abscisse par le parametre de ce diametre ; & les quarrés des ordonnées à un diametre quelconque de la parabole sont entr'eux comme les abscisses correspondantes.*

367. Il suit, de tout ce qui précede, que si l'on veut décrire une parabole qui ait une ligne indéfinie *MX* pour diametre, une ligne donnée p' pour parametre de ce diametre, & dont les ordonnées fassent une angle donné avec ce même diametre ; on tirera par l'origine *M* une ligne *NMT*, faisant avec *MX* l'angle *NMX* égal à l'angle donné. Par le même point *M*, on menera *MF* faisant de l'autre part avec *MT* l'angle *FMT* égal à *NMX*; & ayant fait $MF = \frac{1}{4}p'$, le point *F* sera le foyer de la parabole (362 & 366); tirant donc par le point *F* la ligne indéfinie *TFQ* parallele à *MX*, & qui rencontre *TM* en *T*, ce sera la direction de l'axe, dont on déterminera le sommet *A* en abaissant la perpendiculaire *MP*, & partageant *PT* en deux parties égales en *A* (363). Alors ayant le foyer & le sommet, il sera facile de décrire la parabole (358 & 359).

368. Les trois courbes que nous venons de considérer successivement, ont été nommées *sections coniques*, parce qu'on les

obtient en coupant un cône par un plan. Par exemple, on a l'ellipse *AMmB* (*Fig.* 50) si l'on coupe le cône *CHI* par un plan *AMm*, de maniere que ce plan rencontre les deux côtés *CH*, *CI* en deçà du sommet *C*: il faut seulement en excepter le cas où ce plan feroit avec le côté *CI* le même angle que fait l'autre côté *CH* avec la base; dans ce cas la section est un cercle.

Si au contraire le plan coupant ne rencontre l'un des côtés *CH* qu'autant que celui-ci sera prolongé, on aura l'hyperbole *AMm* (*Fig.* 51).

Enfin on a la parabole, si le plan coupant est parallele à l'un *C*H des côtés du cône (*Fig.* 52) : en voici la démonstration.

Concevons le cône *CHI* (*Fig.* 50 & 51) coupé par un plan qui passe par la droite qui joindroit le sommet *C*, & le centre du cercle qui sert de base; c'est-à-dire, par un plan qui passe par l'axe du cône : la section sera un triangle. Coupons maintenant le cône par trois plans *AMm*, *MFG*, *HmI* perpendiculaires à ce triangle, & dont les deux derniers soient paralleles à la base du cône. Les deux sections *FMG*, *HmI* seront des cercles (*Géom.* 199), qui rencontreront la section *AMm* en *M* & en *m*. Les intersections *FG*, *HI* des plans de ces cercles, avec le triangle par l'axe, feront les diametres de ces mêmes cercles. Les interfections PM, pm de ces cercles, avec le plan AMm feront (*Géom.* 188) perpendiculaires au plan du triangle par l'axe, & feront en même temps ordonnées de ces cercles, & de la fection AMm.

Cela pofé, les triangles femblables APG, ApI donnent $AP : Ap :: PG : pI$, & les triangles femblables BFP, BHp donnent $PB : pB :: FP : Hp$; multipliant ces deux proportions par ordre, on a $AP \times PB : Ap \times pB :: FP \times PG : Hp \times pI$; or par la nature du cercle $FP \times PG = \overline{PM}^2$, & $HP \times pI = \overline{pm}^2$; donc $AP \times PB : Ap : \times pB :: \overline{PM}^2 : \overline{pm}^2$; donc les quarrés des ordonnées de la fection AMm font entr'eux comme les produits des abfciffes; or ces abfciffes tombent de différents côtés de l'ordonnée (*Fig.* 50), & d'un même côté (*Fig.* 51); donc AMm (*Fig.* 50) eft une ellipfe, & (*Fig.* 51) une hyperbole.

Quant à la figure 52, en fuppofant les mêmes chofes que ci-deffus, on a, par la nature du cercle; $\overline{PM}^2 = FP \times PG$, $\overline{pm}^2 = Hp \times pI$, ou (à caufe des paralleles Pp, FH, & FP, Hp qui donnent $FP = Hp$)

$\overline{pm}^2 = FP \times pI$; donc $\overline{PM}^2 : \overline{pm}^2 :: FP \times PG : FP \times pI :: PG : pI :: AP : Ap$, à cause des triangles semblables APG, ApI; donc les quarrés des ordonnées sont entre eux comme les abscisses; donc la courbe est une parabole.

Réflexions sur les Equations aux Sections coniques.

369. Il suit de ce que nous avons démontré (309) que si dans l'ellipse, on nomme x, l'abscisse CO (*Fig.* 38) prise depuis le centre sur le diametre MM'; y l'ordonnée mO parallele au diametre conjugué CN, on aura $yy = \frac{bb}{aa}(\frac{1}{4}aa - xx)$ pour l'équation à ce diametre, quelque angle que fassent d'ailleurs ces deux diametres conjugués. Et si, par le point m, on mene mO' parallele à MM', & qui sera alors une ordonnée au diametre NN'; alors nommant CO', x'; & mO', y'; on aura $y = x'$ & $x = y'$; & l'équation deviendra $x'x' = \frac{bb}{aa}(\frac{1}{4}aa - y'y')$; d'où l'on tire $y'y' = \frac{aa}{bb}(\frac{1}{4}bb - x'x')$. C'est-à-dire, qu'en prenant les abscisses du centre, l'équation, par rapport à quelque diametre que ce soit, est toujours de même forme, tant qu'on prend les ordonnées paralleles au diametre conjugué.

Si b est égal à a, l'équation devient $yy = \frac{1}{4}aa - xx$, que nous avons vu (285) appartenir au cercle. Mais il faut bien faire attention que c'est en supposant les ordonnées perpendiculaires au diametre; car lorsqu'elles font toute autre angle qu'un angle droit, l'équation $yy = \frac{1}{4}aa - xx$ appartient à l'ellipse rapportée aux diametres conjugués égaux.

Pour l'hyperbole, si l'on nomme x, l'abscisse CO (*Fig.* 43) prise depuis le centre sur le diametre MM' terminé à la courbe, & y l'ordonnée mO parallele au diametre conjugué NN', on aura (338) $yy = \frac{bb}{aa} \times (xx - \frac{1}{4}aa)$ pour l'équation à ce diametre; quel que soit d'ailleurs l'angle compris entre les deux diametres conjugués. Mais si menant, par le point M, la ligne

$m'O'$ parallele au diametre CM, on nomme y' la ligne $m'O'$, qui eſt alors une ordonnée au diametre NN'; & ſi l'on nomme x' l'abſciſſe CO', on aura $x' = y$, & $y' = x$, ce qui changera l'équation en $x'x' = \frac{bb}{aa}\left(y'y' - \frac{1}{4}aa\right)$ qui donne $y'y' = \frac{aa}{bb}(x'x' + \frac{1}{4}bb)$, d'où l'on voit que l'équation, par rapport au diametre conjugué NN', n'eſt pas ſemblable à celle que l'on trouve pour le diametre MM' terminé à la courbe.

A l'égard de la parabole, nous avons vu (366) qu'en prenant les abſciſſes ſur un diametre quelconque, depuis l'origine de ce diametre, & prenant les ordonnées paralleles à la tangente au ſommet de ce diametre, l'équation étoit toujours $yy = px$, en nommant y l'ordonnée, x l'abſciſſe & p le parametre de ce diametre.

Enfin à l'égard de l'hyperbole conſidérée, par rapport à ſes aſymptotes, en prenant les abſciſſes depuis le centre, ſur une des aſymptotes, & les ordonnées paralleles à l'autre aſymptote, nommant les premieres, x; les ſecondes, y, & aa la puiſſance de l'hyperbole, l'équation de l'hyperbole ſous ce dernier aſpect eſt $xy = aa$.

370. Mais il faut bien remarquer que pour que ces équations ſe rapportent aux lignes auxquelles nous venons de les rapporter, il eſt eſſentiel que l'une des indéterminées, que y, par exemple, ſe compte depuis la ligne même ſur laquelle les x ſont comptés, car on pourroit avoir une équation de quelqu'une des formes que nous venons de parcourir, & qui cependant ne ſe rapporteroit point aux diametres conjugués, ſi cette équation eſt à l'ellipſe ou à l'hyperbole; ou qui lorſqu'elle appartient à une parabole, n'exprimeroit point la relation entre les abſciſſes & ce que nous avons appellé juſqu'ici les *ordonnées*; par exemple, (*Fig.* 53) ſi CM', CN ſont deux demi-diametres conjugués de l'ellipſe, à l'égard deſquels on ait l'équation $yy = \frac{bb}{aa}(\frac{1}{4}aa - xx)$, CM' étant $\frac{1}{2}a$; CN, $\frac{1}{2}b$; CQ, x; & QM, y; ſi par le centre C on tire une droite indéfinie FCE qui rencontre les ordonnées QM en E; ſi l'on nomme les lignes CE, z; qu'enfin par un point B pris à une diſtance connue $BC = m$, on mene BF parallele à QM, & qu'on nomme CF, n; alors les triangles ſemblables CBF, CQE, donnent $m : n :: x : z$, donc $x = \frac{mz}{n}$; ſi on ſubſ-

ſtitue cette valeur de x dans l'équation ci-deſſus, elle deviendra $yy = \frac{bb}{aa}\left(\frac{1}{4}aa - \frac{mmzz}{nn}\right)$ ou $aannyy = \frac{1}{4}aabbnn - bbmmzz$, ou (en diviſant le ſecond membre par $bbmm$ & indiquant en même-temps la multiplication par $bbmm$) $aannyy = bbmm\left(\frac{\frac{1}{4}aann}{mm} - zz\right)$, ou enfin $yy = \frac{bbmm}{aann}\left(\frac{\frac{1}{4}aann}{mm} - zz\right)$, équation de même forme, mais que l'on auroit tort, comme on le voit, de regarder comme appartenant aux diametres conjugués; car les abſciſſes z étant priſes ſur CE, les ordonnées y ou QM ſe comptent du point Q où la ligne EM parallele à CN rencontre CM'.

371. On voit donc en général, 1°, que ſi l'on a une équation du ſecond degré à deux indéterminées x & y, & ſi l'une des indéterminées ſe compte depuis la ligne ſur laquelle l'autre ſe compte, cette équation appartiendra à l'ellipſe rapportée à ſes diametres conjugués, ou au cercle, ſi ne renfermant d'autres puiſſances de x & y que les quarrés, ces deux quarrés ſe trouvent avec différens ſignes dans différens membres, & ſi en même-temps la quantité toute connue qui ſe trouve dans un même membre avec le quarré qui aura le ſigne $-$, a elle-même le ſigne $+$; car ſi l'on avoit, par exemple, $yy = \frac{bb}{aa}(-\frac{1}{4}aa - xx)$; cette équation n'exprimeroit aucune ligne poſſible, puiſqu'elle donne $y = \pm\sqrt{\frac{bb}{aa}(-\frac{1}{4}aa - xx)}$, quantité abſurde (98).

372. 2°. Si les deux quarrés yy & xx, paſſés dans différens membres, ont le même ſigne, & s'il n'y a d'autres puiſſances de x & de y que ces quarrés, l'équation appartiendra toujours à une hyperbole, laquelle ſera rapportée à un diametre terminé à la courbe ou à ſon conjugué ſelon que le terme tout connu, aura le même ſigne que les quarrés xx & yy, ou des ſignes différens.

373. 3°. Si l'équation ne renferme que l'un des quarrés & n'a que deux termes dont le ſecond ſoit le produit de l'autre indéterminée, par une quantité connue, elle appartiendra à une parabole rapportée à l'un de ſes diametres, ſi ces deux termes placés dans différens membres ont le même ſigne; mais s'ils ont différens ſignes, l'équation n'exprime aucune ligne poſſible.

474. 4°. Enfin ſi l'équation n'ayant que deux termes, l'un eſt le produit des deux indéterminées x & y, & l'autre une

quantité toute connue, elle exprime une hyperbole rapportée à ses asymptotes.

375. Telles sont les équations aux sections coniques rapportées aux différentes lignes auxquelles nous venons de les rapporter. Nous en verrons l'usage dans peu; mais il n'est pas inutile de dire d'avance que toutes les fois qu'on aura une équation à deux indéterminées x & y qui aura les conditions que nous venons d'exposer, il sera toujours facile de construire la section conique à laquelle elle appartiendra, & cela en se conduisant comme dans cet exemple.

Supposons qu'on ait l'équation $ncd - qyy = gxx$; je l'écrirois ainsi, $qyy = ncd - gxx$; divisant le second membre par g, & indiquant en même-temps la multiplication par g, $qyy = g\left(\frac{ncd}{g} - xx\right)$, & enfin $yy = \frac{g}{q}\left(\frac{ncd}{g} - xx\right)$; or sous cette forme, je vois (309 & 371) que cette équation appartient à une ellipse dont le rapport des quarrés des deux diametres conjugués est $\frac{g}{q}$, & dont le quarré de celui de ces diametres sur lequel les x sont comptés, est $\frac{4ncd}{g}$. En effet comparant cette équation à l'équation $yy = \frac{bb}{aa}(\frac{1}{4}aa - xx)$; j'ai $\frac{bb}{aa} = \frac{g}{q}$, & $\frac{1}{4}aa = \frac{ncd}{g}$. De ces deux équations, on tire $a = \sqrt{\frac{4ncd}{g}}$, & $b = \sqrt{\frac{4ncd}{q}}$, ce qui détermine les deux diametres conjugués. Quant à l'angle que font ces deux diametres conjugués, c'est celui que font les lignes x & y, angle qui est censé connu par la question qui aura conduit à l'équation $ncd - qyy = gxx$. Or nous avons vu (316) comment, connoissant ces trois choses, on peut décrire l'ellipse.

On se conduira de même pour les équations aux autres sections, lorsqu'elles se rapporteront à quelques-unes de celles que nous avons exposées ci-dessus. Nous allons voir qu'en général toute équation du second degré à deux indéterminées, exprime toujours une section conique, ou n'exprime aucune ligne possible *; & cela se démontre en faisant voir que toute

* Il faut seulement en excepter le cas où elle seroit le produit de deux facteurs du premier degré, tels que $ax + by + c$ & $dx + fy + g$; auquel cas même, elle n'est pas réellement du second degré; mais ce cas ne pouvant nous servir, nous ne nous en occuperons point.

équation pareille peut toujours être ramenée à quelqu'une de celles que nous avons données ci-dessus. Nous allons en donner la méthode ; mais pour répandre plus de jour sur l'usage de cette méthode & sur les constructions auxquelles elle conduit, il est à propos de placer ici les réflexions suivantes.

376. Puisque toute question qui peut être résolue par l'Algebre conduit toujours à une ou plusieurs équations, toute équation à deux indéterminées, u & t, peut toujours être considérée comme venant d'une question où ces deux indéterminées u & t représentoient les deux inconnues. Quelle qu'ait été cette question, on peut toujours considérer l'équation comme exprimant la nature d'une courbe ; & cela est bien facile à concevoir ; car si l'on donne arbitrairement & successivement à l'une des deux inconnues, à u, par exemple, plusieurs valeurs ; & qu'à l'aide de l'équation & des regles de l'Algebre, on calcule à chaque fois la valeur de t, il est évident que rien n'empêche de marquer sur une ligne indéfinie AR (*Fig.* 53, 54 & 55) les valeurs AP, AP, &c. qu'on a données à u, de mener par les points P, P, &c. des lignes PM, PM, &c. paralleles entr'elles & sous un angle déterminé, & de faire ces dernieres égales aux valeurs correspondantes qu'on a trouvées pour t : la suite des points M, M, &c. déterminés de cette maniere formera une courbe dont la nature dépendra du rapport des lignes AP & PM, & puisque ce rapport est exprimé par l'équation dont ces lignes ont été déduites, cette équation exprime donc la nature de cette courbe.

Cela posé, concevons que la courbe soit une section conique : il est clair que, comme dans la question qui a donné cette équation, on ignoroit, où l'on pouvoit ignorer totalement si un pareil usage de cette équation donneroit une section conique, on n'a pas cherché à disposer les lignes AP & PM de maniere que l'une ayant sa direction sur un diametre, l'autre fût parallele à la tangente menée par le sommet de ce diametre, ce qui est d'abord nécessaire pour que l'équation ait l'une des formes ci-dessus. On voit donc par-là comment il peut se faire qu'une équation, quoique n'ayant pas l'une de ces formes, appartienne néanmoins à une section conique.

377. Voyons donc maintenant comment on peut ramener toute équation du second degré, & qui renferme deux indéterminées, à avoir l'une des formes que nous avons vues appartenir aux sections coniques rapportées aux lignes auxquelles nous les avons rapportées (369).

378. La méthode que nous allons exposer, suppose qu'on sache faire disparoître le second terme dans une équation du second degré à une inconnue. La regle pour cette opération est simple : il faut égaler l'inconnue augmentée (ou diminuée si le second terme a le signe —) de la moitié du coëfficient ou multiplicateur de x dans le second terme, à une nouvelle inconnue, après avoir préalablement dégagé le quarré de l'inconnue.

Par exemple, pour faire disparoître le second terme de l'équation $4x^2 + 12x = 9$, je divise par 4, & j'ai $x^2 + 3x = \frac{9}{4}$; je fais $x + \frac{3}{2} = z$; en quarrant, j'ai $x^2 + 3x + \frac{9}{4} = zz$, & par conséquent, $x^2 + 3x = zz - \frac{9}{4}$; substituant dans l'équation $x^2 + 3x = \frac{9}{4}$, j'ai $zz - \frac{9}{4} = \frac{9}{4}$, ou $zz = \frac{18}{4}$, équation qui n'a plus de second terme.

Si j'avois $x^2 - 4x = 7$, je ferois $x - 2 = z$; quarrant, j'aurois $x^2 - 4x + 4 = zz$, ou $x^2 - 4x = zz - 4$; d'où, en substituant, il vient $zz - 4 = 7$, ou $zz = 11$, équation sans second terme.

379. On peut même, si on le veut, égaler l'inconnue augmentée de la moitié du coëfficient du second terme; non à une inconnue simple, mais à une inconnue multipliée ou divisée par une quantité arbitraire; & cette remarque nous servira dans quelques momens.

Par exemple, dans l'équation $x^2 - 4x = 7$, au lieu de faire simplement $x - 2 = z$, comme ci-dessus, je puis faire $x - 2 = \frac{k}{n} z$; j'aurai, en opérant toujours de la même maniere, $x^2 - 4x + 4 = \frac{kk}{nn} zz$, & par conséquent $x^2 - 4x = \frac{kk}{nn} zz - 4$; d'où, en substituant, on tire $\frac{kk}{nn} zz - 4 = 7$, & par conséquent $\frac{kk}{nn} zz = 11$: on n'en aura pas moins la même valeur pour x, quelque valeur qu'on donne à k & à n; en effet, cette équation donne $\frac{k}{n} z = \sqrt{11}$; & puisque $x - 2 = \frac{k}{n} z$, on a $x - 2 = \sqrt{11}$, précisément comme par le premier procédé. En un mot, cela ne change rien à ce que l'on cherche; mais en introduisant ainsi une quantité arbitraire, on se ménage les moyens de remplir certaines vues, auxquelles on ne satisferoit quelquefois que d'une maniere indirecte, ou moins simple, en s'y prenant autrement.

Moyens de ramener aux Sections coniques toute Equation du second degré à deux indéterminées, lorsqu'elle exprime une chose possible.

380. Supposons qu'on ait l'équation $dtt + cut + euu + fdt + geu + hd^2 = 0$, qui renferme toutes les équations du second degré à deux indéterminées u & t, dont aucun terme ne manque. Concevons que cette équation appartienne à une courbe MM (*Fig.* 53 & 54) dont AP & PM sont les coordonnées. Voici comment on s'assurera que cette courbe est toujours une section conique, & comment on déterminera cette section.

Il faut, lorsqu'il ne manque aucun des deux quarrés t^2 & u^2, faire disparoître successivement le second terme de cette équation par rapport à t, & le second terme par rapport à u, ce que l'on fera de la maniere suivante.

Après avoir renfermé entre deux crochets tout ce qui multiplie la premiere puissance de t, je dégage tt, & j'ai $tt + \left(f + \frac{cu}{d}\right) t + \frac{euu}{d} + \frac{geu}{d} + hd = 0$ (A). Je fais donc (378) $t + \frac{1}{2}f + \frac{cu}{2d} = y$; en quarrant, j'aurai $tt + \left(f + \frac{cu}{d}\right)$, $+ \frac{1}{4}ff + \frac{fcu}{2d} + \frac{ccuu}{4dd} = yy$, & par conséquent $tt + \left(f + \frac{cu}{d}\right) t = yy - \frac{1}{4}ff - \frac{fcu}{2d} - \frac{ccuu}{4dd}$: substituant dans l'équation (A), & transposant ensuite pour laisser yy seul, j'ai $yy = \frac{1}{4}ff + \frac{fcu}{2d} + \frac{ccuu}{4dd} - \frac{euu}{d} - \frac{geu}{d} - hd = 0$, ou, en multipliant tout par $4dd$, & rassemblant ensuite les termes qui sont multipliés par des puissances semblables de u, $4ddyy = ffdd - 4hd^3 + (2cfd - 4ged)u + (cc - 4de)uu$.

Comme les quantités d, c, e, f, &c. représentent des quantités connues, on peut, pour abréger le calcul, représenter $ffdd - 4hd^3$ par une seule lettre r; représenter de même, $2cfd - 4ged$, par q; & $cc - 4de$, par m; l'équation deviendra $4ddyy = r + qu + mu^2$, m, q, r pouvant être positives ou négatives.

Faisons maintenant disparoître le second terme par rapport à u; & pour cet effet, commençons par dégager uu, ce qui donne $u^2 + \frac{q}{m}u + \frac{r}{m} = \frac{4dd}{m}yy \ldots (B)$. Mais au lieu de faire simplement $u + \frac{q}{2m}$ = à une nouvelle indéterminée x, selon la regle donnée (378), je le fais $= \frac{qx}{2mn}$, (379); c'est-à-dire, égal à une nouvelle indéterminée x multipliée par la moitié du coëfficient du second terme, & divisée par une quantité arbitraire n inconnue pour le moment, mais que nous déterminerons dans peu *.

J'ai donc $u + \frac{q}{2m} = \frac{qx}{2mn}$; quarrant, il me vient $uu + \frac{qu}{m} + \frac{qq}{4mm} = \frac{qqxx}{4mmnn}$, ou $uu + \frac{qu}{m} = \frac{qqxx}{4mmnn} - \frac{qq}{4mm}$. Substituant dans l'équation (*B*), j'ai $\frac{qqxx}{4mmnn} - \frac{qq}{4mm} + \frac{r}{m} = \frac{4dd}{m}yy$, équation qui appartient à l'ellipse ou à l'hyperbole, tant qu'aucune des quantités d, m, q, r, &c. n'est zéro; excepté le cas où nous allons voir qu'elle n'exprimeroit aucune ligne possible.

Examinons maintenant dans quels cas la courbe est une ellipse, dans quels cas une hyperbole, & enfin dans quels cas il n'y a pas de courbe.

Pour cet effet, dégageons yy, & nous aurons $yy = \frac{qqxx}{16mnndd} - \frac{qq}{16mdd} + \frac{r}{4dd}$, ou, en divisant le second membre par le coëfficient de xx, & indiquant en même-temps la multiplication par ce même coëfficient, $yy = \frac{qq}{16mnndd}\left(xx - nn + \frac{4mrnn}{qq}\right)$ équation dans laquelle les quantités q, n & d étant

* Cette quantité n est introduite pour pouvoir ramener directement l'équation aux diametres conjugués. Si l'on égaloit simplement à x, l'équation finale acquerroit la forme de l'équation à l'ellipse ou à l'hyperbole, mais elle seroit dans le cas que nous avons examiné (370).

au quarré, les signes ne peuvent changer que lorsque m ou r, au lieu d'être positifs, seront négatifs; mais le changement de signe de r n'en apportant aucun à ceux des quarrés yy & xx, la courbe ne change point par le changement du signe de r. A l'égard de m, s'il est négatif, l'équation est alors $yy = \frac{qq}{-16mnndd} \times \left(xx - nn - \frac{4mrnn}{qq}\right)$, ou, (en changeant les signes en haut & en bas) $yy = \frac{qq}{16mnndd} \times \left(nn + \frac{4mrnn}{qq} - xx\right)$. On voit donc (371 & 372) que tant que m sera positif, la courbe sera une hyperbole; & qu'au contraire, elle sera une ellipse, quand m sera négatif; or la quantité m a représenté ci-dessus $cc - 4de$; & dans cette derniere, la quantité c étant au quarré, cc est toujours positif, donc m ou $cc - 4de$ ne peut devenir négatif qu'autant que $4de$ surpassera cc; & cela, soit que d & e soient tous deux positifs, soit qu'ils soient tous deux négatifs.

381. Donc *si l'on veut savoir dans quels cas une équation du second degré, à deux indéterminées* u *&* t, *telle que* $dt^2 + cut + eu^2 + fdt + geu + hd^2 = 0$, *appartient à l'ellipse ou à l'hyperbole, il n'y a qu'à examiner si le quarré* cc *du coëfficient du terme* ut, *moins le quadruple du produit* de *des coëfficients de* t^2 *& de* u^2, *fait une quantité positive ou négative: dans le premier cas, la courbe sera une hyperbole; & dans le second cas, une ellipse, à moins que* d *ne soit* = e; *alors la courbe peut être un cercle, ainsi qu'on le verra plus bas.*

Il faut seulement excepter de cette regle, le cas où r étant négatif, seroit plus grand que $\frac{qq}{4m}$ pour l'ellipse; car alors la quantité $nn + \frac{4mrnn}{qq}$ devenant $nn - \frac{4mrnn}{qq}$, ou $nn\left(1 - \frac{4mr}{qq}\right)$, est négative si $\frac{4mr}{qq}$ est plus grand que 1, ou, ce qui revient au même, si $4mr$ est plus grand que qq, ou enfin si r est plus grand que $\frac{qq}{4m}$, ce qui rend la valeur de y, & par conséquent la courbe, imaginaire.

Il reste à faire voir comment on peut décrire l'ellipse & l'hyperbole que nous venons de reconnoître; considérons l'ellipse.

382.

382. Des deux équations $t+\frac{1}{2}f+\frac{cu}{2d}=y$, & $u+\frac{q}{2m}=\frac{qx}{2mn}$, que nous avons eues pour faire disparoitre les seconds termes, la seconde, par la supposition actuelle, que m est négative, se change en $u-\frac{q}{2m}=\frac{-qx}{2mn}$; mais comme n est une quantité introduite arbitrairement, on peut la supposer indifféremment positive ou négative; en la supposant négative, on a $u-\frac{q}{2m}=\frac{qx}{2mn}$; construisons ces deux équations pour avoir la position des diametres conjugués.

La premiere, savoir $t+\frac{1}{2}f+\frac{cu}{2d}=y$, fait voir que pour avoir y, il faut augmenter chaque t de la quantité $\frac{1}{2}f+\frac{cu}{2d}$; on ménera donc, par le point A, origine des u & des t (*Fig.* 53), la ligne $AB=\frac{1}{2}f$, parallele aux lignes PM ou t. Par le point B, on ménera BKI parallele à la ligne AR sur laquelle se comptent les u, & ayant pris arbitrairement la ligne BK, on ménera parallélement à AB, la ligne KL qui soit à $BK :: \frac{1}{2}c : d$; si l'on tire par les points B & L la ligne indéfinie BLQ, alors les lignes QM comptées des points Q où cette ligne coupe les lignes PM, seront les valeurs de y. En effet, on a $QM=PM+PQ=PM+PI+IQ=t+\frac{1}{2}f+IQ$; or les triangles semblables BKL & BIQ, donnent $BK : KL ::$ BI ou $AP : IQ$; c'est-à-dire, $d:\frac{1}{2}c::u:IQ=\frac{cu}{2d}$; donc $QM=t+\frac{1}{2}f+\frac{cu}{2d}=y$. Puisque les y se comptent depuis la ligne LQ, il s'ensuit (370) que pour que l'équation à l'ellipse, trouvée ci-dessus, appartienne aux diametres conjugués, les x doivent être comptés sur la ligne BLQ, & que le point d'où elles seront comptées, sera le centre; ensorte que QLB est la direction d'un des diametres. Voyons à déterminer ce centre.

La seconde équation $u-\frac{q}{2m}=\frac{qx}{2mn}$, fait voir que si sur AP ou u, on prend $AC=\frac{q}{2m}$, la quantité GP qui vaut $AP-AG$, vaudra $u-\frac{q}{2m}$, & par conséquent $\frac{qx}{2mn}$; on a donc

$GP = \frac{qx}{2mn}$; or si par le point G, on mene GNC parallele aux lignes PM, le point C où elle rencontrera LQ, sera l'origine des x, & par conséquent le centre; en effet nous venons de voir que les x devoient être comptés sur LQ; or lorsque GP est zéro, sa valeur $\frac{qx}{2mn}$ doit être zéro; x doit donc être zéro alors, ce qui ne peut avoir lieu que lorsque les x commenceront au point C: ainsi les lignes QM étant y, les lignes CQ sont x. Delà il est facile d'avoir la valeur de n; car on a $GP = \frac{qx}{2mn}$, ou, en mettant pour x, sa valeur CQ, & pour $\frac{q}{2m}$, sa valeur AG) $GP = \frac{AG \times CQ}{n}$; donc $n = \frac{AG \times CQ}{GP}$; mais les paralleles QP, CG & AB, donnent $GP : AG :: CQ : BC = \frac{AG \times CQ}{GP}$; on a donc $n = BC$; c'est-à-dire, que pour que l'équation à l'ellipse, trouvée ci-dessus, appartienne aux diametres conjugués dont les directions sont QB & CN, il faut mettre pour n, la valeur de BC, qui est déterminée par les constructions précédentes.

Il ne reste donc plus, pour être en état de décrire cette ellipse, qu'à déterminer la grandeur des diametres conjugués; car l'angle BCN qu'ils font entr'eux, se trouve déterminé par les opérations précédentes. Or cela est facile, en imitant ce que nous avons fait (375). Il ne s'agit que de comparer l'équation $yy = \frac{qq}{16mddnn}\left(nn + \frac{4mnnr}{qq} - xx\right)$, à l'équation $yy = \frac{bb}{aa}\left(\frac{1}{4}aa - xx\right)$. Cette comparaison donne $\frac{bb}{aa} = \frac{qq}{16mddnn}$, & $\frac{1}{4}aa = nn + \frac{4mnnr}{qq}$; donc $a = \sqrt{4nn + \frac{16mnnr}{qq}}$, & $b = \sqrt{\frac{qq}{4mdd} + \frac{r}{dd}}$; & puisque, n, m, q, r, d sont toutes des quantités connues, on a donc les valeurs des diametres conjugués a & b, avec lesquelles, & connoissant d'ailleurs l'angle BCN qu'ils doivent faire, on décrira l'ellipse de la maniere qui a été enseignée (316).

383. Remarquons que si les valeurs de a & de b sont égales,

& qu'en même temps l'angle BCN soit droit, la courbe est alors un cercle. Si l'on veut déterminer dans quels cas cela aura lieu, il n'y a 1°, qu'à supposer dans notre équation à l'ellipse, que $\frac{qq}{16mddnn} = 1$, c'est-à-dire, que $qq = 16mddnn$, ce qui donne $nn = \frac{qq}{16mdd}$. 2°, Si l'angle BCD est droit, on doit avoir $\overline{BC}^2 + \overline{CD}^2 = \overline{BD}^2 = \overline{AG}^2$; or $BC = n$; & les triangles semblables, BCD, BLK, donnent $BK : KL :: BD$ ou $AG : CD$, c'est-à-dire, $d : \frac{1}{2}c :: \frac{q}{2m} : CD$, d'où l'on tire $CD = \frac{qc}{4md}$; donc $\frac{qq}{16mdd} + \frac{qqcc}{16mmdd} = \frac{qq}{4mm}$, ou $m + cc = 4dd$; mais puisque m est négatif, on a $cc - 4de = -m$, ou $m = 4de - cc$; il faudra donc que $4de = 4dd$, ou que $d = e$.

384. On voit donc que *pour savoir si la courbe est un cercle, une ellipse, ou une hyperbole*, il est inutile d'avoir égard aux trois derniers termes fdt, geu, & hd^2 de l'équation $dt^2 + cut + eu^2 + fdt + geu + hd^2 = 0$; cela dépend seulement des trois premiers, ensorte que si d, c, & e sont tels que $cc - 4de$ soit positif, la courbe sera une hyperbole; elle sera une ellipse, si au contraire $cc - 4de$ est négatif, excepté le cas où l'on aura en même temps $d = e$, c'est-à-dire, où les deux quarrés u^2 & t^2 auront le même coëfficient; alors elle sera un cercle si l'angle des nouvelles coordonnées est droit.

385. Tout ce que nous venons de dire, à l'exception de ce que renferme le n° 383, s'applique également à l'hyperbole, c'est-à-dire, à l'équation $yy = \frac{qq}{16mnndd}\left(xx - nn + \frac{4mrnn}{qq}\right)$, à la différence des signes près. Ainsi en relisant tout ce qui précede & l'appliquant à la Figure 54, il n'y a d'autre changement à faire que de porter AG à l'opposite de AP, ce qui est indiqué par l'équation $u + \frac{q}{2m} = \frac{qx}{2mn}$, que l'on a eue d'abord (380). Du reste, tout est le même, en changeant le mot *ellipse* en celui d'*hyperbole*.

Dans les différents cas particuliers, les quantités AG, BK, AB, KL, (*Fig.* 53 & 54) peuvent se trouver disposées tout au contraire de ce qu'on le voit ici; mais ces changements seront toujours indiqués par les signes des quantités d, c, f, m, q, &c, dans les équations $t+\frac{1}{2}f+\frac{cu}{2d}=y$, & $u+\frac{q}{2m}=\frac{qx}{2mn}$ que l'on a en faisant disparoître les seconds termes.

386. Il nous reste deux cas à examiner : ce sont 1°, celui où l'on auroit $cc-4de=0$; 2°, celui où l'on auroit tout à la fois $d=0$, & $e=0$.

Dans le premier cas, c'est-à-dire, lorsque $cc-4de=0$, ou $cc=4de$ la courbe est une parabole. Comme la quantité m est alors zéro, la construction précédente devient inutile; parce qu'après avoir fait évanouir le second terme par rapport à t, le terme u^2 ne s'y trouve plus. Ce cas se reconnoît facilement en examinant si dans l'équation, on a $cc=4de$, c'est-à-dire, si les trois termes t^2, ut & u^2 forment un quarré; car de ce que $cc=4de$, on déduit $c=2\sqrt{de}$, ce qui change les trois premiers termes de l'équation, en $dt^2+2ut\sqrt{de}+eu^2$, qui est le quarré de $t\sqrt{d}+u\sqrt{e}$.

Dans ce cas, on fera, comme ci-devant, disparoître le second terme, par rapport à t, & alors l'équation se réduira en opérant mot à mot, comme ci-dessus, à $4ddyy=r+qu$; alors pour ramener cette derniere à la forme $yy=px$, qui (369) est celle de la parabole rapportée à un diametre dont les ordonnées sont paralleles à la tangente au sommet de ce diametre, on dégagera yy, ce qui donne $yy=\frac{r+qu}{4dd}$; on fera ce second membre égal à une nouvelle indéterminée x, multipliée par un nombre n que l'on déterminera comme on va le voir; c'est-à-dire, qu'on fera $\frac{r+qu}{4dd}=nx$; alors on aura $yy=nx$. Il ne s'agira donc plus que de construire l'équation $t+\frac{1}{2}f+\frac{cu}{2d}=y$ qui a servi à faire disparoître le second terme par rapport à t, & l'équation $\frac{r+qu}{4dd}=nx$, qui aura servi à la seconde réduction. La premiere de ces deux équations étant précisément la même que celle que nous avons construite (382), se construira de même ici; ainsi il n'y a qu'à appliquer à la Figure 55, mot à mot, ce qui a été dit (382) pour la Figure 53 relativement à la construction de $t+\frac{1}{2}f+\frac{cu}{2d}=y$;

les y seront les lignes QM (*Fig.* 55), & l'on aura BLQ pour la direction du diametre sur lequel les x doivent être comptés.

Pour déterminer l'origine des x, & par conséquent le sommet de ce diametre, on employera l'équation $\frac{r + qu}{4dd} = nx$, qui donnant $u + \frac{r}{q} = \frac{4ddnx}{q}$, fait voir que si l'on prend à l'opposite de AP, la quantité $AG = \frac{r}{q}$, on aura $GP = \frac{4ddnx}{q}$; puisque $GP = AP + AG = u + \frac{r}{q} = \frac{4ddnx}{q}$; donc si par le point G, on mene GCD parallele aux lignes PM, & qui rencontre QLB en C, le point C sera l'origine des x, puisque l'équation $GP = \frac{4ddnx}{q}$ fait voir que quand GP est zéro, x doit être zéro, & que d'ailleurs les x devant être comptés sur la ligne de laquelle partent les y, doivent être comptés sur BQ.

Il ne s'agit plus que de déterminer le parametre n. Or on vient de voir que $GP = \frac{4ddnx}{q}$; mais les paralleles CD & QI donnent $BC : BD$ ou $AG :: CQ : DI$ ou GP; c'est-à-dire, $BC : \frac{r}{q} :: x ; \frac{4ddnx}{q}$; donc $BC = \frac{r}{4ddn}$; donc $n = \frac{r}{4BC \times dd}$; or r & d sont donnés dans l'équation, & BC est déterminé par la construction; on connoît donc n ou le parametre; d'ailleurs cette même construction détermine en même temps l'angle des coordonnées CQ & QM ou x & y; il est donc aisé de construire la parabole selon qu'il a été enseigné (367).

387. Puisque l'équation générale appartient à la parabole lorsqu'on a $cc = 4de$, il s'ensuit que lorsque le produit ut des deux indéterminées ne se trouve point dans cette équation, il faut pour qu'elle appartienne à la parabole, qu'il y manque aussi un des deux quarrés t^2 ou u^2; car c étant alors zéro, l'équation $cc = 4de$ ou $0 = 4de$, fait voir que d ou $e = 0$.

388. Si les deux quarrés sont tous deux dans l'équation, & que le produit ut ne s'y trouve point, alors la construction donnée (382) & qui convient aux Figures 53 & 54, devient plus simple, parce que c étant zéro, la ligne KL est zéro, & BL tombe sur BK, qui devient alors un diametre; les lignes des x & des y sont donc paralleles à celles des u & des t. Dans

ce même cas l'évanouissement du second terme par rapport à u se fera sans employer l'inconnue n, parce que BC qui est n (382) étant alors égal à BD ou AG, on a $n = \frac{q}{2m}$, ce qui réduit l'équation $u + \frac{q}{2m} = \frac{qx}{2mn}$ qu'on a eue pour faire disparoître le 2d terme, par rapport à u, à celle-ci $u + \frac{q}{2m} = x$.

Il suit delà, qu'outre les conditions mentionnées (384), il faut dans le cas présent, pour que la courbe soit un cercle, que l'angle des coordonnées u & t soit droit.

389. Lorsque le produit ut se trouve dans l'équation, si après avoir fait évanouir le second terme par rapport à l'une des deux indéterminées, par exemple, par rapport à t, il ne se trouvoit plus d'autre puissance de l'indéterminée u, que le quarré, alors quoiqu'il n'y ait plus de second terme à faire disparoître, il n'en faudroit pas moins faire une transformation qui consisteroit à faire $u = \frac{lx}{n}$, $\frac{l}{n}$ étant une fraction inconnue, mais que l'on détermineroit lors de la construction, d'une maniere semblable à ce que nous venons de faire (382). Nous en donnerons un exemple plus bas.

390. Si des trois termes t^2, ut, & u^2, il ne manque que l'un des deux quarrés, l'équation appartient toujours à une hyperbole, ou n'exprime aucune courbe; parce que si d ou e est zéro, la quantité $cc - 4de$ se réduisant à cc, est essentiellement positive (384).

391. Enfin si les deux quarrés t^2 & u^2 manquent en même temps, auquel cas on a une équation de cette forme, $gut + ht - ku - l = 0$; g, h, k, l pouvant être indifféremment positifs ou négatifs, on ne peut encore faire usage de la construction donnée (382). L'équation appartient à l'hyperbole rapportée à ses asymptotes; mais comme les abscisses & les ordonnées ne sont point comptées du centre, on les y ramenera de la maniere suivante.

On dégagera le produit ut; ce qui donnera $ut + \frac{ht}{g} - \frac{ku}{g} - \frac{l}{g} = 0$. On fera la somme des quantités qui multiplient u égale à une indéterminée y, c'est-à-dire, $t - \frac{k}{g} = y$; ce qui donne $t = y + \frac{k}{g}$; substituant dans l'équation $ut + \frac{ht}{g}$ &c. $= 0$;

on aura $uy + \frac{hy}{g} + \frac{hk}{gg} - \frac{l}{g} = 0$; après cette transformation, on fera la ſomme de toutes les quantités qui multiplient y, égale à une nouvelle indéterminée x, c'eſt-à-dire, $u + \frac{h}{g} = x$, ce qui réduira l'équation à $xy + \frac{hk}{gg} - \frac{l}{g} = 0$, ou $xy = \frac{l}{g} - \frac{hk}{gg}$ qui appartient à l'hyperbole entre ſes aſymptotes, les abſciſſes x étant comptés depuis le centre ſur une des aſymptotes, & les ordonnées y étant comptés depuis cette aſymptote parallélement à l'autre; enfin la puiſſance de cette hyperbole eſt $\frac{l}{g} - \frac{hk}{gg}$ (347).

Pour conſtruire cette hyperbole, on conſtruira, de la maniere ſuivante, les deux équations $t - \frac{k}{g} = y$, & $u + \frac{h}{g} = x$ qui ont ſervi à réduire. La premiere fait voir qu'il faut diminuer chaque t de la quantité $\frac{k}{g}$ pour avoir y. On ménera donc par le point A (*Fig.* 56) origine des u & des t, une ligne AB parallele aux lignes PM ou t, & égale à $\frac{k}{g}$: tirant enſuite par le point B la ligne CBQ parallele à AP, les lignes QM ſeront les y, puiſque $QM = PM - PQ = PM - AB = t - \frac{k}{g} = y$.

Pour avoir les x, l'équation $u + \frac{h}{g}$ fait voir qu'il faut augmenter les u, c'eſt-à-dire, les lignes AP, de la quantité $\frac{h}{g}$; on portera donc à l'oppoſite de AP, la ligne $AG = \frac{h}{g}$, & tirant GS parallele aux lignes PM & qui rencontre BQ en C, CQ ſera x & C ſera le centre de l'hyperbole dont CQ & CS ſeront les aſymptotes; ayant les aſymptotes & l'équation $xy = \frac{l}{g} - \frac{hk}{gg}$, on décrira l'hyperbole de la maniere qui a été enſeignée (354).

Si les trois premiers termes t^2, ut & u^2 manquoient dans l'équation; alors elle n'exprimeroit plus qu'une ligne droite dont la conſtruction eſt facile après ce que nous avons dit ſur la conſtruction des équations qui ont ſervi aux réductions précédentes.

392. Ainſi 1°, toute équation du ſecond degré à deux indé-

terminées, & qui n'est point décomposable en deux facteurs du premier degré, tels que $mx+ny+q$, exprime toujours une section conique, ou n'exprime aucune courbe possible. 2°. Cette courbe est ellipse, ou hyperbole, ou parabole, selon que le quarré du coëfficient du produit ut des deux indéterminées, moins le quadruple du produit des coëfficients des deux quarrés t^2 & u^2 est négatif, ou positif, ou zéro; & en particulier elle peut être un cercle, lorsque ce même résultat étant négatif, les coëfficients de u^2 & de t^2 sont égaux. 3°. Et pour ramener toute équation appartenante à une section conique, aux équations que nous avons données en traitant de ces courbes, il faut se conformer à ce qui a été enseigné (380, 386, 388, 389 & 391).

Application de ce qui précede, à la résolution de quelques questions indéterminées.

393. Pour faire connoître l'usage des transformations que nous venons d'enseigner, proposons-nous pour premiere question, de *Trouver quelle est la courbe* (Fig. 57) *dont les distances de chaque point* M *à deux points fixes* A & B *seroient toujours dans un même rapport, marqué par celui de* g *à* h.

Imaginons que de chaque point M, on ait abaissé une perpendiculaire MP sur la ligne AB; cherchons la relation de ces perpendiculaires, avec leurs distances AP au point A; & pour cet effet nommons AP, u; PM, t, & la ligne connue $AB=c$.

Cela posé, le triangle rectangle APM donne $AM=\sqrt{\overline{AP}^2+\overline{PM}^2}=\sqrt{uu+tt}$, & le triangle rectangle BPM donne $BM=\sqrt{\overline{BP}^2+\overline{PM}^2}$; or $BP=AP-AB=u-c$; donc $BM=\sqrt{u^2-2cu+cc+tt}$; puis donc que l'on veut que $AM:BM::g:h$, on aura $\sqrt{uu+tt}:\sqrt{u^2-2cu+cc+tt}::g:h$; donc $h\sqrt{uu+tt}=g\sqrt{u^2-2cu+cc+tt}$, ou, en quarrant, $hhuu+hhtt=gguu-2ggcu+ggcc+ggtt$, ou $(gg-hh)uu+(gg-hh)tt-2ggcu+ggcc=0$, équation qui (384) appartient au cercle, puisque les deux quarrés uu & tt, ont, dans le même membre, le même signe & le même coëfficient.

Pour ramener cette équation à la forme $yy=\frac{1}{4}aa-xx$ (369), je vois que n'y ayant point de second terme par rapport à t, il ſuffit à l'égard de cette indéterminée, de ſuppoſer $t=y$, ce qui donne $(gg-hh)uu+(gg-hh)yy-2ggcu+ggcc=0$; il faut donc, à préſent, faire diſparoître le ſecond terme par rapport à u; & comme le produit ut ne ſe trouve point dans l'équation, il ſuffit (388) d'employer la regle donnée (378). Je dégage donc uu, & j'ai $uu-\frac{2ggcu}{gg-hh}=\frac{-ggcc}{gg-hh}-yy$; je fais $u-\frac{ggcc}{gg-hh}=x$; quarrant, & ſubſtituant au lieu du premier membre uu — &c, ſa valeur $xx-\frac{g^4cc}{(gg-hh)^2}$ qu'on aura par cette opération, il me vient $xx-\frac{g^4cc}{(gg-hh)^2}=\frac{-ggcc}{gg-hh}-yy$, ou $yy=\frac{hhggcc}{(gg-hh)^2}-xx$, équation qui étant comparée à l'équation $yy=\frac{1}{4}aa-xx$, me donne $\frac{1}{4}aa=\frac{hhggcc}{(gg-hh)^2}$, & par conſéquent le rayon $\frac{1}{2}a=\frac{hgc}{g^2-h^2}$. Il ne s'agit donc plus que de déterminer le centre, qui doit être ſur ABP, puiſqu'on a $t=y$. Or l'équation $u-\frac{ggc}{gg-hh}=x$, qui a ſervi à réduire, fait voir que pour avoir x, il faut diminuer u de la quantité $\frac{ggc}{gg-hh}$; on prendra donc $AC=\frac{ggc}{gg-hh}$, & alors CP ſera x, puiſqu'il vaut $AP-AC$, c'eſt-à-dire, $u-\frac{ggc}{gg-hh}$; ainſi du point C comme centre, & du rayon $\frac{hgc}{g^2-h^2}$ on décrira un cercle; chaque point M de ce cercle aura la propriété dont il s'agit.

Au reſte, on peut trouver le centre & le rayon d'une maniere aſſez ſimple, par le moyen de la premiere équation $uu-\frac{2g^2cu}{gg-hh}=\frac{-ggcc}{gg-hh}-yy$; car puiſque le centre doit être ſur AP, ainſi qu'on vient de le remarquer; ſi l'on fait $y=0$, on aura, en réſolvant l'équation, les deux valeurs de u qui expriment les diſtances AD, AE auxquelles le cercle DME rencontre la droite AB; prenant donc le milieu de DE, on aura le centre & le rayon CE. Or ſi l'on réſout l'équation $u^2-\frac{2g^2cu}{gg-hh}=\frac{-ggcc}{gg-hh}$, on aura $u=\frac{g^2c}{gg-hh}\pm$

$\sqrt{\frac{gghhcc}{(gg-hh)^2}} = \frac{g^2c \pm ghc}{gg-hh} = \frac{gc(g \pm h)}{(g-h)(g+h)}$ qui donne ces deux valeurs $u = \frac{gc}{g+h} = AD$, & $u = \frac{gc}{g-h} = AE$.

394. Nous prendrons pour seconde question, celle-ci; *Trouver hors de la ligne donnée* AR (Fig. 58) *tous les différents points* M, *tels qu'en tirant aux deux points* A & R, *les lignes* MA, MR, *l'angle* AMR *soit toujours égal à un même angle donné.*

Représentons par r le rayon des tables, & par m la tangente de l'angle donné, auquel AMR doit être égal; abaissons la perpendiculaire MP; nommons AP, u; PM, T; AR, b: alors PR sera $b-u$.

Rappellons-nous ces trois propositions démontrées (*Géom.* 284, 285 & 278), savoir, que si A & B sont deux angles, on a

$$1^\circ,\ \text{sin}\,(A+B) = \frac{\text{sin}\,A\ \text{cos}\,B + \text{sin}\,B\ \text{cos}\,A}{r};$$

$$2^\circ,\ \text{cos}\,(A+B) = \frac{\text{cos}\,A\ \text{cos}\,B - \text{sin}\,A\ \text{sin}\,B}{r};$$

$$3^\circ,\ \text{tang}\,(A+B) = \frac{r\ \text{sin}\,(A+B)}{\text{cos}\,(A+B)}.$$

Cela posé, les triangles rectangles APM, RPM donnent (*Géom.* 295) $AM : AP :: r : \text{sin}\,AMP$; $AM : PM :: r : \text{sin}\,MAP$ ou $\text{cos}\,AMP$; $RM : RP :: \text{sin}\,r : RMP$; $RM : PM :: r : \text{sin}.\,MRP$ ou $\text{cos}\,RMP$; d'où l'on tire $\text{sin}\,AMP = \frac{r \times AP}{AM}$; $\text{cos}\,AMP = \frac{r \times PM}{AM}$; $\text{sin}\,RMP = \frac{r \times RP}{RM}$; $\text{cos}\,RMP = \frac{r \times PM}{RM}$; donc puisque $AMR = AMP + RMP$, on aura, par les formules qu'on vient de rappeller, $\text{sin}\,AMR = \frac{r \times AP \times PM + r \times RP \times PM}{AM \times RM} = \frac{r \times AR \times PM}{AM \times RM}$, & $\text{cos}\,AMR = \frac{r \times \overline{PM}^2 - r \times AP \times RP}{AM \times RM}$; donc $\frac{r\,\text{sin}\,AMR}{\text{cos}\,AMR}$, ou $\text{tang}\,AMR = \frac{r \times AR \times RP}{PM^2 - AP \times PM}$; ou, en mettant les valeurs algébriques, & réduisant, $m = \frac{rbt}{tt - bu + uu}$; ou $mtt + muu - mbu - rbt = 0$, équation au cercle (384), ainsi qu'on devoit bien s'y attendre.

Pour déterminer le centre & le rayon, il faut ramener cette équation à la forme $yy = \frac{1}{4}aa - xx$. Pour cet effet, je dégage tt, ce qui me donne $tt - \frac{rb}{m}t - bu + uu = 0$; je fais (378) $t - \frac{rb}{2m} = y$; opérant comme à l'article cité, mon équation se change en $yy - \frac{rrbb}{4mm} - bu + uu = 0$. Reste donc à faire disparoître le second terme, par rapport à u; & puisque le produit ut n'entre point dans l'équation, je fais (388) simplement $u - \frac{b}{2} = x$; opérant de la même maniere, l'équation devient $yy - \frac{rrbb}{4mm} + xx - \frac{bb}{4} = 0$, ou $yy = \frac{bb}{4} + \frac{rrbb}{4mm} - xx$, qui étant comparée avec l'équation $yy = \frac{1}{4}aa - xx$, me donne $\frac{1}{4}aa = \frac{bb}{4} + \frac{rrbb}{4mm}$, & par conséquent le rayon $\frac{1}{2}a = \sqrt{\frac{bb}{4} + \frac{rrbb}{4mm}}$.

Pour trouver le centre, & déterminer en même temps ce rayon, l'équation $t - \frac{rb}{2m} = y$, m'apprend que si je mene AB parallele à PM, c'est-à-dire, si j'éleve au point A la perpendiculaire $AB = \frac{rb}{2m}$, & si je mene BCQ parallele à AR, les lignes QM seront y, puisque $QM = PM - PQ = PM - AB = t - \frac{rb}{2m} = y$. Mais l'équation $u - \frac{b}{2} = x$, me fait voir que si je prends sur AR la partie $AG = \frac{b}{2}$, GP sera x, puisque $GP = AP - AG = u - \frac{b}{2} = x$; donc si par le point G, je mene GC parallele PM, le point C sera le centre. D'ailleurs, si l'on tire AC, on aura, à cause de l'angle droit G, $AC = \sqrt{\overline{AG}^2 + \overline{GC}^2} = \sqrt{\frac{bb}{4} + \frac{rrbb}{4mm}}$: AC sera donc le rayon.

Cette construction se réduit donc à élever sur le milieu de AR la perpendiculaire $GC = \frac{rb}{2m}$, & à décrire du point C comme centre & du rayon GA, un cercle : tout angle MAR qui aura son sommet à la circonférence de ce cercle, & qui passera par les points A & R, sera égal à l'angle donné. Or pour construire la quantité $\frac{rb}{2m}$, il n'y a autre chose à faire qu'à mener une droite AO, qui fasse avec AB l'angle BAO égal à l'angle donné, elle coupera GC au point cherché C; car dans le triangle rectangle ABC, on a $r : tang\ BAC :: AB : BC$ ou AG; c'est-à-dire, $r : m :: AB : \frac{1}{2}b$; donc AB ou $GC = \frac{rb}{2m}$.

On peut voir encore aisément, que tout se réduit à mener par le point A la ligne AO qui fasse avec AR, l'angle RAO égal au complément de l'angle donné : cette ligne coupera en C la perpendiculaire élevée sur le milieu de AR; en sorte que C sera le centre, & CA le rayon.

395. Delà il est facile de résoudre la question suivante : *Connoissant la position des trois points* R, A, R', (Fig. 59) & *les angles sous lesquels on voit les lignes* RA, AR', *d'un certain point* M, *trouver ce point* M.

Sur les milieux G & G' des deux lignes RA & $R'A$, on élevera les perpendiculaires GC & $G'C'$; par le point A, on ménera les lignes AC & AC' faisant avec AR & AR', chacune avec chacune, les angles RAC, $R'AC'$ égaux chacun au complément de l'angle RMA, $R'MA$ sous lequel la ligne correspondante est vue. Des points C & C' comme centres, & des rayons CA & $C'A$, on décrira deux cercles qui se couperont en A & en M; le point M sera le point cherché. C'est une suite évidente de la solution de la question précédente.

Ce problême peut servir à marquer, sur la carte d'un pays, la position d'un point d'où l'on a relevé trois objets connus.

Si les angles observés RMA, $R'MA$ étoient égaux aux angles $RR'A$ & $R'RA$; alors le problême ne seroit plus déterminé, les deux cercles se confondroient, & chaque point de leur circonférence satisferoit à la question.

396. Pour troisieme question, il s'agira de trouver la courbe ou les courbes qui auroient la propriété suivante : AZ, AT (*fig.* 60) *sont deux lignes qui font entr'elles un angle donné*

quelconque, il s'agit de trouver les courbes dont la distance de chaque point M à un point fixe F pris sur AZ, soit toujours dans un même rapport avec la distance MT du même point M à la droite AT, cette distance étant mesurée parallèlement à AZ.

D'un point quelconque M de cette courbe, imaginons la ligne MP parallèle à AT, & la perpendiculaire MS sur AZ; l'angle MPS est donné; c'est pourquoi son sinus & son cosinus sont censés connus; nous les nommerons p & q, en représentant par r le rayon des tables. * Nommons AP, u, & PM, t; la ligne connue AF, c.

Cela posé, dans le triangle rectangle MPS, nous aurons (*Géom.* 295) $r : \sin. MPS :: MP : MS$, & $r : \sin. PMS$ ou $\cos MPS :: PM : PS$; c'est-à-dire, $r : p :: t : MS = \frac{pt}{r}$, & $r : q :: t : PS = \frac{qt}{r}$. Donc $FS = PS - PF = FS - AP + AF = \frac{qt}{r} - u + c$; or le triangle-rectangle MSF donne $MF = \sqrt{\overline{MS}^2 + \overline{FS}^2}$; donc $MF = \ldots\ldots\ldots$ $\sqrt{\frac{p^2 t^2}{r^2} + \frac{q^2 t^2}{r^2} - \frac{2qut}{r} + u^2 + \frac{2qct}{r} - 2cu + cc}$; ou (parce que (*Géom.* 281) $p^2 + q^2 = r^2$) on aura $MF = \sqrt{t^2 - \frac{2qut}{r} + u^2 + \frac{2qct}{r} - 2cu + cc}$; puis donc que MF doit être à MT ou AP, dans un rapport donné, si l'on représente ce rapport par celui de g à h, on aura $\sqrt{t^2 - \frac{2qut}{r} + u^2 + \frac{2qct}{r} - 2cu + cc} : u :: g : h$, & par conséquent, $gu = h\sqrt{t^2 - \frac{2qut}{r} + u^2 + \frac{2qct}{r} - 2cu + cc}$, ou en quarrant, & transposant ensuite, $h^2 t^2 - \frac{2qh^2ut}{r} +$

* On peut supposer comme nous le faisons ici, que les quantités p, q, r sont données par les tables de Trigonométrie; mais on peut les déterminer par une construction simple en faisant un triangle rectangle qui ait un de ses angles aigus, égal à l'angle donné MPS, & une hypothénuse telle que l'on voudra. En prenant celle-ci pour r, les deux autres côtés seront p & q.

$(h^2-g^2)u^2+\frac{2ch^2qt}{r}-2ch^2u+h^2c^2=0$, équation qui renferme les ſections coniques (380), & qui (392) appartiendra à l'ellipſe ſi le quarré de $-\frac{2qh^2}{r}$, moins le quadruple de h^2 multiplié par h^2-g^2 eſt négatif; c'eſt-à-dire, ſi $\frac{4q^2h^4}{r^2}-4h^4+4h^2g^2$ ou $\frac{4q^2h^4-4r^2h^4+4r^2h^2g^2}{r^2}$ eſt négatif; ou (parce que $r^2-q^2=p^2$) ſi $\frac{4r^2h^2g^2-4p^2h^4}{r^2}$ eſt négatif: au contraire, elle appartiendra à l'hyperbole ſi $\frac{4r^2h^2g^2-4p^2h^4}{r^2}$ eſt poſitif. Elle ſera à la parabole ſi $\frac{4r^2h^2g^2-4p^2h^4}{r^2}$ eſt zéro; c'eſt-à-dire, ſi $4r^2h^2g^2=4p^2h^4$, ou ſi $rg=ph$, enfin la courbe ſera un cercle, lorſqu'on aura $h^2=h^2-g^2$, ce qui ne peut jamais avoir lieu qu'autant que g ſera zéro, ou que h ſera infini, parce que dans ce dernier cas on doit négliger g^2 vis-à-vis de h^2.

Si l'on veut maintenant conſtruire la courbe dans chacun de ces cas, il n'y a qu'à imiter ce que nous avons fait (380 & *ſuiv.*); comme nous avons, alors, opéré ſur l'ellipſe, pour faire voir la ſimilitude des opérations & des conſtructions à l'égard de ces deux courbes, nous allons ici appliquer à l'hyperbole ce qui a été fait au même endroit cité, c'eſt-à-dire, chercher à ramener notre équation à la forme $yy=\frac{bb}{aa}(xx-\frac{1}{4}aa)$.

Je dégage donc t^2 dans l'équation trouvée ci-deſſus, ce qui me donne $t^2+\left(\frac{2cq}{r}-\frac{2qu}{r}\right)t+\left(1-\frac{g^2}{h^2}\right)u^2-2cu+c^2=0$. Pour faire diſparoître le ſecond terme, par rapport à t, je fais $t+\frac{cq}{r}-\frac{qu}{r}=y$, ce qui en quarrant, & transpoſant enſuite, me donne $t^2+\left(\frac{2cq}{r}-\frac{2qu}{r}\right)t=yy-\frac{c^2q^2}{r^2}+\frac{2cq^2u}{r^2}-\frac{q^2u^2}{r^2}$, & par conſéquent, en ſubſtituant, $yy-\frac{c^2q^2}{r^2}+\frac{2cq^2u}{r^2}-\frac{q^2u^2}{r^2}+\left(1-\frac{g^2}{h^2}\right)u^2-2cu+c^2=0$.

Il faut donc maintenant faire disparoître le second terme par rapport à u, mais auparavant j'observe que les termes $-\frac{q^2u^2}{r^2}$ $+\left(1-\frac{g^2}{h^2}\right)u^2$, ou $-\frac{q^2u^2}{r^2}+u^2-\frac{g^2u^2}{h^2}$, ou $\frac{r^2u^2-q^2u^2}{r^2}-\frac{g^2u^2}{h^2}$ se réduisent à $\frac{p^2u^2}{r^2}-\frac{g^2u^2}{h^2}$, & les deux termes $\frac{2cq^2u}{r^2}$ $-2cu$, ou $\frac{2cq^2u-2cr^2u}{r^2}$ se réduisent à $-\frac{2cp^2u}{r^2}$; de même les deux termes $-\frac{c^2q^2}{r^2}+c^2$, se réduisent à $+\frac{c^2p^2}{r^2}$, parce que $r^2-q^2=p^2$. L'équation se change donc en $y^2+\frac{c^2p^2}{r^2}-\frac{2cp^2u}{r^2}$ $+\frac{p^2u^2}{r^2}-\frac{g^2u^2}{h^2}=0$, ou chassant les dénominateurs, & faisant ensuite (pour faciliter le calcul) $p^2h^2-r^2g^2=r^2kk$, $r^2h^2y^2+c^2h^2p^2-2ch^2p^2u+r^2k^2u^2=0$.

Dégageons donc u^2, ce qui donne $u^2-\frac{2ch^2p^2}{r^2k^2}u+\frac{h^2}{k^2}y^2+$ $\frac{c^2h^2p^2}{r^2k^2}=0$; & faisons $u-\frac{ch^2p^2}{r^2k^2}=\frac{ch^2p^2x^2}{r^2k^2n}$, en introduisant l'inconnue n, parce que le produit ut se trouve dans l'équation primitive (380). Alors en opérant comme ci-dessus, nous aurons, après la substitution faite, $\frac{c^2h^4p^4x^2}{r^4k^4n^2}-\frac{c^2h^4p^4}{r^4k^4}$ $+\frac{h^2}{k^2}y^2+\frac{c^2h^2p^2}{r^2k^2}=0$, ou supprimant le facteur commun $\frac{h^2}{k^2}$, & laissant y^2 seul dans un membre, nous aurons $y^2=-$ $\frac{c^2h^2p^4x^2}{r^4k^2n^2}-\frac{c^2p^2}{r^2}+\frac{c^2h^2p^4}{r^4k^2}$, ou, divisant le second membre par le multiplicateur de x^2, & indiquant en même temps la multiplication par le même multiplicateur, $y^2=-\ldots\ldots$ $\frac{c^2h^2p^4}{r^4k^2n^2}\left(x^2+\frac{r^2n^2k^2}{p^2h^2}-nn\right)$; mais puisqu'il s'agit de l'hyperbole, il faut remarquer que la quantité r^2k^2, qui n'est autre chose que $p^2h^2-r^2g^2$, est négative, puisque, selon la remarque que nous venons de faire ci-dessus, $\frac{4r^2h^2g^2 - 4p^2h^4}{r^2}$ ou $\frac{4h^2}{r^2}(r^2g^2 - p^2h^2)$ doit être positif pour que la courbe soit une hyperbole. Ainsi il faut rendre k^2 négatif, en observant lorsqu'on voudra mettre sa valeur dans l'équation, de remettre pour cette valeur, la quantité $r^2g^2 - p^2k^2$, au lieu de $p^2h^2 - r^2g^2$; l'équation devient donc $y^2 = \frac{c^2h^2p^4}{r^4k^2n^2}\left(x^2 - \frac{r^2n^2k^2}{p^2h^2} - nn\right)$. Comparant cette équation avec $y^2 = \frac{b^2}{a^2}(x^2 - \frac{1}{4}aa)$ pour déterminer les diametres conjugués, on aura $\frac{b^2}{a^2} = \frac{c^2h^2p^4}{r^4k^2n^2}$ & $\frac{1}{4}aa = \frac{r^2n^2k^2}{p^2h^2} \dotplus nn$, d'où l'on tirera aisément a & b; c'est-à-dire, les deux diametres conjugués, que nous allons voir être les deux axes même de l'hyperbole.

Déterminons donc la direction des diametres conjugués auxquels notre équation réduite se rapporte. Conformément à ce qui a été fait (382), il faut construire les deux équations $z + \frac{cq}{r} - \frac{qu}{r} = y$, & $u - \frac{ch^2p^2}{r^2k^2} = \frac{ch^2p^2x}{r^2k^2n}$; mais comme nous venons d'observer que k^2 est négatif dans le cas de l'hyperbole, dont il s'agit ici, il faut changer cette derniere, en $u + \frac{ch^2p^2}{r^2k^2} = \frac{ch^2p^2x}{r^2k^2n}$; je ne change point le signe du terme affecté de x, quoique k^2 y entre, parce que la quantité n peut être prise arbitrairement positive ou négative. Il faut donc, en continuant d'imiter ce qui a été fait au même endroit cité, mener par le point A parallélement à PM la ligne $AB = \frac{cq}{r}$, & tirant par le point B la ligne BI parallele à AZ, prendre arbitrairement sur le prolongement de cette ligne, la partie BK, & mener KL parallele à PM, & telle que l'on ait $BK : KL :: r : q$; alors si, par le point B & le point L, vous tirez LBQ qui rencontre les lignes PM en Q, les lignes QM seront y. Car $QM = PM - PQ = PM - QI + PI = z - QI + \frac{cq}{r}$; or les triangles semblables BKL & BQI donnent $BK : KL ::$

BI

BI ou *AP* : *QI*; c'est-à-dire, $r : q :: u : QI = \frac{qu}{r}$; donc $QM = t - \frac{qu}{r} + \frac{cq}{r} = y$.

Mais on peut abréger cette construction en menant tout de suite du point *F* la ligne *FB* perpendiculaire sur *TA*; car il est évident que l'angle *FAB* est égal à *APM*, & que par conséquent dans le triangle rectangle *ABF*, on a $r : q :: c : AB = \frac{qc}{r}$; ainsi puisque *QM* est parallele à *AB*, les *y* sont perpendiculaires sur *BQ*, & par conséquent *BQ* est la direction d'un des axes, dont l'autre par conséquent est parallele à *QM*.

Il ne s'agit donc plus que de déterminer le centre. Or la seconde équation $u + \frac{ch^2p^2}{r^2k^2} = \frac{ch^2p^2x}{r^2k^2n}$, fait voir qu'il faut prendre, à l'opposite des *u* la quantité $AG = \frac{ch^2p^2}{r^2k}$, & tirer *GC* parallele à *PM* ou perpendiculaire à *BQ*, qui déterminera le point *C* pour l'origine des *x*, & par conséquent pour le centre. En effet les *x* doivent être comptés sur *CQ*, puisque les *y* se comptent depuis cette ligne; or l'équation $u + \frac{ch^2p^2}{r^2k^2} = \frac{ch^2p^2x}{r^2k^2n}$, ou $AP + AG = \frac{AG \times x}{n}$ ou, $GP = \frac{AG \times x}{n}$ fait voir que ces lignes *x* commencent en même temps que les lignes *GP*; donc les lignes *x* doivent commencer au point *C*, & sont par conséquent *CQ*; donc le point *C* est le centre.

On s'y prendra d'une maniere semblable pour l'ellipse.

A l'égard de la parabole, puisqu'on a, dans ce cas, $rg = ph$, ainsi qu'on l'a vu ci-dessus, l'équation que l'on a eue en *y* & *u*, après l'évanouissement du second terme par rapport à *t*, & après avoir introduit pour $r^2 - q^2$ sa valeur p^2, devient, en mettant dans la valeur de k^2, au lieu de g, sa valeur $\frac{ph}{r}$ tirée de $rg = ph$, devient, dis-je, $y^2 + \frac{c^2p^2}{r^2} - \frac{2cp^2u}{r^2} = 0$, ou $y^2 = \frac{2cp^2u}{r^2} - \frac{c^2p^2}{r^2}$; pour la réduire à la forme ordinaire de l'équation à la parabole, on fera donc, conformément à ce qui a été dit (386), $\frac{2cp^2u}{r^2} - \frac{c^2p^2}{r^2} = nx$; ce qui donnera $yy = nx$; & ayant construit de la même maniere que dans le cas précédent, l'équation $t + \frac{cq}{r} - \frac{qu}{r} = y$, qu'on a eue pour l'évanouissement du second terme par rapport à t, on construira l'équation $\frac{2cp^2u}{r^2} - \frac{c^2p^2}{r^2} = nx$, d'une maniere analogue à ce qui a été fait (386); c'est-à-dire, qu'ayant dégagé u, ce qui donne $u - \frac{1}{2}c = \frac{r^2 nx}{2cp^2}$, on prendra sur AP (*Fig.* 61) la partie $AG = \frac{1}{2}c$, & tirant GC parallele à PM, le point C sera l'origine des x qui seront CQ; en sorte que CQ sera la direction du diametre; le sommet de ce diametre sera en C; & son parametre sera n, que l'on déterminera ainsi: puisque $AG = \frac{1}{2}c$, on a $GP = AP - AG = u - \frac{1}{2}c = \frac{r^2 nx}{2cp^2} = \frac{r^2 n}{2cp^2} \times CQ$; donc $n = \frac{2cp^2 \times GP}{r^2 \times CQ}$; or les paralleles PQ, CG & AB donnent $CQ : GP :: CF : GF :: BF : AF$, c'est-à-dire, $CQ : GP :: BF : c$; donc $GP = \frac{c \times CQ}{BF}$; mettant pour GP cette valeur dans celle de n, on aura $n = \frac{2c^2p^2}{r^2 \times BF}$ quantité connue, puisque c, p, r sont des quantités données, & que BF est connue par la construction. Mais on peut simplifier cette valeur, en remarquant que le triangle rectangle FAB donne $r : p :: AF : BF :: c : BF$; donc $BF = \frac{cp}{r}$; par conséquent $n = \frac{2\overline{BF}^2}{BF} = 2BF$.

597. Qu'il soit question maintenant de *trouver* (Fig. 62) *la courbe que décriroit un point donné* M *de la ligne donnée* OH *ou de son prolongement, si l'on faisoit glisser les extrêmités* O & H *le long des deux côtés* CO, CH *de l'angle donné* OCH.

D'un point quelconque M de cette courbe menons MP parallèle à CH & MN perpendiculaire à CO; nommons CP, u; PM, t; & puisque l'angle OCH ou son égal OPM est donné, son supplément MPN est donné aussi; nommons donc p le sinus & q le cosinus de ce dernier, en supposant que r marque le rayon; enfin nommons g & h les lignes données OM & MH.

Le triangle rectangle PNM nous donne $r : p :: t : MN$, & $r : q :: t : PN$; donc $MN = \frac{pt}{r}$, & $PN = \frac{qt}{r}$. Les parallèles CH & PM nous donnent $MH : CP :: MO : PO$, c'est-à-dire

$h : u :: g : PO = \frac{gu}{h}$, donc $NO = \frac{qt}{r} + \frac{gu}{h}$; or le triangle rectangle MNO, donne $\overline{MN}^2 + \overline{NO}^2 = \overline{MO}^2$, c'eſt-à-dire, $\frac{p^2 t^2}{r^2} + \frac{q^2 t^2}{r^2} + \frac{2gqut}{rh} + \frac{g^2 u^2}{h^2} = gg$; donc puiſque $p^2 + q^2 = r^2$ on aura ſimplement $t^2 + \frac{2gqut}{rh} + \frac{g^2 u^2}{h} = gg$, équation à l'ellipſe, ainſi qu'on peut le voir d'après ce qui a été dit (381).

Pour ramener cette équation à la forme $yy = \frac{bb}{aa}(\frac{1}{4}ua - xx)$ avec les conditions mentionnées (370), il faut d'abord faire diſparoître le ſecond terme par rapport à t. C'eſt pourquoi je fais $t + \frac{gqu}{rh} = y$; quarrant & ſubſtituant pour $t^2 + \frac{2gqut}{rh}$ la valeur que donnera cette opération, on aura $y^2 - \frac{ggqqu^2}{r^2 h^2} + \frac{g^2 u^2}{h^2} = gg$; mais les deux termes $-\frac{g^2 q^2 u^2}{r^2 h^2} + \frac{g^2 u^2}{h^2}$ ou $\frac{g^2 r^2 u^2 - g^2 q^2 u^2}{r^2 h^2}$ ſe réduiſent à $\frac{g^2 p^2 u^2}{r^2 h^2}$; parce que $r^2 - q^2 = p^2$, on a donc $y^2 + \frac{g^2 p^2 u^2}{r^2 h^2} = g^2$; or quoique dans cette équation il n'y ait pas de ſecond terme par rapport à u, néanmoins (389) comme le terme ut s'eſt trouvé dans l'équation primitive, je fais une transformation pour u, en faiſant $u = \frac{lx}{n}$; & j'ai $y^2 + \frac{g^2 p^2 l^2 x^2}{r^2 h^2 n^2} = g^2$, & par conſéquent, $y^2 = g^2 - \frac{g^2 p^2 l^2 x^2}{r^2 h^2 n^2}$ ou (diviſant le ſecond membre, par le multiplicateur de x^2, & indiquant en même temps la multiplication par ce même multiplicateur) $y^2 = \frac{g^2 p^2 l^2}{r^2 h^2 n^2}(\frac{r^2 h^2 n^2}{p^2 l^2} - x^2)$. Mais comme nous n'avons beſoin que d'une ſeule indéterminée n, je ſuis le maître de ſuppoſer à l une valeur arbitraire; pour rendre le calcul plus ſimple, je ſuppoſerai $l = r$, ce qui réduira l'équation à $y^2 = \frac{g^2 p^2}{h^2 n^2}(\frac{h^2 n^2}{p^2} - x^2)$. Pour déterminer l'ellipſe, j'en cherche d'abord les diametres conjugués en comparant à l'équation $yy = \frac{bb}{aa}(\frac{1}{4}aa - xx)$: cette comparaison me donne $\frac{bb}{aa} = \frac{g^2 p^2}{h^2 n^2}$ & $\frac{1}{4}aa = \frac{h^2 n^2}{p^2}$, d'où l'on tire $a = \frac{2hn}{p}$, & $b = 2g$.

Voyons maintenant quelles en sont les directions & quelle est la valeur de n.

Les deux équations à construire sont donc ici, $t + \frac{gqu}{rh} = y$ & $u = \frac{lx}{n} = \frac{rx}{n}$. Pour la premiere, si l'on prend arbitrairement CK, & que l'on mene ensuite KL parallele PM, & telle que $CK : KL : rh : gq$, alors les lignes QM comptées depuis la rencontre des lignes PM avec les lignes CL, seront y; en effet, les triangles semblables CKL & CPQ donnent $CK : KL :: CP : PQ$, c'est-à-dire, $rh : gq :: u : PQ = \frac{gqu}{rh}$; donc $QM = PM + PQ = t + \frac{gqu}{rh} = y$.

Les lignes QM étant y, il faut maintenant que les x soient comptés sur CQ; or l'équation $u = \frac{rx}{n}$ fait voir que les x commencent en même temps que les u; donc le point C est l'origine des x; donc C est le centre, & CQ & CH sont les directions des deux diametres conjugués. Quant à la valeur de n, l'équation $u = \frac{rx}{n}$, ou $CP = \frac{r \times CQ}{n}$, donne $n = \frac{r \times CQ}{CP}$; mais $CP : CQ :: CK : CL$; donc $\frac{CQ}{CP} = \frac{CL}{CK}$; donc $n = \frac{r \times CL}{CK}$; mais puisque CK est arbitraire, on peut le supposer $= r$, ce qui donne $n = CL$; on a donc tout ce qu'il faut pour construire l'ellipse (316).

Application des mêmes principes à quelques questions déterminées.

398. Après avoir résolu la seconde question indéterminée que nous nous sommes proposée (394), nous en avons fait usage (395) pour résoudre une question déterminée. Nous avons tacitement considéré cette derniere comme en renfer-

mant deux autres, toutes deux indéterminées, & qui étant chacune de même espece que la premiere, ont été résolues, chacune de la même maniere. L'intersection des deux courbes ou cercles qui étoient le *lieu* de chacune de ces deux questions partielles, a donné la résolution de la question déterminée. Lorsque l'équation finale qui exprime les conditions d'une question passe le second degré, on s'y prend d'une maniere semblable pour la résoudre. Dans les cas où l'on pourroit n'employer qu'une inconnue on en employe deux, & l'on cherche à former par les conditions de la question deux équations qui étant construites séparément, donnent chacune une courbe dont chaque point satisfait à l'équation qui lui appartient : si le problême est possible les deux courbes se rencontrent en un ou plusieurs points selon que la question est susceptible d'une ou de plusieurs solutions, selon qu'elle renferme plusieurs cas dépendants des mêmes données & des mêmes raisonnements. Ces intersections fournissent les différentes solutions de la question.

Tant que les deux équations à deux indéterminées, ne passeront pas le second degré, on voit donc que la résolution ne dépendra jamais que de l'intersection de deux sections coniques tout au plus. Au lieu, que dans ces mêmes cas, si on n'employoit qu'une seule inconnue, ou si par le moyen des deux équations trouvées, on éliminoit ou chassoit une des deux inconnues, l'équation monteroit au troisieme & plus souvent au quatrieme degré. Mais si l'une des équation ou toutes les deux passent le second degré, alors la résolution dépend de l'intersection de courbes plus élevées que les sections coniques.

Voyons d'abord quelques exemples des questions qui ne passeroient pas le quatrieme degré.

399. Proposons-nous pour premiere question de *trouver deux moyennes proportionnelles entre deux lignes données* a & b.

Si je nomme t & u ces deux moyennes proportionnelles, j'aurai la progression $\div a : t : u : b$, qui me donne ces deux proportions $a : t :: t : u$ & $t : u :: u : b$, & par conséquent, ces deux équations $au = t^2$ & $bt = u^2$, qui toutes deux se rapportent directement à la parabole. C'est pourquoi si l'on tire (*Fig.* 63) deux lignes indéfinies AZ, AX qui fassent entr'elles un angle quelconque (pour plus de simplicité, on peut le supposer droit), & si sur l'une AZ comme diametre & du point A comme sommet de ce diametre, on construit (367) une parabole dont le parametre du diametre AZ ſoit a, & dont l'angle des coordonnées ſoit XAZ, cette parabole ſera le lieu de l'équation $au = t^2$, en ſorte que les lignes AP étant u, les lignes PM ſeront t. Pareillement ſi ſur AX comme diametre & du point A comme ſommet, on conſtruit une parabole dont le parametre du diametre AX ſoit b, & dont l'angle des coordonnées ſoit XAZ, cette parabole ſera le lieu de l'équation $bt = u^2$, en ſorte que les lignes Ap' étant t, les lignes $P'M'$ ſeront u. Mais pour que la queſtion ſoit réſolue il faut que les deux équations $au = t^2$ & $bt = u^2$, ayent lieu en même temps, c'eſt-à-dire, que la valeur de u dans l'une ſoit la même que la valeur de u dans l'autre, & qu'il en ſoit de même de t; or c'eſt ce qui arrive évidemment au point M où ſe rencontrent les deux paraboles : car les u étant comptés ſur AZ, & les t ſur AX ou parallélement à AX, il eſt viſible que ſi l'on tire MP & MP paralleles à AX & AZ, la valeur MP de u dans la parabole AMM' eſt la même que la valeur AP de u dans la parabole AMM; pareillement la valeur AP de t dans la parabole AMM' eſt la même que la valeur PM de t dans la parabole AMM; & il eſt viſible qu'il n'y a qu'au point M où la valeur de u étant la même dans chacune, la valeur de t ſoit auſſi la même dans chacune, ſi ce n'eſt cependant au point A où les deux courbes ſe rencontrent auſſi; mais comme u & t y ſont zéro, il eſt évident que ce point ne ſatiſfait pas à la queſtion. Les valeurs de u & t ſont donc AP & PM, le point M étant le point de rencontre.

400. Au reſte, quoiqu'on puiſſe toujours parvenir à la ſolution en conſtruiſant ſéparément les équations que l'on trouve, quelquefois en préparant ces équations, on peut trouver des conſtructions plus ſimples; par exemple, ſi l'on ajoute les deux équations $au = t^2$ & $bt = u^2$, on aura $au + bt = u^2 + t^2$; équation au cercle en ſuppoſant que les u & les t ſeront pris ſur des lignes perpendiculaires entr'elles. Or quoique la parabole ſoit facile à conſtruire, le cercle l'eſt encore davantage; ainſi dans le cas préſent, je préférois de conſtruire d'abord l'équation $au = t^2$ ſeulement, comme ci-deſſus; après quoi je conſtruirois l'équation au cercle $au + bt = u^2 + t^2$; en la changeant en cette autre $yy = \frac{1}{4}aa + \frac{1}{4}bb - xx$, par l'évanouiſſement de ſeconds termes par rapport à t & à u, en faiſant $t - \frac{1}{2}b = y$, & $u - \frac{1}{2}a = x$. Alors prenant $AB = \frac{1}{2}b$, & tirant BQ parallele à AP, j'aurois les lignes QM pour les valeurs de y. Prenant enſuite $AO = \frac{1}{2}a$, & menant OC parallele à AX,

j'aurois les lignes CQ pour valeurs de x; c'est pourquoi du point C comme centre, & du rayon $\sqrt{\frac{1}{4}aa+\frac{1}{4}bb}$; c'est-à-dire du rayon AC, je décrirois un cercle qui coupant la parabole AM au point M, me donneroit MP & AP pour les valeurs de t & de u.

401. On peut varier beaucoup ces constructions : on peut, par exemple, ajouter l'une des deux équations, avec l'autre multipliée par une quantité arbitraire $\frac{l}{n}$ positive ou négative, ce qui donne $au+\frac{l}{n}bt=t^2+\frac{l}{n}u^2$, équation qui peut appartenir à l'ellipse ou à l'hyperbole selon la quantité qu'on prendra pour $\frac{l}{n}$, en sorte qu'on peut construire avec l'une ou l'autre de ces deux courbes, comme on vient de construire avec le cercle. On peut même construire avec l'une & avec l'autre, ou avec l'une seulement combinée avec un cercle, & cela en donnant à $\frac{l}{n}$, des valeurs convenables, & qui sont faciles à déterminer d'après ce qui a été dit (392).

402. Proposons-nous pour seconde question de *diviser un angle ou un arc donné, en trois parties égales.*

Soit EO (*Fig.* 64) l'arc qu'il s'agit de diviser; A son centre; imaginons que EM est le tiers de EO, & ayant tiré les rayons EA, MA, abaissons les perpendiculaires MP, OR. Les lignes OR, & AR qui sont le sinus & le cosinus de l'arc donné OE, sont censées connues; nous les nommerons d & c; & nous nommerons r le rayon AE. Enfin nous nommerons u & t, les inconnues AP & PM.

Cela posé, le triangle rectangle APM donne $u^2+t^2=rr$. Et les triangles semblables APM, ARS donnent $AP:MP::AR:RS$; c'est-à-dire, $u:t::c:RS=\frac{ct}{u}$. Or si l'on prolonge la perpendiculaire MP jusqu'à ce qu'elle rencontre la circonférence en V, l'arc MV sera égal à l'arc MO, comme étant chacun double de ME; donc l'angle $OMS=AMP=ARS$ (à cause des parallèles) $=OSM$. Donc le triangle SOM est isoscele, & par conséquent $OS=OM=MV=2t$; donc puisque $OR=OS+SR$, on aura $d=2t+\frac{ct}{u}$, ou $2tu+ct=du$, ou $tu+\frac{1}{2}ct=\frac{1}{2}du$.

Les deux équations à construire sont donc $u^2 + t^2 = r^2$, ou $t^2 = r^2 - u^2$, & $tu + \frac{1}{2}ct = \frac{1}{2}du$. La premiere est toute construite, puisque c'est l'équation même du cercle EMO.

Quant à la seconde, elle appartient à l'hyperbole (391); & comme les deux quarrés manquent, il faut conformément à ce qui a été dit au même endroit cité, passer tous les termes affectés de u, dans un même membre, ce qui donne $tu - \frac{1}{2}du = -\frac{1}{2}ct$, ou $\frac{1}{2}du - tu = \frac{1}{2}ct$; faisant $\frac{1}{2}d - t = y$, & substituant pour t, sa valeur, on a $uy = -\frac{1}{2}cy + \frac{1}{4}cd$, ou $uy + \frac{1}{2}cy = \frac{1}{4}cd$. Je fais ensuite $u + \frac{1}{2}c = x$, & j'ai $xy = \frac{1}{4}cd$, équation à l'hyperbole entre les asymptotes, que l'on déterminera de la maniere suivante.

L'équation $\frac{1}{2}d - t = y$ fait voir que si par le point A, origine des u & des t on mene AB parallele à PM, & égale à $\frac{1}{2}d$, & que l'on tire QBC parallele à AP, les lignes QM comptées dans un sens opposé aux PM, seront y; en effet $QM = PQ - PM = AB - PM = \frac{1}{2}d - t = y$; donc CQ est la direction d'une des asymptotes.

La seconde équation $u + \frac{1}{2}c = x$, fait voir que si l'on prolonge AP vers G de la quantité $AG = \frac{1}{2}c = \frac{1}{2}AR$, les lignes GP ou leurs égales CQ (en tirant GC parallele à PM) seront x; donc C est le centre, & les lignes CQ & CG sont les asymptotes. On décrira donc par la méthode donnée (354) une hyperbole entre ces asymptotes, laquelle passe par le point A, ainsi que l'indique l'équation $xy = \frac{1}{4}cd = \frac{1}{2}c \times \frac{1}{2}d = AG \times AB = CB \times AB$; cette hyperbole coupera le cercle au point cherché M.

Si l'arc EO étoit de plus de 90°, son cosinus AR tombant alors du côté opposé, seroit négatif; il faudroit dans les équations ci-dessus, supposer c négatif. Et si l'arc EO étoit de plus de 180°, & de moins que 270°, comme l'arc $EOE'O'$, son sinus & son cosinus seroient négatifs; il faudroit donc changer les signes de c & d, dans les mêmes équations ci-dessus.

Si l'on prolonge GC de la quantité $CG' = CG$; & CB de la quantité $CB' = CB$, & qu'ayant mené $B'A'$ & $G'A'$ paralleles à CG' & CB', on décrive entre les lignes CG' & CB' (prolongées indéfiniment) comme asymptotes, une hyperbole qui passe par le point A', cette hyperbole rencontrera le cercle en deux points A', M', comme la premiere le rencontre aux deux points M & M''. Or de ces quatre points, trois méritent d'être remarqués: savoir, les points M, M' & M''. Le premier donne l'arc EM pour le tiers de l'arc donné EO. Le second, M', donne l'arc $E'M'$ pour le tiers de $E'O$, supplément de EO. Enfin le troisieme, M'', donne $E'M''$ pour le tiers de $EOEO'$, c'est-à-dire, de l'arc OE augmenté de la demi-circonférence.

En effet, l'arc $E'O$ a pour sinus & cosinus, les lignes RO & AR, ainsi que l'arc EO, avec cette seule différence que AR considéré comme cosinus de l'arc $E'O$ plus grand que 90°, est négatif; donc pour avoir la solution dans ce second cas, il n'y a autre chose à faire qu'à supposer, dans la solution ci-dessus, que c est négatif; or ce changement n'affecte que la seconde équation, & change sa réduite $xy = \frac{1}{4}cd$; en $xy = -\frac{1}{4}cd$, équation qui appartient à l'hyperbole $A'M'$, & qui fait donc voir que la solution de ce cas sera fournie par l'intersection M' de cette branche d'hyperbole avec le cercle. (Nous verrons dans un moment, pourquoi ce n'est pas le point A'). $P'M'$ est donc le sinus de l'arc cherché, dans ce second cas. Cet arc est donc $E'M'$; c'est-à-dire, que $E'M'$ est le tiers de $E'O$.

A l'égard de la troisieme solution, si l'on augmente l'arc EO de 180°, ce qui se fera en prenant $E'O' = EO$, alors l'arc $EOE'O'$ a pour sinus & cosinus les lignes $R'O'$, AR', qui sont nécessairement égales aux lignes RO & AR, avec cette différence seulement que tombant toutes deux de côtés opposés à ces dernieres, elles sont négatives; donc pour avoir la solution qui convient à ce cas, il n'y a autre chose à faire que de supposer c & d négatifs. Or ce changement n'en produit aucun dans l'équation où entrent c & d, c'est-à-dire, dans l'équation $xy = \frac{1}{4}cd$; donc la premiere hyperbole doit donner, par son intersection M'', la solution de ce troisieme cas, donc $P''M''$ est le sinus de l'arc cherché dans ce troisieme cas; cet arc est donc $E'M''$, c'est-à-dire, que $E'M''$ est le tiers de $EOE'O'$

Ainsi la même construction qui sert à trouver le tiers d'un arc donné A, sert aussi à trouver le tiers de 180° — A, & le tiers de 180° + A.

On peut appliquer ici ce que nous avons dit (400) sur les différentes sections coniques qu'on peut employer pour construire, en combinant à volonté les deux équations en u & t.

A l'égard de la quatrieme intersection, nous avons dit qu'elle se faisoit au point A', ce qui est évident, puisque l'hyperbole est assujettie à passer par le point A' qui est déterminé en faisant $B'A' = AB$, & $B'C = CB$, ce qui fait voir que $AR' = AR$ & $R'A' = RO$; donc le point A' appartient à la circonférence. Mais il ne donne point une nouvelle solution;

puisqu'il est connu, & déterminé par des opérations indépendantes des équations qui ont donné la solution.

403. Si de l'équation $2tu + ct = du$, trouvée ci-dessus, on tire la valeur de t, pour la substituer dans l'équation $u^2 + t^2 = r^2$, qu'on a eue en même temps, on aura, après avoir mis pour $c^2 + d^2$, sa valeur r^2, transposé & réduit, $4u^4 + 4cu^3 - 3r^2u^2 - 4cr^2u - r^2c^2 = 0$, ou $4u^3(u+c) - 3r^2u(u+c) - cr^2 \times (u+c) = 0$, qui étant divisé par $u + c$, donne $4u^3 - 3r^2u - cr^2 = 0$, équation qui doit renfermer les trois cas que nous venons d'examiner : elle doit donc avoir trois racines ; or la construction fait voir que u a en effet trois valeurs ; savoir, AP, AP' & AP'' ; & ces deux dernieres tombant de côtés opposés à la premiere ; on voit que cette équation a trois racines ou valeurs de u, dont deux sont négatives ; savoir $u = -AP'$, $u = -AP''$, & la troisieme positive, savoir $u = AP$.

404. L'équation $4u^3 - 3r^2u - cr^2 = 0$, ou $u^3 - \frac{3}{4}r^2u - \frac{1}{4}cr^2 = 0$, est dans le cas irréductible ; & ses racines étant les cosinus de $\frac{1}{3}EO$, $\frac{1}{3}(180^\circ - EO)$, $\frac{1}{3}(180^\circ + EO)$, on peut donc, par le moyen des tables des sinus, trouver les trois racines d'une équation du troisieme degré, dans le cas irréductible, par une approximation suffisante & prompte ; en voici la méthode. Représentons toute équation du troisieme degré dans le cas irréductible, par l'équation $u^3 - pu + q = 0$; en comparant à l'équation $u^3 - \frac{3}{4}r^2u - \frac{1}{4}cr^2 = 0$, nous aurons, $-\frac{3}{4}r^2 = -p$, & $-\dfrac{cr^2}{4} = q$; de la premiere de ces deux dernieres équations, on tire $r = \sqrt{\frac{4}{3}p}$; & de la seconde, $c = -\dfrac{3q}{p}$. Représentons par R le rayon des tables ; alors nous aurons le cosinus de l'arc EO, tel qu'il est dans les tables, si nous calculons le quatrieme terme de cette proportion $r : c$ ou $\sqrt{\frac{4}{3}p} : \dfrac{3q}{p} :: R :$ à un quatrieme terme ; ce quatrieme terme, savoir $\dfrac{3qR}{p\sqrt{\frac{4}{3}p}}$, étant cherché dans les tables, donnera le sinus du complément de l'arc EO : c'est pourquoi ajoutant 90° au nombre de degrés que l'on trouvera, ou au contraire retranchant ce nombre, de 90°, selon que q sera positif ou négatif dans l'équation, on aura l'arc EO, que je représente,

par A; on cherchera donc dans les mêmes tables, les cosinus des trois arcs $\frac{A}{3}$, $\frac{180° - A}{3}$, & $\frac{180° + A}{3}$; & pour les réduire au rayon r, on multipliera chacun par $\frac{r}{R}$, c'est-à-dire, par $\frac{\sqrt{\frac{4}{3}p}}{R}$; puisque pour y réduire par exemple $cos \frac{A}{3}$ pris dans les tables, il faut faire cette proportion $R : cos \frac{A}{3} :: r :$ est au cosinus du même arc dans le cercle qui a pour rayon r, c'est-à-dire, est à AP ou u; les trois valeurs de u seront donc $u = \frac{\sqrt{\frac{4}{3}p}}{R} cos \frac{A}{3}$, $u = \frac{\sqrt{\frac{4}{3}p}}{R} cos \frac{180° - A}{3}$, & $u = \frac{\sqrt{\frac{4}{3}p}}{R} cos \frac{180° + A}{3}$; telle est l'expression des valeurs absolues de u; mais ce qui a été dit (403) fait voir que eu égard à leurs signes, les valeurs de u sont $u = \frac{\sqrt{\frac{4}{3}p}}{R} cos \frac{A}{3}$; $u = -\frac{\sqrt{\frac{4}{3}p}}{R} cos \frac{180° - A}{3}$; & $u = -\frac{\sqrt{\frac{4}{3}p}}{R} cos \frac{180° + A}{3}$; valeurs où il faudra observer de changer le signe de celles dans lesquelles l'arc $\frac{A}{3}$, ou $\frac{180° - A}{3}$, ou $\frac{180° + A}{3}$ passera 90°. On peut faciliter ces opérations par le moyen des logarithmes.

405. Proposons-nous maintenant cette question plus générale que celle que nous avons résolue (274). *D'un point* D (Fig. 65) *donné de position à l'égard des deux lignes* AR, AP *qui font entr'elles un angle connu, mener la ligne* DP *de maniere que sa partie interceptée* RP *soit égale à une ligne donnée.*

Du point D menons la ligne DS perpendiculaire à AP prolongée, & la ligne DO parallele à AR; menons aussi du point R la ligne RN perpendiculaire à AP. Les lignes DO, DS, OS & AO sont censées connues, tant à cause que la position du point D est supposée connue, que parce que l'angle RAP ou son supplément RAN égal à DOS est supposé connu; c'est pourquoi nous nommerons DO, r; DS, p; OS, q; AO, d; & la ligne à laquelle RP doit être égale, c. Enfin nous nommerons u & t, les inconnues AP & AR.

Cela posé, les triangles semblables DSO, RNA donneront $DO : DS :: AR : RN$, & $DO : OS :: AR : AN$; c'est-à-dire, $r:p::t:RN=\frac{pt}{r}$, & $r:q::t:AN=\frac{qt}{r}$; par conséquent, $NP=\frac{qt}{r}+u$; or le triangle rectangle RNP, donne $\overline{RN}^2+\overline{NP}^2=\overline{RP}^2$; c'est-à-dire, $\frac{qqtt}{rr}+\frac{2qut}{r}+uu+\frac{p^2t^2}{rr}=cc$, ou (à cause que $p^2+q^2=r^2$, dans le triangle rectangle DSO) $t^2+\frac{2qut}{r}+u^2=cc$.

Mais comme nous avons deux inconnues, il nous faut deux équations: or les triangles semblables DOP, RAP donnent $DO:RA::OP:AP$; c'est-à-dire, $r:t::d+u:u$, & par conséquent, $ru=td+ut$. Ce sont-là les deux équations qu'il faut construire pour résoudre la question. La premiere (381) appartient à l'ellipse, & la seconde à l'hyperbole.

Pour construire la premiere, je fais $t+\frac{qu}{r}=y$; en opérant comme dans les exemples semblables ci-dessus, j'aurai, $yy-\frac{qquu}{rr}+uu=cc$, ou [à cause que $-\frac{qquu}{rr}+uu=\left(\frac{rr-qq}{rr}\right)uu=\frac{ppuu}{rr}$], $yy+\frac{ppuu}{rr}=cc$. Je fais $u=\frac{l}{n}x$ (389); & j'ai $yy+\frac{ppllxx}{rrnn}=cc$, ou (parce que je puis supposer arbitrairement une valeur à l'une des deux indéterminées l & n) faisant $l=r$; $yy=cc-\frac{ppxx}{nn}=\frac{pp}{nn}\left(\frac{ccnn}{pp}-xx\right)$. Comparant à l'équation $yy=\frac{bb}{aa}(\frac{1}{4}aa-xx)$, on trouvera que les deux diametres conjugués a & b sont $a=\frac{2cn}{p}$, & $b=2c$. Déterminons leur position & la valeur de n; mais pour mieux sentir l'usage de cette construction, concevons auparavant, que donnant successivement à u ou AP plusieurs valeurs, on mene parallélement à AR, les lignes PM égales aux valeurs correspondantes de t, ce qui produira la courbe dont l'équation nous occupe actuellement. Cela posé, ayant pris arbitrairement AK sur AP, & mené KL parallele à PM; & qui soit $AK::q:r$, on aura $QM = PM + PQ = t + \frac{qu}{r}$, à cause des triangles semblables AKL & APQ; donc $QM = y$; AQ est donc la direction d'un des diametres, & les x doivent êtres comptés sur ce diametre; or l'équation $u = \frac{l}{n}x = \frac{r}{n}x$, fait voir que les x commencent en même temps que les u, donc les x sont AQ. Cela étant, l'équation $u = \frac{rx}{n}$, devient donc $AP = \frac{r \times AQ}{n}$ qui donne $n = \frac{r \times AQ}{AP}$ ou $AP : AQ :: r : n$; c'est-à-dire, $AK : AL :: r : n$; or comme AK est arbitraire, on peut le supposer $= r$, & l'on aura, par conséquent, $n = AL$.

Il ne s'agit donc plus que de construire (316) une ellipse dont les diametres conjugués fassent entr'eux un angle égal à AQM, & dont celui qui a AQ pour direction, soit $= \frac{2cn}{p}$, & l'autre qui a AR pour direction, soit $= 2c$. Cette ellipse sera le lieu de la premiere équation. Mais on peut remarquer en passant, que cette ellipse est précisément celle que décriroit le milieu d'une ligne égale à $2RP$, glissant le long des côtés AP, AR; c'est ce dont il est aisé de se convaincre, en comparant avec la solution donnée (397) & y supposant $g = h = c$. Quand l'angle RAP est droit, l'ellipse devient un cercle dont le rayon est c.

Il ne reste plus qu'à construire la seconde équation $ru = dt + ut$ ou $ru - ut = dt$. Or selon les principes précédents, je fais $r - t = y'$, & ensuite $u + d = x'$, ce qui change cette équation en $x'y' = rd$; équation à l'hyperbole entre ses asymptotes. On prendra donc, en vertu de l'équation $r - t = y'$; sur AR, la quantité $AT = r = OD$, c'est-à-dire, que par le point D on tirera DTV parallele à AP; alors les lignes VM seront y' en les comptant de V vers M, c'est-à-dire, dans un sens opposé à PM; car $VM = PV - PM = r - t$, donc $VM = y'$. Ensuite, en vertu de l'équation $u + d = x'$, on prendra $OA = d$, c'est-à-dire, qu'on menera par le point D la ligne DO parallele à AT; alors les lignes DV seront x', puisque $DV = OP = OA + AP = d + u$. On construira donc (354) entre les lignes DO & DV, comme asymptotes, une hyperbole qui passe par le point A, puisqu'on a $x'y' = rd = AO \times AT$; cette hyperbole rencontrera l'ellipse aux deux points M & M', par lesquels menant MR & $M'R'$ paralleles à AP, on aura deux points R & R' par lesquels & par le point D tirant DRP & $DP'R'$, les parties PR & $P'R'$ interceptées dans les angles égaux RAP, $R'AP'$ seront égales à la ligne c.

Si en prolongeant les asymptotes, on décrit l'hyperbole opposé (*Fig.* 66) $M''A'M'''$, dans le cas où elle rencontrera l'ellipse, elle déterminera deux nouveaux points M'', M''' par lesquels menant des paralleles à AP, on aura sur AT deux nouveaux points R'', R''', par lesquels & par le point D tirant deux lignes, les parties comprises dans l'angle TAS seront aussi égales à la ligne donnée c. Telle est en général la maniere dont on doit s'y prendre pour résoudre les questions déterminées, qui n'excéderont pas le quatrieme degré.

406. Si l'on avoit résolu la question sans employer deux inconnues, on pourroit néanmoins faire usage de la même méthode, en introduisant une nouvelle inconnue. Par exemple, si l'on proposoit de *trouver un cube qui soit à un cube connu* a^3, *dans un rapport donné, marqué par le rapport de* m *à* n. En nommant u le côté de ce cube, on auroit $u^3 : a^3 :: m : n$, & par conséquent $nu^3 = ma^3$.

Pour construire cette équation, je supposerois $u^2 = at$; alors l'équation se changeroit en $natu = ma^3$, ou $tu = \frac{ma^2}{n}$. Je construirois donc la parabole qui a pour équation $u^2 = at$, & l'hyperbole qui a pour équation $tu = \frac{ma^2}{n}$. L'intersection de ces deux courbes, me donneroit les valeurs de u & t.

Si l'on multiplie par u, l'équation $tu = \frac{ma^2}{n}$, & qu'on y substitue de nouveau pour u^2 sa valeur at, on aura $at^2 = \frac{ma^2u}{n}$, ou $t^2 = \frac{ma}{n}u$, autre équation à la parabole, que l'on peut construire conjointement avec l'équation $u^2 = at$. On peut remarquer, en passant, que ces équations sont les mêmes qu'on auroit en cherchant deux moyennes proportionnelles entre a & $\frac{ma}{n}$; ainsi on peut construire précisément de la même maniere qu'on l'a fait (399).

407. L'équation $nu^3 = ma^3$, donne $u = \sqrt[3]{\frac{ma^3}{n}}$; on voit donc que la construction des radicaux cubes se fait par

le moyen des sections coniques. Il en est de même des radicaux quatriemes, lorsqu'ils renferment des radicaux cubes, comme $\sqrt[4]{a^3\sqrt[3]{ab^2}}$; car s'ils ne renfermoient que des radicaux quarrés comme $\sqrt[4]{a^3\sqrt{ab}}$, ou des quantités rationnelles, leur construction se rameneroit toujours au cercle; en effet en prenant une moyenne proportionnelle m entre a & b, on auroit $\sqrt[4]{a^3m}$; prenant une moyenne proportionnelle n entre a & m, on auroit $\sqrt[4]{a^2n^2}$ ou $\sqrt{an}$, qui exprime une moyenne proportionnelle entre a & n.

408. Quand l'équation déterminée auroit un plus grand nombre de termes, on la construiroit toujours d'une maniere analogue; par exemple, si l'on avoit $u^4+au^3+aqu^2+a^2ru+sa^3=0$, a, q, r, s étant des quantités connues; en supposant $u^2=at$, on auroit $a^2t^2+a^2ut+aqu^2+a^2ru+sa^3=0$, ou $at^2+aut+qu^2+aru+sa^2=0$, équation qui appartient à une section conique; construisant donc cette équation, & l'équation $u^2=at$, selon les principes donnés ci-devant, les intersections des deux courbes donneront les différentes valeurs de u.

409. Mais en introduisant ainsi, arbitrairement, une nouvelle équation, il peut arriver, que les deux courbes ne se rencontrent point, quoique la question qui aura donné l'équation, ait une ou plusieurs solutions; c'est pourquoi, pour éviter tout embarras, nous allons exposer un procédé qui a lieu également pour tous les degrés.

Supposons, par exemple, que l'équation soit $u^3-au^2+pau-qa^2=0$; on supposera $u^3-au^2+pau-qa^2=a^2t$, t marquant une indéterminée, & a, p, q des nombres ou des lignes connues; alors si l'on conçoit qu'on donne à u successivement plusieurs valeurs AP, AP, &c. (*Fig. 67*), & que l'on porte * les valeurs correspondantes de t (qui seront faciles à avoir, puisque t ne monte qu'au premier degré) en PM, PM, sous un angle quelconque, que pour plus de simplicité on peut supposer droit, il en naîtra une courbe. Or pour savoir où cette courbe rencontre l'axe AP, il faut supposer $t=0$, ce qui donne $u^3-au^2+pau-q=0$, c'est-à-dire, l'équation proposée; donc les distances AO, AO', AO''

* En observant de porter de côtés opposés de l'axe AP, celles qui se trouveront avoir des signes contraires.

auxquelles la courbe rencontre l'axe, seront les différentes valeurs de u.

Mais, si au lieu de calcul, on veut une construction, cela sera fort aisé en donnant à l'équation, cette forme, $t = \frac{u^3}{a^2} - \frac{u^2}{a} + \frac{pu}{a} - q$; or la construction de chacun des termes $\frac{u^3}{a^2}$, $\frac{u^2}{a}$, $\frac{pu}{a}$, pour chaque valeur de u donnée en lignes, est facile & s'exécute par ce qui a été dit (246).

410. Quand il entrera plus d'une inconnue dans la question, on pourra ramener la construction à celle que nous venons de donner, en réduisant toutes les inconnues à une seule, par la méthode donnée (162 & *suiv.*).

411. Si la question est indéterminée, & que l'une des deux indéterminées qui entreront dans l'équation, ne passe pas le second degré, on pourra toujours construire l'équation, à quelque degré que monte l'autre indéterminée, en donnant à cette autre indéterminée des valeurs arbitraires, & calculant les valeurs correspondantes de la premiere; faisant de celles-là les abscisses, & de celles-ci les ordonnées d'une courbe. Mais si les deux indéterminées passent toutes deux le second degré, alors il faudra pour chaque valeur que l'on donnera à une des indéterminées, trouver les valeurs de l'autre, par la méthode qu'on vient de donner. Nous n'entrerons pas dans un plus grand détail sur les constructions de cette derniere espece qu'on rencontre d'ailleurs assez rarement.

412. Avant de terminer cette troisieme Partie, nous ferons encore remarquer quelques usages de l'application des équations aux courbes. Puisque toute équation à une section conique est toujours du second degré, & que l'équation la plus générale de ce degré peut toujours être réduite à cette forme $dt^2 + cut + eu^2 + ft + gu + h = 0$, il s'ensuit qu'on peut toujours faire passer une section conique par cinq points donnés, pourvu que ces points, pris trois à trois, ne soient pas en ligne droite, parce qu'une section conique ne peut rencontrer une ligne droite en plus de deux points.

En effet, concevons que A, B, C, D, E (*Fig.* 68) soient cinq points donnés & qui aient cette condition : si l'on rapporte ces cinq points à la ligne AD qui joint deux d'entr'eux, en menant les lignes BF, CH, EG, sous un angle donné

donné, ou perpendiculaires à AD, alors les distances AF, BF, AG, CE, AH, HC, AD, qui sont censées connues, peuvent être regardées comme les abscisses & les ordonnées d'une ligne courbe. Or je dis qu'on peut toujours supposer que cette ligne courbe a pour équation $dt^2 + cut + eu^2 + ft + gu + h = 0$; en effet, si l'on nomme AF, m; BF, n; AG, m'; GE, n'; AH, m''; CH, n'', & AD, m'''; il est visible que, 1°, pour le point A on aura $u = 0$, & $t = 0$, ce qui réduit l'équation à $h = 0$. 2°, Pour le point B, on aura $u = m$ & $t = n$; ce qui change l'équation en $dm^2 + cmn + en^2 + fm + gn = 0$, (à cause que $h = 0$). 3°, Pour le point E, on aura $u = m'$, $t = n'$, & par conséquent, $dm'^2 + cm'n' + en'^2 + fm' + gn' = 0$. 4°, Pour le point C, on trouvera de même $dm''^2 + cm''n'' + en''^2 + fm'' + gn'' = 0$. 5°, Enfin pour le point D, où $t = 0$ & $u = m'''$, on aura $e\,m'''^2 + fm''' = 0$, ou simplement $e\,m''' + f = 0$. Or ces quatre équations renfermant toutes les quantités c, e, f, g, au premier degré, il sera facile, par les méthodes de la premiere section, d'en avoir les valeurs; alors en les substituant dans l'équation $dt^2 + cut + eu^2 + ft + gu + h = 0$, ou plutôt dans l'équation $dt^2 + cut + eu^2 + ft + gu = 0$, (puisque $h = 0$), on aura c, e, f, g en quantités toutes connues, & l'équation se divisera par d. Il sera donc alors facile de construire la courbe, & de déterminer si elle est ellipse, hyperbole, parabole ou cercle. Si l'on ne donnoit que quatre points, alors un des coëfficients seroit arbitraire; ce qui donne lieu d'imposer arbitrairement une condition, & deux si l'on ne donne que trois points, & ainsi de suite.

On distingue les lignes par le degré de leur équation. Ainsi la ligne droite, dont l'équation n'est que du premier degré, est ligne du premier ordre. Les sections coniques sont les lignes du second ordre.

On voit donc qu'on peut, par la même méthode, déterminer l'équation d'une ligne du troisieme ordre, qu'on assujettiroit à passer par autant de points moins un que l'équation générale de cet ordre, à deux indéterminées, peut avoir de termes differens: il en est de même dans les ordres supérieurs.

413. Cette même méthode peut servir à lier par une loi approchée & simple, plusieurs quantités connues, dont la loi seroit ou trop composée, ou inconnue. Supposons, par exemple, que l'on connoisse trois quantités que je représente par les lignes CB, ED, GF (*Fig. 69*), & que ces quantités dépendent de trois autres AB, AD, AF. Il s'agit de trouver

une quantité *HI* intermédiaire aux premieres, ou qui en soit voisine, & qui dérive de *AH* de la même maniere que *CB*, *ED*, &c, dérivent de *AB*, *AD*, &c.

On peut satisfaire à cette question d'une infinité de manieres différentes, en prenant une équation à deux indéterminées *u* & *t* qui ait au moins autant de termes différens qu'il y a de quantités telles que *CB*, *ED*, *GF*. Mais entre tous ces différens moyens celui qui donne plus de facilité, pour les différens usages qu'on peut faire de cette méthode, est de regarder la ligne *IH* comme l'ordonnée, & la ligne *AH* comme l'abscisse d'une courbe qui passeroit par les points donnés *C*, *E*, *G*c, &c. & qui auroit pour équation celle-ci, $t = a + bu + cu^2 +$ &c. en prenant autant de termes que l'on a de quantités ou de points *C*, *E*, *G*; & alors supposant comme ci-dessus, que *u* valant *AB*, *t* vaut *CB*; que *u* valant *AD*, *t* vaut *DE*; que *u* valant *AF*, *t* vaut *GF*, & ainsi de suite, on aura autant d'équations pour déterminer *a*, *b*, *c*, &c. qu'on a de points. Ayant déterminé les valeurs de *a*, *b*, *c*, &c. si on les substitue dans l'équation $t = a + bu + cu^2$, &c. on aura une équation dans laquelle tout sera connu, excepté *u* & *t*. Si donc on met pour *u* la distance connue *AH* qui convient à la quantité *HI* que l'on cherche, alors on aura la valeur correspondante de *t*, c'est-à-dire, *HI*.

On voit par-là, la confirmation de ce que nous avons dit (282). En effet, si l'on vouloit imiter le contour *ABCDEF* (*Fig.* 70); on abaisseroit d'un certain nombre de points de ce contour, des perpendiculaires sur une ligne déterminée *XZ*; puis par la méthode qu'on vient de voir, on détermineroit l'équation d'une courbe qui passeroit par tous ces points, & dans laquelle étant au premier degré, *u* montât à un degré marqué *t* par le nombre de ces points moins un; alors cette équation serviroit à déterminer des perpendiculaires intermédiaires qui approcheroient d'autant plus des véritables, qu'on aura pris d'abord un plus grand nombre de points *A*, *B*, *C*, *D*, &c.

Appendice.

414. Nous nous étions proposés de faire entrer dans ce volume plusieurs autres objets; mais pour ne point passer de justes bornes, nous sommes obligés de les renvoyer au sui-

vant. Cependant, nous placerons encore ici quelques propositions dont nous aurons occasion de faire usage par la suite, & dont quelques-unes nous serviront à démontrer l'une des regles que nous avons données (*Géom.* 361. *Quest.* VI) pour trouver les angles d'un triangle sphérique lorsqu'on en connoît les trois côtés.

415. Rappellons-nous (*Géom.* 284, 285 & 278) que si a & b représentent deux angles ou deux arcs, on a $\sin(a+b) = \frac{\sin a \cos b + \sin b \cos a}{r}$, & $\cos(a+b) = \frac{\cos a \cos b - \sin a \sin b}{r}$, ou (en supposant pour plus de simplicité que $r = 1$)

1°, $\sin(a+b) = \sin a \cos b + \sin b \cos a$.

2°, $\cos(a+b) = \cos a \cos b - \sin a \sin b$.

3°, $\sin(a-b) = \sin a \cos b - \sin b \cos a$.

4°, $\cos(a-b) = \cos a \cos b + \sin a \sin b$.

5°, $\tang a = \frac{r \sin a}{\cos a} = \frac{\sin a}{\cos a}$ en supposant toujours le rayon $= 1$, comme nous le ferons dorénavant.

6°, $\cot a = \frac{\cos a}{\sin a}$.

416. Cela posé, si l'on divise la valeur de $\sin(a+b)$ par celle de $\cos(a+b)$, on aura $\frac{\sin(a+b)}{\cos(a+b)}$, c'est-à-dire, $\tang(a+b)$

$$= \frac{\sin a \cos b + \sin b \cos a}{\cos a \cos b - \sin a \sin b} = \frac{\frac{\sin a}{\cos a} + \frac{\sin b}{\cos b}}{1 - \frac{\sin a \sin b}{\cos a \cos b}}$$ (en di-

visant le second membre, haut & bas, par $cos\,a\,cos\,b$); donc $tang\,(a+b) = \frac{tang\,a + tang\,b}{1 - tang\,a\,tang\,b}$.

Si au contraire on divise la valeur de $cos\,(a+b)$ par celle de $sin\,(a+b)$, on aura $\frac{cos\,(a+b)}{sin\,(a+b)}$ ou $cot\,(a+b) = \frac{cos\,a\,cos\,b - sin\,a\,sin\,b}{sin\,a\,cos\,b + sin\,b\,cos\,a}$, ou en divisant haut & bas par $sin\,a\,cos\,b$,

$$cot\,(a+b = \frac{\frac{cos\,a}{sin\,a} - \frac{sin\,b}{cos\,b}}{1 + \frac{sin\,b\,cos\,a}{sin\,a\,cos\,b}} = \frac{cot\,a - tang\,b}{1 + cot\,a\,tang\,b}.$$

Si l'on divise de même la valeur de $sin\,(a-b)$ par celle de $cos\,(a-b)$, & celle de $cos\,(a-b)$ par celle de $sin\,(a-b)$, on aura, en opérant de même, $tang\,(a-b) = \frac{tang\,a - tang\,b}{1 + tang\,a\,tang\,b}$, & $cot\,(a+b) = \frac{cot\,a + tang\,b}{1 - cot\,a\,tang\,b}$.

417. Les valeurs de $sin\,(a+b$, $cos\,(a+b)$, $tang\,(a+b)$ que nous venons d'exposer, peuvent servir à trouver facilement les sinus, cosinus & tangentes des arcs multiples d'un arc donné, & par conséquent les équations qui serviroient à diviser un angle en plusieurs parties égales. Il n'y a qu'à supposer successivement $b = a, = 2a, = 3a$; & ainsi de suite.

Par exemple, en supposant $b = a$, on aura $sin\,2a = 2\,sin\,a\,cos\,a$, & $cos\,2a = cos\,a\,cos\,a - sin\,a\,sin\,a = cos^2\,a - sin^2\,a = 1 - 2\,sin^2\,a$, (en mettant pour $cos^2\,a$ sa valeur $1 - sin^2\,a$). En supposant $b = 2a$, on aura $sin\,3a = sin\,a$

$cos\,2a + sin\,2a\,cos\,a$, & $cos\,3a = cos\,2a\,cos\,a - sin\,2a\,sin\,a$. Or les deux équations précédentes donnent les valeurs de $sin\,2a$ & de $cos\,2a$; si donc on les subftitue dans celles-ci, on aura les valeurs de $sin\,3a$ & $cos\,3a$ exprimées par les sinus & cosinus de l'arc simple a. On trouvera de même celles de $sin\,4a$ & $cos\,4a$; $sin\,5a$ & $cos\,5a$, & ainsi de suite. On s'y prendra de même pour avoir $tang\,2a$, $tang\,3a$, &c, en employant la formule qui donne $tang\,(a+b)$ & supposant successivement $b=a$, $=2a=$ &c.

418. Si l'on ajoute ensemble la valeur de $sin\,(a+b)$ & celle de $sin\,(a-b)$, on aura $sin\,(a+b) + sin\,(a-b) = 2\,sin\,a\,cos\,b$, & par conséquent $sin\,a\,cos\,b = \frac{1}{2}\,sin\,(a+b) + \frac{1}{2}\,sin\,(a+b)$. En ajoutant pareillement la valeur de $cos\,(a+b)$ avec celle de $cos\,(a-b)$, on trouvera $2\,cos\,a\,cos\,b = cos\,(a+b) + cos\,(a-b)$, ou $cos\,a\,cos\,b = \frac{1}{2}\,cos\,(a+b) + \frac{1}{2}\,cos\,(a-b)$. Au contraire en retranchant la valeur de $cos\,(a+b)$ de celle de $cos\,(a-b)$, on trouvera $2\,sin\,a\,sin\,b = cos\,(a-b) - cos\,(a+b)$, & par conséquent $sin\,a\,sin\,b = \frac{1}{2}\,cos\,(a-b) - \frac{1}{2}\,cos\,(a+b)$.

419. Si l'on fait $a+b=m$ & $a-b=n$, on aura, en ajoutant & retranchant, & divisant ensuite par 2, $a=\frac{1}{2}m+\frac{1}{2}n$, & $b=\frac{1}{2}m-\frac{1}{2}n$, d'où l'on conclura facilement des dernieres formules qu'on vient de trouver: 1°, $sin\,m + sin\,n = 2\,sin(\frac{1}{2}m+\frac{1}{2}n) \times cos\,(\frac{1}{2}m-\frac{1}{2}n)$.

2°, $cos\,m + cos\,n = 2\,cos(\frac{1}{2}m + \frac{1}{2}n) \times (cos\,\frac{1}{2}m - \frac{1}{2}n)$.

3°, $cos\,n - cos\,m = 2\,sin(\frac{1}{2}m + \frac{1}{2}n) \times (sin\,\frac{1}{2}m - \frac{1}{2}n)$.

Toutes ces propoſitions nous ſeront très-utiles ; on voit avec quelle facilité elles ſe trouvent & ſe démontrent par le calcul. Nous nous bornerons pour le préſent, à en faire voir l'uſage pour la démonſtration de la regle donnée (*Géom.* 361. *Queſt.* VI).

420. Soit donc ABC (*Fig.* 71) un triangle ſphérique, AD un arc de grand cercle, abaiſſé de l'angle A perpendiculairement ſur le côté oppoſé BC ; prenons ſur ce même côté $BE = BA$, & ayant imaginé l'arc de grand cercle AE, par ſon milieu O & par le point B, imaginons auſſi l'arc de grand cercle BO, qui diviſera l'angle ABC en deux parties égales.

Cela poſé, dans le triangle EBO, on aura (*Géom.* 349), en ſuppoſant le rayon $= 1$, $1 : sin\,BE$ ou $sin\,AB :: sin\,OBE$ ou $sin\,\frac{1}{2}ABC : sin\,OE$; donc $sin\,OE$ ou $sin\,\frac{1}{2}AE = sin\,AB \times sin\,\frac{1}{2}ABC$; ou, en quarrant, $sin^2\,\frac{1}{2}AE = sin^2\,AB \times sin^2\,\frac{1}{2}ABC$; or nous venons de voir (417) que $cos\,2a = 1 - 2\,sin^2 a$, ou, en faiſant $2a = m$, $cos\,m = 1 - 2\,sin^2\frac{1}{2}m$; donc $sin^2\,\frac{1}{2}m = \frac{1}{2} - \frac{1}{2}cos\,m$, & par conſéquent on peut, au lieu de $sin^2\,\frac{1}{2}AE$, mettre $\frac{1}{2} - \frac{1}{2}cos\,AE$; on aura donc $\frac{1}{2} - \frac{1}{2}cos\,AE = sin^2\,AB \times sin^2\,\frac{1}{2}ABC$, or (*Géom.* 357) on a, dans le triangle ABC, $cos\,BD : cos\,CD$ ou $cos(BC - BD) :: cos\,AB : cos\,AC$; c'eſt-à-dire,

$cos BD : cos BC cos BD + sin BC sin BD :: cos AB : cos AC$, & par conséquent $cos BD cos AC = cos AB cos BC cos BD + cos AB sin BC sin BD$, d'où l'on tire $sin BD = \frac{cos BD cos AC - cos AB cos BC cos BD}{cos AB sin BC}$. Par le même principe, on aura dans le triangle BAE, $cos BD : cos DE$ ou $cos (AB - BD) :: cos AB : cos AE$; c'est-à-dire, $cos BD : cos AB cos BD + sin AB sin BD :: cos AB : cos AE$; donc $cos BD cos AE = cos AB cos AB cos BD + cos AB sin AB sin CD$, d'où l'on tire $sin BD = \frac{cos BD cos AE - cos^2 AB cos BD}{cos AB sin AB}$; égalant ces deux valeurs de $sin BD$, & supprimant ensuite le facteur commun $\frac{cos BD}{cos AB}$ on aura, après les opérations ordinaires, $cos AE = \frac{sin AB cos AC - cos AB sin AB cos BC + cos^2 AB sin BC}{sin BC}$; substituant cette valeur dans l'équation $\frac{1}{2} - \frac{1}{2} cos AE = sin^2 AB sin^2 \frac{1}{2} ABC$, on aura $\frac{1}{2} - \frac{sin AB cos AC + cos AB sin AB cos BC - cos^2 AB sin BC}{2 sin BC} = sin^2 AB sin^2 \frac{1}{2} ABC$; chassant les dénominateurs, & mettant ensuite dans $sin BC - cos^2 AB sin BC$ ou $sin BC (1 - cos^2 AB)$, au lieu de $1 - cos^2 AB$, sa valeur $sin^2 AB$, & divisant ensuite par $sin AB$, on aura $sin BC sin AB - cos AC + cos AB cos BC = 2 sin AB \times sin BC sin^2 \frac{1}{2} ABC$; or (415) $cos AB . cos BC + sin BC sin AB = cos (BC - AB)$; donc

$cos(BC - AB) - cos\,AC = 2\,sin\,AB\,sin\,BC\,sin^2\frac{1}{2}ABC$; mais (419) $cos(BC - AB) - cos\,AC = 2\,sin(\frac{1}{2}AC + \frac{1}{2}CB - \frac{1}{2}AB)\,sin(\frac{1}{2}AC - \frac{1}{2}BC + \frac{1}{2}AB)$ qui est la même chose que. . . . . $2\,sin(\frac{1}{2}AC + \frac{1}{2}BC + \frac{1}{2}AB - AB)\,sin(\frac{1}{2}AC + \frac{1}{2}BC + \frac{1}{2}AB - BC)$ ou (en nommant S la somme des trois côtés), la même chose que $2\,sin(\frac{1}{2}S - AB) \times sin(\frac{1}{2}S - BC)$; donc $2\,sin(\frac{1}{2}S - AB) \times sin(\frac{1}{2}S - BC) = 2\,sin\,AB\,sin\,BC\,sin^2\frac{1}{2}ABC$, d'où après avoir divisé par 2, on tire $sin\,AB \times sin\,BC : sin(\frac{1}{2}S - AB) \times sin(\frac{1}{2}S - BC) :: 1$ ou $r^2 : sin^2\frac{1}{2}ABC$; ce qui donne, en employant les logarithmes, la regle qu'il s'agissoit de démontrer.

FIN.

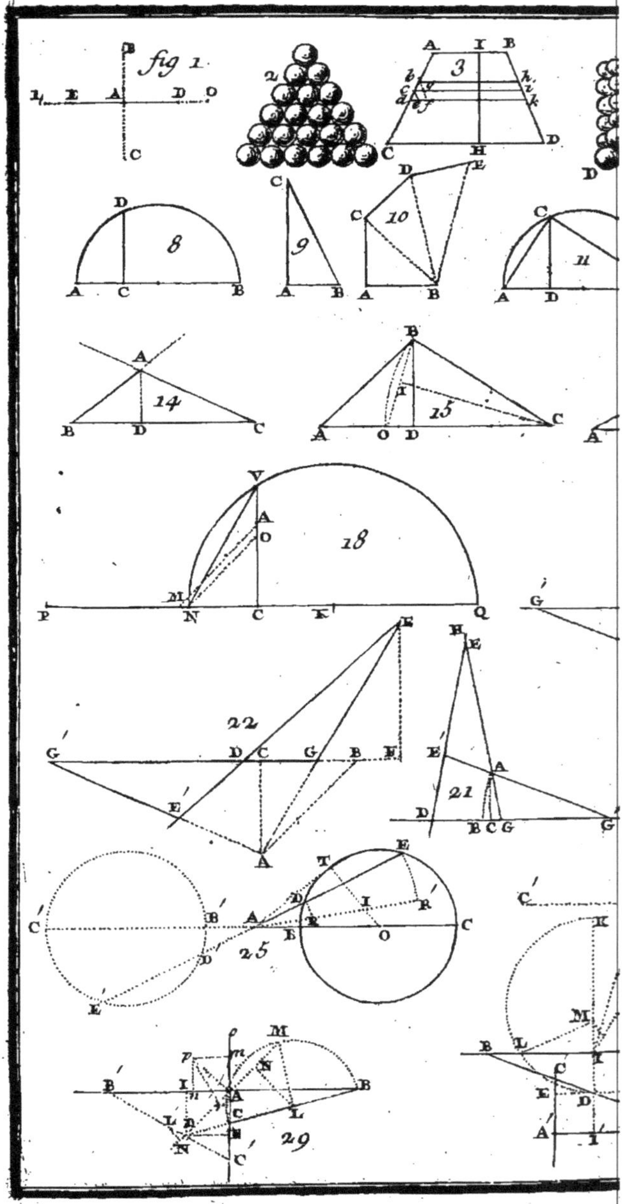
fig 1.
2
3
8
9
10
11
14
15
18
21
22
25
29

Planche 1.ère

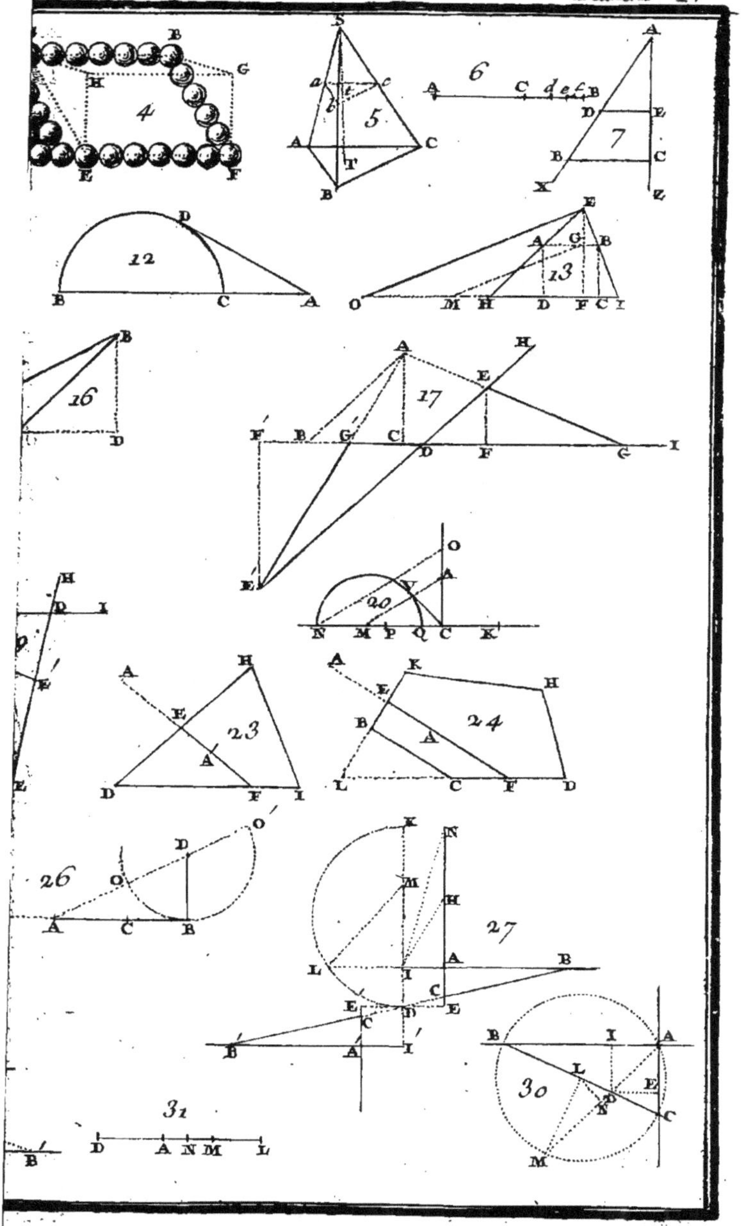

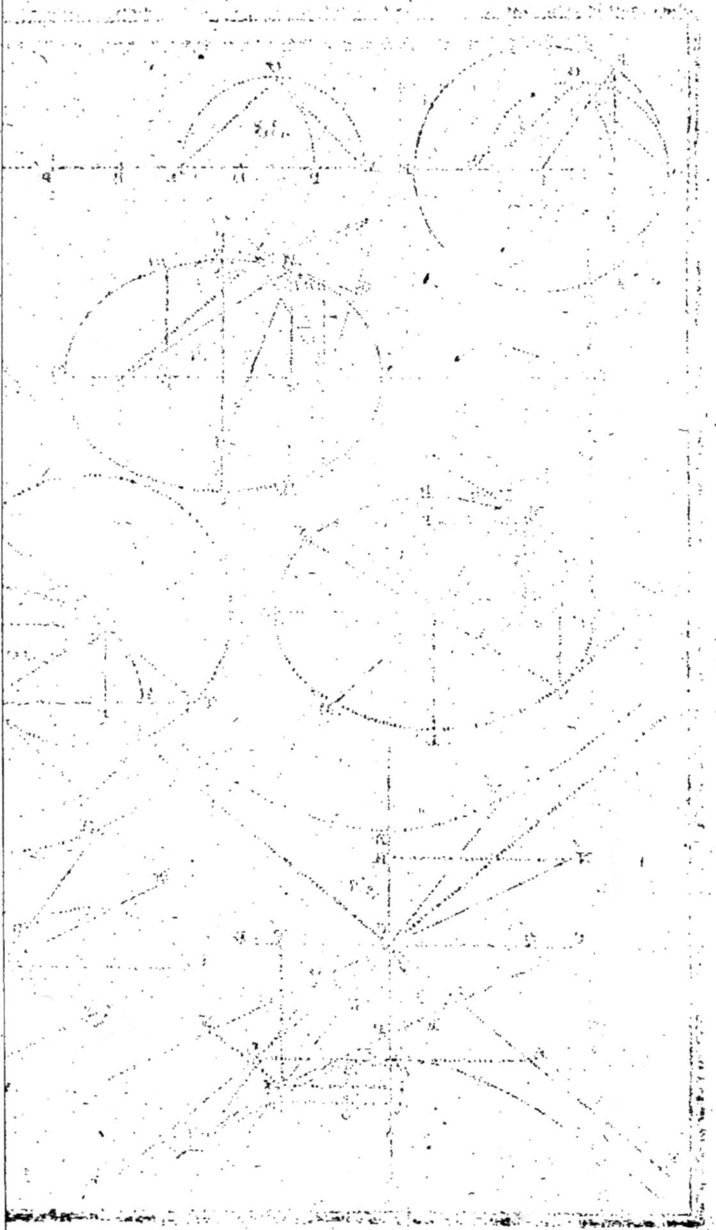

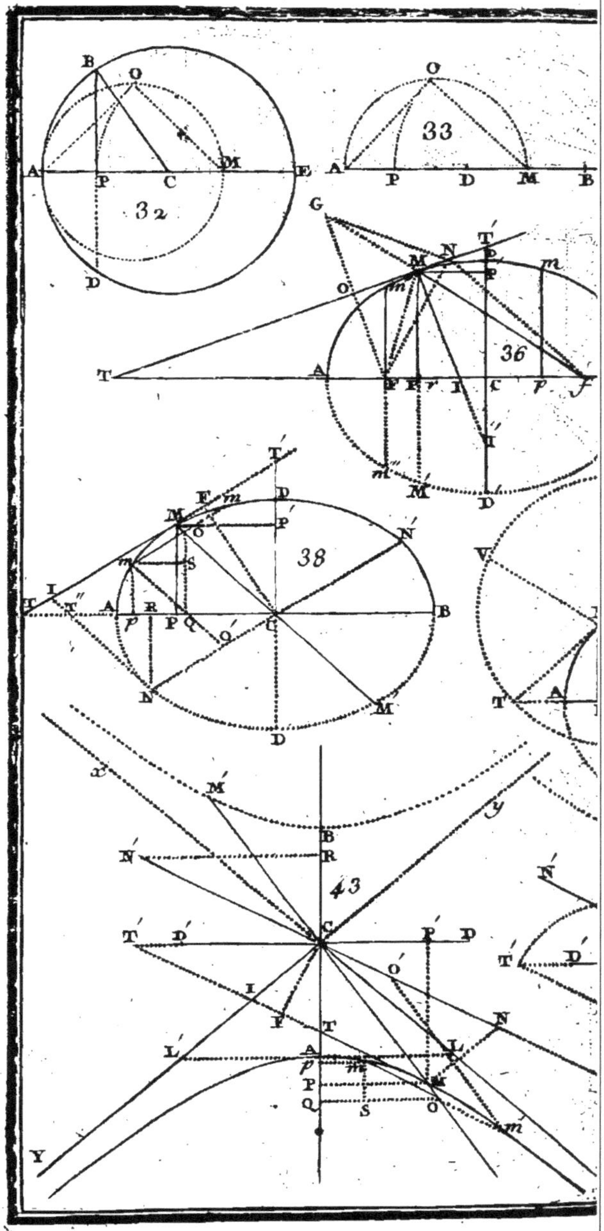
32
33
36
38
43

Pl. IIe

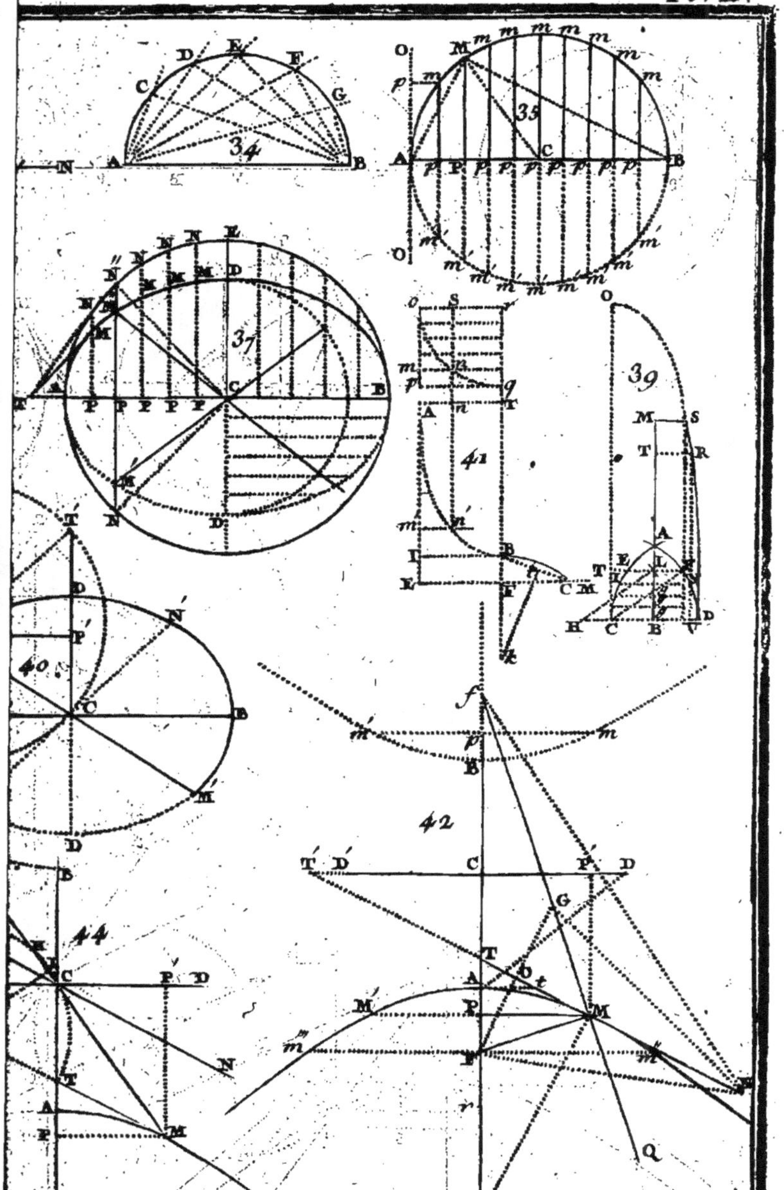

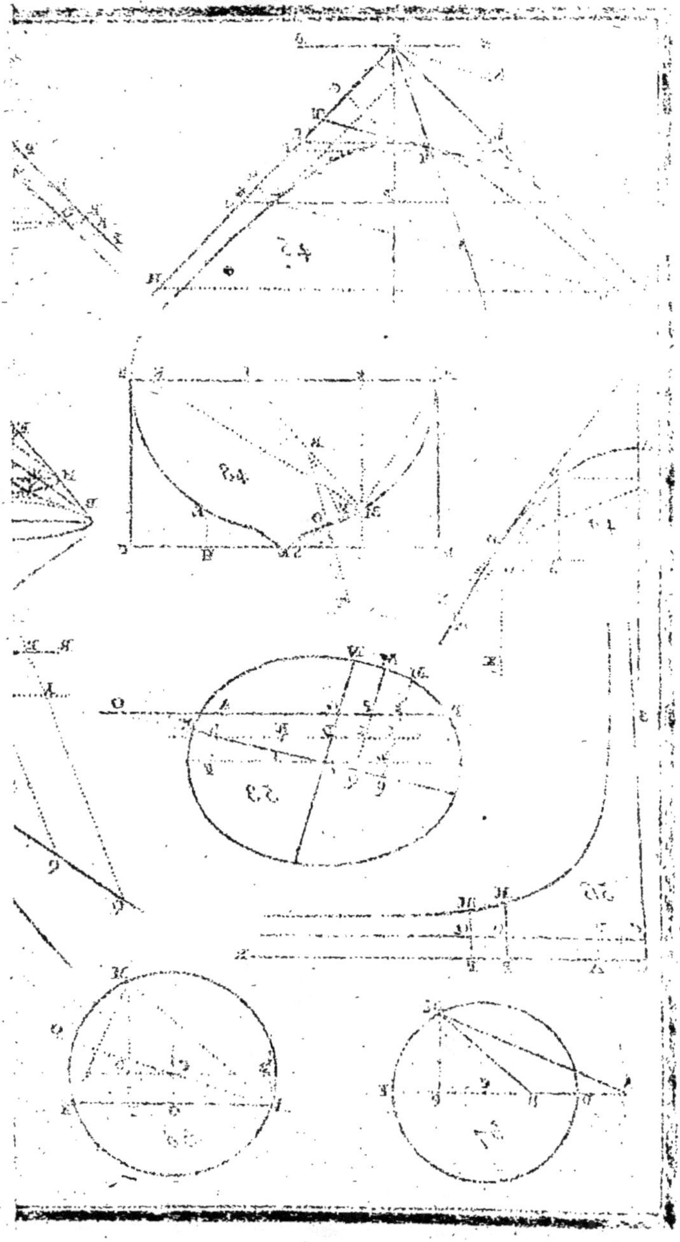

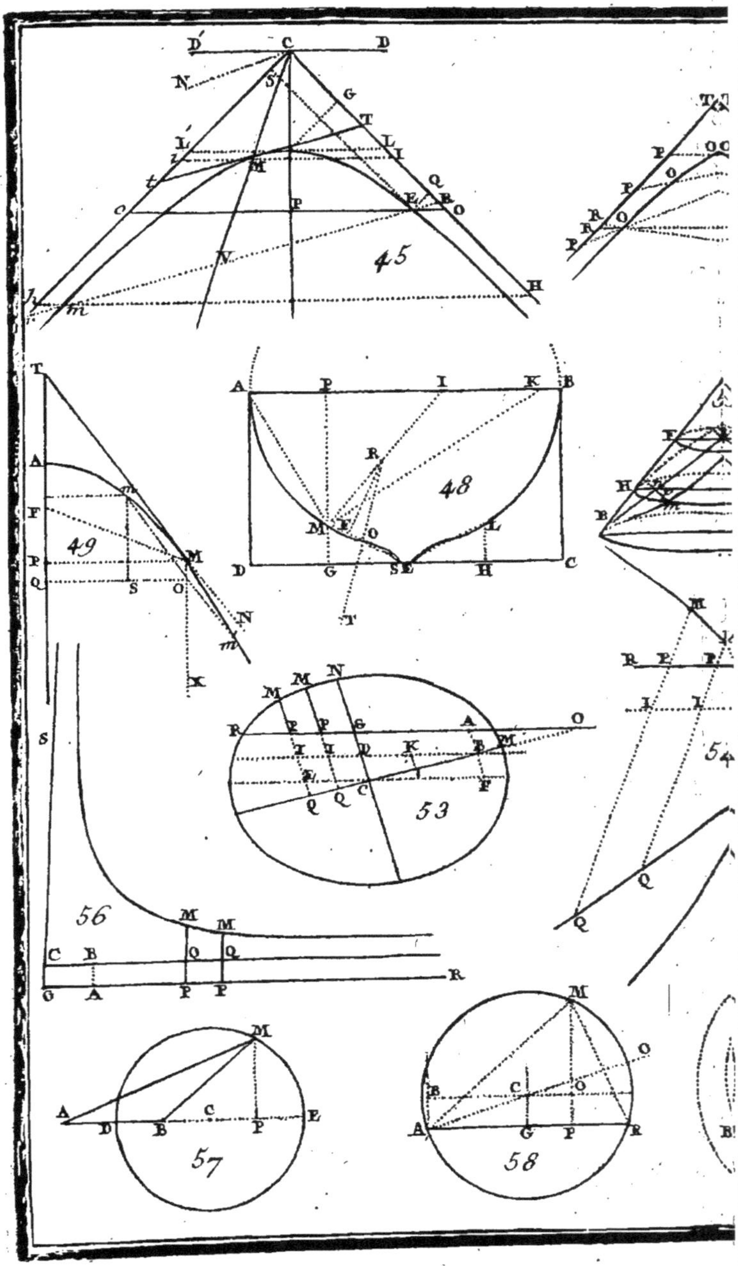
45
48
49
53
54
56
57
58

Pl. III.e

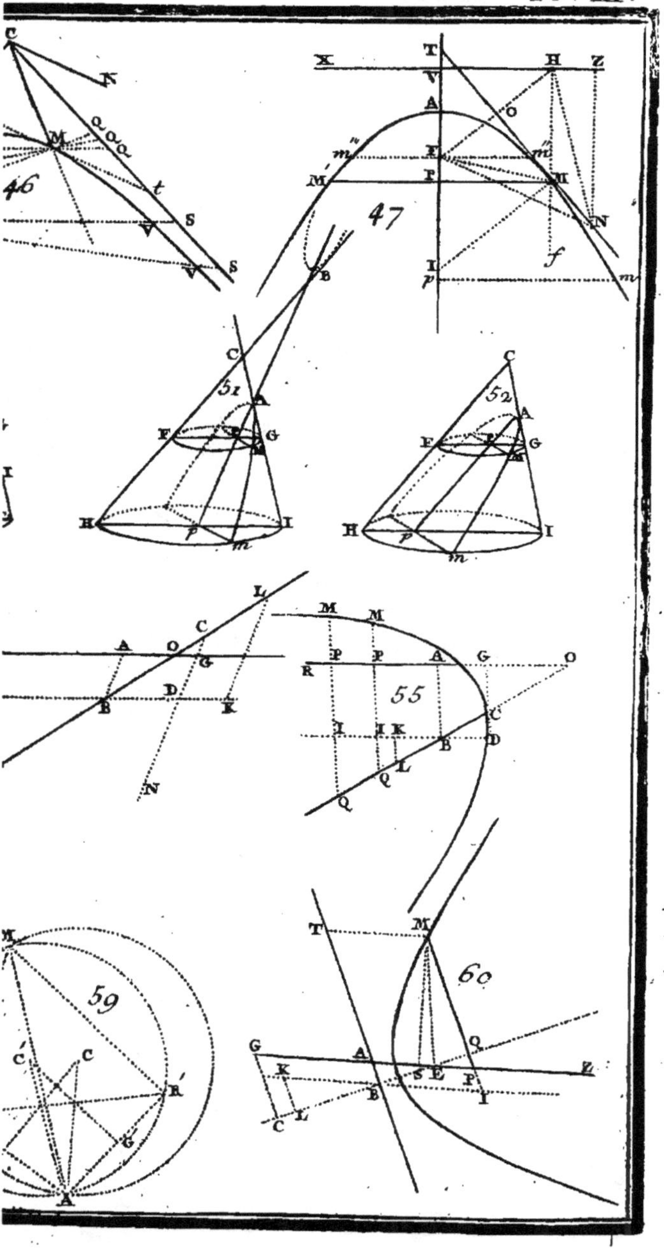

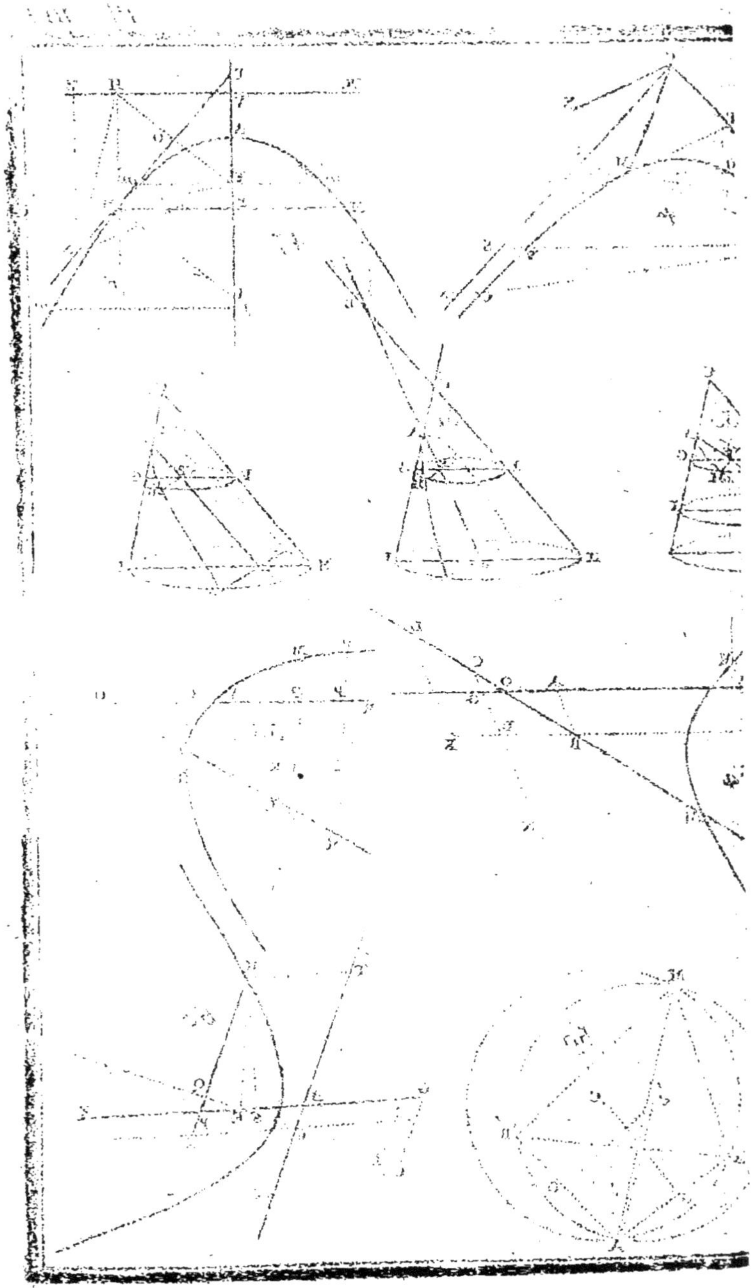

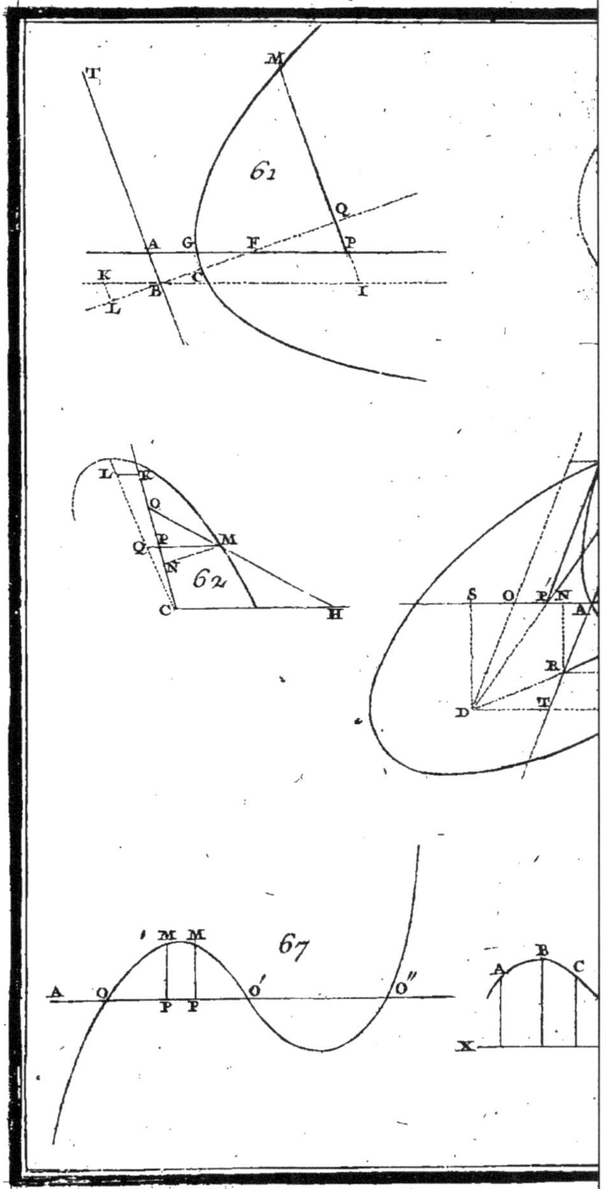
61
T
M
Q
A G F P
K C
B I
L
62
L K
O
Q P M
N
C H
S O P N
A
R
D T
67
M M
A O P P O′ O″
A B C
X

Pl. IV.

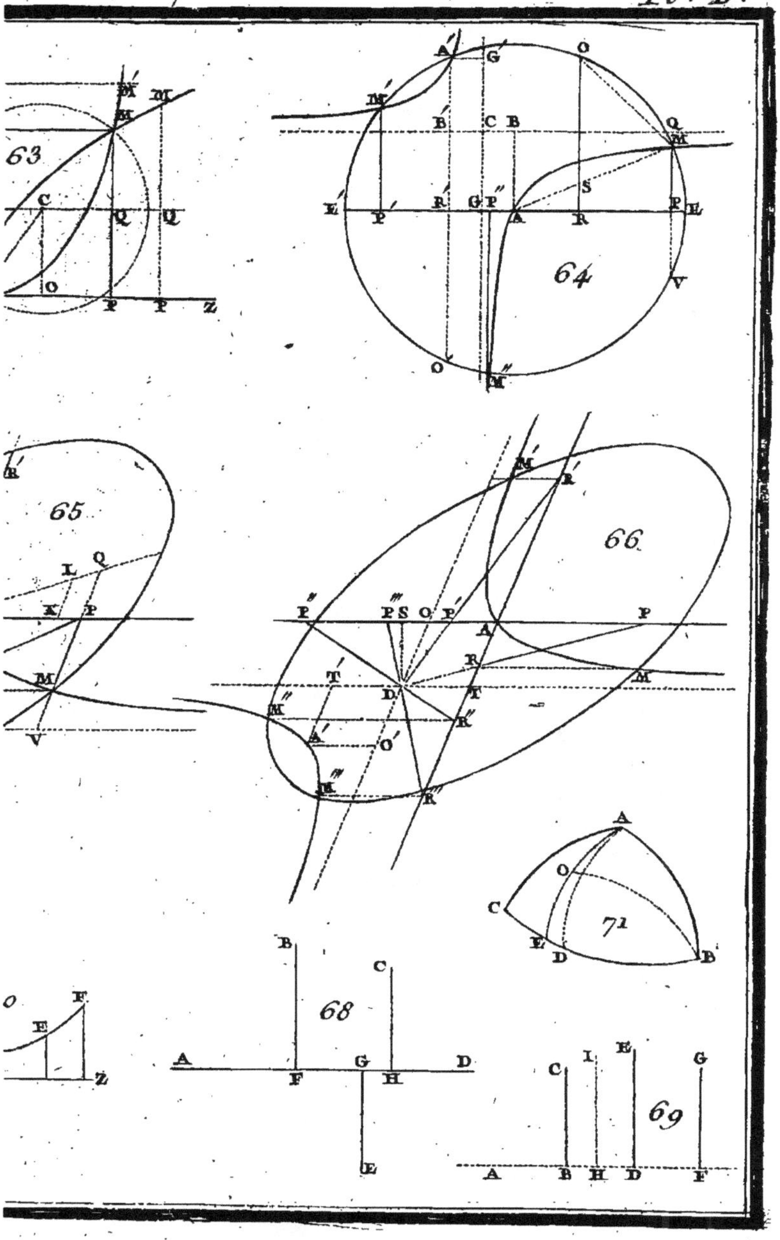

www.ingramcontent.com/pod-product-compliance
Lightning Source LLC
Chambersburg PA
CBHW060913220326
41599CB00020B/2946
* 9 7 8 2 0 1 9 5 4 9 7 9 4 *